"十二五"普通高等教育本科国家级规划教材

数据库原理及应用教程

第5版｜微课版

陈志泊 **主编**

崔晓晖 **副主编**

韩慧 付红萍 张晓宇 许福 **编**

DATABASE SYSTEM PRINCIPLES AND APPLICATION

人民邮电出版社

北京

图书在版编目（CIP）数据

数据库原理及应用教程：微课版 / 陈志泊主编. --
5版. -- 北京：人民邮电出版社，2024.8
高等学校计算机专业核心课名师精品系列教材
ISBN 978-7-115-64130-4

Ⅰ. ①数… Ⅱ. ①陈… Ⅲ. ①关系数据库系统—高等
学校—教材 Ⅳ. ①TP311.138

中国国家版本馆CIP数据核字(2024)第067542号

内 容 提 要

本书全面系统地讲述了数据库技术的基本原理和应用，内容取舍合理，重点突出，符合教学和读者的认知规律。全书共 7 章，主要包括数据库系统概述、关系模型及其操作、关系型数据库标准语言——SQL、关系型数据库理论、数据库优化和管理、数据库设计、SQL Server 高级应用。本书除介绍数据库技术的基本原理外，还注重理论和实践的紧密结合，以 SQL Server 2022 为背景介绍了数据库技术的应用实现，使读者可以通过 SQL Server 2022 平台深刻理解数据库技术的原理。

本书可作为高等院校计算机等专业数据库原理相关课程的教材，也可作为从事计算机软件工作的科技人员、工程技术人员以及其他有关人员的参考用书。

◆ 主　　编　陈志泊
　　副 主 编　崔晓晖
　　编　　　　韩　慧　付红萍　张晓宇　许　福
　　责任编辑　孙　澍
　　责任印制　陈　犇
◆ 人民邮电出版社出版发行　　北京市丰台区成寿寺路 11 号
　　邮编　100164　电子邮件　315@ptpress.com.cn
　　网址　https://www.ptpress.com.cn
　　北京鑫丰华彩印有限公司印刷
◆ 开本：787×1092　1/16
　　印张：21　　　　　　　　　2024 年 8 月第 5 版
　　字数：538 千字　　　　　　2025 年 6 月北京第 3 次印刷

定价：69.80 元

读者服务热线：(010)81055256　印装质量热线：(010)81055316
反盗版热线：(010)81055315

各领域在应用物联网、云计算、大数据和人工智能等新一代信息技术推动行业高质量发展的过程中，积累了海量且种类繁多的数据资源。为规范业务数据、挖掘数据价值，提高办事效率，相关从业人员应该把对数据进行规范的组织和高效的管理作为关键能力进行培养。

当前，数据库类课程已成为计算机类、电子信息类、管理类专业的核心课，同时，也成为农林类、生物技术类等其他工科专业的选修课。诸多非计算机专业推荐学生选修至少一门数据库类课程，为学生日后开展领域数据建模、相关行业数据库系统设计及领域科研数据分析和挖掘等工作奠定基础。

在国家大力推进现代化产业体系建设和加快发展新质生产力的背景下，各领域对"四新"复合型卓越人才迫切需要，持续开展数据库类教材建设尤为重要。目前，数据库类教材可分原理为主型、原理技术型和技术应用型三种。原理为主型教材泛化数据库技术，重点讲授数据库管理系统的实现原理和优化技术，适用于培养创新型人才。原理技术型教材兼顾数据库的基本原理，侧重技术应用实现，适合培养复合型人才。技术应用型教材主要以某一数据库管理系统的使用为主线，适合培养应用型人才。通过大量调研，为满足各类复合型和应用型院校数据库类课程教学的需要及社会从业人员学习的需要，在国家级规划教材《数据库原理及应用教程（第4版）（微课版）》、北京市优质本科课程和国家级一流线上课程的教学改革、资源建设和教材建设等成果的基础上，作者团队从绿色引领、教学翻转、应用场景驱动和数智化资源等方面，对教材的结构和内容进行重构，配套面向教师、学生和社会人员的优质服务资源，以期将本教材打造成好学、好用的教材。

● 写作历程

本书于2003年首次出版。二十余年来，作者团队连续5次再版了《数据库原理及应用教程》。前4版教材广受好评，先后被70余所大学选为数据库类课程教材，入选普通高等教育"十一五"国家级规划教材和"十二五"普通高等教育本科国家级规划教材。2018年作者团队依托本教材参加全国生态文明信息化教学成果遴选，获得A级成果奖项（最高级别）；2019年，在中国大学MOOC平台建设的本书配套的慕课课程获得北京林业大学校级在线精品课；2020年，本教材支撑的数据库系统课程获得北京高校优质本科课程；2022年，本教材获得北京高校优质本科教材；2023年，以本教材为核心的数据库原理与应用在线课程获批国家级一流本科课程线上课程。获得多项荣誉和认可后，作者团队继续坚持"以读者为中心、以能力培养为导向、持续优化资源"的教材建设理念，依托教学团队提出的"应用场景驱动"的数据库教学改革思路，重构和优化原有教材内容，强化实践操作型和设计型章节，丰富学习指导类资源，形成了第5版教材。

● 本书特色

本书中第1章和第2章是关系数据库的基本概念篇，第3章是关系数据库操作篇，培养学生使用SQL语句操作和查询数据库能力，第5章是数据库优化和运维篇，重点培养学生优化数据库查询，构建安全机制，实施运维保障的能力，第4章和第6章是数据库设计篇，分别从规范化角度和软件工程角度培养学生规范化开发数据库模式的能力，第7章是高级编程篇，培养学生在数据库层面编程提升封装及高效查询的能力。各章节内容上相互支撑，精准对接数据库技术在实际生产环境中所需的操作、优化、运维、设计和编程能力。

1. 立足"四新"背景下各行业对复合型数据库人才的需要，围绕"数据就技术应用场景驱动教学改革"理念，建立以数据库概念原理、体系结构、新技术为基础知识，数据库操作、设计、运维管理和编程等为对标数据库技术应用的知识结构。

2. 对标国家课程质量建设标准和工程教育专业认证标准，强调"目标导向"，通过教材知识体系和配套的实验及实践教学资源，支撑工程教育认证中"工程知识运用""问题分析""方案求解""工具使用"及"团队协作开发"等培养目标达成，满足已通过工程教育认证和计划申请工程教育认证院校的用书需求。

3. 服务国家战略，支撑我国计算机类专业自主教学课程体系的构建。本教材虽然以SQL Server为主要数据库，但讲授的原理和案例兼容MySQL及其他开源数据库管理系统。同时，本教材配套面向国产数据库的教学资源，方便读者通过对比数据库差异，更好掌握具有自主可控特点的数据库技术。

4. 强化"以读者为中心"的改版理念，细分读者需求。面向读者，通过思维导图、学习指导和微课视频等手段，让读者以目标驱动学习、以重难点强化学习，多维度提升学习效果。面向授课教师，提供认证版课程大纲、混合式教学规划指导、课程思政案例等资源，方便教师结合学校生源特点实施教学并做进一步改革。

5. 多维度落实"能力培养导向"。在MOOC平台重新制作慕课教学内容和配套资源，构建面向数据库系统分析和设计能力培养为目标的实验和实践教学资源。同时，构建以教材为核心的多层知识图谱，从问题、能力、目标、资源等角度，聚类和整合多模态资源，为读者构建个性化学习路径提供支撑。

6. 构建以教材为核心的交流渠道，持续优化资源。依托构建的多层课程知识图谱，搭建以"教材"为核心、满足开源教育理念的教学交流组织。定期通过出版社搭建的交流平台，获取用书高校和社会读者的反馈及建议，充分吸纳多源化、现代化新型教学手段，持续改进教材内容及配套资源。

● 使用指南

授课教师选用本教材讲解时，可按照培养方案中规定的学时和知识点要求，筛选课堂讲授的知识点及自学内容。下面的"学时建议表"是按照32～64学时给出的授课建议，学时分配方案仅供用书教师参考。用书教师可根据培养方案中规定的理论学时和实践学时要求，自行对建议学时进行调整。

学时建议表

章节	总学时				
	32学时	40学时	48学时	56学时	64学时
第1章　数据库系统概述	2	2	4	4	4
第2章　关系模型及其操作	4	4	4	6	8
第3章　关系型数据库标准语言——SQL	8	10	12	12	12
第4章　关系型数据库理论	4	4	6	8	10
第5章　数据库优化和管理	4	8	8	8	10
第6章　数据库设计	8	10	10	12	12
第7章　SQL Server 高级应用	2	2	4	6	8

本书在提供理论教学内容的基础上，还提供面向教师授课、学生学习、社会读者自学的多元化资源。面向授课教师，本教材提供教材习题解答、混合式教学任务书、PPT课件、实验和实践任务指导书、教学大纲和课程思政资源等。面向学生，提供学习指导、重难点和关键知识点讲解的二维码视频、相关数据库使用教程、各章知识思维导图和实践平台资源等。面向社会读者，本教材提供课程前序知识的资料、慕课资源等。读者可以通过人邮教育社区（www.ryjiaoyu.com），免费下载本书的配套资源。

与本教材各章内容相关的"数据库原理与应用"（SQL Server版）慕课已经在中国大学MOOC平台发布，该课每学年开2轮课。授课教师可利用中国大学MOOC平台关联线上的"数据库原理与应用"课程，开展混合式教学。读者也可直接使用慕课课程，方便利用碎片化时间按需学习。

与本书配套的实验和实践教学资源和多层知识图谱课程已建设完成，读者可关注出版社教材通知页面，了解课程配套的实验和实践教学平台使用方法以及课程配套的知识图谱平台使用指南。

本教材的改版由陈志泊、崔晓晖、韩慧、付红萍、张晓宇、许福等共同完成。其中，陈志泊负责第7章，崔晓晖和许福负责第2章和第6章，韩慧负责第1章、第3章，付红萍负责第4章，张晓宇负责第5章。同时，研究生苏芸莲、杨晓庆、张晓龙参与了文字校对和部分资源建设工作。

本教材在撰写过程中，参考了大量已出版的优秀的数据库类教材和相关网络资料，有选择性地将新技术、新方法及教学改革的理念纳入本教材，在此向这些资源的作者表示衷心的感谢。由于作者能力有限，难免存在不足之处，望广大读者不吝赐教。

陈志泊　崔晓晖

北京林业大学　信息学院

2024年8月

CONTENTS 目录

第 3 章　关系型数据库标准语言——SQL　　69

第4章 关系型数据库理论 123

数据库原理及应用教程（第5版）（微课版）

数据库原理及应用教程（第5版）（微课版）

第1章
数据库系统概述

数据库（Database）技术是研究如何科学地组织和存储数据、如何高效地获取和处理数据的技术，是各行各业存储数据、管理信息、共享资源和支持决策的常用技术。因此，数据库课程不仅是计算机科学与技术专业、信息管理与信息系统专业的必修课程，也是许多非计算机专业的必修课程。

随着计算机技术的飞速发展，信息已成为当今社会各种活动的核心资源。通过对这些信息资源进行进一步的开发和利用，人们可有效降低相应活动的成本，使各种社会资源得到最大限度的合理运用和节约。而这其中起着基础和核心作用的就是数据库。

数据库，简单地说就是数据的仓库，即数据存放的地方。在现实世界中，存在许多数据库的例子，如手机通讯录是一个关于联系人信息的小型数据库，图书馆则是一个各类馆存图书的大型数据库。小型数据库尚可用手工管理，而大型数据库必须由计算机辅助管理。在计算机三大主要应用领域（科学计算、过程控制和数据处理）中，数据处理所占比例约为70%。

本章首先引入信息、数据等基本术语并回顾数据管理技术的三个发展阶段，然后介绍有关数据库的相关概念。学习本章后，读者应了解数据库的发展阶段及各阶段的主要特点，掌握有关数据库的基本概念、数据库系统的组成及各部分的主要功能，重点掌握数据库的二级映像以及数据库中实体、属性和实体之间的联系种类，了解表示数据的四种模型和数据库技术的最新领域。

思维导图

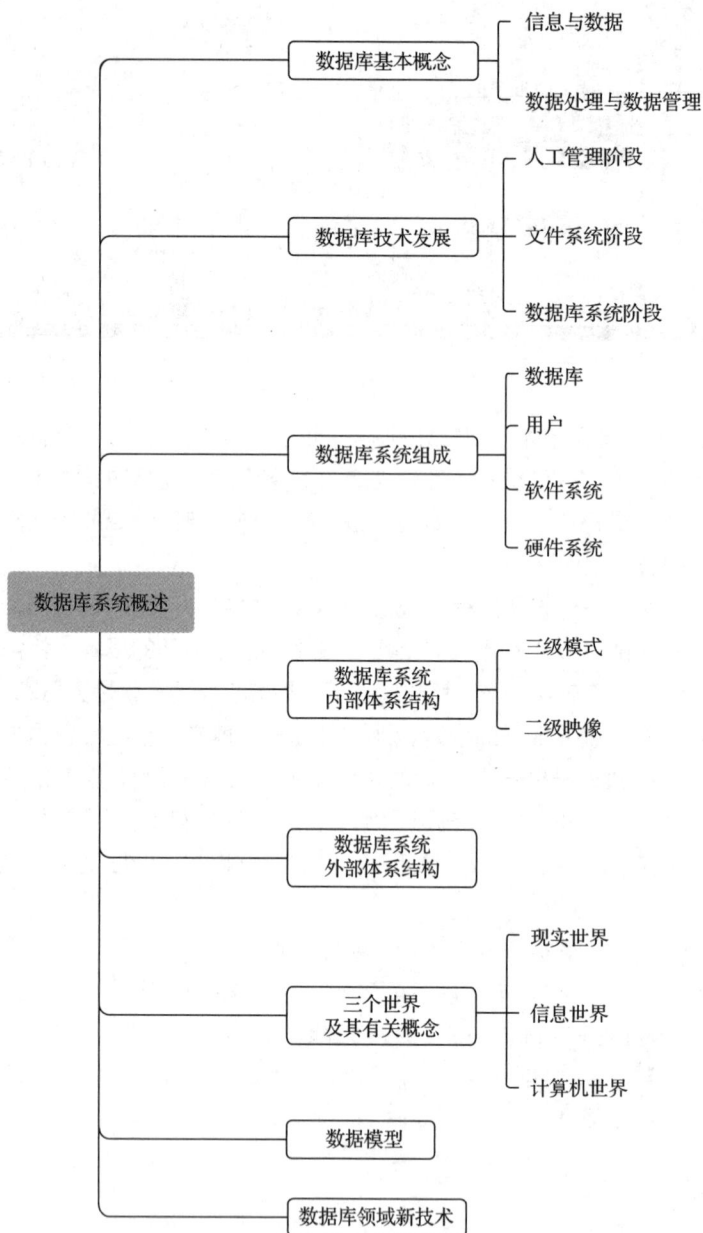

学习指导

学习目标

【知识层面】

概述信息与数据的关系；

列举数据库技术发展三个阶段的联系。

【能力层面】

能够结合实际系统，分析数据库内部体系结构及其联系；

能够识别常见的数据库系统的外部体系结构，并可说明B/S结构和C/S结构的差异。

【素养层面】

能够从三个世界的角度，认同数据库系统抽象数据的思维过程；

具有一定数据库前沿发展技术的视野。

学习重点

- 信息与数据的关系；
- 数据处理与数据管理的关系；
- 数据库技术发展各阶段的标志性产物；
- 三个世界中各种概念之间的对应关系；
- 层次模式和网状模型的优势。

学习难点

- 数据库内部体系结构中，模式、内模式和外模式的数量及原因；
- 数据库内部体系结构实现逻辑独立性和物理独立性的方法；
- 分布式数据库体系结构中B/S结构和C/S结构的优、缺点分析；
- 多层分布式数据库外部体系结构和单层数据库外部体系结构在性能方面的差异；
- 多个维度理解大数据并能够在生活中鉴别哪些数据具有大数据特征。

学习建议

本章内容属于<u>知识为主型</u>。建议学习时，多使用思维导图，梳理相关知识之间的逻辑关系，特别是对照重、难点内容，将所学的知识用于客观世界中已有的数据库系统分析和关系分析上。

1.1　信息、数据、数据处理与数据管理

1.1.1　信息与数据

在数据处理中，最常用到的基本概念就是信息（Information）和数据（Data），二者既有区别又有联系。

1. 信息

（1）信息的定义

信息是人脑对现实世界事物的存在方式、运动状态以及事物之间联系的抽象反映。信息是客观存在的，人类有意识地对信息进行采集并加工、传递，从而形成了各种消息、情报、指令、数据及信号等。例如，对于学生基本情况来说，某学生的学号是"S1"，姓名是"赵

亦"，性别是"女"，年龄是"17岁"，所在系别是"计算机"等，这些都是关于某名学生的具体信息，是该学生当前存在状态的反映。

（2）信息的特征

① 信息源于物质和能量。信息不可能脱离物质而存在，信息的传递需要物质载体，信息的获取和传递要消耗能量，如信息可以通过报纸、电台、电视和计算机网络进行传递。

② 信息是可以感知的。人类对客观事物的感知可以通过感觉器官，也可以通过各种仪器仪表和传感器来实现。不同的信息源有不同的感知形式，如报纸上刊登的信息通过视觉器官感知，电台中广播的信息通过听觉器官感知。

③ 信息是可存储、加工、传递和再生的。人们用大脑存储信息，称为记忆。计算机存储器、录音、录像等技术的发展，进一步扩大了信息存储的范围。借助计算机，还可对收集的信息进行整理。

2. 数据

（1）数据的定义

数据是由用来记录信息的可识别的符号组合而成的，是信息的具体表现形式。例如，上面提到的某名学生的信息，可用一组数据"S1、赵亦、女、17、计算机"表示。当给这些符号赋予特定语义后，它们就转换为可传递的信息。

可见，数据和它的语义是不可分割的。例如，对于数据(赵亦,计算机)，可以赋予它相关的语义，即学生"赵亦"属于"计算机"系。如果不了解其语义，则无法对数据进行正确解释，甚至解释为"赵亦"学习的课程为"计算机"。

（2）数据的表现形式

我们可用多种数据形式表示同一信息，信息不随数据形式的不同而改变。例如，"本门课程的考试人数为100，考试通过率为90%"，其中的数据可改为汉字形式"一百"和"百分之九十"，而表达的信息是一致的。

由于早期的计算机系统主要用于科学计算，因此计算机中处理的数据主要是整数、浮点数等传统数学中的数字。但是，在现代计算机系统中，数据的概念已被大大地拓宽了，其表现形式不仅包括数字，还包括文字、图形、图像、声音和视频等，它们都可以经过数字化后存储到计算机中。

3. 信息与数据的联系

通过前面的分析可以看出，信息与数据之间存在着固有的联系：数据是信息的符号表示，信息则是对数据的语义解释。例如上例中的数据"100"和"90%"被赋予了特定的语义，此处的100表示的是"考试人数为100"，90%表示的是"考试通过率是90%"，因此，它们就具有了传递信息的功能。我们可以用下式简单地表示信息与数据的关系：

$$信息=数据+语义$$

数据表示了信息，而信息只有通过数据形式表示出来才能被人们理解和接收。尽管两者在概念上不尽相同，但通常人们并不严格地区分它们。

1.1.2 数据处理与数据管理

数据处理是将数据转换成信息的过程，包括对数据的收集、管理、加工、利用，乃至信息输出等一系列活动。其目的之一是从大量的原始数据中抽取和推导出有价值的信息，作为决策的依据；目的之二是借助计算机科学地保存和管理大量复杂的数据，以便人们能够方便地充分利用这些信息资源。在数据处理过程中，数据是原料，是输入；而信息是产出，是输出。"数据处理"的真正含义应该是为了产生信息而处理数据。

数据管理是数据处理的一个关键步骤，主要包括数据的分类、组织、编码、存储、维护、检索等操作。对于这些数据管理的操作，应研制一个通用、高效而又使用方便的管理软件，把数据有效地管理起来，以便最大限度地减轻程序员管理数据的负担；至于处理业务中的加工计算，因不同业务而存在实现上的差异，要靠程序员根据实际业务情况编写相关应用程序加以解决。

所以数据管理是与数据处理相关的必不可少的环节，其技术的优劣将直接影响数据处理的效果。数据库技术正是瞄准这一目标而研究、发展并完善起来的。

1.2　数据库技术的产生、发展

通过前面的学习可知，数据处理的中心问题是数据管理。随着计算机硬件和软件的发展，数据管理经历了人工管理、文件系统和数据库系统三个发展阶段。数据库技术正是应数据管理任务的需要而产生、发展的。

1. 人工管理阶段

在20世纪50年代中期以前，计算机主要用于科学计算，在硬件方面只有卡片、纸带和磁带，没有磁盘等直接存取设备；在软件方面没有操作系统和管理数据的软件。

在人工管理阶段，应用程序与数据之间是一一对应的关系，其特点可用图1-1表示。

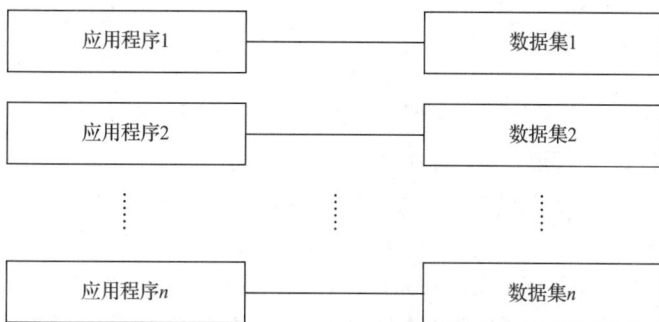

图1-1　人工管理阶段应用程序与数据之间的对应关系

人工管理阶段的数据管理有如下几个特点。

（1）数据没有专门的存取设备。使用计算机完成某一课题时，将原始数据随程序一起输入内存，运算结束后将结果数据输出。随着计算任务的完成，数据和程序一起从内存中被释放；若再计算同一课题时，还需要再次输入原始数据和程序。因此，由于没有专门的存取设备，原始数据和运算结果都无法保存。

（2）数据没有专门的管理软件。数据需要由应用程序自己管理，没有相应的软件系统负责数据的管理工作。每个应用程序不仅要规定数据的逻辑结构，而且要设计数据的物理结构，包括输入数据的物理结构、对应物理结构的计算方法和输出数据的物理结构等。因此，程序员的负担也很重。

（3）数据不共享。数据是面向程序的，一组数据只能对应一个程序。即使多个应用程序涉及某些相同的数据时，也必须各自定义，无法互相利用、互相参照。因此，程序之间有大量的冗余数据。

（4）数据不具有独立性。由于以上几个特点，以及没有专门对数据进行管理的软件系统，因此，这个时期的每个程序都要包括数据存取方法、输入/输出方式和数据组织方法等。因为程序是直接面向存储结构的，所以如果数据的类型、格式或输入/输出方式等逻辑结构或物理结构发生变化，必须对应用程序做出相应的修改。因此，数据与程序不具有独立性，这也进一步加重了程序员的负担。

2. 文件系统阶段

在20世纪50年代后期至20世纪60年代中期，计算机的应用范围逐步扩大，不仅用于科学计算，还大量用于信息管理。随着数据量的增加，数据的存储、检索和维护成为紧迫的需要。在硬件方面，有了磁盘、磁鼓等数据存取设备；在软件方面，出现了高级语言和操作系统，操作系统中有了专门管理数据的文件系统。

在文件系统阶段，应用程序与数据之间的对应关系如图1-2所示。

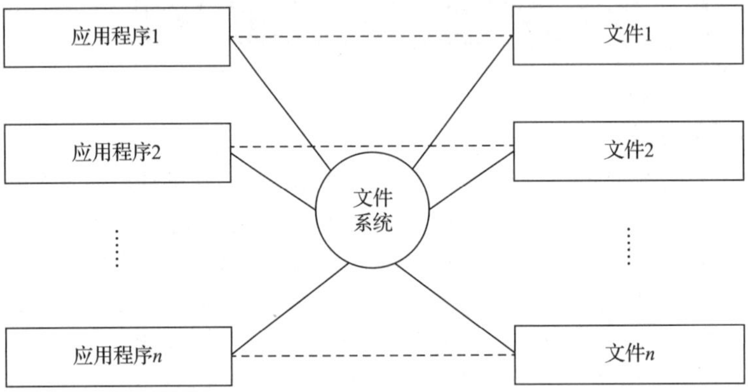

图1-2　文件系统阶段应用程序与数据之间的对应关系

文件系统阶段的数据管理有如下特点。

（1）数据以文件形式长期保存。数据以文件的组织方式，长期保存在计算机的磁盘上，可以被多次反复使用。

（2）由文件系统管理数据。文件系统提供了文件管理功能和文件的存取方法。文件系统把数据组织成具有一定结构的记录，并以文件的形式存储在存储设备上。这样，程序只与存储设备上的文件名打交道，不必关心数据的物理存储（存储位置、物理结构等），而由文件系统提供的存取方法实现数据的存取。

（3）程序与数据之间有一定独立性。由于文件系统在程序与数据文件之间的存取转换作用，程序和数据之间具有"设备独立性"，即当改变存储设备时，不必改变应用程序。程序员也不必过多地考虑数据存储的物理细节，而将精力集中于算法设计，从而大大减少了维护程序的工作量。

（4）文件的形式多样化。由于有了磁盘这样的数据存取设备，文件也就不再局限于顺序文件，有了索引文件、链表文件等，因此，对文件的访问方式既可以是顺序访问，也可以是直接访问。但文件之间是独立的，它们之间的联系需要通过程序去构造，文件的共享性也比较差。

（5）数据具有一定的共享性。有了文件以后，数据就不再仅仅属于某个特定的程序，而可以由多个程序反复使用。但文件结构仍然是基于特定用途的，程序仍然是基于特定的物理结构和存取方法编制的。因此，数据的存储结构与程序之间的依赖关系并未根本改变。

与人工管理阶段相比，文件系统阶段对数据的管理有了很大的进步，但一些根本性问题仍没有彻底解决，主要表现在以下几方面。

（1）数据共享性差、冗余度大。一个文件基本上对应于一个应用程序，即文件仍然是面向应用的。当不同的应用程序所使用的数据具有共同部分时，也必须分别建立自己的数据文件，数据不能共享。

（2）数据不一致性。这通常是由数据冗余造成的。由于相同数据在不同文件中的重复存储、各自管理，因此在对数据进行更新操作时，不但浪费磁盘空间，还容易造成数据的不一致性。

（3）数据独立性差。在文件系统阶段，尽管程序与数据之间有一定的独立性，但是这种独立性主要是指设备独立性，还未能彻底体现用户观点下的数据逻辑结构独立于数据在外部存储器的物理结构要求。因此，在文件系统中，一旦改变数据的逻辑结构，必须修改相应的应用程序，修改文件结构的定义。而应用程序发生变化，如改用另一种程序设计语言来编写程序，也将引起文件的数据结构的改变。

（4）数据间的联系弱。文件与文件之间是独立的，文件间的联系必须通过程序来构造。因此，文件系统只是一个没有弹性的、无结构的数据集合，不能反映现实世界事物之间的内在联系。

3．数据库系统阶段

从20世纪60年代后期开始，计算机在硬件方面出现了大容量、存取快速的磁盘，使存取大量数据成为可能，同时，计算机的应用越来越广泛，数据量急剧增加，多种应用、多种语言互相覆盖的共享数据集合的要求也越来越强烈，文件系统的数据管理方法已无法适应各种应用的需要。于是，数据库技术应运而生，出现了统一管理数据的专门软件系统，即数据库管理系统（Database Management System，DBMS）。

在数据库系统阶段，应用程序与数据之间的对应关系如图1-3所示。

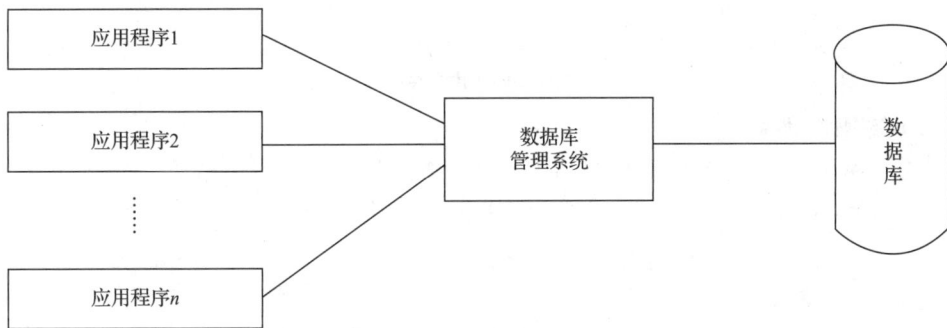

图1-3 数据库系统阶段应用程序与数据之间的对应关系

数据库系统阶段数据管理的特点有如下几方面。

（1）结构化的数据及其联系的集合

数据库系统（Database System，DBS）将数据按一定的结构形式（即数据模型）组织到一个结构化的数据库（Database，DB）中，不仅考虑了某个应用的数据结构，而且考虑了整个组织（即多个应用）的数据结构。也就是说，数据库中的数据不再仅仅针对某个应用，而是面向全组织，不仅数据内部是结构化的，整体也是结构化的；不仅描述了数据本身，也描述了数据间的有机联系，从而较好地反映了现实世界事物之间的自然联系。

例如，要建立学生成绩管理系统，系统包含学生（学号、姓名、性别、系别、年龄）、课程（课程号、课程名）、成绩（学号、课程号、成绩）等数据，分别对应三个文件。对比文件系统的数据存储方式，因为文件系统只表示文件记录内部的联系，而不涉及不同文件记录之间的联系，要想查找某个学生的学号、姓名、所选课程的名称和成绩，必须编写一段比较复杂的程序来实现，即不同文件记录间的联系只能写在程序中。由于数据库系统不仅描述数据本身，还描述数据之间的联系，因此采用数据库方式可以非常容易地联机查到上述信息。

（2）数据共享性高、冗余度低

由于数据库系统从整体角度看待和描述数据，数据不再面向某个或某些应用，而是全盘考虑所有用户的数据需求，面向整个应用系统，所有用户的数据都包含在数据库中。因此，不同用户、不同应用可同时存取数据库中的数据，每个用户或应用只使用数据库中的一部分数据，同一数据可供多个用户或应用共享，从而减少了不必要的数据冗余，节约了存储空间，同时也避免了数据之间的不相容性与不一致性，即避免了同一数据在数据库中重复出现且具有不同值的现象。

同时，在数据库系统中，用户和程序不像在文件系统中那样要各自建立自己对应的数据文件，而是从数据库中存取其中的数据子集。该数据子集是通过数据库管理系统从数据库中经过映射而形成的逻辑文件。同一个数据可能在物理存储上只存一次，但可以把它映射到不同的逻辑文件里，这就是数据库系统提高数据共享、减少数据冗余的根本所在，如图1-4所示。

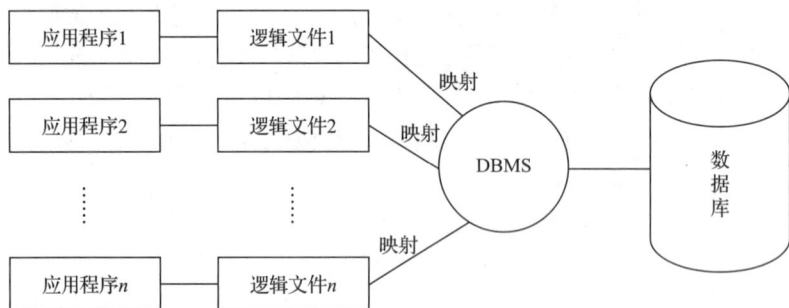

图1-4　数据库系统中的数据共享机制示意图

（3）数据独立性高

在数据库系统中，整个数据库的结构可分成三级：用户逻辑结构、数据库逻辑结构和物理结构。数据独立性分为两级：物理独立性和逻辑独立性，如图1-5所示。

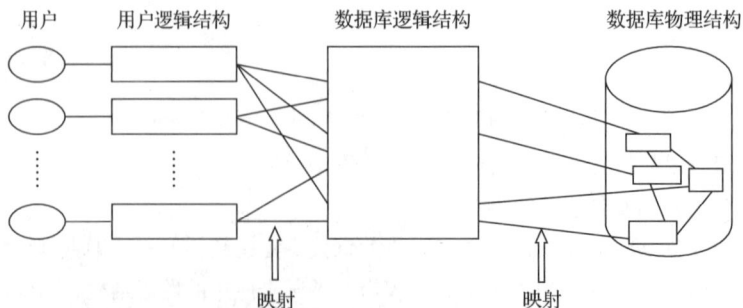

图1-5　数据库的三级结构及其映射关系示意图

数据的物理独立性是指当数据库物理结构（如存储结构、存取方式、外部存储设备等）改变时，通过修改映射，数据库逻辑结构不受影响，进而用户逻辑结构以及应用程序不用改变。例如，在更换程序运行的硬盘时，数据库管理系统会根据不同硬件，调整数据库逻辑结构到数据库物理结构的映射，保持数据库逻辑结构不发生改变，因此用户逻辑结构无须改变。

数据的逻辑独立性是指当数据库逻辑结构（如修改数据定义、增加新的数据类型、改变数据间的关系等）发生改变时，通过修改映射，用户逻辑结构以及应用程序不用改变。例如，在修改数据库中数据的内容时，数据库管理系统会根据调整后的数据库逻辑结构，调整用户逻辑结构到数据库逻辑结构的映射，保持用户逻辑结构访问的数据逻辑不改变，因此用户逻辑结构无须改变。

（4）有统一的数据管理和控制功能

在数据库系统中，数据由数据库管理系统进行统一管理和控制。数据库管理系统的主要功能详见1.3.2小节的介绍。

1.3　数据库系统和数据库管理系统

1.3.1　数据库系统的组成

数据库系统由数据库、数据库用户、计算机硬件系统和计算机软件系统组成，可用图1-6表示（图中省略了计算机硬件系统）。

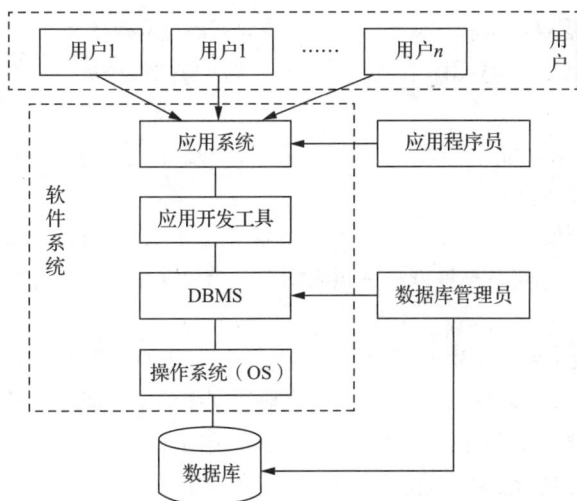

图1-6　数据库系统的组成

1. 数据库

数据库是存储在计算机内、有组织的、可共享的数据和数据对象（如表、视图、存储过程和触发器等）的集合，这种集合按一定的数据模型（或结构）组织、描述并长期存储，同时能以安全和可靠的方法进行数据的检索和存储。

数据库有如下两个特点。

（1）集成性。将某特定应用环境中的各种应用相关的数据及其数据之间的联系全部集中并按照一定的结构形式进行存储，或者说，把数据库看成若干个性质不同的数据文件的联合和统一的数据整体。

（2）共享性。数据库中的数据可为多个不同的用户所共享，即多个不同的用户可使用多种的语言，为了不同的应用目的，而同时存取数据库，甚至同时存取数据库中的同一数据。

2. 用户

用户是指使用数据库的人，他们可对数据库进行存储、维护和检索等操作。用户分为以下三类。

（1）最终用户

最终用户（End User）主要是使用数据库的各级管理人员、工程技术人员和科研人员，一般为非计算机专业人员。他们主要利用已编写好的应用程序接口使用数据库。

（2）应用程序员

应用程序员（Application Programmer）负责为最终用户设计和编写应用程序，并进行调试和安装，以便最终用户利用应用程序对数据库进行存取操作。

（3）数据库管理员

数据库管理员（Database Administrator，DBA）是负责设计、建立、管理和维护数据库以及协调用户对数据库要求的个人或工作团队。DBA应熟悉计算机的软硬件系统，具有较全面的数据处理知识，熟悉最终用户的业务、数据及其流程。

可见，DBA不仅要有较高的技术水平和较深的资历，还应具有了解和阐明管理要求的能力。特别对于大型数据库系统，DBA极为重要。常见的小型数据库系统常常只有一个用户，不设DBA，DBA的职责由应用程序员或最终用户代替。对于大型数据库系统，DBA常常是一个团队。

DBA的主要职责如下。

① 参与数据库设计的全过程，决定整个数据库的结构和信息内容。

② 决定数据库的存储结构和存取策略，以获得较高的存取效率和存储空间利用率。

③ 帮助应用程序员使用数据库系统，如培训、解答应用程序员日常使用数据库系统时遇到的问题等。

④ 定义数据的安全性和完整性约束条件，负责分配各个应用程序对数据库的存取权限，确保数据的安全性和完整性。

⑤ 监控数据库的使用和运行，负责定义和实施适当的数据库备份和恢复策略，当数据库受到破坏时，在最短时间内将数据库恢复到正确状态；当数据库的结构需要改变时，完成对数据库结构的修改。

⑥ 改进和重构数据库，负责监视数据库系统运行期间的空间利用率、处理效率等性能指标，利用数据库管理系统提供的监视和分析程序对数据库的运行情况进行记录、统计、分析，并根据实际情况不断改进数据库的设计，不断提高系统的性能；另外，还要根据用户需求情况的变化，不断对数据库进行重新构造。

3. 软件系统

软件（Software）系统主要包括操作系统（Operating System，OS）、数据库管理系统（DBMS）及应用开发工具和应用系统等。在计算机硬件层之上，操作系统统一管理计算机资源。这样，DBMS可借助操作系统完成对硬件的访问，并能对数据库的数据进行存取、维护和管理。另外，数据库系统的各类人员、应用程序等对数据库的各种操作请求，都必须通过DBMS完成。DBMS是数据库系统的核心软件。

4. 硬件系统

硬件（Hardware）系统是指存储和运行数据库系统的硬件设备，包括CPU、内存、大容量的存储设备、输入/输出设备和外部设备等。

1.3.2　数据库管理系统

数据库管理系统（DBMS）是对数据进行管理的大型系统软件，它是数据库系统的核心组成部分，用户在数据库系统中的一切操作，包括数据定义、查询、更新（包括插入、删除和修改）及各种控制，都是通过DBMS进行的。DBMS就是把抽象逻辑数据处理转换成计算机中的具体物理数据的处理软件，这样给用户带来很大的方便。

1. DBMS 的主要功能

数据库管理系统的主要功能包括数据定义功能、数据操纵功能、数据库的运行管理功能、数据库的建立和维护功能、数据通信接口，以及数据的组织、存储和管理功能，如图1-7所示。

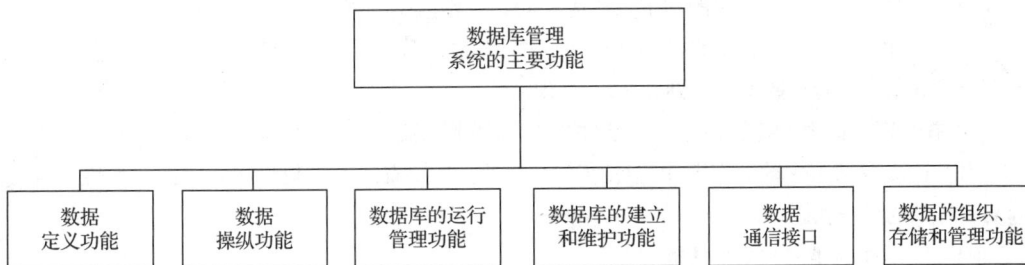

图 1-7　数据库管理系统的主要功能

（1）数据定义功能

DBMS提供数据定义语言（Data Definition Language，DDL），定义数据的模式、外模式和内模式三级模式结构，定义模式/内模式和外模式/模式二级映像，定义有关的约束条件。例如，为保证数据库安全而定义用户口令和存取权限，为保证正确语义而定义完整性规则等。再如，DBMS提供的结构化查询语言（Structured Query Language，SQL）提供CREATE、DROP、ALTER等命令，可分别用来建立、删除和修改数据库。

用DDL定义的各种模式需要通过相应的模式翻译程序转换为机器内部代码表示形式，保存在数据字典（Data Dictionary，DD）（又称为系统目录）中。数据字典是DBMS存取数据的基本依据。因此，DBMS中应包括DDL的编译程序。

（2）数据操纵功能

DBMS提供数据操纵语言（Data Manipulation Language，DML）实现对数据库的基本操作，包括检索、更新（如插入、修改和删除）等。因此，DBMS也应包括DML的编译程序或解释程序。DML有两类：一类是自主型的或自含型的，这一类属于交互式命令语言，语法简单，可独立使用；另一类是宿主型的，它把对数据库的存取语句嵌入高级语言（如FORTRAN、Pascal、C等），不能单独使用。SQL就是DML的一种。

例如，DBMS的结构化查询语言（SQL）提供查询命令（SELECT）、插入命令（INSERT）、修改命令（UPDATE）和删除命令（DELETE），可分别实现对数据库中数据记录的查询、插入、修改和删除等操作。

（3）数据库的运行管理功能

对数据库的运行进行管理是DBMS运行的核心部分。DBMS通过对数据库的控制以确保数据正确、有效和数据库系统的正常运行。DBMS对数据库的控制主要通过四方面实现：数据的安全性（Security）控制、数据的完整性（Integrity）控制、多用户环境下的数据并发（Concurrency）控制和数据恢复（Recovery）。

① 数据的安全性控制：防止不合法使用数据库造成数据的泄露和破坏，使每个用户只能按规定对某些数据进行某种或某些操作和处理，保证数据的安全。例如，系统提供口令检查用户身份或用其他手段来验证用户身份，以防止非法用户使用系统。当然也可以对数据的存取权限进行限制，用户只能按所具有的权限对指定的数据进行相应的操作。

② 数据的完整性控制：系统通过设置一些完整性规则等约束条件，确保数据的正确性、有效性和相容性。

正确性是指数据的合法性，如年龄属于数值型数据，只能含有0,1,…,9，不能含有字母或特殊符号。

有效性是指数据是否在其定义的有效范围，如月份只能用1～12的正整数表示。

相容性是指表示同一事实的两个数据应相同，否则就不相容，如一个人不能有两个性别。

③ 并发控制：多个用户同时存取或修改数据库时，系统可防止由于相互干扰而提供给用户不正确的数据，并防止数据库受到破坏。

④ 数据恢复：由于计算机系统的硬件故障、软件故障、操作员的误操作或其他故意的破坏等原因，造成数据库中的数据不正确或数据丢失时，系统有能力将数据库从错误状态恢复到最近某一时刻的正确状态。

（4）数据库的建立和维护功能

数据库的建立包括数据库初始数据的装入与数据转换等，数据库的维护包括数据库的转储、恢复、重组织与重构造、系统性能监视与分析等。这些功能分别由DBMS的各个实用程序来完成。

（5）数据通信接口

DBMS提供与其他软件系统进行通信的功能。一般，DBMS提供了与其他DBMS或文件系统的接口，从而使该DBMS能够将数据转换为另一个DBMS或文件系统能够接受的格式，或者可接收其他DBMS或文件系统的数据，实现用户程序与DBMS、DBMS与DBMS、DBMS与文件系统之间的通信。通常这些功能要与操作系统协调完成。

（6）数据的组织、存储和管理功能

DBMS负责数据库中需要存放的各种数据（如数据字典、用户数据、存取路径等）的组织、存储和管理工作，确定以何种文件结构和存取方式物理地组织这些数据，以提高存储空间利用率和对数据库进行增、删、查、改的效率。

2. DBMS 的组成

DBMS是由许多程序所组成的一个大型软件系统，每个程序都有自己的功能，共同完成DBMS的一个或几个工作。一个完整的DBMS通常由语言编译处理程序、系统运行控制程序及系统建立、维护程序和数据字典等部分组成，如图1-8所示。

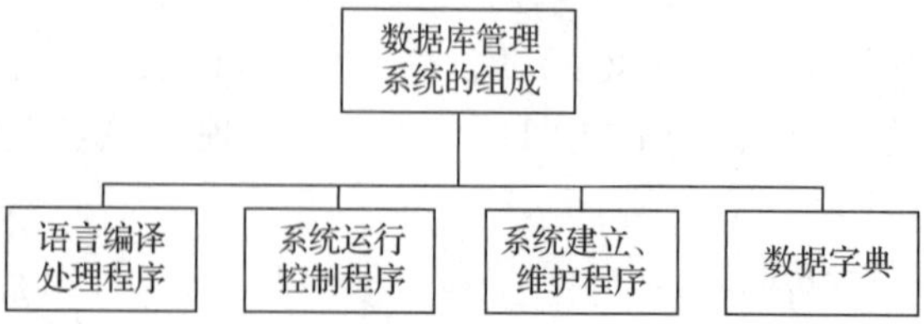

图1-8　数据库管理系统的组成

（1）语言编译处理程序

语言编译处理程序包括以下两个程序。

① 数据定义语言（DDL）编译程序：它把用DDL编写的各级源模式编译成各级目标模式。这些目标模式是对数据库结构信息的描述，它们被保存在数据字典中，供以后数据操纵或数据控制时使用。

② 数据操纵语言（DML）编译程序：它将应用程序中的DML语句转换成可执行程序，实现对数据库的检索、插入、修改和删除等基本操作。

（2）系统运行控制程序

DBMS提供了一系列运行控制程序，负责数据库系统运行过程中的控制与管理，主要包括以下几部分。

① 系统总控程序：用于控制和协调各程序的活动，是DBMS运行程序的核心。

② 安全性控制程序：防止未被授权的用户存取数据库中的数据。

③ 完整性控制程序：检查完整性约束条件，确保进入数据库中的数据的正确性、有效性和相容性。

④ 并发控制程序：协调多用户、多任务环境下各应用程序对数据库的并发操作，保证数据的一致性。

⑤ 数据存取和更新程序：实施对数据库数据的检索、插入、修改和删除等操作。

⑥ 通信控制程序：实现用户程序与DBMS间的通信。

此外，DBMS还有文件读写与维护程序、缓冲区管理程序、存取路径管理程序、事务管理程序、运行日志管理程序等。所有这些程序在数据库系统运行过程中协同操作，监视着对数据库的所有操作，控制、管理数据库资源等。

（3）系统建立、维护程序

系统建立、维护程序主要包括以下几部分。

① 装配程序：完成初始数据库的数据装入。

② 重组程序：当数据库系统性能降低时（如查询速度变慢），需要重新组织数据库，重新装入数据。

③ 系统恢复程序：当数据库系统受到破坏时，将数据库系统恢复到以前某个正确的状态。

（4）数据字典

数据字典用来描述数据库中有关信息的数据目录，包括数据库的三级模式、数据类型、用户名和用户权限等有关数据库系统的信息，起着系统状态的目录表的作用，帮助用户、DBA和DBMS本身使用和管理数据库。

3. DBMS 的数据存取过程

在数据库系统中，DBMS与操作系统、应用程序、硬件等协同工作，共同完成数据各种存取操作，其中DBMS起着关键的作用，对数据库的一切操作，都要通过DBMS完成。

DBMS对数据的存取通常需要以下几个步骤。

（1）用户使用某种特定的数据操作语言向DBMS发出存取请求。

（2）DBMS接受请求并将该请求解释转换成机器代码指令。

（3）DBMS依次检查外模式、外模式/模式映像、模式、模式/内模式映像及存储结构定义。

（4）DBMS对存储数据库执行必要的存取操作。

（5）从对数据库的存取操作中接受结果。

（6）对得到的结果进行必要的处理，如格式转换等。

（7）将处理的结果返回给用户。

上述存取过程中还包括安全性控制、完整性控制，以确保数据的正确性、有效性和一致性。DBMS的工作方式如图1-9所示。

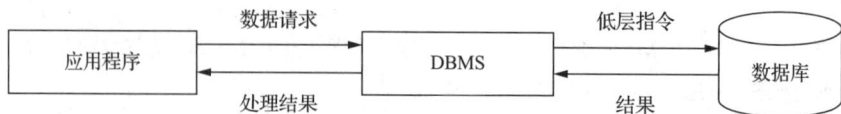

图1-9　DBMS的工作方式

1.4　数据库系统的内部体系结构

从数据库管理系统的角度看，虽然不同的数据库系统的实现方式存在差异，但它们在体系结构上均可表示为三级模式结构。这是数据库系统的内部体系结构。

1.4.1　三级模式与二级映像

1. 数据库系统模式的概念

数据库中的数据是按一定的数据模型（结构）组织起来的，而在数据模型中有"型"（Type）和"值"（Value）的概念。"型"是指对某一类数据的结构和属性的说明，而"值"是"型"的一个具体赋值。例如，在描述学生基本情况的信息时，学生基本情况可以定义为(学号,姓名,性别,年龄,系别)，称为学生的型，而(001101,张立,男,20,计算机)则是某一学生的具体数据。

模式（Schema）是数据库中全体数据的逻辑结构和特征的描述，它仅涉及型的描述，而不涉及具体的值。模式的一个具体值称为模式的一个实例（Instance）。同一个模式可以有很多实例。

对于数据库描述的业务，模式相对稳定，由于数据库中数据的不断更新变化，因此实例会频繁改变。模式反映的是数据的结构，而实例反映的是数据库某一时刻的状态。

例如，在描述学生基本情况的数据库中，包含了学生的基本情况，则2012级和2013级的所有学生的基本情况就形成了两个年级学生基本情况的数据库实例。显然，这两个实例的模式是相同的，都是学生基本情况，相关的型都是(学号,姓名,性别,年龄,系别)；但两个实例的数据是不同的，因为2012级学生的基本情况信息与2013级学生的基本情况信息肯定是不相同的。同时，当学生在学习过程中出现转系、退学等情况时，以上两个实例可能随时发生变化，但它们的模式不变。

2. 三级模式与二级映像概述

美国国家标准学会（American National Standards Institute，ANSI）所属标准计划和要求委员会在1975年公布的研究报告中，把数据库系统内部的体系结构从逻辑上分为外模式、模式和内模式三级抽象模式结构和二级映像功能，即ANSI/SPARC体系结构。对用户而言，外模式、模式和内模式分别对应一般用户模式、概念模式和物理模式，它们分别反映了看待数据库的三个角度。三级模式结构和二级映像功能如图1-10所示。

（1）模式

模式也称为概念模式，是数据库中全体数据的逻辑结构和特征的描述，处于三级模式结构的中间层，不涉及数据的物理存储细节和硬件环境，与具体的应用程序、所使用的应用开发工具及高级程序设计语言（如C、FORTRAN等）无关。

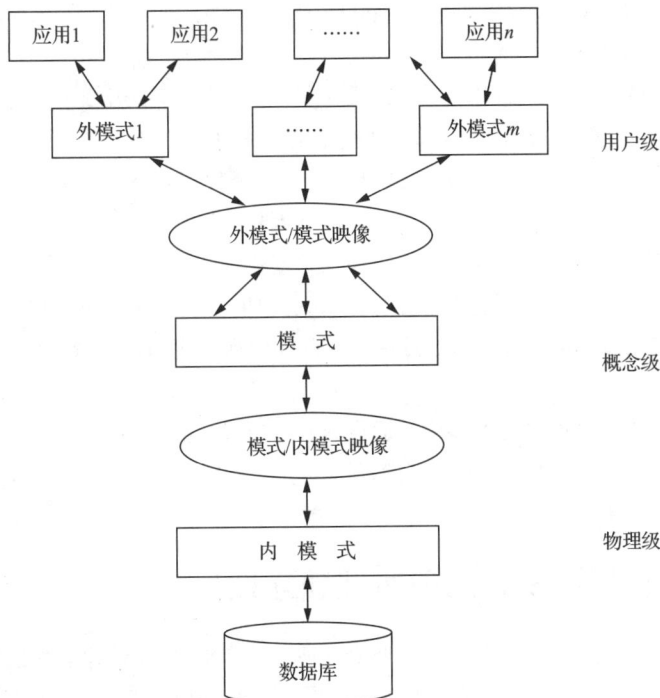

图 1-10　数据库系统的三级模式结构和二级映像功能示意图

一个数据库只有一个模式，因为它是整个数据库数据在逻辑上的视图，即数据库的整体逻辑。也可以认为，模式是对现实世界的一个抽象，是将现实世界某个应用环境（企业或单位）的所有信息按用户需求而形成的一个逻辑整体。

（2）外模式

外模式（External Schema）又称为子模式（Subschema）或用户模式（User Schema），位于三级模式结构的最外层。它是数据库用户能看到并允许使用的那部分数据的逻辑结构和特征的描述，是与某一应用有关的数据的逻辑表示，也是数据库用户的数据视图，即用户视图。

可见，外模式一般是模式的子集，一个数据库可以有多个外模式。由于不同用户的需求可能不同，因此，不同用户对应的外模式的描述也可能不同。另外，同一外模式也可以为多个应用系统所使用。

各个用户可根据系统所给的外模式，用查询语言或应用程序去操作数据库中所需要的那部分数据，这样每个用户只能看到和访问所对应的外模式中的数据，数据库中的其余数据对他们来说是不可见的。所以外模式是保证数据库安全性的一个有力措施。

（3）内模式

内模式（Internal Schema）又称为存储模式（Storage Schema）或物理模式（Physical Schema），位于三级模式结构中的最内层，也是靠近物理存储的一层，即与实际存储数据方式有关的一层。它是对数据库存储结构的描述，是数据在数据库内部的表示方式。例如，记录以什么存储方式存储（顺序存储、B+树存储等）、索引按照什么方式组织、数据是否压缩、是否加密等，它不涉及任何存储设备的特定约束，如磁盘磁道容量和物理块大小等。

三级模式和
二级映像

（4）外模式/模式映像

数据库中的同一模式可以有任意多个外模式。对于每一个外模式，都存在一个外模式/模式

映像，所以在一个数据库系统中，外模式/模式映像有多个。

（5）模式/内模式映像

数据库中的模式和内模式都只有一个，所以在一个数据库系统中，模式/内模式映像是唯一的，它确定了数据的全局逻辑结构与存储结构之间的对应关系。

通过对数据库三级模式结构的分析可以看出，一个数据库系统实际存在的只是物理级数据库，即内模式，它是数据访问的基础。概念数据库只不过是物理级数据库的一种抽象描述，用户级数据库是用户与数据库的接口。用户根据外模式进行的操作，通过外模式到模式的映射与概念级数据库联系起来，又通过模式到内模式的映射与物理级数据库联系起来。事实上，DBMS的中心工作之一就是完成三级数据库模式间的转换，把用户对数据库的操作转换到物理级去执行。

在数据库系统中，外模式可有多个，而模式、内模式只能各有一个。内模式是整个数据库实际存储的表示，而模式是整个数据库实际存储的抽象表示，外模式是逻辑模式的某一部分的抽象表示。

1.4.2 数据的逻辑独立性和物理独立性

数据库系统的三级模式是数据的三个抽象级别，它使用户能独立地处理数据，而不必关心数据在计算机内部的存储方式，把数据的具体组织交给DBMS管理。为了能够在内部实现这三个抽象层次的联系和转换，DBMS在三级模式之间提供了二级映像功能。正是这两级映像保证了数据库系统中较高的数据独立性，即逻辑独立性和物理独立性。

（1）数据的逻辑独立性

模式描述的是数据的全局逻辑结构，外模式描述的是数据的局部逻辑结构。外模式/模式映像确定了数据的局部逻辑结构与全局逻辑结构之间的对应关系。例如，在学生的逻辑结构(学号,姓名,性别)中添加新的属性"出生日期"时，学生的逻辑结构变为(学号,姓名,性别,出生日期)，由数据库管理员对各个外模式/模式映像做相应改变，这一映像功能保证了数据的局部逻辑结构不变（即外模式保持不变）。由于应用程序是依据数据的局部逻辑结构编写的，因此应用程序不必修改，从而保证了数据与程序间的逻辑独立性。

（2）数据的物理独立性

模式/内模式映像确定了数据的全局逻辑结构与存储结构之间的对应关系。存储结构变化时，如采用了更先进的存储结构，由数据库管理员对模式/内模式映像做相应变化，使其模式仍保持不变，即把存储结构的变化影响限制在模式之下，这使数据的存储结构和存储方法较高地独立于应用程序，通过映像功能保证数据存储结构的变化不影响数据的全局逻辑结构的改变，从而不必修改应用程序，即确保了数据的物理独立性。

1.4.3 数据库系统的三级模式与二级映像的优点

数据库系统的三级模式与二级映像使数据库系统具有以下优点。

（1）保证数据的独立性。将模式和内模式分开，保证了数据的物理独立性；将外模式和模式分开，保证了数据的逻辑独立性。

（2）简化了用户接口。按照外模式编写应用程序或输入命令，而无须了解数据库内部的存储结构，方便用户使用系统。

（3）有利于数据共享。在不同的外模式下可由多个用户共享系统中的数据，减少了数据冗余。

（4）有利于数据的安全保密。在外模式下根据要求进行操作，只能对限定的数据操作，保证了其他数据的安全。

1.5 数据库系统的外部体系结构

从最终用户角度来看，数据库系统的外部体系结构分为单用户结构、主从式结构、分布式结构，以及建立在主从式和分布式结构基础上的客户机/服务器结构和浏览器/服务器结构。

数据库系统常见多层架构设计方案

1. 单用户结构的数据库系统

单用户结构的数据库系统又称桌面型数据库系统，其主要特点是将应用程序、DBMS和数据库都装在一台计算机上，由一个用户独占使用，不同计算机间不能共享数据。

DBMS提供较弱的数据库管理和较强的应用程序与界面开发工具，开发工具与数据库集成为一体，既是数据库管理工具，又是数据库应用程序和界面的前端工具。例如，在Visual Foxpro 6.0里就集成了开发工具，在Access 97和Access 2000里集成了支持脚本语言的开发工具等。

因此，桌面型数据库工作在单机环境，用以实现业务流程简单的应用程序，适用于未联网用户、个人用户等。

2. 主从式结构的数据库系统

主从式结构的数据库系统是一个大型主机带多终端的多用户结构的系统。在这种结构中，将应用程序、DBMS和数据库都集中存放在一个大型主机上，所有处理任务都由这个大型主机来完成，而连于主机上的终端，只是作为主机的输入/输出设备，各个用户通过主机的终端并发地存取和共享数据资源。主机则通过分时的方式轮流为每个终端用户服务。在每个时刻，每个用户都感觉自己独占主机的全部资源。

主从式结构的主要优点是结构简单，易于管理与维护；缺点是所有处理任务都由主机完成，对主机的性能要求较高。当终端数量太多时，主机的处理任务和数据吞吐任务过重，使系统性能下降；另外，当主机遭受攻击而出现故障时，整个系统无法使用。因此，主从式结构对主机的可靠性要求较高。

3. 分布式结构的数据库系统

分布式结构的数据库系统是指数据库中的数据在逻辑上是一个整体，但在物理上却分布在计算机网络的不同节点上。它有以下主要特点。

（1）数据在物理上是分布的。数据库中的数据不集中存放在一台服务器上，而是分布在不同地域的服务器上，每台服务器都被称为节点。

（2）所有数据在逻辑上都是一个整体。数据库中的数据在物理上是分布的，但在逻辑上却相互关联，是相互联系的整体。

（3）节点上分布存储的数据相对独立。在普通用户看来，整个数据库系统仍然是集中的整体，用户不关心数据的分布存储，也不关心物理数据的具体分布，完全由网络数据库在分布式文件系统的支持下完成。

分布式数据库系统是分布式网络技术与数据库技术相结合的产物，是分布在计算机网络上的多个逻辑相关的数据库的集合。这种数据库系统的优点是可以利用多台服务器并发地处理数据，从而提高计算型数据处理任务的效率；缺点是数据的分布式存储给数据处理任务的协调与维护带来困难，同时，当用户需要经常访问过程数据时，系统效率明显地受到网络流量的制约。

4. 客户机／服务器结构的数据库系统

主从式结构的数据库系统中的主机和分布式结构的数据库系统中的节点机，既执行DBMS功能，又执行应用程序。随着工作站功能的增强和广泛使用，人们在主从式和分布式结构的基础上，开始把DBMS的功能与应用程序分开，网络上某个（些）节点机专门用于执行DBMS的功能，完成数据的管理功能，称为数据库服务器；其他节点上的计算机安装DBMS的应用开发工具和相关数据库应用程序，称为客户机。这类系统就是客户机/服务器结构（Client/Server，C/S）的数据库系统，如图1-11所示。

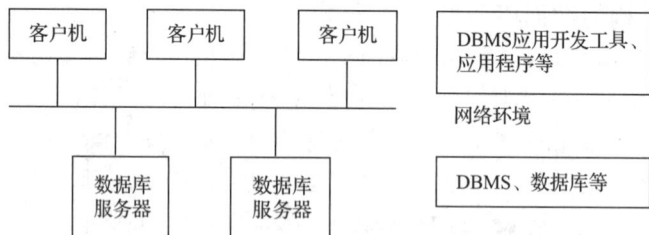

图1-11　客户机/服务器结构的数据库系统示意图

在客户机/服务器结构中，DBMS和数据库存放于数据库服务器上，应用程序和相关开发工具存放于客户机上。客户机负责管理用户界面、接收用户数据、处理应用逻辑、生成数据库服务请求，将该请求发送给服务器，数据库服务器进行处理后，将处理结果返回客户机，并将结果按一定格式显示给用户。因此，这种客户机/服务器模式，又称为富客户机（Rich Client）模式，是一种两层结构。

客户机/服务器结构的数据库系统的主要优点如下。

（1）网络运行效率大大提高，这主要因为服务器只将处理的结果返回客户机，从而大大降低了网络上的数据传输量。

（2）应用程序的运行和计算处理工作由客户机完成。这样，既减少了与服务器不必要的通信开销，也减轻了服务器的处理工作，从而减轻了服务器的负载。

客户机/服务器结构的数据库系统的主要缺点是维护升级很不方便，需要在每个客户机上都安装客户机程序，而且当应用程序修改后，就必须在所有安装应用程序的客户机上升级此应用程序。

5. 浏览器／服务器结构的数据库系统

浏览器/服务器结构（Browser/Server，B/S）是针对客户机/服务器结构的不足而提出的。

在浏览器/服务器结构中，客户机仅安装通用的浏览器软件，实现用户的输入/输出，而应用程序不安装在客户机，而是安装在介于客户机与数据库服务器之间的另外一个被称为应用服务器的服务器端，即将客户机运行的应用程序转移到应用服务器上，这样，应用服务器充当了客户机和数据库服务器的中介，架起了用户界面与数据库之间的"桥梁"。因此，浏览器/服务器模式是瘦客户机（Thin Client）模式，是一种三层结构，如图1-12所示。

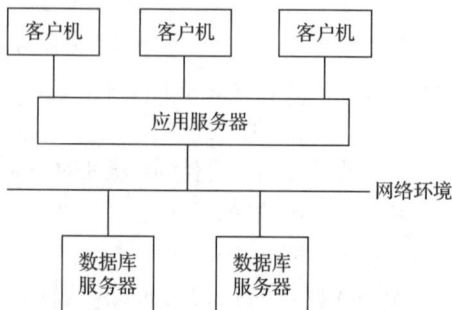

图1-12　浏览器/服务器结构的数据库系统示意图

可见，浏览器/服务器结构有效地克服了客户机/服务器结构的不足，客户机只要能运行浏览器即可，其配置与维护也相对容易。浏览器/服务器结构在Internet中得到了最广泛的应用。此时，Web服务器即应用服务器。

1.6 三个世界及其有关概念

1.6.1 现实世界

现实世界，即客观存在的世界。其中存在着各种事物及它们之间的联系，每个事物都有自己的特征或性质。人们总是选用感兴趣的最能表征一个事物的若干特征来描述该事物。例如，要描述一名学生，常选用学号、姓名、性别、年龄、系别等来描述，有了这些特征，就能区分不同的学生。

在客观世界中，事物之间是相互联系的，而这种联系可能是多方面的，但人们只选择那些感兴趣的联系，无须选择所有的联系。例如在学生管理系统中，可以选择"学生选修课程"这一联系表示学生与课程之间的关系。

1.6.2 信息世界

1. 信息世界及其有关概念

信息世界是现实世界在人们头脑中的反映，经过人脑的分析、归纳和抽象，形成信息，人们把这些信息进行记录、整理、归类和格式化后，就构成了信息世界。在信息世界中，常用的主要概念如下。

（1）实体（Entity）。客观存在且可以相互区别的"事物"称为实体。实体可以是具体的人、事和物，如一名学生、一本书、一辆汽车、一种物资等；也可以是抽象的事件，如一堂课、一次比赛、学生选修课程等。

（2）属性（Attribute）。实体所具有的某一特性称为属性。一个实体可以由若干属性共同来刻画，如学生实体由学号、姓名、性别、年龄、系等方面的属性组成。属性有"型"和"值"之分。"型"即属性名，如姓名、年龄、性别都是属性的型；"值"即属性的具体内容，如学生(990001,张立,20,男,计算机)，这些属性值的集合表示了一个学生实体。

（3）实体型（Entity Type）。具有相同属性的实体必然具有共同的特征，所以用实体名及其属性名集合来抽象和描述同类实体，称为实体型。例如学生(学号,姓名,年龄,性别,系)就是一个实体型，它描述的是学生这一类实体。

（4）实体集（Entity Set）。同型实体的集合称为实体集，如所有的学生、所有的课程等。

（5）码（Key）。在实体型中，能唯一标识一个实体的属性或属性集称为实体的码。例如学生的学号就是学生实体的码，而学生实体的姓名属性可能有重名，不能作为学生实体的码。注意：在有些教材中该概念称为键，具体内容将在本书的第2章介绍。

（6）域（Domain）。某一属性的取值范围称为该属性的域。例如学号的域为6位整数，姓名的域为字符串集合，年龄的域为小于40的整数，性别的域为男或女。

（7）联系（Relationship）。在现实世界中，事物内部以及事物之间是有联系的，这些联系同样也要抽象和反映到信息世界中来。在信息世界中，这些联系将被抽象为单个实体型内部的联系和实体型之间的联系。单个实体型内部的联系通常是指组成实体的各属性之间的联系；实体型之间的联系通常是指不同实体集之间的联系，这种联系可分为两个实体型之间的联系以及两个以上实体型之间的联系。

2. 两个实体型之间的联系

两个实体型之间的联系是指两个不同的实体集之间的联系，有如下3种类型。

（1）一对一联系（1∶1）。实体集A中的一个实体至多与实体集B中的一个实体相对应，反之，实体集B中的一个实体至多与实体集A中的一个实体相对应，则称实体集A与实体集B为一对一联系，记作1∶1。例如，班级与班长、观众与座位、病人与床位之间的联系。

（2）一对多联系（1∶n）。实体集A中的一个实体与实体集B中的n（n≥0）个实体相联系，反之，实体集B中的一个实体至多与实体集A中的一个实体相联系，记作1∶n。例如，班级与学生、公司与职员、省与市之间的联系。

（3）多对多联系（m∶n）。实体集A中的一个实体与实体集B中的n（n≥0）个实体相联系，反之，实体集B中的一个实体与实体集A中的m（m≥0）个实体相联系，记作m∶n。例如，教师与学生、学生与课程、工厂与产品之间的联系。

实际上，一对一联系是一对多联系的特例，而一对多联系又是多对多联系的特例。

我们可以用图形来表示两个实体型之间的这3种联系，如图1-13所示。

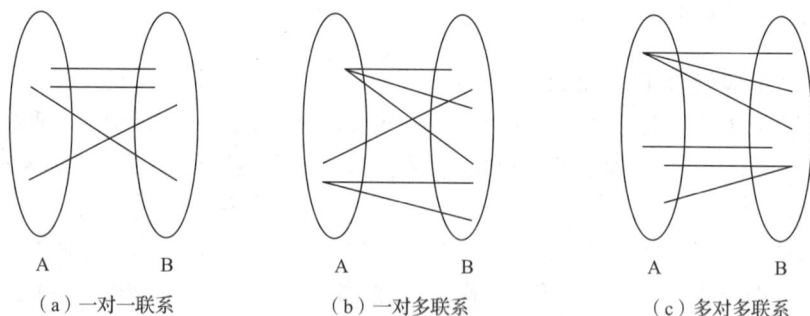

| （a）一对一联系 | （b）一对多联系 | （c）多对多联系 |

图1-13　两个实体型之间的联系

3. 两个以上实体型之间的联系

两个以上实体型之间也存在着一对一、一对多和多对多的联系。例如，对于课程、教师与参考书三个实体型，如果一门课程可以由若干教师讲授，使用若干本参考书，而每一名教师只讲授一门课程，每一本参考书只供一门课程使用，则课程与教师、参考书之间的联系是一对多的联系。

4. 单个实体型内部的联系

同一个实体集内的各个实体之间存在的联系，也可以有一对一、一对多和多对多的联系。例如，职工实体型内部具有领导与被领导的联系，即某一职工"领导"若干职工，而一名职工仅被另外一名职工直接领导，因此，在职工实体集内部的这种联系，就是一对多的联系。

1.6.3　计算机世界

计算机世界是信息世界中信息的数据化，就是将信息用字符和数值等数据表示，便于存储在计算机中并由计算机进行识别和处理。在计算机世界中，常用的主要概念有如下几个。

（1）字段（Field）。标记实体属性的命名单位称为字段，也称为数据项。字段的命名往往和属性名相同，如学生有学号、姓名、年龄、性别和系等字段。

（2）记录（Record）。字段的有序集合称为记录。通常用一条记录描述一个实体，因此，记录也可以定义为能完整地描述一个实体的字段集，如一个学生(990001,张立,20,男,计算机)为一条记录。

（3）文件（File）。同一类记录的集合称为文件。文件是用来描述实体集的，如所有学生的记录组成了一个学生文件。

（4）关键字。能唯一标识文件中每条记录的字段或字段集称为记录的关键字（简称键）。例如，在学生文件中，学号可以唯一标识每一条学生记录，因此，学号可作为学生记录的关键字。

在计算机世界中，信息模型被抽象为数据模型，实体型内部的联系被抽象为同一记录内部各字段间的联系，实体型之间的联系被抽象为记录与记录之间的联系。

现实世界是信息之源，是设计数据库的出发点，实体模型和数据模型是现实世界事物及其联系的两级抽象。数据模型是实现数据库系统的根据。通过以上介绍，我们可总结出三个世界中各术语的对应关系，如图1-14所示。

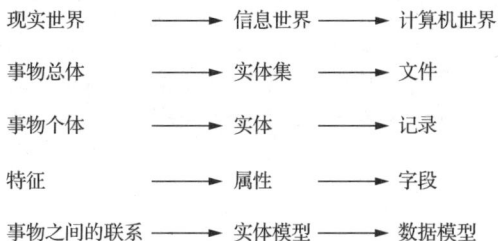

图1-14　三个世界中各术语的对应关系

1.6.4　三个世界之间的联系

由于计算机不能直接处理现实世界中的具体事物及其联系，为了利用数据库技术管理和处理现实世界中的事物及其联系，人们必须将这些具体事物及其联系进行抽象和转换，得到计算机能够处理的数据，这个过程如图1-15所示。

在实际的数据处理过程中，首先将现实世界的事物及联系抽象成信息世界的概念模型，再抽象成计算机世界的数据模型。概念模型并不依赖于具体的计算机系统，不是某一个DBMS所支持的数据模型，它是计算机内部数据的抽象表示；概念模型经过抽象，转换成计算机上某一DBMS支持的数据模型。

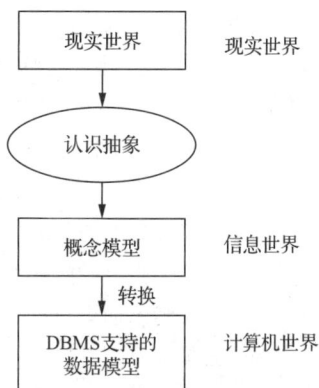

图1-15　数据处理的抽象和转换过程

1.7　数据模型的分类

1.7.1　数据模型的组成要素

1. 数据结构

数据结构描述的是数据库的静态特性，是数据模型中最基本的部分。不同的数据模型采用不同的数据结构。

2. 数据操作

数据操作是指对数据库中的各种数据允许执行的操作的集合，包括操作及相应的操作规则，描述了数据库的动态特性。数据库有查询和更新（包括插入、删除和修改）两类操作。数据模型必须定义这些操作的确切含义、操作符号、操作规则（如优先级）以及实现操作的语言。

3. 数据的完整性约束条件

数据的完整性约束条件是一组完整性规则的集合。完整性规则是给定的数据模型中数据及其联系所具有的制约和依存规则，用以限定符合数据模型的数据库状态以及状态的变化，以保证数据的正确、有效、相容。

数据模型应该反映和规定本数据模型必须遵守的基本的和通用的完整性约束条件，还应该提供定义完整性约束条件的机制，以反映具体应用所涉及的数据必须遵守的特定的语义约束条件。例如，在学生管理数据库中，学生的年龄不得超过40岁。

1.7.2　层次模型

层次模型是数据库系统中最早出现的数据模型，采用层次模型的数据库的典型代表是IBM公司的IMS数据库管理系统。此系统是IBM公司于1968年推出的第一个大型的商用数据库管理系统，曾经得到广泛的应用。

1. 层次模型的数据结构

在现实世界中，由于许多实体之间的联系都表现出一种很自然的层次关系，如家族关系、行政机构等，因此，层次模型用树状数据结构（有向树）来表示各类实体以及实体间的联系。

在这种树状结构中，每个节点表示一个记录型，每个记录型可包含若干字段，记录型描述的是实体，字段描述实体的属性，各个记录型及其字段都必须命名。节点间的带箭头的连线（或边）表示记录型间的联系，连线上端的节点是父节点或双亲节点，连线下端的节点是子节点或子女节点，同一双亲的子女节点称为兄弟节点，没有子女节点的节点称为叶节点，如图1-16所示。

层次模型有如下特点。

（1）每棵树有且仅有一个节点没有双亲，该节点就是根节点。

（2）根节点以外的其他节点有且仅有一个双亲节点。

（3）父子节点之间的联系是一对多（$1:n$）的联系。父节点中的一个记录值可能对应n个子节点中的记录值，而子节点中的一个记录值只能对应父节点中的一个记录值。因此，任何一个给定的记录值只有按其路径查看时，才能显出它的全部意义。没有一个子女记录值能够脱离双亲记录值而独立存在。

以下是一个层次模型的例子，如图1-17所示。

层次模型为TS，它具有四个记录型。记录型D（系）是根节点，由字段D#（系编号）、DN（系名）和DL（系地点）组成，它有两个子女节点R和S。记录型R（教研室）是D的子女节点，同时又是T的双亲节点，它由R#（教研室编号）和RN（教研室名）两个字段组成。记录型S（学生）由S#（学号）、SN（姓名）和SS（成绩）三个字段组成，记录型T（教师）由T#（职工号）、TN（姓名）和TD（研究方向）三个字段组成。S与T是叶节点，它们没有子女节点。由D到R、由R到T，以及由D到S均是一对多的关系。

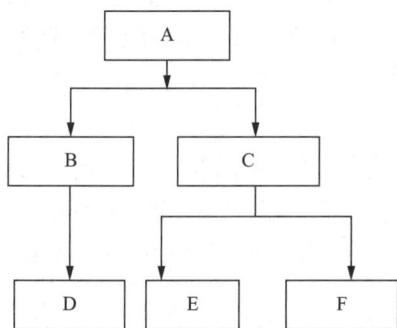

图1-16 层次模型有向树的示意图

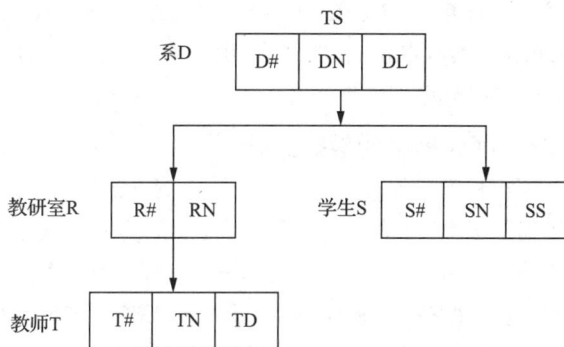

图1-17 TS数据库模型

例如，设对应上述数据模型的一个值，该值是D01系（计算机系）记录值及其所有后代记录值组成的一棵有向树，D01系有两个教研室子记录值R01、R02和两个学生记录值S9901和S9902，教研室R01有三个教师记录值T1101、T1102和T1103，教研室R02有两个教师记录值T1201和T1202。以教师T1202来说，只有从根节点开始看起，才能知道其全部信息，也就是说，从根节点看起，该教师属于D01系的R02教研室。

2．层次模型的数据操纵与完整性约束条件

层次模型的数据操纵主要有查询、插入、删除和修改，进行插入、删除和修改操作时要满足层次模型的完整性约束条件。

在进行插入操作时，如果没有相应的双亲节点值就不能插入子女节点值。若新进一名教师，如果没有确定他在哪个教研室，则该教师信息不能插入数据库。

在进行删除操作时，如果删除双亲节点值，则相应的子女节点值也被同时删除。若删除一个教研室，则该教研室的所有教师都将被删除。

在进行修改操作时，应修改所有相应的记录，以保证数据的一致性。

3．层次模型的优缺点

层次模型的主要优点如下。

（1）层次模型结构比较简单，层次分明，便于在计算机内实现。

（2）节点间联系简单，从根节点到树中任一节点均存在一条唯一的层次路径。当要存取某个节点的记录值时，沿着这条路径很快就能找到该记录值，因此，以该种模型建立的数据库系统查询效率很高。

（3）提供了良好的数据完整性支持。

层次模型的缺点主要有以下几点。

（1）不能直接表示两个以上实体型之间的复杂联系和实体型之间的多对多联系，只能通过引入冗余数据或创建虚拟节点的方法来解决，容易产生不一致性。

（2）对数据插入和删除的操作限制太多。

（3）查询子女节点必须通过双亲节点。

1.7.3 网状模型

在现实世界中，事物之间的联系更多的是非层次关系，用层次模型表示这种关系很不直观。网状模型则克服了这一弊病，它可以清晰地表示这种非层次关系。20世纪70年代，数据系统语言研究会（Conference On Data System Language，CODASYL）下属的数据库任务组（Database Task Group，DBTG）提出了一个系统方案，即DBTG系统，也称为CODASYL系统，它是网状模型的代表。

1. 网状模型的数据结构

层次模型只能有一个根节点，根节点以外的其他节点有且仅有一个双亲节点。而网状模型取消了层次模型的这两个限制，它允许多个节点没有双亲节点，允许节点可以有多个双亲节点。因此，网状模型是采用有向图结构表示记录型与记录型之间联系的数据模型，可以更直接地描述现实世界。层次模型实际上是网状模型的一个特例。

在这种有向图结构中，每个节点都表示一个记录型，每个记录型都可包含若干字段，记录型描述的是实体。节点间的带箭头的连线（或有向边）表示记录型间的 $1:n$ 的父子联系。

网状模型有如下特点。

（1）有一个以上的节点没有双亲节点。

（2）允许节点有多个双亲节点。

（3）允许两个节点之间有多种联系（复合联系）。

例如学生与课程间的联系，一名学生可以选修多门课程，一门课程可以有多名学生选修，如图1-18所示。

2. 网状模型的数据操纵与完整性约束条件

网状模型的数据操纵主要包括查询、插入、删除和修改数据。进行插入、删除和修改操作时要满足网状模型的完整性约束条件。

在插入数据时，允许插入尚未确定双亲节点值的子女节点值。例如，可增加一名尚未分配到某个教研室的新教师，也可增加一些刚来报到、还未分配宿舍的学生。

在删除数据时，允许只删除双亲节点值。例如可删除一个教研室，而该教研室所有教师的信息仍保留在数据库中。

在修改数据时，可直接表示非树状结构，而无须像层次模型那样增加冗余节点。因此，在进行修改操作时只需更新指定记录即可。

它没有像层次模型那样有严格的完整性约束条件，只提供一定的完整性约束。

图1-18 学生与课程的网状模型

3. 网状模型的优缺点

网状模型的优点主要有以下两点。

（1）能更为直接地描述客观世界，可表示实体间的多种复杂联系。

（2）具有良好的性能和存储效率。

网状模型的缺点主要有以下几点。

（1）数据结构复杂，并且随着应用环境的扩大，数据库的结构变得越来越复杂，不便于终端用户掌握。

（2）其数据定义语言和数据操纵语言极其复杂，不易使用户掌握。

（3）由于记录间的联系本质上是通过存取路径实现的，因此应用程序在访问数据库时要指定存取路径，即用户需要了解网状模型的实现细节，加重了编写应用程序的负担。

1.7.4 关系模型

1970年，IBM公司的研究员E.F.Codd首次提出了数据库系统的关系模型。他发表了题为《大型共享数据银行数据的关系模型》（*A Relation Model of Data for Large Shared Data Banks*）的论文。该文中解释了关系模型，定义了某些关系代数运算，研究了数据的函数相关性，定义了关系的第三范式，从而开创了数据库的关系方法和数据规范化理论的研究。为此，他获得了1981年的图灵奖。此后，许多人把研究方向转到关系方法上，陆续出现了关系型数据库系统。1977年，IBM公司研制的关系型数据库的代表System R开始运行，其后又进行了不断的改进和扩充，出现了基于System R的数据库系统SQL/DB。

20世纪80年代以后，计算机厂商新推出的数据库管理系统几乎都支持关系模型，非关系型数据库管理系统的产品也都加上了关系接口。数据库领域当前的研究工作也都是以关系方法为基础的。关系型数据库已成为目前应用最广泛的数据库系统，如现在广泛使用的小型数据库管理系统FoxPro、Access，开源数据库管理系统MySQL、MongoDB，商业数据库管理系统Oracle、SQL Server、Informix和Sybase等都是关系型数据库系统。

1. 关系模型的数据结构及有关概念

关系模型的数据结构是一张规范化的二维表，它由表名、表头和表体三部分构成。表名即二维表的名称，表头决定了二维表的结构（即表中列数及每列的列名、类型等），表体即二维表中的数据。每个二维表又可称为关系。关系模型与层次模型、网状模型不同，它是建立在严格的数学概念之上的，严格的定义将在第2章给出。图1-19所示为教学数据库的关系模型及其实例，包含五个关系：教师关系T、学生关系S、课程关系C、选课关系SC和授课关系TC，分别对应五张表。下面以图1-19为例，介绍关系模型中所涉及的一些基本概念。

（1）关系（Relation）与关系实例。一个关系实例对应一张由行和列组成的二维表，如图1-19的五张表就分别对应五个关系实例。通常人们仅用"关系"来代表关系实例。每个关系实例都有一个名称，称为关系名，如图1-19的S表对应的关系名称为"学生"。

（2）元组（Tuple）。元组是二维表中的一行，如S表中的一条学生记录即一个元组。

（3）属性（Attribute）。二维表中的一列，给每一个属性起一个名称即属性名，如S表中有五个属性(学号,姓名,性别,年龄,系别)。属性由名称、类型、长度等构成。

（4）域（Domain）。域，即属性的取值范围，如年龄的域是(14～40)，性别的域是{男,女}。

（5）分量。每一行元组对应的列的属性值，即元组中的一个属性值。

（6）候选码。如果一个属性或若干属性的组合可唯一标识一个关系的元组，且该属性的组合中不包含多余的属性，则称该属性或属性的组合为候选码。一个关系中可有多个候选码。在最简单的情况下，候选码只包含一个属性。在极端的情况下，候选码由关系中的所有属性组成，此时称为全码。如S表中学号可以唯一确定一名学生，为学生关系的候选码。

（7）主码。当一个关系中有多个候选码时，可以从中选择一个候选码作为主码。一个关系中只能有一个主码。

（8）关系模式。关系模式是对关系的描述，一般表示为关系名(属性1,属性2,…,属性n)，关系模式是关系模型的"型"，是关系的框架结构。例如学生关系S的关系模式可表示为学生(学号,姓名,性别,年龄,系别)。

在关系模型中，实体是用关系来表示的，例如：

学生(学号,姓名,性别,年龄,系别);

课程(课程号,课程名,课时)。

T（教师关系）

TNo （教师号）	TN （姓名）	Sex （性别）	Age （年龄）	Prof （职称）	Sal （工资）	Comm （岗位津贴）	Dept （系别）
T1	李力	男	47	教授	1500.00	3000.00	计算机
T2	王平	女	28	讲师	800.00	1200.00	信息
T3	刘伟	男	30	讲师	900.00	1200.00	计算机
T4	张雪	女	51	教授	1600.00	3000.00	自动化
T5	张兰	女	39	副教授	1300.00	2000.00	信息

S（学生关系）

SNo （学号）	SN （姓名）	Sex （性别）	Age （年龄）	Dept （系别）
S1	赵亦	女	17	计算机
S2	钱尔	男	18	信息
S3	孙珊	女	20	信息
S4	李思	男	21	自动化
S5	周武	男	19	计算机
S6	吴丽	女	20	自动化

C（课程关系）

CNo （课程号）	CN （课程名）	CT （课时）
C1	程序设计	60
C2	微机原理	80
C3	数字逻辑	60
C4	数据结构	80
C5	数据库	60
C6	编译原理	60
C7	操作系统	60

SC（选课关系）

SNo （学号）	CNo （课程号）	Score （成绩）
S1	C1	90
S1	C2	85
S2	C5	57
S2	C6	80
S2	C7	
S2	C4	70
S3	C1	75
S3	C2	70
S3	C4	85
S4	C1	93
S4	C2	85
S4	C3	83
S5	C2	89

TC（授课关系）

TNo （教师号）	CNo （课程号）
T1	C1
T1	C4
T2	C5
T2	C6
T3	C1
T3	C5
T4	C2
T4	C3
T5	C5
T5	C7

图 1-19　教学数据库的关系模型及其实例

实体间的联系也是用关系来表示的，例如学生与课程之间的联系可表示为选课(学号,课程号,成绩)。

（9）关系实例。关系实例是关系模式的"值"，是关系的数据，相当于二维表中的数据。

2. 关系模型的数据操作与完整性约束条件

关系模型的数据操作主要包括查询、插入、删除和修改数据。这些操作必须满足关系的完整性约束条件，即满足实体完整性、参照完整性和用户定义的完整性。

在非关系模型中，操作对象是单个记录，而关系模型中的数据操作是集合操作，操作对象和操作结果都是关系，即若干元组的集合；另外，关系模型把对数据的存取路径隐蔽起来，用户只需指出"干什么"，而不必详细说明"怎么干"，从而大大地加强了数据的独立性，提高了用户操作效率。

3. 关系模型的优缺点

关系模型的优点主要有以下三点。

（1）关系模型与非关系模型不同，它有严格的数学理论根据。

（2）数据结构简单、清晰，用户易懂、易用，不仅用关系描述实体，而且用关系描述实体间的联系。此外，对数据的操作结果也是关系。

（3）关系模型的存取路径对用户透明，从而具有更高的数据独立性、更好的安全保密性，也简化了程序员的工作和数据库建立与开发的工作。

关系模型的缺点是查询效率不如非关系模型。因此，为了提高性能，必须对用户的查询进行优化，增加了开发数据库管理系统的负担。

本书将重点介绍关系模型及关系型数据库。

1.7.5 非关系模型

关系型数据库在处理超大规模和高并发的动态网站时已经显得力不从心，出现了很多难以克服的问题，非关系型数据库则由于其本身的特点得到了非常迅速的发展，可以解决大规模数据集合多重数据种类带来的挑战，特别是大数据应用难题。

非关系型数据库，又被称为NoSQL（Not Only SQL），意为不仅仅是SQL。NoSQL数据库有如下特点。

（1）易扩展。NoSQL数据库种类繁多，但都有一个共同的特点，即去掉关系型数据库的关系型特性。数据之间无关系，这样就非常容易扩展。无形之间，在架构的层面上带来了可扩展的能力。

（2）大数据量，高性能。NoSQL数据库都具有非常高的读写性能，尤其在大数据量下，同样表现优秀。这得益于它的无关系性，数据库的结构简单。一般MySQL使用Query Cache。NoSQL的Cache是记录级的，是一种细粒度的Cache，所以在这个层面上来说，NoSQL的性能就要高很多。

（3）应用灵活。NoSQL无须事先为要存储的数据建立字段，随时可以存储自定义的数据格式。而在关系型数据库里，增删字段是一件非常麻烦的事情。如果是数据量非常大的表，增加字段简直就是一个噩梦。这一点在大数据量的Web 2.0时代尤其明显。

（4）高可用。NoSQL在不太影响性能的情况下，就可以方便地实现高可用的架构。比如Cassandra、HBase模型，通过复制模型也能实现高可用。

1.7.6　面向对象模型

面向对象（Object）模型是面向对象概念与数据库技术相结合的产物，最基本的概念是对象和类。

1.　对象和对象标识

对象是现实世界中实体的模型化，如一名学生、一门课程以及一次考试记录等都可以看作对象。对象与记录的概念相仿，但远比记录复杂。

每一个对象都由唯一的对象标识（Object Identifier，OID）来识别，用于确定和检索这个对象，它把对象的状态（State）和行为（Behavior）封装（Encapsulate）在一起。其中，对象的状态是该对象属性值的集合，对象的行为是在对象状态上操作的方法集。

对象标识独立于对象的内容和存储位置，是一种逻辑标识符，通常由系统产生，它在整个系统范围内是唯一的。两个对象即使内部状态值和方法都相同，但如标识符不同，仍认为是两个相等而不同的对象。如同一型号的两个零件，在设计图上被用在不同的地方，这两个零件是"相等"的，但被视为不同的对象，具有不同的标识符。在这一点上，面向对象的模型与关系模型不同，在关系模型中，如果两个元组的属性值完全相同，则被认为是同一元组。

每个对象都包含一组属性和一组方法。属性用来描述对象的状态、组成和特性，它是对象的静态特征。一个简单对象如一个整数，其值本身就是其状态的完全描述，不再需要其他属性，这样的对象称为原子对象。属性的值也可以是复杂对象。一个复杂对象包含若干属性，而这些属性作为一种对象，又可能包含多个属性，这样就形成了对象的递归引用，从而组成各种复杂对象。

方法用以描述对象的行为特性。一个方法实际是一段可对对象操作的程序。方法可以改变对象的状态，所以称为对象的动态特征。例如一台计算机，它不仅具有描述其静态特征的属性（CPU型号、硬盘大小和内存大小等），还具有开机、关机和睡眠等动态特征。由此可见，每个对象都是属性和方法的统一体。与关系模型相比，对象模型中的对象概念更为全面，因为关系模型主要描述对象的属性，而忽视了对象的方法，所以会产生"结构与行为相分离"的缺陷。

2.　类和继承

具有同样属性和方法集的所有对象构成了一个对象类（简称类，Class），一个对象是某一类的实例（Instance）。例如把学生定义为一个类，则某名学生（张三、李四等）则是学生类中的对象。类是"型"，对象是某一类的"值"。

类的属性域可以是基本数据类型（如整型、实型、字符型等），也可以是类或由上述值域组成的记录/集合。也就是说，类可以有嵌套结构。

此外，类的表示具有层次性。在面向对象模型中，可以继承（Inheritance）操作形成新的类，新的类是对已有的类定义的扩充和细化，从而形成了一种类间的层次结构，有了超类和子类的概念。超类是子类的父类，规定了子类可以实现或扩展的方法和行为，子类继承了父类的方法和属性，可用于扩展并形成功能更加具体的对象。

一个类可以有多个子类，也可以有多个超类。因此，一个类可以直接继承多个类，这种继承方式称为多重继承。例如在职研究生既属于职工类，又属于学生类，其继承了职工和学生的所有性质。如果一个类至多只有一个超类，则一个类只能从单个超类继承属性和方法，这种继承方式称为单重继承。在多重继承情况下，类的层次结构不再是一棵树，而是一个网络结构。

面向对象模型能完整地描述现实世界的数据结构，具有丰富的表达能力，但模型相对比较复杂，涉及的知识比较多，因此，面向对象数据库尚未达到关系型数据库的普及程度。

1.8　数据库领域的新技术

计算机领域中其他新兴技术的发展对数据库技术产生了重大影响。面对传统数据库技术的不足和缺陷，人们自然而然地想到借鉴其他新兴的计算机技术，从中吸取新的思想、原理和方法，将其与传统的数据库技术相结合，形成数据库领域的新技术，从而解决传统数据库存在的问题。数据库领域的新技术主要表现为如下几类。

（1）分布式数据库。

（2）数据仓库与数据挖掘技术。

（3）大数据技术。

（4）NewSQL技术。

1.8.1　分布式数据库

1.　集中式系统和分布式系统

所谓集中式数据库就是集中在一个中心场地的计算机上，以统一方式处理所支持的数据库。这类数据库无论是逻辑上还是物理上都是集中存储在一个容量足够大的外存储器上，其基本特点如下。

（1）集中控制处理效率高，可靠性好。

（2）数据冗余少，数据独立性高。

（3）易于支持复杂的物理结构去获得对数据的有效访问。

但是随着数据库应用的不断发展，人们逐渐感觉到过分集中化的系统在处理数据时有许多局限性。例如，不在同一地点的数据无法共享；系统过于庞大、复杂，显得不灵活且安全性较差；存储容量有限，不能完全适应信息资源存储要求等。正是为了克服这种系统的缺点，人们采用数据分散的办法，即把数据库分成多个，建立在多台计算机上，这种系统称为分散式数据库系统。

由于计算机网络技术的发展，才有可能把并排分散在各处的数据库系统通过网络通信技术连接起来，这样形成的系统称为分布式数据库（Distributed Database）系统。近年来，分布式数据库已经成为信息处理中的一个重要领域，它的重要性日益凸显。

2.　分布式数据库的定义

分布式数据库是一组结构化的数据集合，它们在逻辑上属于同一系统，而在物理上分布在计算机网络的不同节点上。网络中的各个节点（也称"场地"）一般都是集中式数据库系统，由计算机、数据库和若干终端组成。数据库中的数据不存储在同一节点，这就是分布式数据库的"分布性"特点，也是与集中式数据库的最大区别。

从表面上看，分布式数据库的数据分散在各个节点，但这些数据在逻辑上却是一个整体，如同一个集中式数据库。因而，在分布式数据库中有全局数据库和局部数据库两个概念。所谓全局数据库就是从系统的角度出发，逻辑上的一组结构化的数据集合或逻辑项集；而局部数据库是从各个节点的角度出发，物理节点上的各个数据库，即子集或物理项集。这是分布式数据库的"逻辑整体性"特点，也是与分散式数据库的区别。

3.　分布式数据库的特点

分布式数据库可以建立在以局域网连接的一组工作站上，也可以建立在广域网（或称远程网）的环境中。但分布式数据库系统并不是简单地把集中式数据库安装在不同的场地，而是具有自己的性质和特点。

（1）自治与共享。分布式数据库有集中式数据库的共享性与集成性，但它更强调自治及可控制的共享。这里的自治是指局部数据库可以是专用资源，也可以是共享资源。这种共享资源体现了物理上的分散性，这是由一定的约束条件划分而形成的。因此，要由一定的协调机制来控制以实现共享。

（2）冗余的控制。在研究集中式数据库技术时强调减少冗余，但在研究分布式数据库时允许冗余——物理上的重复。这种冗余（多副本）增加了自治性，即数据可以重复地驻留在常用的节点上以减少通信代价，提供自治基础上的共享。冗余不仅改善系统性能，同时也增加了系统的可用性，即不会由于某个节点的故障而引起全系统的瘫痪。但这无疑增加了存储代价，也增加了副本更新时的一致性代价，特别当有故障时，节点重新恢复后保持多个副本一致性的代价。

（3）分布事务执行的复杂性。逻辑数据项集实际上是由分布在各个节点上的多个关系片段（子集）组成的。一个项可以在物理上被划分为不相交（或相交）的片段，也可以有多个相同的副本且存储在不同的节点上。所以分布式数据库存取的事务是一种全局性事务，它是由许多在不同节点上执行对各局部数据库存取的局部子事务组成的。如果仍保持事务执行的原子性，则必须保证全局事务的原子性。

（4）数据的独立性。数据库技术的一个目标是使数据与应用程序间尽量独立，相互之间影响最小。也就是数据的逻辑和物理存储对用户是透明的。在分布式数据库中，数据的独立性有更丰富的内容。使用分布式数据库时，应该像使用集中式数据库时一样，即系统要提供一种完全透明的性能，具体包括以下内容。

① 逻辑数据透明性。某些用户的逻辑数据文件改变时，或者增加新的应用使全局逻辑结构改变时，对其他用户的应用程序没有或有尽量少的影响。

② 物理数据透明性。数据在节点上的存储格式或组织方式改变时，数据的全局结构与应用程序无须改变。

③ 数据分布透明性。用户不必知道全局数据如何划分。

④ 数据冗余的透明性。用户无须知道数据重复，即数据子集在不同节点上冗余存储的情况。

4. 分布式数据库的应用及展望

一个完全分布式数据库系统在实现共享时，其利用率高、有站点自治性、能随意扩充、可靠性和可用性好，有效且灵活，就像使用本地的集中式数据库一样。分布式数据库已广泛应用于企业人事、财务和库存等管理系统，百货公司、销售店的经营信息系统，电子银行、民航订票、铁路订票等在线处理系统，国家政府部门的经济信息系统，大规模数据资源等信息系统。

此外，随着数据库技术深入各应用领域，除了商业性、事务性应用，在以计算机作为辅助工具的各个信息领域，如计算机辅助技术（Computer Aided Design，CAD）、计算机辅助制造（Computer Aided Manufacturing，CAM）、计算机辅助软件工程（Computer Aided Software Engineering，CASE）、办公自动化（Office Automation，OA）、人工智能（Artificial Intelligence，AI）以及军事科学等，同样适用分布式数据库技术，而且对数据库的集成共享、安全可靠等特性有更多的要求。为了适应新的应用，一方面要研究克服关系数据模型的局限性，增加更多面向对象的语义模型，研究基于分布式数据库的知识处理技术；另一方面可以研究如何弱化完全分布、完全透明的概念，组成松散的联邦型分布式数据库系统。这种系统不一定能保持全局逻辑一致，而仅提供一种协商谈判机制，使各个数据库维持其独立性，但能支持部分有控制的数据共享，这对OA等信息处理领域很有吸引力。

总之，分布式数据库技术有广阔的应用前景。随着计算机软、硬件技术的不断发展和计算机网络技术的发展，分布式数据库技术也将不断地向前发展。

1.8.2　数据仓库与数据挖掘技术

数据仓库（Data Warehouse，DW）是近年来信息领域发展起来的数据库新技术。随着企事业单位信息化建设的逐步完善，各单位信息系统将产生越来越多的历史信息数据。如何将各业务系统及其他档案数据中有分析价值的海量数据集中管理起来，在此基础上，建立分析模型，从中挖掘符合规律的知识并用于未来的预测与决策中，是非常有意义的。这一点也是数据仓库产生的背景和原因。

1. 数据仓库的定义

数据仓库的定义大多依照知名的数据仓库专家W. H. Inmon在其著作*Building Data Warehouse*中给出的描述：数据仓库就是一个面向主题的（Subject Oriented）、集成的（Integrate）、相对稳定的（Non-Volatile）、反映历史变化（Time Variant）的数据集合，通常用于辅助决策支持（DDS）。

从其定义的描述可以看出，数据仓库有以下几个特点。

（1）面向主题。如一个超市的数据仓库所组织的主题可能为供应商、顾客、商品等，而按应用来组织，则可能是销售子系统、供应子系统和财务子系统等。可见，基于主题组织的数据被划分为各自独立的领域，每个领域都有自己的逻辑内涵而互不交叉。

（2）集成。数据仓库中的数据是在对原有分散的数据库数据进行抽取、清理的基础上经过系统加工、汇总和整理得到的，我们必须消除源数据中的不一致性，以保证数据仓库内的信息是关于整个企事业单位一致的全局信息。

（3）相对稳定。数据仓库中的数据主要供单位决策分析之用，对所涉及的数据操作主要是数据查询和加载。一旦某个数据加载到数据仓库以后，一般情况下将作为数据档案长期保存，几乎不再进行修改和删除操作。

（4）反映历史变化。数据仓库中的数据通常包含较久远的历史数据，因此总是包括一个时间维，以便可以研究趋势和变化。

2. 数据仓库的体系结构

一个典型的数据仓库系统的体系结构通常包含源数据系统、数据集结区、数据及元数据存储区及最终用户表示工具4个部分，如图1-20所示。

（1）源数据系统：是数据仓库系统的基础，即系统的数据来源，通常包括企业（或事业单位）的各种内部信息和外部信息。内部信息，如存于操作型数据库中的各种业务数据和办公自动化系统中包含的各类文档数据；外部信息，如各类法律法规、市场信息、竞争对手的信息，以及各类外部统计数据和其他有关文档等。

（2）数据集结区：是整个数据仓库系统的核心。在现有各业务系统的基础上，对数据进行抽取、清理，并有效集成，按照主题进行重新组织，最终确定数据仓库的物理存储结构。

（3）数据及元数据存储区：按照数据的覆盖范围和存储规模，数据仓库可以分为企业级数据仓库和部门级数据仓库（也叫"数据集市"，Data Marts）。对需要分析的数据按照多维数据模型进行重组，以支持用户随时从多角度、多层次来分析数据，发现数据规律与趋势。

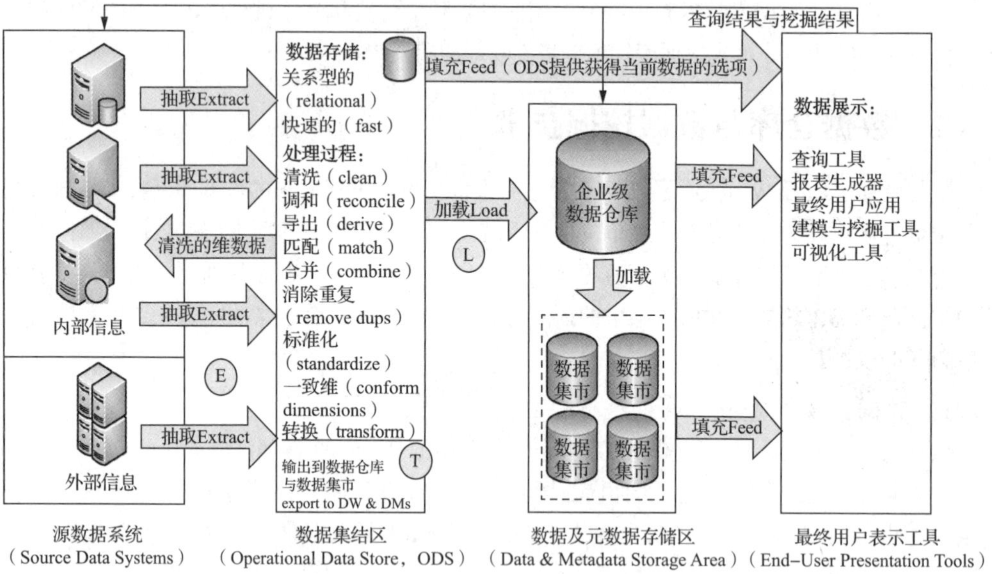

单一的ETL过程对整个企业数据仓库（EDW），依赖型数据集市从EDW加载数据

图1-20　数据仓库系统的体系结构

（4）最终用户表示工具：主要包括查询工具、报表生成器、最终用户应用、建模与挖掘工具及可视化工具。其中数据分析工具主要针对OLAP服务器，报表生成器、建模与挖掘工具既可针对数据仓库，也可针对OLAP服务器。

3．数据挖掘的定义

数据挖掘（Data Mining），就是从大量数据中获取有效的、新颖的、潜在有用的、最终可理解的模式的非平凡过程。简单地说，数据挖掘就是从大量数据中提取或"挖掘"知识，又被称为数据库中的知识发现（Knowledge Discovery in Database，KDD）。

若将数据仓库比作矿井，那么数据挖掘就是深入矿井采矿的工作。数据挖掘不是一种无中生有的魔术，也不是点石成金的炼金术。若没有足够丰富、完整的数据，将很难期待数据挖掘能挖掘出什么有意义的信息。

4．数据挖掘的分析方法

数据挖掘的分析方法可以分为两类：直接数据挖掘与间接数据挖掘。

直接数据挖掘的目标是利用可用的数据建立一个模型，这个模型对剩余的数据，比如对一个特定的变量进行描述。直接数据挖掘包括分类（Classification）、估值（Estimation）和预言（Prediction）等分析方法。

间接数据挖掘的目标中并没有选出某一具体的变量并用模型进行描述，而是在所有的变量中建立某种关系，如相关性分组或关联规则（Affinity Grouping or Association Rules）、聚集（Clustering）、描述和可视化（Description and Visualization）及复杂数据类型挖掘（文本、网页、图形图像、音视频和空间数据等）。

1.8.3　大数据技术

1．大数据技术的产生背景

IBM前首席执行官郭士纳指出，每隔15年IT领域都会迎来一次重大变革。截至目前，共发生了三次信息化浪潮。第一次信息化浪潮发生在1980年前后，其标志是个人计算机的产生，当时信息技术所面对的主要问题是实现各类数据的处理。第二次信息化浪潮发生在1995年前后，其标志是互联网的普及，当时信息技术所面对的主要问题是实现数据的互联互通。第三次信息化浪潮发生在2010年前后，随着硬件存储成本的持续下降、互联网技术和物联网技术的高速发展，现代社会每天正以不可想象的速度产生各类数据，如电子商务网站的用户访问日志、微博中评论和转发信息、各类短视频和微电影、各类商品的物流配送信息、手机通话记录等。这些数据或流入已经运行的数据库系统，或形成具有结构化特征的各类文件，或形成具有非结构化特征的视频和图像文件。据统计，谷歌每分钟进行200万次搜索，全球每分钟发送2亿封电子邮件，12306网站春节期间一天的访问量为84亿次。总之，人们已经步入一个以各类数据为中心的全新时代——大数据时代。

从数据库的研究历程看，大数据并非一个全新的概念，它与数据库技术的研究和发展密切相关。20世纪70年代—20世纪80年代，数据库的研究人员就开始着手超大规模数据库（Very Large Database）的探索工作，并于1975年举行了第一届VLDB学术会议，至今该会议仍然是数据库管理领域的顶级学术会议之一。20世纪90年代后期，随着互联网技术的发展、行业信息化建设水平不断提高，产生了海量数据（Massive Data），于是数据库的研究人员开始从数据管理转向数据挖掘技术，尝试在海量数据上进行有价值数据的提取和预测工作。20年后，数据库的研究人员发现他们所处理的数据不仅在数量上呈现爆炸式增长，繁多的数据类型也不断挑战原有数据模型的计算能力和存储能力，因此，学者纷纷使用"大数据"来表达现阶段的数据科研工作，并随之产生了一个新兴领域和职业——数据科学和数据科学家。

2. 大数据的概念

学界对大数据的概念尚无明确的定义，但人们普遍采用大数据的4V特性来进行描述，即"数据量大（Volume）""数据类型繁多（Variety）""数据处理速度快（Velocity）""数据价值密度低（Value）"。

"数据量大"是从数据规模的角度描述大数据的。大数据的数据量可以从数百TB到数百PB，甚至到EB的规模。

"数据类型繁多"是从数据来源和数据种类的角度描述大数据的。大数据的数据类型可以从宏观上分为结构化数据和非结构化数据，其中结构化数据以关系型数据库为主，占大数据的10%左右，非结构化数据主要包括邮件、音频、视频、微信、位置信息、网络日志等，占大数据的90%左右。

"数据处理速度快"是从数据的产生和处理的角度描述大数据的。一方面，现阶段每分钟产生大量的社会、经济、政治和人文等领域的相关数据。另一方面，大数据时代的很多应用，效率是核心，需要对数据具有"秒级"响应，从而进行有效的商业指导和生产实践。

"数据价值密度低"是从大数据潜藏的价值分布情况描述大数据的。虽然大数据中具有很多有价值的潜在信息，但其价值的密度远远低于传统关系型数据库中的数据价值的密度。对于价值密度低，很多学者认为这也体现了解决大数据各类问题的必要性，即通过技术的革新，实现大数据淘金。

3. 大数据的关键技术

目前大数据所涉及的关键技术主要包括数据的采集和迁移、数据的存储和管理、数据的处理和分析、数据安全和隐私保护。

数据采集技术将分布在异构数据源或异构采集设备上的数据通过清洗、转换和集成技术，存储

到分布式文件系统中，成为数据分析、挖掘和应用的基础。数据迁移技术将数据从关系型数据库迁移到分布式文件系统或NoSQL数据库中。NoSQL数据库是一种非结构化的新型分布式数据库，它采用键值对的方式存储数据，支持超大规模数据存储，可灵活地定义不同类型的数据库模式。

数据处理和分析技术利用分布式并行编程模型和计算框架，如Hadoop的Map-Reduce计算框架和Spark的混合计算框架等，结合模式识别、人工智能、机器学习、数据挖掘等算法，实现对大数据的离线分析和大数据流的在线分析。

数据安全和隐私保护是指在确保大数据被良性利用的同时，通过隐私保护策略和数据安全等手段，构建大数据环境下的数据隐私和安全保护。

需要指出，上述各类大数据技术多传承自现阶段的关系型数据库，如关系型数据库上的异构数据集成技术、结构化查询技术、数据半结构化组织技术、数据联机分析技术、数据挖掘技术、数据隐私保护技术等。同时，大数据中的NoSQL数据库本身含义是Not Only SQL，而非Not SQL。它表明大数据的非结构化数据库和关系型数据处理技术在解决问题上各具优势，大数据存储中的数据一致性、数据完整性和复杂查询的效率等方面还需借鉴关系型数据库的一些成熟解决方案。因此，掌握和理解关系型数据库对于日后开展大数据相关技术的学习、实践、创新具有重要的借鉴意义。

4. 大数据技术的应用场景

目前，大数据技术的应用已经非常普遍，涉及的领域包括传统零售业、金融业、医疗业和政府机构等。

在传统零售行业中，用户购物的大数据可用于分析具有潜在购买关系的商品，经销商将分析得到的关联商品以搭配的形式进行销售，从而提高相关商品的销售概率。这类应用的经典案例是"啤酒和尿布"的搭配，两种产品看似是无关的，但是从购买记录中发现，购买啤酒的用户通常会购买尿布，如果将两者就近摆放，则会综合提高两种商品的销量。

在金融业中，每日股票交易的数据量具有大数据的特点，很多金融公司纷纷成立金融大数据研发机构，通过大数据技术分析市场的宏观动向并预测某些公司的运行情况。同时，银行可以通过根据区域用户日常交易情况，将常用的业务放置在区域内的ATM上，方便用户更快捷地使用所需的金融服务。

在医疗行业中，各类患者的诊断信息、检查信息和处方信息可用于预测、辨别和辅助各种医疗活动。代表性的案例如"癌症的预测"，研究发现，很多症状能够用于早期的癌症预测，但由于传统医疗数据量较小，导致预测结果精度不高。随着大数据技术与医疗大数据的深度结合，越来越多有意义的癌症指征被发现并用于早期的癌症预测中。

在政府机构中，其掌握的各类大数据对政府的决策具有重要的辅助作用。传统的出租车GPS信息只用于掌握出租车的运行情况，目前这一数据可用于预测各主要街道的拥堵情况，从而对未来的市政建设提供决策依据。再有，药店销售的感冒药数量不仅可用于行业的基本监督，还可用于预测当前区域的流感发病情况等。

以上各行业的大数据应用表明，大数据技术已经融入人们日常生活的方方面面，并正在改变人们的生活方式。未来，大数据技术将会与领域结合得更加紧密，任何决策和研究的成果必须通过数据进行表达，数据将成为驱动行业健康、有序发展的重要动力。

除上述数据库新技术外，数据库技术的研究领域还可分为数据库管理系统软件的研制、数据库设计和数据库理论的研究。本书所介绍的数据库系统的基本概念、基本技术和基本知识都是进行上述三个领域研究和开发的基础。

通过上述对数据库系统的介绍，可以得出这样的结论：传统的数据库技术和其他计算机技术相互结合、相互渗透，使数据库中新的技术内容层出不穷；数据库的许多概念、技术内容、应用领域甚至某些原理都有了重大的发展和变化。新的数据库技术不断涌现，它们提高了数据库的功能、性能，并使数据库的应用领域得到了极大的发展。这些新型的数据库系统共同构成了数据库系统的大家族。

1.8.4 NewSQL 技术

1. NewSQL 的定义和特点

NewSQL是各种新型可伸缩高性能SQL数据库的简称，旨在为在线事务处理（OLTP）工作负载提供NoSQL系统的可扩展性，同时保持传统数据库系统的ACID特性。

NewSQL仍然采用关系数据模型，支持SQL查询，拥有强一致性和事务一致性。另外，NewSQL借鉴了NoSQL的架构，有很好的水平扩展性，支持海量数据存储。

2. NewSQL 系统的分类

（1）新型架构

NewSQL不是扩展已有系统，而是从全新的起点开始设计，采用分布式架构，包含支持多节点并发控制、基于复制的容错、流控制和分布式查询处理等组件。这样做的优点是系统所有部分都可以针对多节点环境进行优化，包括查询优化、节点间通信协议优化等。

（2）透明的数据分片中间件

系统提供数据分片中间件，用户可以借助它们将数据库分成多个部分，并存储到由多个单节点机器组成的集群中。每一个节点都运行相同的数据库管理系统，只维护自己负责的整个数据库中的一部分数据。

集中化的中间组件负责分配查询、协调事务，同时也管理数据的位置、复制和跨节点的数据分区。集群典型的架构是在每个节点上都安装一个中阶层和中间件通信，这个组件负责代替中间件在数据库管理系统实例上执行查询并返回结果，最后由中间件整合。

使用数据分片中间件的核心优势是能够非常简单地替换已经使用了单节点数据库管理系统的数据库，开发者无须对应用做任何修改。

（3）Database-as-a-Service

Database-as-a-Service是云服务提供商的NewSQL方案，通过云服务，用户不需要在自己的硬件设备上或者云端虚拟机上安装和维护数据库管理系统。Database-as-a-Service提供商负责维护所有数据库物理机及其配置，包括系统优化、赋值和备份。交付给用户的只是一个连接数据库管理系统的网络链接，以及一个用于监控的仪表盘页面或者一组用于系统控制的API。

3. NewSQL 的常用产品

（1）Spanner

Spanner是谷歌公司设计、开发和部署的，是一个可扩展的、全球分布式的数据库系统，后续的很多NewSQL数据库系统都借鉴了Spanner的思想。Spanner被组织成多个zone的集合，每个zone都类似于一个BigTable服务器的部署。

（2）CockroachDB

CockroachDB是Spanner的开源版本，支持标准SQL接口、线性扩展、强一致性、高可用性等重要特性。

数据库原理及应用教程（第5版）（微课版）

（3）TiDB

TiDB是PingCAP公司自主设计、研发的开源分布式关系型数据库。TiDB是一款支持在线事务处理与在线分析、处理，可以水平扩容或者缩容、金融高可用性、实时HTAP（Hybrid Transactional and Analytical Processing）、云原生的分布式数据库，适合高可用、强一致性、数据规模较大的应用场景。

（4）OceanBase

OceanBase是由蚂蚁集团自主研发的企业级分布式关系型数据库，基于分布式框架和通用服务器、实现了金融机构可靠性以及数据一致性。OceanBase具有数据强一致性、高可用、高性能、在线扩展、高度兼容SQL标准和主流关系型数据库、低成本等特点。

（5）TDSQL

TDSQL是腾讯研发的一款分布式数据库产品，具备强一致性、高可用、全球部署架构、分布式水平扩展、高性能、企业级安全等特性，同时提供智能DBA、自动化运营、监控告警等配套设施，为客户提供完整的分布式数据库解决方案。

4. NewSQL 的应用领域

（1）金融业

在互联网特色金融业务中，单笔交易变小、交易次数变多、NewSQL技术可以支持这类应用。

（2）电子商务

电子商务平台都是基于分布式数据库的。NewSQL的分布结构保证了数据库免受物理硬件性能限制，实现性能在线扩展。

（3）海量数据访问

NewSQL技术支持节点快速弹性地完成垂直、水平扩展或缩容，满足用户的数据存储和查询要求，可以广泛应用于工业远程监控和远程控制、智慧城市的延展、智能家居、车联网、充电桩、加油站等传感监控设备多、采样率高、数据上报存储数据量大的场景。

（4）HTAP混合场景

NewSQL实现了HTAP解决方案，能做到针对同样数据的OLTP和OLAP业务同时运行且互不干扰，降低数据存储成本，可以广泛应用于工业物联网、商业智能分析、电商推荐系统、搜索引擎等业务场景。

1.8.5 NoSQL 技术

NoSQL描述的是大量结构化数据存储方法的集合。根据结构化方法以及应用场合的不同，NoSQL可分为以下几类。

（1）键值存储数据库

键值（Key-Value）存储数据库主要会用到一个散列表，这个表中有一个特定的键和一个指针以指向特定的数据。对于IT系统来说，键值模型的优势在于简单、易部署。但是如果数据库管理员只对部分值进行查询或更新的时候，键值存储数据库就显得效率低下了。

NoSQL 中 KV
数据类型

（2）列存储数据库

列存储数据库通常用来应对分布式存储的海量数据。键仍然存在，但是它们的特点是指向多个列。这些列是由列家族来安排的。

（3）文档型数据库

文档型数据库的灵感来自Lotus Notes办公软件，而且它同第一种键值存储数据库类似。该

类型的数据模型是版本化的文档，半结构化的文档以特定的格式存储，比如JSON。文档型数据库可以看作是键值存储数据库的升级版，允许之间嵌套键值。在处理网页等复杂数据时，文档型数据库比传统键值存储数据库的查询效率更高。

（4）图形数据库

图形（Graph）数据库同其他行列以及刚性结构的SQL数据库不同，它使用灵活的图形模型，并且能够扩展到多个服务器上。NoSQL数据库没有标准的查询语言，因此进行数据库查询需要制定数据模型。许多NoSQL数据库都有REST式的数据接口或者查询API。

本章小结

本章介绍了信息、数据、数据处理与数据管理的基本概念，以及数据库技术的三个阶段及其优缺点；本章还依次介绍了数据库系统的组成、数据库系统的内部和外部体系结构、三个世界及其有关概念、计算机世界中常用的数据模型、数据库领域的新技术。

数据库系统主要包括数据库、数据库用户、计算机硬件系统和计算机软件系统等几部分。其中，对于数据库技术来说，数据库管理系统是计算机软件系统的重要组成部分。用户在数据库系统中的数据定义、查询、更新及各种控制，都是通过数据库管理系统进行的。

数据库系统的内部体系结构通常采用三级模式结构，三级模式之间包括二级映像。数据库系统的三级模式和二级映像保证了数据库系统的逻辑独立性和物理独立性。

数据库应用的过程可以理解为三个世界的抽象和转换过程，三个世界包括现实世界、信息世界和计算机世界。在实际的数据处理过程中，首先将现实世界的事物及联系抽象成信息世界的概念模型，再抽象成计算机世界的数据模型。计算机世界包含多种数据模型，本章重点介绍了使用最广泛的关系模型及有关概念。

本章习题

一、选择题

1. 数据库（DB）、数据库系统（DBS）、数据库管理系统（DBMS）之间的关系是（　　）。

    A）DB包含DBS和DBMS　　　　　　　　B）DBMS包含DB和DBS

    C）DBS包含DB和DBMS　　　　　　　　D）没有任何关系

2. 数据库系统的核心是（　　）。

    A）数据模型　　　　　　　　　　　　B）数据库管理系统

    C）数据库　　　　　　　　　　　　　D）数据库管理员

3. 数据独立性是数据库技术的重要特点之一。所谓数据独立性是指（　　）。

    A）数据与程序独立存放

    B）不同的数据被存放在不同的文件中

    C）不同的数据只能被对应的应用程序所使用

    D）以上三种说法都不对

4. 用树状结构表示实体之间联系的模型是（　　）。

    A）关系模型　　　　B）网状模型　　　　C）层次模型　　　　D）以上三个都是

5. "商品"与"顾客"两个实体集之间的联系一般是（　　　）。

    A）一对一　　　　　　B）一对多　　　　　　C）多对一　　　　　　D）多对多

6. 下列关于数据库的正确叙述是（　　　）。

    A）数据库中只存在数据项之间的联系

    B）数据库的数据项之间和记录之间都存在联系

    C）数据库的数据项之间无联系，记录之间存在联系

    D）数据库的数据项之间和记录之间都不存在联系

7. 在数据库管理系统提供的数据语言中，负责数据的模式定义与数据的物理存取构建的是（　　　）。

    A）数据定义语言　　　B）数据转换语言　　　C）数据操纵语言　　　D）数据控制语言

8. 在数据库系统的三级模式结构中，下列不属于三级模式的是（　　　）。

    A）内模式　　　　　　B）抽象模式　　　　　　C）外模式　　　　　　D）概念模式

9. 在数据库管理系统提供的语言中，负责数据的完整性、安全性的定义与检查以及并发控制、故障恢复等功能的是（　　　）。

    A）数据定义语言　　　B）数据转换语言　　　C）数据操纵语言　　　D）数据控制语言

10. 下列关于数据系统叙述正确的是（　　　）。

    A）数据库系统避免了一切冗余

    B）数据库系统减少了数据冗余

    C）数据库系统比文件系统能管理更多的数据

    D）数据库系统中数据的一致性是指数据类型的一致

11. 下列叙述中，错误的是（　　　）。

    A）数据库技术的根本目标是解决数据共享的问题

    B）数据库设计是指设计一个能满足用户要求、性能良好的数据库

    C）在数据库系统中，数据的物理结构必须与逻辑结构一致

    D）数据库系统是一个独立的系统，但是需要操作系统的支持

12. 在数据库管理系统提供的数据语言中，负责数据的查询及增、删、改等操作的是（　　　）。

    A）数据定义语言　　　B）数据转换语言　　　C）数据控制语言　　　D）数据操纵语言

13. 下列有关数据库的描述，正确的是（　　　）。

    A）数据库是一个结构化的数据集合　　　　B）数据库是一个关系

    C）数据库是一个DBF文件　　　　　　　D）数据库是一组文件

14. 在数据库的三级模式结构中，描述数据库中全体数据的全局逻辑结构和特征的是（　　　）。

    A）外模式　　　　　　B）内模式　　　　　　C）存储模式　　　　　　D）模式

15. （　　　）是存储在计算机内有结构的数据的集合。

    A）数据库系统　　　　　　　　　　　B）数据库

    C）数据库管理系统　　　　　　　　　D）数据结构

16. （　　　）是位于用户与操作系统之间的一层数据管理软件。

    A）数据库系统　　　　　　　　　　　B）数据库应用系统

    C）数据库管理系统　　　　　　　　　D）数据库

17. 数据库系统的三级模式中，表达物理数据库的是（　　）。

    A）外模式　　　　　　　B）模式　　　　　　　C）用户模式　　　　　D）内模式

18. 供应商可以给某个工程提供多种材料，同一种材料也可以由不同的供应商提供，从材料到供应商之间的联系类型是（　　）。

    A）多对多　　　　　　　B）一对一　　　　　　　C）多对一　　　　　　D）一对多

19. 子模式是（　　）。

    A）模式的副本　　　　　　　　　　　　　　B）存储模式

    C）多个模式的集合　　　　　　　　　　　　D）模式的逻辑子集

20. 数据库中不仅能够保存数据本身，而且能够保存数据之间的相互联系，保证了对数据修改的（　　）。

    A）独立性　　　　　　　B）安全性　　　　　　　C）共享性　　　　　　D）一致性

21. 一个数据库系统的外模式（　　）。

    A）只能有一个　　　　　B）最多只能有一个　　C）至少两个　　　　　D）可以有多个

22. 在数据库三级模式中，真正存在的是（　　）。

    A）外模式　　　　　　　B）子模式　　　　　　　C）模式　　　　　　　D）内模式

23. 在数据库中，数据的物理独立性是指（　　）。

    A）数据库与数据管理系统的相互独立

    B）用户程序与DBMS的相互独立

    C）用户的应用程序与存储磁盘上数据的相互独立

    D）应用程序与数据库中数据的逻辑结果相互独立

24. 为了保证数据库的逻辑独立性，需要修改的是（　　）。

    A）模式与外模式之间的映射　　　　　　　B）模式与内模式之间的映射

    C）模式　　　　　　　　　　　　　　　　D）三级模式

25. 层次模型不能直接表示（　　）。

    A）1:1联系　　　　　　B）1:n联系　　　　　C）m:n联系　　　　D）1:1和1:n联系

二、填空题

1. 数据管理技术发展过程经过人工管理、文件系统和数据库系统三个阶段，其中数据独立性最高的阶段是_____。

2. 在关系型数据库中，把数据表示成二维表，每一个二维表称为_____。

3. 在数据库理论中，数据物理结构的改变，如存储设备的更换、物理存储的更换、存取方式等都不影响数据库的逻辑结构，从而不会引起应用程序的变化，称为_____。

4. 数据库管理系统是位于用户与_____之间的软件系统。

5. 在数据库系统中，实现数据管理功能的核心软件称为_____。

6. 一个项目具有一个项目主管，一个项目主管可管理多个项目，则实体"项目主管"与实体"项目"间的关系属于_____的关系。

7. 数据库三级模式体系结构的划分，有利于保持数据的_____。

8. 数据库保护分为安全性控制、_____、并发性控制和数据恢复。

9. 在数据库理论中，数据库总体逻辑结构的改变，如修改数据模式、增加新的数据类型、改变数据间联系等，不需要修改相应的应用程序，称为_____。

10. 数据库管理系统常见的数据模型有层次模型、网状模型和_____三种。

11. 对现实世界进行第一层抽象的模型，称为_____模型；对现实世界进行第二层抽象的模型，称为_____模型。

12. 层次模型的数据结构是_____结构；网状模型的数据结构是_____结构；关系模型的数据结构是_____结构；面向对象模型的数据结构之间可以_____。

13. 在数据库技术中，编写应用程序的语言一般是C、BASIC等高级语言，这些语言被称为_____语言。

14. 在数据库系统中，用于存放三级结构定义的数据库称为_____。

15. 从最终用户来看，数据库系统的外部体系结构可分为五种类型：_____、_____、_____、_____、_____。

16. 现实世界的事物反映到人的头脑中经过思维加工成数据，这一过程需要经过三个世界的转换，依次是_____、_____、_____。

三、简答题

1. 简述数据管理技术发展的三个阶段和各个阶段的特点是什么。

2. 从程序与数据之间的关系分析文件系统与数据库系统之间的区别和联系。

3. 简述数据库、数据库管理系统、数据库系统三个概念的含义和联系。

4. 数据库系统包括哪几个主要组成部分？各部分的功能是什么？画出整个数据库系统的层次结构图。

5. 简述数据库管理系统的组成和功能。

6. DBA是指什么？它的主要职责是什么？

7. 试述数据库三级模式结构，说明三级模式结构的优点是什么。

8. 什么是数据库的数据独立性？它包含哪些内容？

9. 什么是数据字典？它的主要作用是什么？

10. 简述数据库管理系统的数据存取过程。

11. 解释实体、属性、码、实体集、实体型、实体、联系类型、记录、数据项、字段、记录型、文件、实体模型和数据模型的含义。

12. 数据模型的主要作用是什么？三类基本数据模型的划分依据是什么？各有哪些优缺点？

13. 实体型间的联系有哪几种？其含义是什么？举例说明。

14. 解释模式、内模式、外模式、DDL和DML的含义。

15. 试述传统数据库的局限性。

16. 面向对象数据库的主要研究内容是什么？

17. 什么是分布式数据库？其特点是什么？

18. 简述数据挖掘的处理过程分为几个阶段？

19. 大数据定义的4V特征包括哪些？

20. 简述大数据的关键技术。

第2章
关系模型及其操作

E.F.Codd在1970年的论文"大型共享资料库的关系数据模型"（*A Relational Model of Data for Large Shared Data Banks*）中首次提出了关系模型，该模型为关系型数据库系统的构建奠定了坚实的理论基础，同时也推动了结构化查询语言的发展和标准化工作。

在关系模型中，数据将以关系（二维表）结构进行组织，而关系进一步由属性（列）构成。这种信息组织和抽象的过程具有坚实的数学基础和较为简单的逻辑结构，实现了高度的数据独立性，在一定程度上解决了数据存储过程中的一致性和冗余问题，同时，该模型对数据库规范化设计具有指导意义。随着大数据技术的发展，非关系型数据逐渐成为与关系型数据共同重要的数据组织形式，但在金融、电信和政务等领域中，基于关系模型构建的关系型数据库系统仍占有重要地位。

本章将围绕如何构建关系模型、关系模型如何刻画客观世界、如何操作关系模型等主题，重点讲解关系模型的构成、关系模型的完整性以及关系模型操作和检索语言。考虑到本章学习需具备一定的离散数学基础，本章还将补充必要的数学基础知识，方便读者直接学习。

思维导图

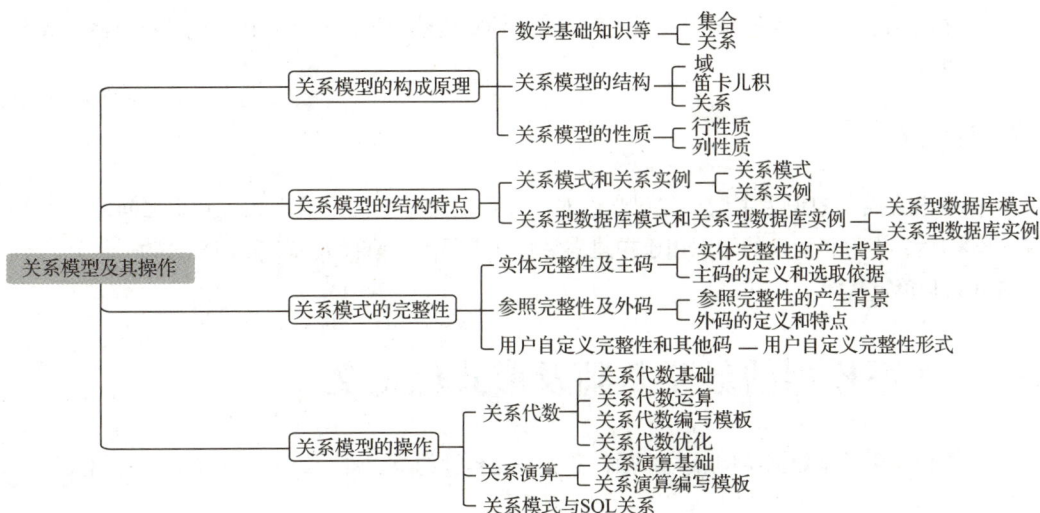

学习指导

学习目标

【知识层面】

掌握关系模型的离散数学基础；

理解从域到笛卡儿积，再到关系模型的过程；

根据关系模型的结构，列举关系的行、列和原子主要性质。

【能力层面】

能够识别关系的主码和外码，并根据主码和外码，分析关系需保持的完整性；

能够根据查询需要，利用编写模板，编写关系代数或关系演算构建查询语句。

【素养层面】

能够从关系模型对客观世界抽象的角度，认同关系实体完整性和参照完整性的必要性；

针对同样的查询问题，能够构建不同解决方案，对比、分析不同方案的查询效率并可开展初步语句优化工作。

学习重点

- 通过笛卡儿积产生关系模型的方法；
- 关系的行、列和原子化性质；
- 关系的主码与实体完整性的关系；
- 关系的外码与参照完整性的关系；
- 关系代数的基本运算符和专用运算符。

学习难点

- 识别关系模式中的主码和外码；
- 能够从客观世界和信息世界联系的角度，理解破坏实体完整性和参照完整性将产生与客观世界不一致的问题；
- 根据查询需要，综合运用关系代数或关系演算构建查询语句并对比不同解决方案的效率差异。

学习建议

本章内容属于<u>知识为主型</u>。建议学习时，多使用思维导图，梳理相关知识之间的逻辑关系。学习后，能够将所学的知识用于构建满足查询需要的关系代数和关系演算，为后续深入学习SQL语句奠定基础。

2.1 关系模型的数学基础及形式化定义

关系模型由关系数据结构、关系操作和关系完整性约束三部分组成。本节重点介绍关系数据结构的有关概念。

为更好地掌握关系模型的原理以及关系如何刻画客观世界，首先对关系涉及的数学概念和这些概念与关系模型的联系进行复习。本节将重点介绍关系模型所涉及的离散数学相关知识，包括集合、笛卡儿积（Cartesian Product）和关系。

2.1.1 集合及域

1. 集合的定义与理解

定义2.1 集合（Set）是指具有特定性质的事物的总体。

从集合对客观世界的刻画作用看，可根据业务需要将待组织的数据按照特性抽象为不同集合，例如：

课程集合={高等数学,线性代数,离散数学,概率论,计算机导论,组成原理,数据库,…}；

学生姓名集合={张一,王天,赵启,…}，

学生学号集合={s0001,s0002,s0003,s0004,…}。

集合中构成集合的个体称为元素或成员。例如：在上述课程集合中，高等数学是课程集合的元素。

根据集合中元素数量是否有限，集合可分为有限集合和无限集合。在数据库中，给定业务所包含的数据抽象为集合后通常为有限集合，只是不同集合的元素数量存在较大差异，如性别集合只有2个元素，而出生日期集合虽然按照业务约束定在指定范围内，但从精确到年、月、日的角度看，出生日期集合仍可看作有限集合。

2. 集合的性质及理解

集合具有无序性、互异性和确定性，这些性质也能反映在关系模型的构建中。

无序性：集合中元素之间不存在顺序，例如性别集合={男,女}={女,男}。

互异性：任何两个元素都被认为是不相同的，即每个元素只能出现一次。例如，在学号集合中不可能出现两个重复的学号。

确定性：给定一个集合和一个元素，元素只能属于或者不属于该集合，二者必居其一。例如，男是性别集合的元素，男属于性别集合，但是男不是学号集合的元素，所以男不属于学号集合。

3. 域

在关系中，使用与集合相同概念的域抽象客观世界。

定义2.2 域是一组具有相同数据类型的值的集合，又称为值域（用D表示）。

上述例子中提到的学生姓名集合、学生学号集合以及后续即将使用的性别集合都可看作特定域，这些域从元素类型角度看，都使用了相同的数据类型。例如，课程域由字符串类型的课程名称元素构成。

域中所包含的值的个数称为域的基数（用m表示），该基数也代表了域所表示集合的元素数量。在关系模型中，域的基数可用于衡量域的取值范围，同时，可用抽象字母表示特定域。例如：

D_1={李力,王平,刘伟}，m_1=3；

上述集合使用D_1代表姓名域，域中有3个姓名元素，该域的基数为3。注意，由于域也为集合，因此此域同样具有集合的性质。例如，在性别域D_2中，{男,女}={女,男}。

2.1.2　笛卡儿积与关系

在描述客观世界时，仅使用简单的集合定义，无法刻画不同域之间的语义关系。例如，在学生选课业务中，需要刻画某一名学生选择某一门课程的语义关系，只使用学生域和课程域无法刻画选课语义关系，需要基于两个域构建一种新的数学模型。为此，可在集合基础上，进一步运用笛卡儿积和关系达到上述要求。

1. 笛卡儿积的定义与理解

定义2.3　给定一组域$D_1,D_2,\cdots,D_n$（这些域可以包含相同的元素，既可以完全不同，也可以部分或全部相同），则$D_1,D_2,\cdots,D_n$的笛卡儿积为$D_1 \times D_2 \times \cdots \times D_n = \{(d_1,d_2,\cdots,d_n) | d_i \in D_i,\ i=1,2,\cdots,n\}$。

针对上述定义，可从数据库角度进行理解。

（1）笛卡儿积表示多个域间元素的所有组合情况，代表了客观实际中域与域之间的语义关系。例如：

学生姓名域和课程域之间的笛卡儿积表示学生选修课程的所有情况；

学生姓名域和性别域之间的笛卡儿积表示学生属于某种性别的语义关系。

（2）笛卡儿积是基于域构建的，笛卡儿积的结果仍然是集合，集合中的元素为元组$(d_1,d_2,\cdots,d_n)$，元组中每个分量d_i都来自参与笛卡儿积的计算对应位置的域D_i。例如：

D_1表示学生姓名域{张一,王天,赵启,…}；

D_2表示课程名称域{数据库系统,离散数学,…}；

$D_1 \times D_2 = \{($张一,数据库系统$),($王天,数据库系统$),($赵启,数据库系统$),($张一,离散数学$),\cdots\}$。其中，(张一,数据库系统)为元组，元组中第一个分量源于姓名域D_1，第二个分量源于课程名称域D_2。笛卡儿积中每个元素都刻画了某一名学生选择某门课程的情况。

（3）笛卡儿积中的元组数量与参与运算的域的基数有关，根据笛卡儿积的定义，若$D_i(i=1,2,\cdots,n)$为有限集，D_i中的集合元素个数称为D_i的基数，用$m_i(i=1,2,\cdots,n)$表示，则笛卡儿积$D_1 \times D_2 \times \cdots \times D_n$的基数$M$［即元组$(d_1,d_2,\cdots,d_n)$的个数］为所有域的基数的累乘之积，即$M = \prod_{i=1}^{n} m_i$。例如，若学生姓名域$D_1$有50名学生，课程名称域$D_2$有30门课程，则$D_1$和$D_2$的笛卡儿积一共刻画了1500种学生选课的所有情况。

（4）笛卡儿积的元组间是无序的，但元组内的分量位置是根据参与笛卡儿积运算的域确定的，即元组中的分量位置是有序的。例如，(张一,数据库系统)和(数据库系统,张一)代表不同元组。

根据上述分析，比较两个元组是否相同需要两个元组对应位置的分量均相同，即如果某一个分量不同，即使其他分量相同，两个元组也是不相等的。该情况可理解为两名姓名相同的学生选择了同一门课程，但由于学号分量s001≠s002，则代表不同学生选课情况，(s001,张一,数据库系统)≠(s002,张一,数据库系统)。

（5）由于元组中分量位置代表了参与笛卡儿积运算的域，因此，可根据元组中出现的各个分量，推理得出参与笛卡儿积运算的域，同时，也可将笛卡儿积的集合形式表示为二维表形式。例如，学生选课的笛卡儿积$D_1 \times D_2$结果可表示为表2-1的形式，表的第一列为学生姓名域D_1，表的第二列为课程域D_2。

表 2-1　D_1 和 D_2 的笛卡儿积

姓　　名	课　　程
张一	数据库系统
王天	数据库系统
赵启	数据库系统
张一	离散数学
王天	离散数学
赵启	离散数学
……	……

2. 关系

笛卡儿积表示成二维表后，可以将笛卡儿积语义下的所有元组都表示出来，但这种表示在某些情况下与客观世界是不符合的。例如：

D_1表示学生姓名域{张一,王天,赵启,…}；

D_3表示学生性别域{男,女}；

将$D_1 \times D_3$=结果表示为二维表形式如表2-2所示。

表 2-2　D_1 和 D_3 的笛卡儿积

姓　　名	性　　别
张一	男
张一	女
王天	男
王天	女
……	……

很显然，表2-2描述的情况在现实中不可能同时发生，即不可能出现张一既是男又是女的情况。我们将表2-2中真实、有效的元组提取出来，构成由符合客观事实的元组构成的集合，该集合从形式上为D_1和D_3笛卡儿积的子集，称该子集为关系（Relation），如表2-3所示。

表 2-3　D_1 和 D_3 的关系

姓　　名	性　　别
张一	男
王天	女
……	……

在描述不同业务时，从笛卡儿积中抽取的关系不同，但抽取的关系均为笛卡儿积的子集。因此，在数学上，关系的定义为定义2.4。

定义2.4　笛卡儿积$D_1 \times D_2 \times, \cdots, \times D_n$的任一子集称为定义在域$D_1, D_2, \cdots, D_n$上的$n$元关系，可用$R(D_1, D_2, \cdots, D_n)$表示。其中，$R$表示关系的名称，$n$是关系的目或度（Degree）。

下面是对定义2.4的几点说明。

（1）在关系R中，当$n=1$时，称为单元关系。当$n=2$时，称为二元关系，以此类推。例如，上例中的教师关系T_1为二元关系。

（2）在关系中，个数是关系的基数。根据关系中元素的数量，关系可划分为有限关系和无限关系。由于计算机存储系统的限制，我们一般不去处理无限关系，而只考虑有限关系。

（3）由于关系是笛卡儿积的子集，因此，也可以把关系看成一个二维表。其中：

① 表的框架由域D_i（$i=1,2,\cdots,n$）构成，即表的每一列都对应一个域；

② 表的每一行都对应一个元组；

③ 由于不同域（列）的取值可以相同，为了加以区别，必须给每个域（列）都起一个名称，称为属性（Attribute），n元关系必有n个属性，属性的名称唯一；属性的取值范围称为值域，等价于对应域D_i（$i=1,2,\cdots,n$）的取值范围。在实际构建二维表时，为便于计算机表示和程序处理，通常使用英文名称标注不同域。

（4）关系是笛卡儿积的子集，因此，笛卡儿积的基数大于或等于定义在其上的关系的基数。

从关系模型的角度出发，关系可进一步定义为定义2.5。

定义2.5 定义在域$D_1,D_2,\cdots,D_n$（不要求完全相异）上的关系由关系头（Heading）和关系体（Body）组成。

关系头由属性名$A_1,A_2,\cdots,A_n$的集合组成，每个属性A_i都对应一个域D_i（$i=1,2,\cdots,n$）。关系头（关系框架）是关系的数据结构的描述，它是固定不变的。

关系体是指关系结构中的内容或者数据，它随元组的插入、删除或修改而变化。

2.1.3 关系的性质

尽管关系与二维表格、传统的数据文件是非常类似的，但它们之间又有着重要的区别。严格地说，关系是一种规范化的二维表中行的集合。为了使相应的数据操作简化，在关系模型中，对关系做了种种限制，关系具有如下性质。

（1）关系名称限制

关系名称区分，即在同一个数据库中，各个关系的名称不能相同。

（2）关系中属性（列）的性质

在一个关系中，列是同质的，即每一列中的分量必须来自同一个域，必须是同一类型的数据。

在一个关系中，不同列的属性可来自同一个域，但不同的属性必须有不同的名称。例如，设有某关系（见表2-4）存在"职业"与"兼职"两列，两列均来自同一个域{教师,工人,辅导员}，但这两列是两个不同的属性，必须给它们起不同的名称"职业"和"兼职"。

在一个关系中，列的顺序可以任意交换。但交换时，应连同属性名一起交换，否则将得到不同的关系。例如关系T_1做表2-5的交换时，对它无任何影响。

如果做表2-6的交换时，即不交换属性名，只交换属性列中的值，则得到不同的关系。

表 2-4 一个关系的两个属性来自同一域

姓　名	职　业	兼　职
张强	教师	辅导员
王丽	工人	教师
刘宁	教师	辅导员

表 2-5 关系 T_1 两列交换（连同属性名）后的内容

性　别	姓　名
男	李力
女	王平
男	刘伟

表 2-6 关系 T_1 两列交换（未交换属性名）后的内容

姓　　名	性　　别
男	李力
女	王平
男	刘伟

（3）关系中元组（行）的性质

在一个关系中，元组的顺序（即行序）可任意，且可以任意交换两行的次序。因为关系是以元组为元素的集合，而集合中的元素是无序的，所以作为集合元素的元组也是无序的。根据关系的这个性质，可以改变元组的顺序使其具有某种排序，然后按照顺序查询数据，这样可以提高查询速度，如按照学号对元组进行排序等。

在一个关系中，不允许出现相同的元组。因为数学上集合中没有相同的元素，而关系是元组的集合，所以作为集合元素的元组应该是唯一的。

（4）关系中分量（单元格）的性质

关系中每一分量都必须是不可分的数据项，或者说所有属性值都是原子的，即一个确定的值，而不是值的集合。属性值可以为空值，表示"未知"或"不可使用"，但不可"表中有表"。满足此条件的关系称为规范化关系，否则称为非规范化关系。

例如，在表2-7中，籍贯含有省（区市）、市/县两项，出现了"表中有表"的现象，则为非规范化关系，而应把籍贯分成省（区市）、市/县两列，将其规范化，如表2-8所示。关于具体衡量一个关系的规范化程度等方法，将在本书第4章介绍。

表 2-7 非规范化的关系

姓　　名	籍　　贯	
	省（区市）	市/县
张强	吉林	长春
王丽	山西	大同

表 2-8 规范化的关系

姓　　名	省（区市）	市/县
张强	吉林	长春
王丽	山西	大同

2.2　关系模式和关系型数据库模式

2.2.1　关系模式和关系实例

1. 关系模式

根据定义2.5，关系由关系头和关系体构成，关系头规定了关系体中每条元组对应分量的域或类型。因此，关系头可看作关系的型，关系体可看作关系的值。

定义2.6 在数据库中，若关系头由属性名称 $A_1,A_2,\cdots,A_n$ 组成，属性对应域为 $D_1,D_2,\cdots,D_n$，则集合 $\{A_1:D_1,A_2:D_2,\cdots,A_n:D_n\}$ 称为关系的模式。在各属性类型已知或延后考虑时，也可将关系模式（Relation Schema）表示为属性集合形式 $\{A_1,A_2,\cdots,A_n\}$。

例如，描述学生的关系由学号、姓名和出生日期等属性构成，其中学号和姓名来自字符串域，出生日期来自时间日期域，则学生的关系模式可表示为

学生{学号:字符串,姓名:字符串,出生日期:时间日期}

简化表示为

学生{学号,姓名,出生日期}

在实际数据库设计和使用时，由于关系头指导关系体，因此根据关系模式的定义，对关系实例进行定义。

2. 关系实例

定义2.7 在数据库中，关系模式$\{A_1:D_1,A_2:D_2,\cdots,A_n:D_n\}$所定义的关系$R$是一组元组，元组中每个分量$d_i$为当前属性对应域上的取值，即每个元组可表示为$(A_1:d_1,A_2:d_2,\cdots,A_n:d_n)$。若已知关系模式，则可进一步将关系实例（Relation Instance）中的元组简化为$(d_1,d_2,\cdots,d_n)$。

例如，在关系模式{学号:字符串,姓名:字符串,出生日期:时间日期}定义下，关系的某一元组为

(学号:S001,姓名:张三,出生日期:2002-5-1)

可简化为

(S001,张三,2002-5-1)

关系实例可表示为

{(S001,张三,2002-5-1),(S002,李四,2002-7-1),…}

在实际设计数据库时，有效的关系模式还需要考虑关系模式中各属性的约束条件，如性别属性通常可选择男或女，成绩属性通常为大于0的小数等。同时，构成关系模式的不同属性性质存在差别，有些属性的取值可唯一标识元组中其他属性，即属性与属性间存在一定的依赖关系，这些内容将于后续章节进行介绍。

根据定义2.6和定义2.7，关系模式与关系实例的区别如表2-9所示。

表 2-9 关系模式与关系实例的区别

关系模式	关系实例
关系的型	关系的值
关系框架	关系数据
对关系结构的描述	关系模式在某一刻的状态和内容
静态的、稳定的	动态的

在实际描述中，常常把关系模式和关系实例统称为关系，读者可以通过上下文加以区别。

例如，在第1章的图1-19所示的教学数据库中，共有五个关系，其关系模式可分别表示为

学生{学号,姓名,性别,年龄,系别}
教师{教师号,姓名,性别,年龄,职称,工资,岗位津贴,系别}
课程{课程号,课程名,课时}
选课{学号,课程号,成绩}
授课{教师号,课程号}

在每个关系中，又有其相应的实例。例如，与学生关系模式对应的数据库中的实例有六个元组，如图2-1所示。

S1	赵亦	女	17	计算机
S2	钱尔	男	18	信息
S3	孙珊	女	20	信息
S4	李思	男	21	自动化
S5	周武	男	19	计算机
S6	吴丽	女	20	自动化

图2-1 与学生关系模式对应的关系实例

2.2.2 关系型数据库模式和关系型数据库实例

在关系模型中，实体以及实体间的联系都是用关系来表示的。例如，学生实体、课程实体、学生与课程之间的多对多联系都可以分别用一个关系来表示。在一个给定的应用领域中，所有实体以及实体之间联系所对应的关系的集合构成一个关系型数据库。

1. 关系型数据库模式

关系型数据库也是有型和值之分的。关系型数据库的型称为关系型数据库模式（Relation Database Schema），是对关系型数据库的描述，它包括若干名称各不相同的关系模式。

定义2.8 在数据库中，若$R_1,R_2,\cdots,R_n$为一系列名称不同的关系模式，则关系型数据库模式可表示为$\{R_1,R_2,\cdots,R_n\}$。

例如，在第1章的图1-19所示的教学数据库中，关系型数据库模式可表示为

{学生,教师,课程,选课,授课}

2. 关系型数据库实例

关系型数据库的值也称为关系型数据库实例（Relation Database Instance），是这些关系模式在某一时刻对应的关系实例的集合。也就是说，与关系型数据库模式对应的数据库中的当前值就是关系型数据库的内容。

定义2.9 在数据库中，若关系型数据库模式为$\{R_1,R_2,\cdots,R_n\}$，该关系模式在某一时刻的关系实例集合为关系型数据库实例。

例如，在第1章的图1-19所示的教学数据库是五个关系的集合，或者说是五个关系头和五个关系体的集合。其中，各个关系头相对固定，而关系体的内容会随时间变化而变化。例如，学生和教师的年龄随时间变化而增长，教师的工资和岗位津贴也会随时间发生变化。

根据定义2.8和定义2.9，关系型数据库模式与关系型数据库实例的区别如表2-10所示。

表2-10 关系型数据库模式与关系型数据库实例的区别

关系型数据库模式	关系型数据库实例
关系型数据库的型	关系型数据库的值
关系型数据库框架	关系型数据库的所有关系实例
对关系型数据库中所有关系的结构描述	所有关系模式在某一刻的状态和内容
静态的、稳定的	动态的

2.3 关系的完整性和关系的码

关系模型由关系数据结构、关系操作和关系完整性约束三部分组成。本节重点介绍关系完整性内容。

为了维护关系型数据库中数据与现实世界的一致性，对关系型数据库的插入、删除和修改操作必须有一定的约束条件，这些约束条件实际上是现实世界的要求。任何关系在任何时刻都需要满足这些语义约束。

将数学定义的关系模型转换为数据库中的关系模型，需要考虑三类完整性约束，即实体完整性、参照完整性和用户自定义完整性。其中，实体完整性和参照完整性是关系模型必须满足的完整性约束条件，被称作关系的两个不变性。任何关系型数据库系统都应该支持这两类完整性。除此之外，不同的关系

关系的完整性

型数据库系统由于应用环境的不同，往往还需要一些特殊的约束条件，这就是用户自定义完整性。用户自定义完整性体现了具体领域中的语义约束。

本节在关系模型的基础上，介绍关系的完整性约束以及实现完整性约束的各类码。

2.3.1 实体完整性及相关的码

1. 实体完整性需求

关系模型中的一个元组对应一个实体，一个关系则对应一个实体集。例如，一条学生记录对应着一名学生，学生关系对应着学生的集合。

在现实世界中，实体集中的实体是可区分的。例如，学生关系中的属性"学号"可以唯一标识一个元组，也可以唯一标识学生实体。在学生选课关系中，属性"学号"和"课程号"可以唯一标识一名学生选择某门课程的情况。

在操作关系模型时，需要关系中每条元组都是可区分的。例如，修改某名学生的相关信息，一般通过该学生的唯一标识信息（学号）可准确定位学生元组并进行修改。

2. 超码、候选码和主码

（1）超码

针对某一关系，为实现不同元组的可区分性，需要每个元组有一个属性取值或者属性集取值是不同的，这个属性或者属性集称为超码。例如，学生关系中的学号能唯一标识每名学生，则属性"学号"可作为学生关系的超码。在选课关系中，属性的组合"学号+课程号"能唯一地区分每一条选课记录，则属性集"学号+课程号"是选课关系的超码。

需要注意的是，只要某一个属性或者属性集能够唯一标识不同元组，则关系中包含该属性或属性集的属性集合也为超码。例如，学生关系中的"学号"为超码，则在学生关系中，"学号"和"姓名"两个属性构成的集合也为超码。因此，超码实际上包含了多余的属性，通常，我们仅关心能够唯一标识元组的最小属性组合。

（2）候选码

在超码的基础上，给出候选码的形式化定义。

定义2.10 设关系R有属性$A_1, A_2, \cdots, A_n$，其属性集$K=(A_i, A_j, \cdots, A_k)$，当且仅当满足下列条件时，$K$被称为候选码。

① 唯一性（Uniqueness）。关系R的任意两个不同元组，其属性集K的值是不同的。

② 最小性（Minimum）。在组成关系键的属性集（$A_i, A_j, \cdots, A_k$）中，任一属性都不能从属性集K中删掉，否则将破坏唯一性的性质。

根据定义2.10，候选码首选是超码，但超码不一定都是候选码，只有具备唯一性且子集不具备唯一性的超码才为候选码，即候选码是属性数量最少的超码。例如，学生关系中的"学号"具有唯一性的特点，且"学号"是学生关系中属性数量最小的超码，所以学号可以作为学生关系的候选码。在选课关系中，"学号+课程号"的组合也是唯一的。属性集"学号+课程号"满足最小性，从中去掉任一属性，都无法唯一标识选课记录。

③ 主码

如果一个关系中有多个候选码，则可以从中选择一个作为查询、插入或删除元组的操作变量。被选用的候选码称为主码或主关系键、主键、关系键、关键字等，后续章节中统一称为主码。例如，在学生关系中，"学号"和"身份证号码"都可单独作为候选码，唯一标识每名学生。如果选定"学号"作为数据操作的依据，则"学号"为主码。如果选定"身份证号码"作为数据操作的依据，则"身份证号码"为主码。

在一些极端情况下，关系的所有属性构成主码，此时，主码也称为全码。例如，设教师授课关系TCS分别有三个属性：教师（T）、课程（C）和学生（S）。一名教师可以讲授多门课程，一门课程可以由多名教师讲授，同样一名学生可以选听多门课程，一门课程可以被多名学生选听。在这种情况下，(T,C,S)三个属性的组合是关系TCS的候选码，称为全码。

3. 主属性和非主属性

在一个关系中，可以根据属性是否在主码中，将属性分为主属性和非主属性。

主属性（Prime Attribute）：包含在主码中的各个属性称为主属性。

非主属性（Non-Prime Attribute）：不包含在任何候选码中的属性称为非主属性（或非码属性）。

4. 实体完整性

根据实体完整性需求，关系中每个实体是可区分的，而主码是唯一标识关系中实体的最小属性或属性集合，所以每个关系必须选择一个主码且主码选择后需要满足实体完整性需求。

定义2.11 在关系型数据库中，实体完整性是指主码的值不能为空或部分为空。

"空"是关系型数据库中表示属性取值的特殊情况。在二值逻辑中，属性取值通常可表述为"有数值"或"无数值（空值）"。其中，"空值"和"空"的区别是，"空"代表当前属性取值未知，随着数据库的应用，后续属性可能"有数值"，也可能一直"无数值"；"空值"代表当前属性为"空字符串"或确定没有数值。

根据"空"的解释，实体完整性要求每个关系必须有主码，且主码无论以属性或属性集形式，在关系中必须给出明确的主码数值来区分每一个实体。

例如，学生关系中的主码"学号"不能为空，选课关系中的主码"学号+课程号"不能部分为空，即"学号"和"课程号"两个属性都不能为空。

2.3.2 参照完整性及相关的码

1. 参照完整性需求

在一个数据库中，通常使用多个关系刻画业务中实体与实体之间的联系，例如，在"学生选课"业务中，使用"学生"实体、"课程"实体和"学生选课"实体进行刻画。为表明业务，"学生选课"关系中包含了"学号"和"课程号"，建立了不同实体之间的联系。

为了准确地刻画客观世界中学生选课的实际情况，确保"学生选课"关系中出现的"学号"属性和"课程号"属性是有依据的，即能够根据"学号"属性取值找到其在"学生"关系中的具体学生，涉及属性的取值应被限制。在关系型数据库中，使用外码和参照完整性（Referential Integrity）达成上述需求。

2. 外码

在主码定义的基础上，给出外码的定义。

定义2.12 如果关系R_2的一个或一组属性X不是R_2的主码，而是另一关系R_1的主码，则该属性或属性组X称为关系R_2的外码（Foreign Key）或外部关系键（在后续章节中统一称为外码），并称关系R_2为参照关系（Referencing Relation），关系R_1为被参照关系（Referenced Relation）。

根据定义2.12，通过外码可以建立多个实体之间的联系，因此外码的判定标准是在当前关系中不作为主码，但在其他关系中是主码。

例如，在第1章的图1-19所示的教学数据库中增加一个"系别"关系D，关系D包含两个属性：系别（Dept）和地址（Addr），"系别"是此关系的主码，而"系别"并不是学生关系和教师关系的主码，所以"系别"是学生关系和教师关系的外码。

在一些特殊情况下，外码虽然不是当前关系的主码，但是当前关系的主属性。

例如，在第1章的图1-19所示的选课关系中，"学号"属性与学生关系的主码"学号"相对应，"课程号"属性与课程关系的主码"课程号"相对应。因此，"学号"和"课程号"属性是选课关系的码。学生关系和课程关系为被参照关系，选课关系为参照关系。

3. 参照完整性

由外码的定义可知，被参照关系的主码和参照关系的外码必须定义在同一个域上。如选课关系中的属性"学号"与学生关系的主码"学号"要定义在同一个域上，"课程号"属性与课程关系的主码"课程号"要定义在同一个域上。因此，在关系型数据库中，需要外码满足参照完整性。

定义2.13 如果关系R_2的外码X与关系R_1的主码相符，则X的每个值或者等于R_1中主码的某一个值，或者取空值。

例如，学生关系S的"系别"属性与系别关系D的主码"系别"相对应，因此，学生关系S的"系别"属性是该关系S的外码，学生关系S是参照关系，系别关系D是被参照关系。如图2-2所示，学生关系中的某名学生（如S1或S2）"系别"的取值，必须在参照的系别关系中的主码"系别"的值中能够找到，否则表示把该学生分配到一个不存在的部门中，这显然不符合语义。如果某名学生（如S11）"系别"取空值，则表示该学生尚未分配到任何一个系，否则，它只能取系别关系中某个元组的系别号值。

S（学生关系）

SNo（学号）	SN（姓名）	Sex（性别）	Age（年龄）	Dept（系别）
S1	赵亦	女	17	计算机
S2	钱尔	男	18	信息
……	……	……	……	……
S11	王威	男	19	

D（系别关系）

Dept（系别）	Addr（地址）
计算机	1号楼
信息	1号楼
自动化	2号楼

图2-2 学生表和系别表

当外码为关系的主属性时，外码不能为空或部分为空。例如，"学号+课程号"是选课关系中的主码，"学号"和"课程号"分别是外码，但也是主属性，因此，两个属性都不能为空，且"学号"和"课程号"中只能取被参照关系中已经存在的值。

在录入数据时，为利用关系的参照完整性确保数据的一致性，通常先录入主码数据，然后录入外码数据。例如，在学生选课业务中，先录入学生信息和课程信息，然后录入学生选课信息。

2.3.3 用户自定义完整性

用户自定义完整性（User-defined Integrity）是针对某一具体关系型数据库的约束条件，它反映某一具体应用所涉及的数据必须满足的语义要求。例如，属性值根据实际需要，要具备一些约束条件，如规定选课关系中成绩属性的取值范围在0和100之间；某些数据的输入格式要有一些限制等。关系模型应该提供定义和检验这类完整性的机制，以便用统一的、系统的方法处理它们，而不要由应用程序承担这一功能。

2.3.4 完整性约束的适用场景

完整性约束在定义关系时指定，对插入、删除、更新的数据可实施一定程度的完整性检查，确保数据的正确性和完整性。

1. 插入数据时的完整性检查

在插入数据时，数据库会根据定义在关系上的完整性规则，依次检查实体完整性、参照完整性和用户自定义完整性。

实体完整性规则重点检查插入数据的主码属性或属性集，确保插入数据的主码不为空且主码数值与数据表中已有记录的主码不重复。

参照完整性规则重点检查插入数据的外码属性或属性集，确保插入数据如果外码不为空，则外码的数值应在被参照关系中出现。

用户自定义完整性规则重点检查插入数据的各个属性是否满足用户定义的属性值类型、范围等约束。

完整性约束应用案例

2. 删除数据时的完整性检查

在删除数据时，主要检查参照完整性。如果删除的是参照关系的数据，则无须检查参照完整性，可直接删除数据。但如果删除的是被参照关系的数据，则需要按照参照删除规则执行操作。其具体参照删除规则如下。

（1）拒绝删除规则。例如，在学生表中计划删除"张三"的记录，但"张三"在学生选课表中存在记录，此时如果在学生选课表的学号外码上施加了拒绝删除规则，则在学生表中无法直接删除"张三"的记录，我们需要将学生选课表中"张三"的所有选课记录删除后，方可在学生表中删除"张三"的记录。

（2）级联删除规则。例如，在学生表中计划删除"张三"的记录，但"张三"在学生选课表中存在记录，此时如果在学生选课表的学号外码上施加了级联删除规则，则可以删除学生表中"张三"的记录，同时，也会将学生选课表中涉及"张三"的所有记录级联删除。

（3）删除置空或默认规则。例如，在院系表中计划删除"信息学院"记录且学生表中部分学生院系为"信息学院"，此时如果在学生表院系编号外码上施加了删除置空或删除默认规则，则可以删除院系表中"信息"学院记录，学生表中参照"信息学院"的学生记录，院系属性置空或设置为默认值。

3. 更新数据时的完整性检查

更新数据可以看作先删除数据再插入数据，因此，更新数据的完整性检查可以先进行删除数据的完整性检查，再进行插入数据的完整性检查。

2.4 关系代数

关系模型由关系数据结构、关系操作和关系完整性约束三部分组成。本节重点介绍关系操作及其有关概念。关系模型中常用的操作包括查询操作和更新操作（包括插入、删除和修改）。早期的关系操作通常用代数方式或逻辑方式来表示，分别称为关系代数和关系演算。

关系代数用关系运算来表达要求，主要运算符包括集合并、集合差、集合交、笛卡儿积、选择、投影、连接和除法等。

关系演算用谓词来表达要求。关系演算又可按谓词变元的基本对象是元组变量还是域变量分为元组关系演算和域关系演算。关系代数和关系演算在表达能力上是等价的，即每一个关系代数需求都可以通过等价的关系演算实现。

关系代数和关系演算都属于形式化的关系操作方法，在真实场景中，我们更多会使用SQL语言或程序设计语言操作数据库，但学习关系代数和关系演算有助于我们更好地理解和构建SQL语句，同时，也可以将关系代数和关系演算当作评价工具，衡量其他数据库查询或操作语言的表达能力。

2.4.1 关系代数的分类及其运算符

关系代数是一种抽象的查询语言，是关系数据操纵语言的一种传统表达方式。它是由IBM公司在一个实验性的系统上实现的一种语言，称为ISBL（Information System Base Language）。

任何一种运算都是将一定的运算符作用于一定的运算对象上，得到预期的运算结果。所以运算对象、运算符和运算结果是运算的三大要素。

关系代数的运算对象是关系，运算结果也是关系。关系代数用到的运算符主要包括四类，如表2-11所示。

表 2-11 关系代数运算符

主要运算符		含义	辅助运算符		含义
集合运算符	$\cup$	集合并	算术比较运算符	$>$	大于
	$-$	集合差		$\geq$	大于或等于
	$\cap$	集合交		$<$	小于
	$\times$	广义笛卡儿积		$\leq$	小于或等于
专门的关系运算符	σ	选取		$=$	等于
	$\prod$	投影		$\neq$	不等于
	$\bowtie_{X\theta Y}$	θ连接	逻辑运算符	$\wedge$	逻辑与
	$\bowtie$	自然连接		$\vee$	逻辑或
	$\div$	除		$\neg$	逻辑非

其中，算术比较运算符和逻辑运算符是用来辅助专门的关系运算符进行操作的，所以关系代数的运算按运算符类型的不同主要分为传统的集合运算和专门的关系运算两类。

（1）传统的集合运算：该类运算把关系看成元组的集合，以元组作为集合中的元素来进行运算，其运算是从关系的"水平"方向即行的角度进行的。它包括集合并、集合差、集合交和笛卡儿积等运算。

（2）专门的关系运算：该类运算不仅涉及行运算（水平方向），还涉及列运算（垂直方向）。这种运算是为数据库的应用而引进的特殊运算，它包括选取、投影、连接和除法等运算。

我们还可根据关系运算符操作关系的数量，将关系代数的运算分成一元运算和二元运算两类。

（1）一元运算：选择和投影。

（2）二元运算：集合并、集合差、集合交、笛卡儿积、连接和除法。

此外，还可以从关系代数完备性角度看，将关系代数的运算分为基本操作运算和非基本操作运算两类。后续本书将按照传统的集合运算和专门的关系运算分类讲解关系代数运算符。

关系代数分类如图2-3所示。

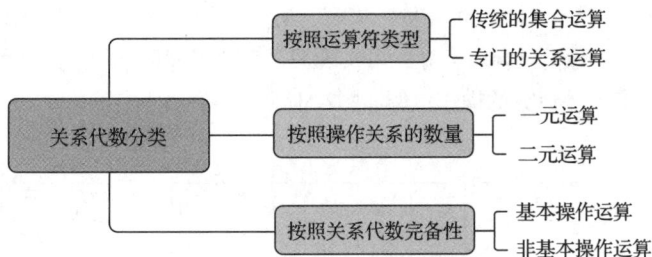

图2-3 关系代数分类

2.4.2 传统的集合运算

对两个关系进行的传统的集合运算是二元运算，是在两个关系中进行的。但是，传统集合运算中的集合并、集合交和集合差运算并不是任意两个关系都能进行的，需要满足相容关系才能运算。

定义2.14 设给定两个关系R、S，若满足以下条件，则说关系R、S是相容的。

（1）具有相同的列数（或称度数）n。

（2）R中第i个属性和S中第i个属性必须来自同一个域（对应属性的列同质）。

1. 集合并（Union）

操作定义：关系R和关系S的集合并运算结果由属于R或属于S的元组组成，即R和S的所有元组合并，删去重复元组，组成一个新关系，其结果仍为n元关系。记作：

$$R \cup S = \{t \mid t \in R \lor t \in S\}$$

其中，"$\cup$"为集合并运算符；t为元组变量；"$\lor$"为逻辑或运算符。

应用场景及示例：对于关系型数据库，记录的插入和添加可通过集合并运算实现。例如，在学生表中添加2条记录，使用集合并运算的操作示例如图2-4所示。

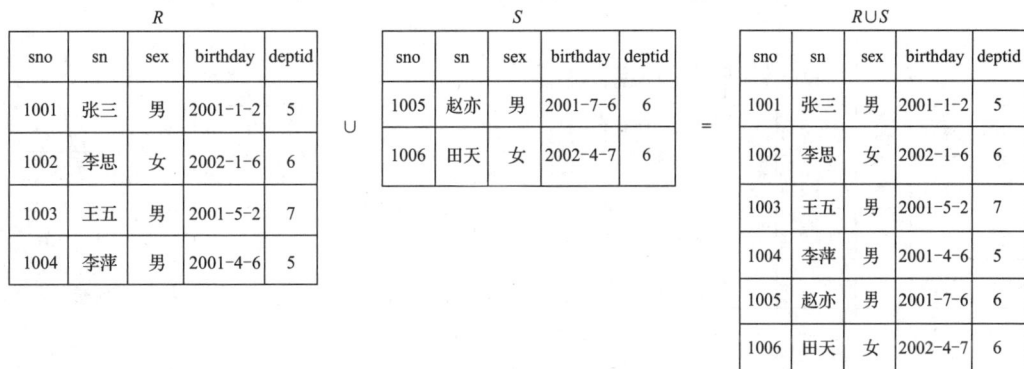

		R		
sno	sn	sex	birthday	deptid
1001	张三	男	2001-1-2	5
1002	李思	女	2002-1-6	6
1003	王五	男	2001-5-2	7
1004	李萍	男	2001-4-6	5

$\cup$

		S		
sno	sn	sex	birthday	deptid
1005	赵亦	男	2001-7-6	6
1006	田天	女	2002-4-7	6

$=$

		$R \cup S$		
sno	sn	sex	birthday	deptid
1001	张三	男	2001-1-2	5
1002	李思	女	2002-1-6	6
1003	王五	男	2001-5-2	7
1004	李萍	男	2001-4-6	5
1005	赵亦	男	2001-7-6	6
1006	田天	女	2002-4-7	6

图2-4 $R \cup S$示意图

运算结果分析：假设关系R中有n列属性m行元组，关系S中有n列属性l行元组，则$R \cup S$中有n列属性，元组数量在区间$[\min(n, l), n+l]$，其中$\min(n, l)$表示取n和l中较小的数值。

2. 集合差（Difference）

操作定义：关系R与关系S的集合差运算结果由属于R而不属于S的所有元组组成，即R中删去与S中相同的元组，组成一个新关系，其结果仍为n元关系。记作：

$$R-S = \{t \mid t \in R \land \neg\, t \in S\}$$

其中，"–"为集合差运算符；t为元组变量；"∧"为逻辑与运算符；"￢"为逻辑非运算符。

应用场景及示例：通过集合差运算，可实现关系型数据库记录的删除。例如，在学生表中删除2条记录，使用集合差运算的操作示例如图2-5所示。

	R							S								R-S			
sno	sn	sex	birthday	deptid		sno	sn	sex	birthday	deptid		sno	sn	sex	birthday	deptid			
1001	张三	男	2001-1-2	5	–	1003	王五	男	2001-5-2	7	=	1001	张三	男	2001-1-2	5			
1002	李思	女	2002-1-6	6		1002	李思	女	2002-1-6	6		1004	李萍	男	2001-4-6	5			
1003	王五	男	2001-5-2	7															
1004	李萍	男	2001-4-6	5															

图2-5 R-S示意图

运算结果分析：假设关系R中有n列属性m行元组，关系S中有n列属性l行元组，则R–S中有n列属性，元组数量在区间[0, m]。

3. 集合交（Intersection）

操作定义：关系R与关系S的集合交运算结果由既属于R又属于S的元组（即R与S中相同的元组）组成一个新关系，其结果仍为n元关系。记作：

$$R \cap S = \{t \mid t \in R \land t \in S\}$$

其中，"∩"为集合交运算符；t为元组变量；"∧"为逻辑与运算符。如果两个关系没有相同的元组，那么它们的集合交为空。

应用场景及示例：通过集合交运算，可判断某一表中是否包含所需数据，即结果是否包含所需判断的所有元组，也可用于不同数据库中，提取相关表中共同出现的元素。例如，判断学生表中是否包含王五和李思学生的记录，使用集合交运算的操作示例如图2-6所示。

	R							S								R∩S			
sno	sn	sex	birthday	deptid		sno	sn	sex	birthday	deptid		sno	sn	sex	birthday	deptid			
1001	张三	男	2001-1-2	5	∩	1003	王五	男	2001-5-2	7	=	1003	王五	男	2001-5-2	7			
1002	李思	女	2002-1-6	6		1002	李思	女	2002-1-6	6		1002	李思	女	2002-1-6	6			
1003	王五	男	2001-5-2	7															
1004	李萍	男	2001-4-6	5															

图2-6 R∩S示意图

运算结果分析：假设关系R中有n列属性m行元组，关系S中有n列属性l行元组，则R∩S中有n列属性，元组数量在区间[0, n]。

4. 广义笛卡儿积（Extended Cartesian Product）

操作定义：两个分别为n元和m元的关系R和S的广义笛卡儿积是一个n+m列的元组的集合，元组的前n列是关系R的一个元组，后m列是关系S的一个元组。若R有k_1个元组，S有k_2个元组，则关系R和关系S的广义笛卡儿积有$k_1 \times k_2$个元组，记作：

$$R \times S = \{t_r \frown t_s \mid t_r \in R \land t_s \in S\}$$

关系的广义笛卡儿积可用于两个关系的连接操作（连接操作将在下一节中介绍）。

应用场景及示例：通过笛卡儿积运算，可以建立两个或多个关系之间的联系，并从中进一步筛选满足客观条件的结果。例如，将学生表和课程表进行笛卡儿积运算后，可得到所有学生选择所有课程的结果，根据客观学生选课情况，从结果中进行筛选即可，如图2-7所示。

	R				S					$R×S$			
sno	sn	sex		cno	cn		sno	sn	sex	cno	cn		
1001	张三	男	×	A101	数据库	=	1001	张三	男	A101	数据库		
1002	李思	女		A103	数据结构		1001	张三	男	A103	数据结构		
							1002	李思	女	A101	数据库		
							1002	张三	女	A103	数据结构		

图2-7　$R×S$示意图

运算结果分析：假设关系R中有n列属性m行元组，关系S中有k列属性l行元组，则$R×S$中属性数量为$n+k$列，元组数量为$m×l$。

2.4.3　专门的关系运算

由于传统的集合运算只是从行的角度进行的，而要灵活地实现关系型数据库多样的查询操作，如要求查询结果中只显示某些感兴趣的列，则必须引入专门的关系运算。

在讲专门的关系运算之前，为方便叙述，先引入几个概念。

（1）设关系模式为$R(A_1,A_2,\cdots,A_n)$，它的一个关系为R。$t\in R$表示t是R的一个元组，$t[A_i]$则表示元组t中相对于属性A_i的一个分量。

（2）若$A=\{A_{i1},A_{i2},\cdots,A_{ik}\}$，其中$A_{i1},A_{i2},\cdots,A_{ik}$是$A_1,A_2,\cdots,A_n$中的一部分，则$A$称为属性列或域列，$\bar{A}$则表示$\{A_1,A_2,\cdots,A_n\}$中去掉$\{A_{i1},A_{i2},\cdots,A_{ik}\}$后剩余的属性组。$t[A]=\{t[A_{i1}],t[A_{i2}],\cdots,t[A_{ik}]\}$表示元组$t$在属性列$A$上各分量的集合。

（3）R为n元关系，S为m元关系，$t_r\in R$，$t_s\in S$。$t_r\frown t_s$称为元组的连接（Concatenation），它是一个$n+m$列的元组，前n个分量为R的一个n元组，后m个分量为S中的一个m元组。

（4）给定一个关系$R(X,Z)$，X和Z为属性组，定义当$t[X]=x$时，x在R中的像集（Image Set）为

$$Z_x = \{t[Z]|t\in R, t[X]=x\}$$

它表示R中的属性组X上值为x的各元组在Z上分量的集合。

1. 选取（Selection）

操作定义：选取运算是单目运算，它根据一定的条件从关系R中选择若干元组，组成一个新关系，记作：

$$\sigma_F(R)=\{t\mid t\in R \wedge F(t) = '真'\}$$

其中，σ为选取运算符；F为选取的条件，它是由运算对象（属性名、常数、简单函数）、算术比较运算符（$>$、$\geqslant$、$<$、$\leqslant$、$=$、$\neq$）和逻辑运算符（$\vee$、$\wedge$、$\neg$）连接起来的逻辑表达式，结果为逻辑值"真"或"假"。

应用场景及示例：通过选取运算，可利用简单逻辑条件或由简单逻辑条件构成的复杂逻辑条件，从行的角度筛选满足条件的结果。例如，根据图1-19所示的五个关系，通过简单条件查询计算机系的全体学生，运算结果如图2-8所示。

$$\sigma_{Dept='计算机'}(S)$$

或

$$\sigma_{5='计算机'}(S)（其中5为属性Dept的序号）$$

SNo	SN	Sex	Age	Dept
S1	赵亦	女	17	计算机
S5	周武	男	19	计算机

图2-8　选取条件为Dept= '计算机'的运算结果

例如，根据图1-19所示的五个关系，通过复杂条件查询工资高于1000元（不包括1000元）的男教师，运算结果如图2-9所示。

$$\sigma_{(Sal>1000) \wedge (Sex='男')}(T)$$

TNo	TN	Sex	Age	Prof	Sal	Comm	Dept
T1	李力	男	47	教授	1500	3000	计算机

图2-9　选取条件为(Sal > 1000) ∧ (Sex= '男')的运算结果

✏️ **注意**

字符型数据的值应该使用单引号括起来，例如，'计算机'、'男'。

运算结果分析：选取运算实际上是从关系R中选取使逻辑表达式F为真的元组，是从行的角度进行的运算。假设关系R中有n列属性m行元组，$\sigma_F(R)$与关系R具有相同的属性数量，但元组数量为满足条件F的元组数量。

2．投影（Projection）

操作定义：投影运算也是单目运算，关系R上的投影是从R中选择若干属性列，组成新的关系，即对关系在垂直方向进行的运算，从左到右按照指定的若干属性及顺序取出相应列，删去重复元组。记作：

$$\Pi_A(R)=\{t[A] \mid t \in R\}$$

其中，A为R中的属性列；Π为投影运算符。

应用场景及示例：通过投影运算，可列出按照投影属性出现顺序的新关系，因此，投影运算既可以直接查看关系上感兴趣的不同属性值，也可以在其他运算基础上，对结果的属性列进行筛选或重新排列。例如，根据图1-19所示的五个关系，查询教师的姓名、教师号及其职称，运算结果如图2-10所示。

TN	TNo	Prof
李力	T1	教授
王平	T2	讲师
刘伟	T3	讲师
张雪	T4	教授
张兰	T5	副教授

图2-10　在TN、TNo和Prof三个属性列上的投影运算结果

$$\Pi_{TN,TNo,Prof}(T)或\Pi_{2,1,5}(T)（其中2、1、5分别为属性TN、TNo和Prof的序号）$$

利用投影运算筛选不同属性值，例如查询教师关系中有哪些系，运算结果如图2-11所示。

$$\Pi_{Dept}(T)$$

将投影运算用于选择运算后的结果，例如查询讲授C5课程的教师号，运算结果如图2-12所示。

$$\Pi_{TNo}(\sigma_{CNo='C5'}(TC))$$

运算结果分析：投影运算是从列的角度进行的运算，选取运算是从关系的水平方向上进行运算的，这正是选取运算与投影运算的区别所在。该区别导致投影后可能出现重复行，此时应该取消这些完全相同的行，所以投影之后，不但属性减少了，元组也可能减少。根据定义2.8，$\Pi_A(R)$与R不相容。

Dept
计算机
信息
自动化

TNo
T2
T3
T5

图2-11 在Dept属性列上的投影运算结果　　图2-12 在TNo属性列上的投影运算结果

3. θ连接（θJoin）

θ连接运算是二目运算，是从两个关系的笛卡儿积中选取满足连接条件的元组，组成新的关系。

操作定义：设有两个关系$R(A_1,A_2,\cdots,A_n)$及$S(B_1,B_2,\cdots,B_m)$，连接属性集X包含于$\{A_1,A_2,\cdots,A_n\}$，Y包含于$\{B_1,B_2,\cdots,B_m\}$，X与Y中属性列数量相等，且对应属性有共同的域。若$Z=\{A_1,A_2,\cdots,A_n\}/X$（$/X$表示去掉$X$之外的属性）及$W=\{B_1,B_2,\cdots,B_m\}/Y$，则$R$及$S$可表示为$R(Z,X)$、$S(W,Y)$；关系$R$和$S$在连接属性$X$和$Y$上的θ连接，就是在$R\times S$笛卡儿积中，选取$X$属性列上的分量与$Y$属性列上的分量满足θ比较条件的那些元组，也就是在$R\times S$上选取在连接属性$X$、$Y$上满足θ条件的子集组成新的关系，新关系的列数为$n+m$。记作：

$$R\underset{X\theta Y}{\bowtie}S=\{t_r\frown t_s|t_r\in R\wedge t_s\in S\wedge t_r[X]\theta t_s[Y]\text{为真}\}$$

其中，$\bowtie$是自然连接运算符；θ为算术比较运算符，也称θ连接。

$X\theta Y$为连接条件，其中：

θ为"="时，称为等值连接；

θ为"<"时，称为小于连接；

θ为">"时，称为大于连接。

在连接运算中，一种最常用的连接是自然连接。所谓自然连接就是在等值连接的情况下，当连接属性X与Y具有相同属性组时，把在连接结果中重复的属性列去掉。如果R与S具有相同的属性组Y，则自然连接可记作：

$$R\bowtie S=\{t_r\frown t_s|t_r\in R\wedge t_s\in S\wedge t_r[Y]=t_s[Y]\}$$

自然连接是在广义笛卡儿积$R\times S$中选出同名属性上符合相等条件的元组，再进行投影，去掉重复的同名属性，组成新的关系。

应用场景及示例：θ连接通常用于多个关系间，通过属性值比较连接在一起产生新的关系的情况。

自然连接运算

例如，可以将学生表S与自身在出生日期属性上进行大于连接，获得比某名学生年龄小的所有学生信息，运算结果如图2-13所示。

$$S_1\underset{S_1.\text{birthday}>S_2.\text{birthday}}{\bowtie}S_2$$

在图2-13中，为方便区分，将参与连接运算的同一关系分别命名为S_1和S_2，同时，在连接后的关系属性上通过别名注明属性来源。根据连接结果，如果希望进一步查找比张三年龄小的学生姓名，则可通过$S_1.\text{sn}=$'张三'条件筛选记录，然后使用投影操作筛选S_2上的sn列。类似图2-13在一个关系上进行连接的情况，也称为自连接查询。

$$\Pi_{S_2.\text{sn}}(\sigma_{S_1.\text{sn}='张三'}(S_1\underset{S_1.\text{birthday}>S_2.\text{birthday}}{\bowtie}S_2))$$

S别名为S_1

sno	sn	birthday
1001	张三	2001-1-2
1002	李思	2002-1-6
1003	王五	2001-5-2

$\bowtie_{S_1.birthday > S_2.birthday}$

S别名为S_2

sno	sn	birthday
1001	张三	2001-1-2
1002	李思	2002-1-6
1003	王五	2001-5-2

$=$

S_1.sno	S_1.sn	S_1.birthday	S_2.sno	S_2.sn	S_2.birthday
1001	张三	2001-1-2	1002	李思	2002-1-6
1001	张三	2001-1-2	1003	王五	2001-5-2
1002	李思	2002-1-6	1003	王五	2001-5-2

图2-13　运算结果1

例如，查询讲授"数据库"课程的教师姓名，运算结果如图2-14所示。

$$\Pi_{TN}(\sigma_{CN='数据库'}(C)\bowtie TC\bowtie \Pi_{TNo,TN}(T))$$

或

$$\Pi_{TN}(\Pi_{TNo}(\sigma_{CN='数据库'}(C)\bowtie TC)\bowtie \Pi_{TNo,TN}(T))$$

通过下面抽象属性的例子，分析等值连接和自然连接的区别。

TN
王平
刘伟
张兰

图2-14　运算结果2

【例2-1】设有图2-15（a）与图2-15（b）所示的两个关系R与S，图2-15（c）所示为R和S的大于连接（C>D），图2-15（d）所示为R和S的等值连接（C=D），图2-15（e）所示为R和S的等值连接（R.B=S.B），图2-15（f）所示为R和S的自然连接。

R

A	B	C
a1	b1	2
a1	b2	4
a2	b3	6
a2	b4	8

（a）

S

B	D
b1	5
b2	6
b3	7
b3	8

（b）

大于连接（C>D）

A	R.B	C	S.B	D
a2	b3	6	b1	5
a2	b4	8	b1	5
a2	b4	8	b2	6
a2	b4	8	b3	7

（c）

等值连接（C=D）

A	R.B	C	S.B	D
a2	b3	6	b2	6
a2	b4	8	b3	8

（d）

等值连接（R.B=S.B）

A	R.B	C	S.B	D
a1	b1	2	b1	5
a1	b2	4	b2	6
a2	b3	6	b3	7
a2	b3	6	b3	8

（e）

自然连接

A	B	C	D
a1	b1	2	5
a1	b2	4	6
a2	b3	6	7
a2	b3	6	8

（f）

图2-15　连接运算举例

结合上例，我们可以看出等值连接与自然连接的区别（见表2-12）。

（1）等值连接中不要求相等属性值的属性名相同，而自然连接要求相等属性值的属性名必须相同，即两关系只有同名属性才能进行自然连接。如上例R中的C列和S中的D列可进行等值连接，但因为属性名不同，不能进行自然连接。

（2）在连接结果中，等值连接不将重复属性去掉，而自然连接去掉重复属性，也可以说，自然连接是去掉重复列的等值连接。如上例R中的B列和S中的B列进行等值连接时，结果有两个重复的属性列B，而进行自然连接时，结果只有一个属性列B。

表 2-12　等值连接与自然连接的区别

等值连接	自然连接
允许连接属性名称不同	自动将名称相同属性进行连接
连接后关系列的数量为连接前关系列的和	连接后关系列数量为等值连接数量减掉自然连接的列数
参与等值连接的属性名相同时，连接后关系的元组数等于自然连接后关系的元组数	参与等值连接的属性名相同时，连接后关系的元组数等于自然连接后关系的元组数

4. 除法（Division）

除法运算是二目运算，设有关系$R(X,Y)$与关系$S(Y,Z)$，其中X、Y、Z为属性集合，R中的Y与S中的Y可以有不同的属性名，但对应属性必须出自相同的域。关系R除以关系S所得的商是一个新关系$P(X)$，P是R中满足下列条件的元组在X上的投影：元组在X上分量值x的像集Y_x包含S在Y上投影的集合。记作：

$$R \div S = \{t_r[X] \mid t_r \in R \wedge \Pi_y(S) \subseteq Y_x\}$$

其中，Y_x为x在R中的像集，$x = t_r[X]$。

【例2-2】已知关系R和S，如图2-16（a）和图2-16（b）所示，则$R \div S$如图2-16（c）所示。

图 2-16　投影

与除法的定义相对应，本题中$X=\{A,B\}=\{(a1,b2),(a2,b4),(a3,b5)\}$，$Y=\{C,D\}=\{(c3,d5),(c4,d6)\}$，$Z=\{F\}=\{f3,f4\}$。其中，元组在$X$上各个分量值的像集分别为

(a1,b2)的像集为$\{(c3,d5),(c4,d6)\}$；

(a2,b4)的像集为$\{(c1,d3)\}$；

(a3,b5)的像集为$\{(c2,d8)\}$。

S在Y上的投影为$\{(c3,d5),(c4,d6)\}$。

显然只有(a1,b2)的像集包含S在Y上的投影，所以$R \div S=\{(a1,b2)\}$。

除法运算同时从行和列的角度进行运算，适合于包含"全部"等短语的查询。

【例2-3】查询选修了全部课程的学生学号和姓名。

$$\Pi_{SNo,CNo}(SC) \div \Pi_{CNo}(C) \bowtie \Pi_{SNo,SN}(S)$$

除法运算

【例2-4】查询至少选修了C1课程和C3课程的学生学号。

$$\Pi_{SNo,CNo}(SC) \div \Pi_{CNo}(\sigma_{CNo='C1' \vee CNo='C3'}(C))$$

只有S4学生的像集至少包含了C1课程和C3课程，因此，查询结果为S4。

2.4.4 关系代数完备性

关系代数完备性是指运用更少数量的运算符表达所有关系代数运算。实现完备性的运算符称为基本运算符。在关系代数中，基本运算符包括集合并、集合差、笛卡儿积、选择、投影。其他运算由基本运算表示的方法如下。

集合交运算可由集合差运算表示，转换方法为

$$R \cap S = R - (R - S)$$

自然连接可由笛卡儿积和选择运算联合表示，转换方法为

$$R \bowtie_{X\theta Y} S = \sigma_{X\theta Y}(R \times S)$$

除法运算的表示较为复杂，需要联合运用笛卡儿积、集合差、投影等运算表示。假设参与除法的两个关系为$R(X,Y)$与$S(Y,Z)$，除法运算的转换方法为

$$R \div S = \Pi_X(R) - \Pi_X((\Pi_X(R) \times S) - R)$$

上述运算符转换关系的优势在于：（1）可降低系统中运算符实现的成本，即使用更少的运算符实现模块就可满足全部关系运算需求；（2）提供连接关系运算符，特别是自然连接和除法等连接的实现途径；（3）在关系代数编写或后续SQL语句编写中，对于除法等复杂运算，可利用转换关系将其语句编写转换为基本运算符编写，提供不同的解题思路。

2.4.5 连接关系查询编写通用步骤及查询优化

1. 连接关系查询编写通用步骤

对于连接类查询，关系代数查询语句的编写步骤如下。

（1）关系连接。分析查询输入条件的属性、输出属性涉及关系和建立联系的关系，将这些关系使用自然连接以连接在一起。

（2）条件选择。根据查询中的输入条件，构建选择条件，将选择运算施加到步骤（1）的自然连接上。

（3）属性投影。根据查询中的输出要求，构建投影属性或属性集，将投影运算施加到步骤（2）的选择结果上。

上述步骤产生的连接查询模板为

$$\Pi_{投影的属性或属性集}(\sigma_{选择操作的简单条件或复合条件}(条件所在表、输出属性所在表和连接表间自然连接))$$

下面通过例子展示上述步骤的实施过程。例如，查询选修数据库课程的学生姓名。

（1）关系连接。查询中输入条件为课程名为数据库，即cn='数据库'，cn出现在课程表c中。输出属性为学生姓名sn，sn出现在s表中。s表和c表无法直接连接，需要用sc表建立连接。因此，查询设计的关系为表s、表sc和表c，按照连接顺序，构建自然连接s⋈sc⋈c。

（2）条件选择。查询中只有一个条件，即cn='数据库'，通过选择运算筛选步骤（1）的结果，表示为$\sigma_{cn='数据库'}(s \times sc \times c)$。

（3）属性投影。查询中只有一个输出属性，即sn，通过投影运算过滤步骤（2）的结果，表示为$\Pi_{sn}(\sigma_{cn='数据库'}(s \times sc \times c))$。

2. 关系代数查询优化

上一小节列出了连接查询编写的通用步骤，但实际上，同一个连接查询可以有不同编写结果。同样以查询选修数据库课程的学生姓名为例，根据通用步骤编写的结果为

$$\Pi_{sn}(\sigma_{cn='数据库'}(s \bowtie sc \bowtie c))$$

该连接查询也可以写为

$$\Pi_{sn}(s \bowtie sc \bowtie \sigma_{cn='数据库'}(c))$$

该连接查询还可以写为

$$\Pi_{sn}(s \bowtie \Pi_{sno}(sc \bowtie \Pi_{cno}(\sigma_{cn='数据库'}(c))))$$

上述连接查询的结果是一致的，但查询的效率存在差异，使用$T(*)$代表关系代数消耗的时间，则上述各查询消耗的时间比较为

$$T(\Pi_{sn}(\sigma_{cn='数据库'}(s \times sc \times c))) > T(\Pi_{sn}(s \times sc \times \sigma_{cn='数据库'}(c))) > T(\Pi_{sn}(s \times \Pi_{sno}(sc \times \Pi_{cno}(\sigma_{cn='数据库'}(c)))))$$

其中，通用步骤的连接过程存在很多不满足条件的元素或属性，导致连接后还需要再逐行筛选，其他两个查询都直接对条件所在表进行筛选，连接的元组数量极大降低。为此，使用通用步骤编写的查询语句可通过下面的规则进行优化。

（1）优化选择操作。将选择条件直接作用于条件所在表，优先筛选符合条件的元组，减少参与后续运算的元组数量。

（2）优化投影操作。在了解过程中，使用投影操作减少参与连接属性的数量，注意必须在投影优化时，保留连接属性，确保投影后的关系可进行自然连接。

除上述优化措施外，关系型数据库还有其他优化策略，如消去策略或转换策略等，感兴趣的读者可参照有关数据库实现等的教材。

2.4.6 关系代数与 SQL 语句编写关系

读者将在第3章学习SQL语言，编写查询语句。关系代数作为一种衡量其他查询语言的工具，可用于分析并构建SQL语句，也可对现有SQL语句进行效率优化。总之，学习关系代数有助于更为高效、可靠地编写SQL语句。

2.5 关系演算[*]

关系代数是通过"对关系的运算"进行查询的，即要求用户说明运算的顺序，通知系统每一步应该"怎样做"，该类语言属于过程化的语言。关系演算是通过"规定查询的结果应满足什么条件"来表达查询要求的，只提出要达到的要求，说明系统要"做什么"，而将怎样做的问题交给系统去解决。所以关系演算语言是非过程化的语言。

关系演算以数理逻辑中的谓词演算为基础，通过谓词形式来表示查询表达式。谓词演算是离散数学中数理逻辑的分支。谓词可以看作一个带有变量的真值函数，代入变量后，转换为命题，可根据事实判断结果是真或假。

例如，"x为一名学生"为带有一个变量的谓词（也称为一元谓词），当x确定为"张三"，谓词转换为命题，即"张三为一名学生"，此时，根据客观世界实际情况，可以判断该命题的真假。再如，"x的年龄比y大"为带有两个变量的谓词（也称为二元谓词），当x确定为"张三"和y确定为"李四"，谓词转换为命题，即"张三的年龄比李四大"，此时，根据客观世界实际情况，可以判断该命题的真假。

在数据库中，关系演算可进一步分为元组关系演算和域关系演算。

2.5.1　元组关系演算

1. 元组关系演算基础

元组关系演算以元组变量作为谓词变元的基本对象，其目标是找出使谓词公式成真的元组集合S，该过程可表述为

$$\{t|F(t)\}$$

其中，可以通过$t.*$的形式表示投影元素的属性。$F(t)$为谓词公式或合式公式，可以是原子公式形式或者由原子公式通过逻辑运算构成的复合公式形式。

元组关系演算中原子公式的形式如表2-13所示。

表 2-13　元组关系演算中原子公式的形式

公式抽象形式	公式含义	举例说明
$R(s)$	隶属关系，s为R中的元组	课程表中元组表示为C(s)
$s.i\theta u.j$	元组间比较关系，元组s的i属性与元组u的j属性进行θ比较	元组s的生日比元组u的生日大表示为$s.birth<u.birth$
$s.i\theta c$	元组与数值比较关系，元组s的i属性与数值c进行比较	元组s的分数大于60分表示为$s.score>60$

元组关系演算中合式公式的形式如表2-14所示。

表 2-14　元组关系演算中合式公式的形式

公式类型	公式含义	举例说明
原子公式	由单个原子公式构成的公式是合式公式	课程表中元组表示为C(s)
逻辑运算公式（假设F_1和F_2是公式）	$F_1 \vee F_2$，表示F_1和F_2中至少有一个为真，则$F_1 \wedge F_2$为真即可	元组s的课程名为数据库或数据结构表示为$s.cn=$'数据库'$\vee s.cn=$'数据结构'
	$F_1 \wedge F_2$，表示F_1和F_2必须同时为真，则$F_1 \wedge F_2$才为真	元组s的分数在60～80区间，包含边界表示为$s.score>=60 \wedge s.score<=80$
	$\neg F_1$，表示若F_1为真，则$\neg F_1$为假；若F_1为假，则$\neg F_1$为真	元组s的职称不是讲师表示为$\neg (s.prof=$'讲师')
带有量词的公式（假设F是公式）	$\forall sF(s)$，表示对于所有元组s都使得$F(s)$为真，则$\forall sF(s)$为真，否则为假	所有学生都来自信息学院表示为$\forall s(s.dept=$'信息学院')
	$\exists sF(s)$，表示若有一个元组s使得$F(s)$为真，则$\exists sF(s)$为真，否则为假	部分学生来自信息学院表示为$\exists s(s.dept=$'信息学院')

在通过关系演算语言构建满足查询请求的元组关系演算语句时，将有限次地使用原子公式和合式公式。

2. 元组关系演算与关系代数中的基本运算关系

在编写元组关系演算语句时，也可以根据元素关系演算与关系代数的转换关系，将写好的关系代数语句转换为元组关系演算语句。

（1）集合并运算

$$R \cup S=\{t|R(t) \vee S(t)\}$$

（2）集合差运算

$$R-S=\{t|R(t) \wedge \neg S(t)\}$$

（3）笛卡儿积运算

$$R \times S = \{t_r \frown t_s | \exists u \exists v (R(u) \land S(v))\}$$

（4）选择运算

$$\sigma_F(R) = \{t | R(t) \land F\}$$

（5）投影运算

$$\prod_{A1,A2,A3\ldots}(R) = \{t.A1, t.A2, t.A3\cdots | R(t)\}$$

其他关系代数运算符可以利用上述基本运算符进行表示，因此，所有关系代数语句都可以转换为元组关系演算语句。

📝**注意**

不同教材在表示元组关系演算时，使用的量词符号规则和转换规则与本教材存在差异，但实际上不同方法表达后的结果是一致的。

3. 元组关系演算的例子

例如，查询学号为S001的学生姓名和性别。假设S表示学生关系，则元组关系演算的查询语句为

```
{t.sn,t.sex|S(t)∧t.sno='S001'}
```

例如，查询选择数据库课程的学生姓名。假设S表示学生关系，C表示课程关系，SC表示学生选课关系，则元组关系演算的查询语句为

```
{u.sn|∃u∃v∃w(S(u)∧SC(v)∧C(w)∧t.sno=u.sno∧u.cno∧w.cno∧w.cn='数据库')}
```

例如，查询未选择任何课程的学生姓名。假设S表示学生关系，SC表示学生选课关系，则元组关系演算的查询语句为

```
{u.sn|S(u)∧¬ (∃v(SC(v)∧t.sno=u.sno))}
```

编写元组关系演算语句即可直接按照查询需求进行编写，也可以在编写关系代数查询语句的基础上，利用转换规则将其转换为元组关系演算语句。

2.5.2 域关系演算

域关系演算就是将元组关系演算中的元组变量替换为域变量，并可采用如下形式进行简化。

$$\exists d1,d2,\cdots,dn代替\exists d1\exists d2\ldots\exists dn$$

元组关系演算和
域关系演算联系

例如，查询学号为S001的学生姓名和性别。假设S表示学生关系，则域关系演算的查询语句为

```
{sn,sex|S(sno,sn,sex,birthday,dept)∧sno='S001'}
```

例如，查询选择数据库课程的学生姓名。假设S表示学生关系，C表示课程关系，SC表示学生选课关系，则域关系演算的查询语句为

```
{sn|∃sno1,cno1(S(sno,sn,sex,birthday,dept)∧SC(sno1,cno1,score)∧C(cno,cn,
ct,teacher)∧sno=sno1∧cno∧cno1∧cn='数据库')}
```

上述语句可进一步写成

```
{sn|∃sno1,cno1(S(sno,sn,sex,birthday,dept)∧SC(sno,cno,score)∧C(cno,'数据
库',ct,teacher))}
```

例如，查询未选择任何课程的学生姓名。假设S表示学生关系，SC表示学生选课关系，则域关系演算的查询语句为

```
{sn|S(sno,sn,sex,birthday,dept)∧¬ (∃sno1(SC(sno1,cno,score)∧sno1=sno))}
```

本章小结

关系型数据库系统是目前使用最广泛的数据库系统，本书的重点也是讨论关系型数据库系统。本章是在介绍了域和笛卡儿积的基础上，给出了关系和关系模式的形式化定义，讲述了关系的性质，指出关系、二维表之间的联系。本章还系统地介绍了关系型数据库准确刻画客观世界的约束以及实现约束的主要方法，其中包括关系的实体完整性和码、关系的参照完整性和外码、关系的自定义完整性。最后结合实例详细介绍了关系代数和关系演算两种关系运算，讲解了关系代数、元组关系演算语言和域关系演算语言的具体使用方法。

本章习题

一、选择题

1. 设有如下关系表（见表2-15）：

表 2-15 关系 R、S 和 T

R

A	B	C
1	1	2
2	2	3

S

A	B	C
3	1	3

T

A	B	C
1	1	2
2	2	3
3	1	3

则下列操作中正确的是（　　）。

　　A）$T=R \cup S$　　　　B）$T=R \cap S$　　　　C）$T=R \times S$　　　　D）$T=R/S$

2. 关系代数运算是以（　　）为基础的运算。

　　A）关系运算　　　　B）谓词运算　　　　C）集合运算　　　　D）代数运算

3. 按条件 f 对关系 R 进行选取，其关系代数表达式为（　　）。

　　A）$R \bowtie R$　　　　B）$R \bowtie_f R$　　　　C）$\sigma_f(R)$　　　　D）$\Pi_f(R)$

4. 关系型数据库的概念模型是（　　）。

　　A）关系模型的集合　　　　　　　　　　B）关系模式的集合

　　C）关系子模式的集合　　　　　　　　　D）存储模式的集合

5. 关系型数据库管理系统能实现的专门关系运算包括（　　）。

　　A）排序、索引、统计　　　　　　　　　B）选取、投影、连接

　　C）关联、更新、排序　　　　　　　　　D）显示、打印、制表

6. 设有如下关系表（见表2-16）：

表 2-16 关系 R、S 和 W

R

A	B	C
a	b	c
b	a	f
c	b	d

S

A	B	C
b	a	f
d	a	d

W

A	B	C
a	b	c
c	b	d

则下列操作中正确的是（　　）。

　　A）$W=R \cap S$　　　　B）$W=R \cup S$　　　　C）$W=R-S$　　　　D）$W=R \times S$

7. 设有一个学生档案的关系型数据库，关系模式为S(SNo,SN,Sex,Age)，其中SNo、SN、Sex、Age分别表示学生的学号、姓名、性别、年龄。"从学生档案数据库中检索学生年龄大于20岁的学生的姓名"的关系代数式是（　　　）。

A）$\sigma_{SN}(\Pi_{Age>20}(S))$　　B）$\Pi_{SN}(\sigma_{Age>20}(S))$　　C）$\Pi_{SN}(\Pi_{Age>20}(S))$　　D）$\sigma_{SN}(\sigma_{Age>20}(S))$

8. 一个关系只有一个（　　　）。

A）超码　　　　　　　B）外码　　　　　　　C）候选码　　　　　　D）主码

9. 在关系模型中，以下有关码的描述正确的是（　　　）。

A）可以由任意多个属性组成

B）至多由一个属性组成

C）由一个或多个属性组成，其值能唯一标识关系中的一个元组

D）以上都不对

10. 同一个关系模型的任两个元组值（　　　）。

A）不能完全相同　　　B）可以完全相同　　　C）必须完全相同　　D）以上都不对

11. 一个关系型数据库文件中的各条记录（　　　）。

A）前后顺序不能任意颠倒，一定要按照输入的顺序排列

B）前后顺序可以任意颠倒，不影响库中的数据关系

C）前后顺序可以任意颠倒，但排列顺序不同，统计处理的结果就可能不同

D）前后顺序不能任意颠倒，一定要按照关键字段值的顺序排列

12. 关系模式的任何属性（　　　）。

A）不可再分　　　　　　　　　　　B）可再分

C）命名在关系模式中可以不唯一　　D）以上都不对

13. 设有关系R和S，关系代数表达式R−(R−S)表示的是（　　　）。

A）$R\cap S$　　　　　B）$R\cup S$　　　　　C）$R-S$　　　　　D）$R\times S$

14. 关系运算中耗费时间可能最长的是（　　　）。

A）选取　　　　　　　B）投影　　　　　　　C）差运算　　　　　D）笛卡儿积运算

15. 设有关系模式R和S，下列各关系代数表达式不正确的是（　　　）。

A）$R-S=R-(R\cap S)$　　B）$R=(R-S)\cup(R\cap S)$　　C）$R\cap S=S-(S-R)$　　D）$R\cap S=S-(R-S)$

16. 有两个关系R和S，分别含有15个和10个元组，则在$R\cup S$、$R-S$和$R\cap S$中不可能出现的元组数据情况是（　　　）。

A）15,5,10　　　　　B）18,7,7　　　　　C）21,11,4　　　　　D）25,15,0

17. 在关系模型中，一个候选码是（　　　）。

A）必须由多个任意属性组成

B）至多由一个属性组成

C）可由一个属性或多个其值能唯一标识元组的属性组成

D）以上都不是

二、填空题

1. 在关系运算中，查找满足一定条件的元组的运算称为_____运算。

2. 在关系代数中，从两个关系中找出相同元组的运算称为_____运算。

3. 传统的集合并、集合差、集合交运算施加于两个关系时，这两个关系必须_____。

4. 在关系代数运算中，基本的运算是_____、_____、_____、_____、_____。

5. 在关系代数运算中，传统的集合运算有_____、_____、_____、_____。

6. 在关系代数运算中，专门的关系运算有_____、_____、_____。

7. 设有关系R，从关系R中选择符合条件f的元组，则关系代数表达式应是_____。

8. 关系运算分为_____和_____。

9. 当对两个关系R和S进行自然连接运算时，要求R和S含有一个或多个共有的_____。

10. 在一个关系中，列必须是_____的，即每一列中的分量是同类型的数据，来自同一域。

11. 如果关系R2的外部关系键X与关系R1的主关系键相符，则外部关系键X的每个值都必须在关系R1中主关系键的值中能找到，或者为空，这是关系的_____规则。

12. 设有关系模式为系(系编号,系名称,电话,办公地点)，则该关系模型的主关系键是_____，主属性是_____，非主属性是_____。

13. 关系演算分为_____演算和_____演算。

14. 实体完整性规则是对_____的约束，参照完整性规则是对_____的约束。

15. 等式$R \bowtie S = R \times S$成立的条件是_____。

16. 在关系型数据库中，把数据表示成二维表，每一个二维表称为_____。

三、简答题

1. 关系模型的完整性规则有哪几类？

2. 举例说明什么是实体完整性和参照完整性。

3. 关系的性质主要包括哪些方面？为什么只限用规范化关系？

4. 举例说明等值连接与自然连接的区别和联系。

5. 解释下列概念：笛卡儿积、关系、同类关系、关系头、关系体、属性、元组、域、关系键、候选键、主键、外部键、关系模式、关系型数据库模式、关系型数据库、关系型数据库的型与值。

6. 以第1章的图1-19所示的教学数据库为例，用关系代数表达式表示以下各种查询要求。

（1）查找T1老师所授课程的课程号和课程名。

（2）查找年龄大于18岁的男生的学号、姓名、系别。

（3）查找"李力"老师所讲授课程的课程号、课程名、课时。

（4）查找学号为S1的学生所选修课的课程号、课程名和成绩。

（5）查找"钱尔"所选修课程的课程号、课程名和成绩。

（6）查找至少选修"刘伟"老师所授全部课程的学生姓名。

（7）查找"李思"未选修的课程号和课程名。

（8）查找全部学生都选修了的课程的课程号、课程名。

（9）查找选修了课程号为C1和C2的学生的学号和姓名。

（10）查找选修了全部课程的学生的学号和姓名。

7. 以第1章的图1-19所示的教学数据库为例，使用元组关系演算和域关系演算表示以下各种查询要求。

（1）查找T1老师所授课程的课程号和课程名。

（2）查找年龄大于18岁的男生的学号、姓名、系别。

（3）查找"李力"老师所讲授课程的课程号、课程名、课时。

（4）查找学号为S1的学生所选修课的课程号、课程名和成绩。

（5）查找学生"钱尔"所选修课程的课程号、课程名和成绩。

第3章
关系型数据库标准语言——SQL

SQL是结构化查询语言。尽管它被称为结构化查询语言，但其功能包括数据查询、数据定义、数据操纵和数据控制四部分。SQL语法简洁，操作方便，功能齐全，是目前应用最广的关系型数据库语言。本章主要介绍SQL的使用和SQL Server 2022 Express数据库管理系统的主要功能。通过对本章的学习，读者应了解SQL的特点，掌握SQL的四大功能及使用方法，重点掌握数据查询功能；结合SQL Server 2022 Express，则能够加深读者对数据库管理系统中数据查询、数据定义、数据操纵和数据控制功能实现原理的理解，掌握利用SQL Server 2022 Express进行数据库应用程序设计的方法。

思维导图

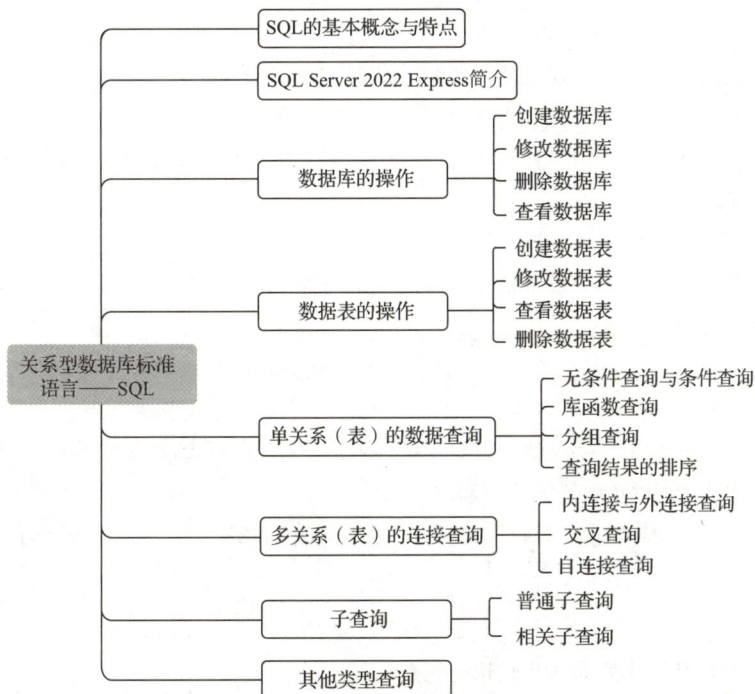

学习指导

学习目标

【知识层面】

概述SQL执行特点及当前标准版本、SQL的分类；

列举常用字符集及其适用范围；

掌握数据库创建、查看和删除的语法；

列举常见的数字、字符、日期类型，理解其他数据类型的代表；

列举常见的约束；

掌握数据表创建的主要语法结构、表约束和列约束的使用语法、对表中数据增加/修改/删除的语法；

掌握单关系下无条件查询、复杂条件查询、聚合函数查询、分组查询、查询排序和限制结果数量查询的语法；

掌握多关系下各类连接查询的语法；

掌握普通子查询和相关子查询的语法。

【能力层面】

能够安装和部署数据库服务器；

能够根据业务需要，选择适合的存储引擎并设置适当的字符集；

能够根据业务需要，在不使用任何资料的情况下，使用SQL语句和数据库管理工具创建数据库、查看数据库和删除数据库。对于修改数据库，能够在查找官方文档的基础上，编写相应的SQL语句；

能够根据业务需要，在不使用任何资料的情况下，选择合适的属性类型和约束条件，使用SQL语句和数据库管理工具创建、查看和删除数据表。对于修改数据表结构，能够在查找官方文档的基础上，编写相应的SQL语句；

能够根据业务需要，在不使用任何资料的情况下，使用SQL语句实现数据增加、修改和删除操作；

能够根据业务需要，使用多种连接方法或子查询方法，在不使用任何资料的情况下，编写简单和复杂查询语句。

【素养层面】

能够根据数据库字符集的设置特点，在出现乱码等问题的情况下，系统性地分析潜在的问题来源并能够解决编码问题；

针对复杂查询需求，可对比、分析编写的不同SQL语句的效率和差异，并从性能角度对SQL语句进行优化；

认同SQL语句编写非一蹴而就，需要系统性地逐步完善和不断地优化检验，具备阅读错误提示的能力和调试错误SQL语句的调试素质；

通过思政案例，提升学生学以致用的能力，并认同诚信对现代社会教育和发展的必要意义。

学习重点

- SQL的标准化版本和非过程化执行特点；
- DML、DDL、DQL和DCL的代表关键字及主要工作；

- 使用SQL语句创建、查看和删除数据库的方法；
- 使用SQL语句创建、查看和删除数据表的方法；
- 使用SQL语句编写各类查询语句的方法。

学习难点

- 针对业务需要，选择最为恰当的属性类型、属性精度和约束条件；
- 针对业务需要，编写多种满足需求的查询语句，能够分析不同查询语句的效率。

学习建议

本章内容属于 **能力为主型**。建议学习时，在理论学习的基础上，通过模仿及习题锻炼等方式，主动实践，锻炼库、表、数据、查询语句的编写过程，并养成通过错误提示调试SQL语句的习惯。

掌握SQL基本语法后，本章中涉及的SQL语句大部分可迁移到其他DBMS上，因此，在使用其他DBMS时，可做好差异总结，便于通过迁移学习方法快速掌握其他DBMS上SQL语句的编写差异。

3.1　SQL的基本概念与特点

3.1.1　SQL 的发展及标准化

1．SQL 的发展

SQL是当前最成功、应用最广的关系型数据库语言，其发展主要经历了以下几个阶段。

1974年，由Chamberlin和Boyce提出，当时被称为SEQUEL（Structured English Query Language）。

1976年，IBM公司对SEQUEL进行了修改，将其用于System R关系型数据库系统。

1981年，IBM公司推出了商用关系型数据库SQL/DS。由于SQL功能强大，简洁易用，得到了广泛使用。

如今，SQL广泛应用于各种大、中型数据库，如Sybase、SQL Server、Oracle、DB2、MySQL、PostgreSQL等；也用于各种小型数据库，如FoxPro、Access、SQLite等。

2．SQL 标准化

随着关系型数据库系统和SQL应用的日益广泛，SQL的标准化工作也在紧张地进行着，40多年来已制定了多个SQL标准。

1982年，美国国家标准化协会（American National Standard Institute，ANSI）开始制定SQL标准。

1986年，ANSI公布了SQL的第一个标准SQL-86。

1987年，国际标准化组织（International Organization for Standardization，ISO）正式采纳SQL-86标准为国际标准。

1989年，ISO对SQL-86标准进行补充，推出了SQL-89标准。

1992年，ISO推出了SQL-92标准（也称SQL2）。

1999年，ISO推出了ISO/IEC 9075:1999，SQL:1999标准（也称SQL3），它增加了对象数

据、递归和触发器等支持功能。

2003年，ISO推出了ISO/IEC 9075:2003，SQL:2003标准（也称SQL4）引入了XML、Window函数等。

2008年，ISO推出了ISO/IEC 9075:2008，SQL:2008标准引入了TRUNCATE等。

2011年，ISO推出了ISO/IEC 9075:2011，SQL:2011标准引入了时序数据等。

2016年，ISO推出了ISO/IEC 9075:2016，SQL:2016标准引入了JSON等。

3.1.2　SQL 的基本概念

1.　基本表

一个关系对应一个基本表（Base Table）。基本表是独立存在的表，不是由其他表导出的。一个或多个基本表对应一个存储文件。

2.　视图

视图（View）是从一个或几个基本表导出的表，是一个虚表。数据库中只存放视图的定义而不存放视图对应的数据，这些数据仍存放在导出视图的基本表中。当基本表中的数据发生变化时，从视图查询出来的数据也随之改变。

例如，设教学数据库中有一个学生基本情况表S(SNo,SN,Sex,Age,Dept)，此表为基本表，对应一个存储文件。在其基础上定义一个男生基本情况表S_Male(SNo,SN,Age,Dept)，它是从S中选择Sex='男'的各个行，然后在SNo、SN、Age、Dept上投影得到的。在数据库中只存放S_Male的定义，而S_Male的记录不重复存储。

在用户看来，视图通过不同路径去看一个实际表。就像一个窗格一样，通过窗格去看外面的高楼，可以看到高楼的不同部分；通过视图，可以看到数据库中用户所感兴趣的内容。

SQL所支持关系型数据库的三级模式结构如图3-1所示。其中，外模式对应于视图和部分基本表，模式对应于基本表，内模式对应于存储文件。

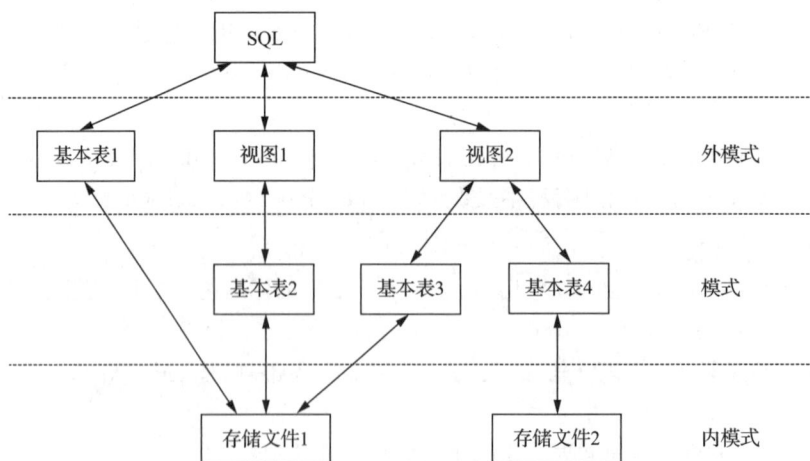

图3-1　SQL 所支持关系型数据库的三级模式结构

3.1.3　SQL 的主要特点

SQL之所以能够成为标准并被业界和用户认可，是因为它具有简单、易学、综合、一体化等鲜明特点。其主要特点体现在以下几方面。

（1）SQL是类似于英语的自然语言，语法简单，且只有为数不多的几条命令，简洁易用。

（2）SQL是一种一体化的语言，它包括数据定义（Definition）、数据查询（Query）、数据操纵（Manipulation）和数据控制（Control）等方面的功能，可以完成数据库活动中的全部工作。

（3）SQL是一种非过程化的语言，用户不需要关心具体的操作过程，也不必了解数据的存取路径，即用户不需要一步步地告诉计算机"如何"去做，而只需要描述清楚"做什么"，SQL就可将要求交给系统，由系统自动完成全部工作。

（4）SQL是一种面向集合的语言，每个命令的操作对象都是一个或多个关系，结果也是一个关系。

（5）SQL既是自含式语言，又是嵌入式语言。自含式语言可以独立使用交互命令，适用于终端用户、应用程序员和DBA；嵌入式语言使其嵌入在高级语言中使用，供应用程序员开发应用程序。

本章各例题均采用第1章图1-19所示的基本表，后文不再赘述。

3.2　SQL Server 2022 Express简介

SQL Server是一个支持关系模型的关系型数据库管理系统，是Microsoft公司的产品，最初由Microsoft、Sybase和Ashton-Tate三家公司联合开发，于1988年推出了第一个OS/2版本。后来，Ashton-Tate公司退出了SQL Server的开发。在Windows NT操作系统推出后，Sybase公司与Microsoft公司在SQL Server的开发上就分道扬镳了。其中，Sybase公司专注于SQL Server在UNIX操作系统上的应用；Microsoft公司则将SQL Server移植到Windows NT操作系统上，专注于开发Windows NT版本的SQL Server。若无特殊说明，本书所指的SQL Server专指Microsoft公司的SQL Server。

3.2.1　SQL Server 的发展与版本

Microsoft SQL Server目前已历经多个版本的发展演化。Microsoft公司于1995年发布SQL Server 6.0；1996年发布SQL Server 6.5；1998年发布SQL Server 7.0，在数据存储和数据引擎方面做了根本性的变化，确立了SQL Server在数据库管理工具中的主导地位；2000年发布的SQL Server 2000，在数据库性能、可靠性、易用性方面做了重大改进；2005年发布的SQL Server 2005，可为各类用户提供完善的数据库解决方案；2008年发布的SQL Server 2008，作为上一代产品的升级强化版，使SQL Server的性能更强大、功能更全面、安全性更高；2010年发布的SQL Server 2008 R2增强了报表服务，引入了主数据服务和数据层应用程序等；2012年发布的SQL Server 2012不仅继承了早期版本的优点，还专门针对关键业务应用的多种功能与解决方案提供了最高级别的可用性与性能；2014年发布的SQL Server 2014可以满足企业当前的业务需求，并提供更高的可靠性和性能；2016年发布的SQL Server 2016实现了全程加密技术、动态数据屏蔽等新特性；2017年发布的SQL Server 2017引入了图数据处理支持、适应性查询、面向高级分析的Python集成等功能更新；2019年发布的SQL Server 2019具有使用方便、伸缩性好、相关软件集成程度高等优点；2022年发布的SQL Server 2022在性能、安全性和可用性方面都获得提升，还为用户提供了许多强调云友好的新功能。

本书选用SQL Server 2022 Express作为数据库管理系统，该版本是SQL Server的免费版本，适用于学习和构建桌面及小型服务器数据驱动应用程序。如果需要使用更高级的数据库功能，也可以将SQL Server Express无缝升级到其他更高端的SQL Server版本。

3.2.2　SQL Server 2022 的主要组件

SQL Server 2022的管理工具套件主要包括以下几部分。

1．数据库引擎

数据库引擎包括用于存储、处理和保护数据的核心引擎，复制，全文搜索，以及用于管理关系数据和XML数据的工具。

2．SQL Server Management Studio

SQL Server Management Studio（后文简称Management Studio）是一个集成环境，用于配置和管理SQL Server的主要组件。Management Studio提供了直观易用的图形工具和强大的脚本环境，使各种技术水平的开发人员和管理人员都能访问SQL Server。

3．Full-text Search

Full-text Search用于搜索文本多的数据、Reporting Services（用于根据用户的权数据创建功能强大的报表）。

4．SQL LocalDB

SQL LocalDB（SQL Server Express LocalDB）是Express的一种轻型版本，该版本具备所有可编程性功能，在用户模式下运行，并且具有快速的零配置安装和必备组件要求较少的特点。

3.2.3　SQL Server 2022 Express 企业管理器

Management Studio将早期SQL Server版本中包含的企业管理器、查询分析器和分析管理器等工具的功能整合到单一环境中，可以与报表服务、集成服务等组件协同工作。开发人员可以获得熟悉的体验，而数据库管理员可获得功能齐全的单一实用工具，其中包含易于使用的图形工具和丰富的脚本撰写功能。

用户可以通过执行"开始→所有程序→Microsoft SQL Server Tools→Microsoft SQL Server Management Studio"命令，启动Management Studio，如图3-2所示。

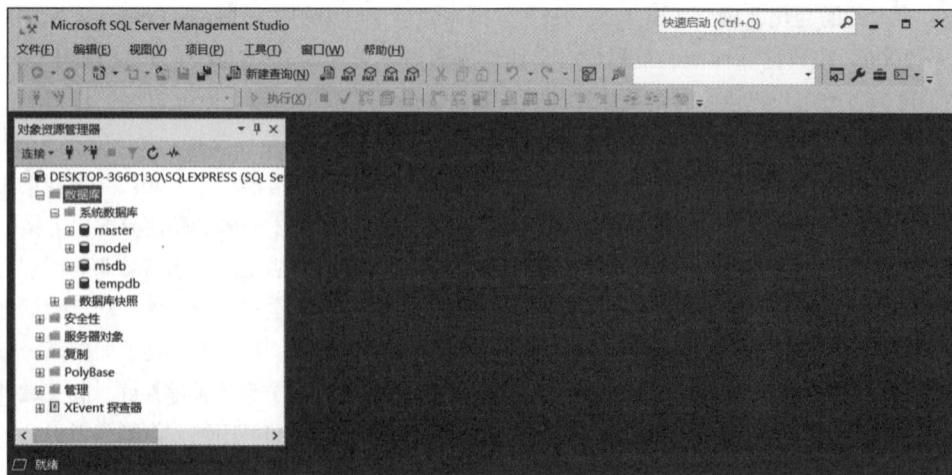

图3-2　Management Studio

3.3　数据库的操作

3.3.1　数据库的存储结构

对于数据库，从逻辑上看，描述信息的数据存在数据库中并由DBMS统一管理；从物理上看，描述信息的数据以文件的方式存储在物理磁盘上，由操作系统进行统一管理。

数据库的存储结构是指数据库文件在磁盘上如何存储。在SQL Server 2022 Express中，创建一个数据库时，SQL Server会对应地在物理磁盘上创建相应的操作系统文件，数据库中的所有数据、对象和数据库操作日志都存储在这些文件中，其中，将至少产生两个文件：数据文件和事务日志文件。一个数据库至少应包含一个数据文件和一个事务日志文件。

一个数据库的所有物理文件，在逻辑上通过数据库名联系在一起。也就是说，一个数据库在逻辑上对应一个数据库名，在物理存储上会对应若干个存储文件。

1．数据文件

数据文件（Database File）是存放数据库数据和数据库对象的文件。一个数据库可以有一个或多个数据文件，一个数据文件只属于一个数据库。当有多个数据文件时，有一个文件被定义为主数据文件（Primary Database File），扩展名为.mdf，用来存储数据库的启动信息和部分或全部数据。一个数据库只能有一个主数据文件，其他数据文件被称为次数据文件（Secondary Database File），扩展名为.ndf，用来存储主数据文件未存储的其他数据。采用多个数据文件来存储数据的优点体现在以下两方面。

（1）数据文件可以不断扩充，不受操作系统文件大小的限制。

（2）数据文件可以存储在不同的硬盘中，这样可以同时对几个硬盘并行存取，提高了数据的处理性能。

2．事务日志文件

事务日志文件（Transaction Log File）保存用于恢复数据库的日志信息，扩展名是.ldf，每个数据库必须至少有一个事务日志文件。Microsoft SQL Server将任何一次更新操作立即写入事务日志文件，之后更改计算机缓存中的数据，再以固定的时间间隔将缓存中的内容批量写入数据文件。Microsoft SQL Server重启时会将事务日志中最新标记点后面的事务记录抹去，因为这些事务记录并没有真正地从缓存写入数据文件。

3．文件组

文件组（File Group）是将多个数据文件集合起来形成的一个整体，每个文件组都有一个组名。与数据文件一样，文件组也分为主要文件组和次要文件组。一个数据文件只能存在于一个文件组中，一个文件组也只能被一个数据库使用。当建立数据库时，主要文件组包括了主数据文件和未指定组的其他文件。在次要文件组中可以指定一个缺省文件组，在创建数据库对象时，如果没有指定将其放在哪一个文件组中，就将它放在缺省文件组中；如果没有指定缺省文件组，则主要文件组为缺省文件组。日志文件不分组，它不属于任何文件组。

3.3.2　SQL Server 2022 Express 的系统数据库

SQL Server 2022 Express的系统数据库有master、model、msdb、tempdb和resource。其

中，前4个数据库显示在图3-2所示的系统数据库列表中，它们的存储路径为<drive>:\Program Files\Microsoft SQL Server\MSSQL15.SQLEXPRESS\MSSQL\DATA；第5个数据库resource是一个只读和隐藏的数据库，不显示在系统数据库列表中，它的物理文件名为mssqlsystemresource.mdf和mssqlsystemresource.ldf，存储路径为<drive>:\Program Files\Microsoft SQL Server\MSSQL15.SQLEXPRESS\MSSQL\Binn。

1. master 数据库

master数据库是核心数据库，记录Microsoft SQL Server的所有系统级信息，包括实例范围的元数据（例如登录账户）、端点、链接服务器和系统配置信息。此外，master数据库还记录了所有其他数据库的存在、数据库文件的位置以及Microsoft SQL Server的初始化信息。如果master数据库不可用，则Microsoft SQL Server无法启动。因此，用户尽量不要对master数据库执行操作，而且要保证始终有一个master数据库的当前备份可用。执行了创建与使用任意数据库、更改服务器或数据库的配置值、修改或添加登录账户等操作之后，应尽快备份master数据库。如果master数据库不可用，则可以从当前数据库备份还原master数据库，也可以重新生成master数据库。注意，重新生成master数据库将重新生成所有系统数据库。

2. model 数据库

model数据库是所有用户数据库的创建模板，必须始终存在于Microsoft SQL Server中。当创建用户数据库时，系统将model数据库的全部内容（包括数据库选项）复制到新的数据库中，由此可以简化数据库及其对象的创建与设置工作。

3. msdb 数据库

SQL Server Agent使用msdb数据库来计划警报和作业。此外，SQL Server Management Studio、Service Broker和数据库邮件等功能也使用该数据库。

4. tempdb 数据库

tempdb数据库用作系统的临时存储，主要用于保存以下内容。

（1）显式创建的临时用户对象，如临时表、临时存储过程、表变量或游标。

（2）数据库引擎创建的内部对象，如用于存储假脱机或排序中间结果的工作表。

每次重新启动SQL Server时，SQL Server都会重新创建tempdb数据库，从而获得一个干净的数据库副本。tempdb数据库采用最小日志策略，在该数据库中的表上进行数据操作比在其他数据库中要快得多。

5. resource 数据库

resource数据库包含了Microsoft SQL Server中的所有系统对象，这些系统对象在物理上保留在resource数据库中，但在逻辑上显示在每个数据库的sys架构中。通过resource数据库可以更为轻松、快捷地升级到新的Microsoft SQL Server版本。在早期版本的Microsoft SQL Server中，进行升级需要删除和创建系统对象。由于resource数据库文件包含所有系统对象，因此，现在仅通过将resource数据库文件复制到本地服务器便可完成升级。

3.3.3 创建用户数据库

创建用户数据库有两种典型方法：一是用Management Studio创建；二是用SQL命令创建。

1. 用 Management Studio 创建用户数据库

在SQL Server 2022 Express的Management Studio中，按下列步骤创建用户数据库。

（1）在图3-2所示的Management Studio界面中，在"对象资源管理器"窗格内用鼠标右键单击"数据库"节点，在弹出的快捷菜单中选择"新建数据库(N)…"命令（见图3-3），即可打开"新建数据库"窗格（见图3-4）。

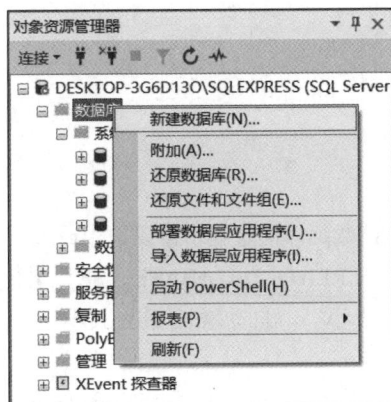

图3-3　新建数据库

（2）在"常规"选项卡的"数据库名称"文本框中输入数据库的名称。在"数据库文件"列表中，指定数据库文件的名称、所属文件组、初始容量大小和存储位置等信息，如图3-4所示。

（3）单击"确定"按钮，即可创建一个新数据库。

图3-4　新建数据库窗格

2. 用 SQL 命令创建数据库

创建数据库的SQL命令语法格式如下。

```
CREATE DATABASE 数据库名称
[ON
[FILEGROUP 文件组名称]
(
  NAME=数据文件逻辑名称,
  FILENAME='路径+数据文件名',
  SIZE=数据文件初始大小,
```

```
    MAXSIZE=数据文件最大容量,
    FILEGROWTH=数据文件自动增长容量,
  )]
[LOG ON
(
  NAME=日志文件逻辑名称,
  FILENAME='路径+日志文件名',
  SIZE=日志文件初始大小,
  MAXSIZE=日志文件最大容量,
  FILEGROWTH=日志文件自动增长容量,
  )]
[COLLATE 数据库校验方式名称]
[FOR ATTACH]
```

对于上述命令，有以下几点说明。

（1）用[ ]括起来的语句，表示在创建数据库的过程中可以选用或者不选用，例如，在创建数据库的过程中，如果只用第一条语句"CREATE DATABASE 数据库名称"，DBMS将会按照默认的"逻辑名称""文件组""初始大小""自动增长/最大大小""路径"等属性创建数据库。

（2）"FILEGROWTH"可以是具体的容量，也可以是UNLIMITED，表示文件无增长容量限制。

（3）"数据库校验方式名称"可以是Windows校验方式名称，也可以是SQL校验方式名称。

（4）"FOR ATTACH"表示将已经存在的数据库文件附加到新的数据库。

（5）用( )括起来的语句，除了最后一行命令，其余的命令都用逗号作为分隔符。

【例3-1】用SQL命令创建一个教学数据库Teach，其中包括一个主数据文件、一个次数据文件和一个日志文件。主数据文件的逻辑名称为Teach_Data，数据文件存放在E盘根目录下，文件名为TeachData.mdf，数据文件的初始存储空间大小为10MB，最大存储空间为500MB，存储空间自动增长容量为10MB；次数据文件的逻辑名称为Teach_Data1，文件名为TeachData.ndf，其余参数和主数据文件相同；日志文件的逻辑名称为Teach_Log，日志文件物理地存放在E盘根目录下，文件名为TeachData.ldf，初始存储空间大小为5MB，最大存储空间为500MB，存储空间自动增长容量为5MB。

使用SQL命令创建数据库

```
CREATE DATABASE Teach
ON PRIMARY
(   NAME=Teach_Data,
    FILENAME='E:\TeachData.mdf',
    SIZE=10,
    MAXSIZE=500,
    FILEGROWTH=10),
FILEGROUP group1
(   NAME=Teach_Data1,
    FILENAME='E:\TeachData.ndf',
    SIZE=10,
    MAXSIZE=500,
    FILEGROWTH=10)
LOG ON
(   NAME=Teach_Log,
    FILENAME='E:\TeachData.ldf',
```

```
    SIZE=5,
    MAXSIZE=500,
    FILEGROWTH=5)
```

执行上述SQL命令，数据库Teach创建成功。查看数据库的属性时，会看到主要数据文件、次数据文件和日志文件的相关信息。

【例3-2】将已经存在的数据库文件附加到新的数据库中，新数据库的名称为Teach，已有数据库的主要数据文件存储在E盘根目录下，文件名为TeachData.mdf。

```
CREATE DATABASE Teach
ON
(FILENAME='D:\TeachData.mdf')
FOR ATTACH
```

3.3.4　修改用户数据库

创建数据库后，还可以对数据库的名称、大小和属性等进行修改。

1. 用 Management Studio 修改用户数据库

在"对象资源管理器"窗格内用鼠标右键单击要修改的数据库Teach，从弹出的快捷菜单中选择"属性"命令，即可打开"数据库属性-Teach"窗格，如图3-5所示。

在该窗格中可以根据需要修改数据库，然后单击"确定"按钮。

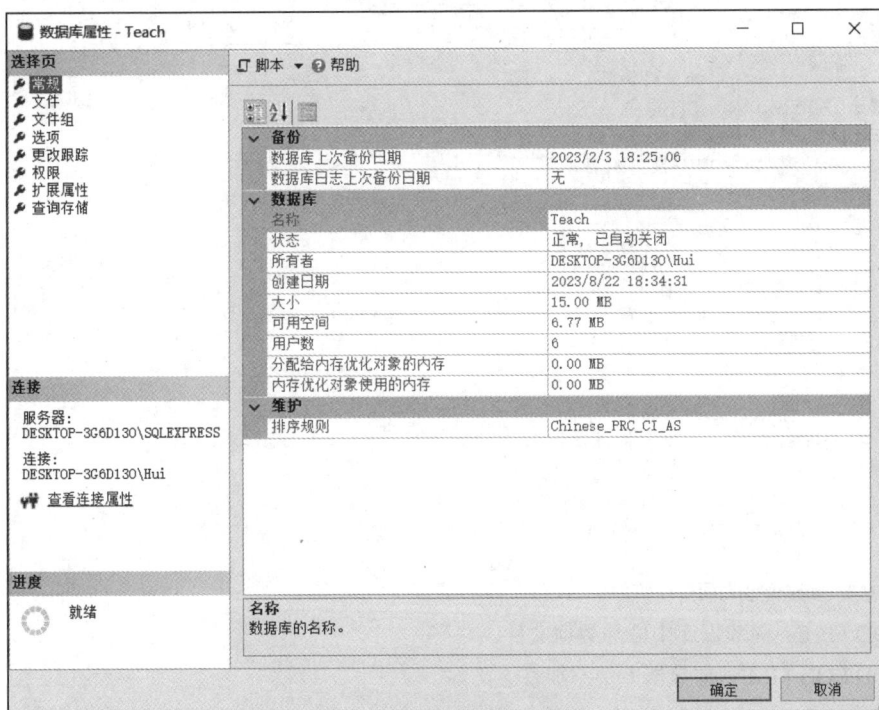

图3-5　"数据库属性-Teach"窗格

其中各选项卡的功能介绍如下。

（1）"常规"选项卡中包含数据库的状态、所有者、创建日期、大小、可用空间、用户数、备份和维护等信息。

（2）"文件"选项卡中包含数据文件和日志文件的名称、存储位置、初始容量大小、文件增长和文件最大限制等信息。

（3）"文件组"选项卡中可以添加或删除文件组。但是，如果文件组中有文件，则不能删除，必须先将文件移出文件组，才能删除文件组。

（4）"选项"选项卡中可以设置数据库的许多属性，如排序规则、恢复模式、兼容级别等。

（5）"更改跟踪"选项卡可以设置是否对数据库的修改进行跟踪。

（6）"权限"选项卡可以设置用户或角色对此数据库的操作权限。

（7）"扩展属性"选项卡可以设置表或列的扩展属性。在设计表或列时，通常通过表名或列名来表达含义；当表名或列名无法表达含义时，就需要使用扩展属性。

2. 用 SQL 命令修改数据库

使用ALTER DATABASE命令可以修改数据库。注意，只有数据库管理员（DBA）或者具有CREATE DATABASE权限的人员才有权执行此命令。下面列出常用于修改数据库的SQL命令的语法格式。

```
ALTER DATABASE 数据库名称
ADD FILE(
            具体文件格式)
[,…n]
[TO FILEGROUP 文件组名]
|ADD LOG FILE(
            具体文件格式)
[,…n]
|REMOVE FILE 文件逻辑名称
|MODIFY FILE(
            具体文件格式)
|ADD FILEGROUP 文件组名
|REMOVE FILEGROUP 文件组名
|MODIFY FILEGROUP 文件组名
{
READ_ONLY|READ_WRITE,
    |DEFAULT,
    |NAME = 新文件组名}
}
```

其中，"具体文件格式"如下。

```
(
    NAME = 文件逻辑名称
    [ , NEWNAME = 新文件逻辑名称]
    [ , SIZE = 初始文件大小]
    [ , MAXSIZE = 文件最大容量]
    [ , FILEGROWTH = 文件自动增长容量]
)
```

各主要参数说明如下。

ADD FILE：向数据库中添加数据文件。

ADD LOG FILE：向数据库中添加日志文件。

REMOVE FILE：从数据库中删除逻辑文件，并删除物理文件。如果文件不为空，则无法删除。

MODIFY FILE：指定要修改的文件。

ADD FILEGROUP：向数据库中添加文件组。

REMOVE FILEGROUP：从数据库中删除文件组。若文件组非空，则无法将其删除，此时需要先从文件组中删除所有文件。

MODIFY FILEGROUP：修改文件组名称、设置文件组的只读（READ_ONLY）或者读写

（READ_WRITE）属性、指定文件组为默认（DEFAULT）文件组。

ALTER DATABASE：允许向数据库中添加或从中删除文件和文件组、更改数据库属性或其文件和文件组、更改数据库排序规则和设置数据库选项。应注意的是，只有数据库管理员（DBA）或具有CREATE DATABASE权限的数据库所有者才有权执行此命令。

【例3-3】修改Teach数据库中Teach_Data文件的增长容量方式为一次增加20MB。

```
ALTER DATABASE Teach
MODIFY FILE
( NAME = Teach_Data,
  FILEGROWTH = 20)
```

【例3-4】用SQL命令修改数据库Teach，添加一个次数据文件，逻辑名称为Teach_Datanew，存放在E盘根目录下，文件名为Teach_Datanew.ndf。数据文件的初始大小为100MB，最大容量为200MB，文件自动增长容量为10MB。

```
ALTER DATABASE Teach
ADD FILE(
        NAME=Teach_Datanew,
        FILENAME='E:\Teach_Datanew.ndf',
        SIZE=100,
        MAXSIZE=200,
        FILEGROWTH=10)
```

【例3-5】用SQL命令从Teach数据库中删除例3-4中增加的次数据文件。

```
ALTER DATABASE Teach
REMOVE FILE Teach_Datanew
```

3.3.5 查看数据库信息

1. 用 Management Studio 查看数据库信息

在Management Studio的"对象资源管理器"窗格中，选中"数据库"节点下的某个数据库，单击鼠标右键，在弹出的快捷菜单中选择"属性"命令，即可查看该数据库的详细信息。

2. 用系统存储过程查看数据库信息

SQL Server 2022 Express提供了不少有用的系统存储过程，可以用它们获得许多从Management Studio界面中不易或不能看到的信息。有关存储过程的详细介绍请参见第7章，读者如果目前不了解存储过程也不要紧，可以把它当作函数或命令来用。

（1）用系统存储过程显示数据库结构

使用系统存储过程Sp_helpdb可以显示数据库结构，其语法格式如下。

```
Sp_helpdb [[@dbname=] 'name']
```

使用系统存储过程Sp_helpdb可以显示指定数据库的信息。如果不指定[@dbname=]'name'子句，则会显示在master.dbo.sysdatabases表中存储的所有数据库信息。命令执行成功会返回0，否则返回1。例如显示AdventureWorks2012数据库的信息执行命令如下。

```
EXEC Sp_helpdb AdventureWorks2012
```

（2）用系统存储过程显示文件信息

使用系统存储过程Sp_helpfile可以显示当前数据库中的文件信息，其语法格式如下。

```
Sp_helpfile [[@filename =] 'name']
```

如果不指定文件名称，则会显示当前数据库中所有的文件信息。命令执行成功会返回0，否则返回1。例如显示AdventureWorks2012数据库中的Address表的信息执行命令如下。

```
EXEC Sp_helpfile Address
```

（3）用系统存储过程显示文件组信息

使用系统存储过程Sp_helpfilegroup可以显示当前数据库中的文件组信息，其语法格式如下。

```
Sp_helpfilegroup [[@filegroupname =] 'name']
```

如果不指定文件组名称，则会显示当前数据库中所有的文件组信息。命令执行成功会返回0，否则返回1。例如显示AdventureWorks2012数据库中的所有文件组信息执行命令如下。

```
use AdventureWorks2008R2
EXEC Sp_helpfilegroup
```

3.3.6 迁移用户数据库

在很多情况下，我们需要将数据库文件从一台计算机迁移到另外的计算机上。以下介绍两种常用的迁移数据库文件的方法。

1. 分离和加载

如图3-6所示，在"对象资源管理器"窗格中，选择要迁移的数据库节点，单击鼠标右键，在弹出的快捷菜单中选择"任务"命令，在之后出现的级联菜单中选择"分离"命令，会弹出图3-7所示的"分离数据库"窗格，单击"确定"按钮，数据库文件就会从SQL Server成功分离出来。

分离和加载数据库

图3-6 分离数据库文件

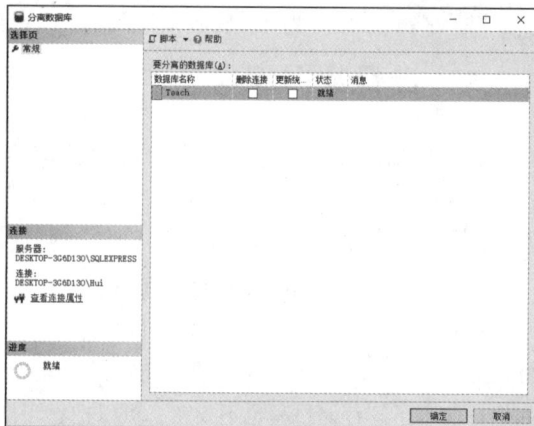

图3-7 "分离数据库"窗格

之后，如图3-8所示，在"对象资源管理器"窗格中选择"数据库"节点，单击鼠标右键，在弹出的快捷菜单中选择"附加"命令，会弹出"附加数据库"窗格，单击其中的"添加"按钮，在弹出的对话框中选择需要的.mdf文件，会得到图3-9所示的窗格，单击"确定"按钮，即可把数据库文件附加成功。

2. 生成脚本

对于选定的数据库节点，在图3-6的级联菜单中选择"生成脚本"命令，会弹出图3-10所示的"生成脚本"窗格。

在图3-10中，按照向导操作，即可生成数据库的脚本文件（扩展名为.sql）。通过脚本文件，可以在其他计算机的数据库管理系统中重新创建相同的数据库。

图3-8 附加数据库文件

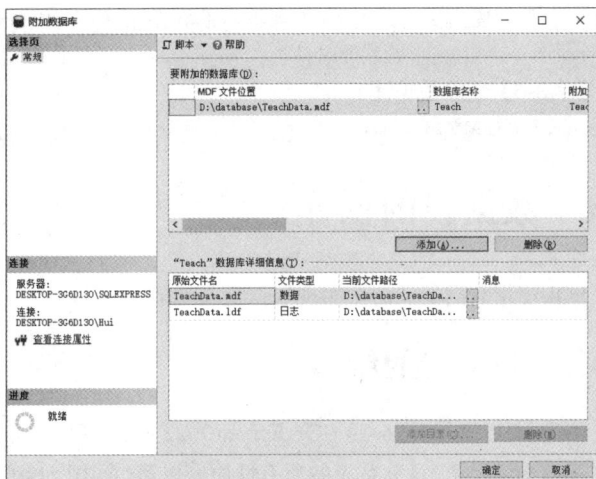

图3-9 "附加数据库"窗格

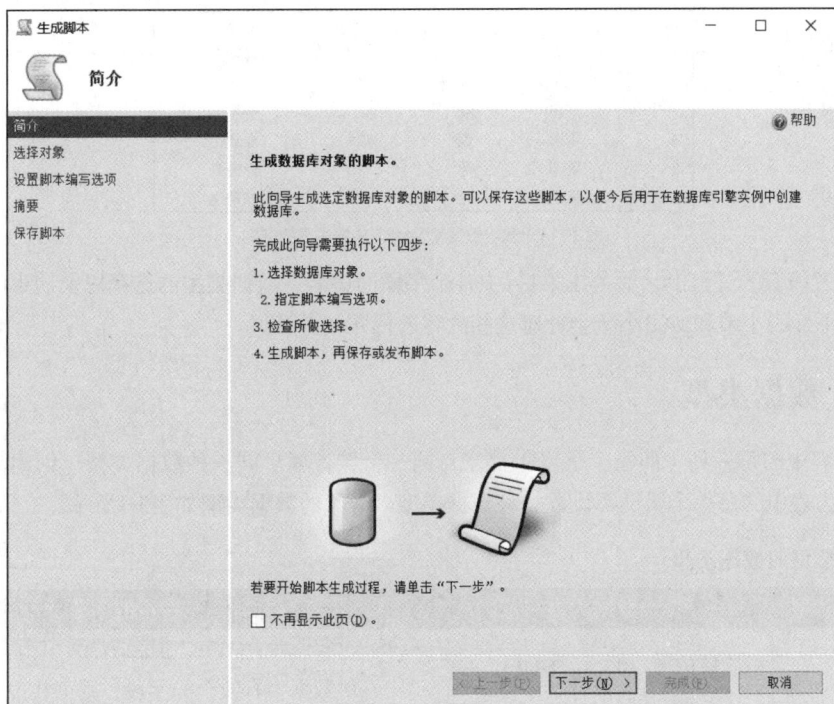

图3-10 "生成脚本"窗格

3.3.7 删除用户数据库

1. 用 Management Studio 删除数据库

在"对象资源管理器"窗格中，用鼠标右键单击要删除的数据库，从弹出的快捷菜单中选择"删除"命令。删除数据库后，与此数据库关联的数据文件和日志文件都会被删除，系统数据库中存储的该数据库的所有信息也会被删除，因此操作务必要慎重。

2. 用 SQL 命令删除数据库

使用DROP DATABASE命令可以从SQL Server中删除数据库，一次可删除一个或多个数据库。只有数据库管理员（DBA）和拥有此权限的人员才能使用此命令。其语法格式如下。

```
DROP DATABASE 数据库名称 [,…n]
```

【例3-6】删除数据库Teach。

```
DROP DATABASE Teach
```

3.4 数据表的操作

SQL使用数据定义语言实现数据定义功能。

3.4.1 数据表的结构

本教材使用的Microsoft SQL Server 2022 Express是支持关系模型的数据库管理系统，创建的数据表结构满足第2章关系表的所有性质。以第1章中图1-19所示的教学数据库Teach中S（学生关系表）为例，在Microsoft SQL Server 2022 Express中创建的表结构及其数据如图3-11所示。

SNo	SN	Sex	Age	Dept
S1	赵亦	女	17	计算机
S2	钱尔	男	18	信息
S3	孙姗	女	20	信息
S4	李思	男	21	自动化
S5	周武	男	19	计算机
S6	吴丽	女	20	自动化

图3-11 教学数据库Teach中学生表的结构

在创建该表的过程中，要考虑第1行中各个字段的命名、数据类型的选择以及约束的定义等内容。以下3.4.2小节和3.4.3小节会针对这些内容进行详细讲解。

3.4.2 数据类型

关系表中的每一列（即每个字段）都来自同一个域，属于同一种数据类型。创建数据表之前，需要为表中的每一个属性都设置一种数据类型。常见的数据类型如表3-1所示。

表3-1 常见的数据类型

数 据 类 型	数据内容与范围	占用的字节
bit	精确数值型，0、1、NULL	实际使用1bit，但会占用1字节，若一个数据中有数个bit字段，则可共占1字节
bigint	精确数值型，$-2^{63} \sim 2^{63}-1$	8字节
int	精确数值型，$-2^{31} \sim 2^{31}-1$	4字节
smallint	精确数值型，$-2^{15} \sim 2^{15}-1$	2字节
tinyint	精确数值型，$0 \sim 255$	1字节
numeric	精确数值型，$-10^{38}+1 \sim 10^{38}-1$	1～9位数使用5字节，10～19位数使用9字节，20～28位数使用13字节，29～38位数使用17字节
decimal	精确数值型，$-10^{38}+1 \sim 10^{38}-1$	与numeric类型相同
float	近似数值型，$-1.79E+308 \sim 1.79E+308$	8字节
real	近似数值型，$-3.40E+38 \sim 3.40E+38$	4字节

续表

数据类型	数据内容与范围	占用的字节
money	精确数值型，$-2^{63}\sim2^{63}-1$，精确到万分之一	8字节
smallmoney	精确数值型，$-214748.3648\sim214748.3647$	4字节
datetime	日期时间型，1753/1/1～9999/12/31	8字节
smalldatetime	日期时间型，1900/1/1～2079/6/6	4字节
char	字符型，1～8000个字符，定长的非Unicode字符	1个字符占1字节，尾端空白字符保留
varchar	字符型，1～8000个字符，非定长的非Unicode字符	1个字符占1字节，尾端空白字符删除
text	字符型，最多$2^{31}-1$个字符，变长的非Unicode字符	1个字符占1字节，最大可存储2GB
nchar	Unicode字符型，1～4000个字符，定长的Unicode字符	1个字符占2字节，尾端空白字符保留
nvarchar	Unicode字符型，1～4000个字符，非定长的Unicode字符	1个字符占2字节，尾端空白字符删除
ntext	Unicode字符型，$2^{30}-1$个字符，非定长的Unicode字符	1个字符占2字节，最大可存储2GB
binary	二进制字符串型，1～8000字节，定长二进制数据	在存储时，SQL Server会另外增加4字节，尾端空白字符会保留
varbinary	二进制字符串型，1～8000字节，非定长二进制数据	在存储时，SQL Server会另外增加4字节，尾端空白字符会删除
image	二进制字符串型，$2^{31}-1$个字符，非定长二进制数据	最大可存储2GB
timestamp	其他数据类型，十六进制	8字节
uniqueidentifier	其他数据类型，全局唯一标识符（GUID）	可用NEWID( )函数生成一个该种类型的字段值，16字节
sql_variant	其他数据类型，0～8016字节	—
table	其他数据类型	—

下面对表3-1中的数据类型进行说明。

（1）整数型：按照取值范围从大到小，包括bigint、int、smallint、tinyint、bit。在实际应用中，可以根据属性的具体取值范围选择适合的整数型。例如，第1章图1-19中学生关系表（S）的属性"Age"（年龄）的数据类型可以设置为int。

（2）数值型：包括精确数值型numeric、decimal和近似数值型float、real。numeric与decimal在功能上等效，用于精确存储数值。以numeric为例，格式为numeric(p,s)，其中p表示数据长度，s表示小数位数。decimal的格式与numeric的格式相同。例如，第1章图1-19中选课关系表（SC）的属性"Score"（成绩）的数据类型可以设置为numeric(4,1)或者decimal(4,1)，表示数据长度为4，小数位为小数点后一位，其中，长度4是由最大成绩（100.0）的长度决定的。再如，第1章图1-19中教师关系表（T）的属性"Sal"（工资）和"Comm"（津贴）的数据类型可以设置为numeric(6,2)或者decimal(6,2)。float和real用来存储数据的近似值，当数值的位数太多时，可用它们存取数值的近似值。

（3）货币型：按照取值范围从大到小，包括money和smallmoney，它们可以精确到所代表的货币单位的万分之一，也就是小数点后4位。在通常情况下，货币型可以转换为精确数值型。

（4）日期型：按照时间范围从大到小，包括datetime和smalldatetime，可以精确到秒，smalldatetime比datetime多占用4字节。此外，还有一个常用的日期型是date，这种数据类型只显示日期，不显示时间。

（5）字符型：包括char、varchar、nchar、nvarchar、text、ntext。其中，char、varchar存放非Unicode字符（即ASCII字符），一个字符占1字节，char是定长的，varchar是非定长的。例如，第1章图1-19中学生关系表（S）的属性"SNo"（学号）可以设置为char(6)，表示学号最多可以包含6个非Unicode字符，即使小于6个，在内存中也要分配6字节的空间；如果设置为varchar(6)，则学号实际包含多少非Unicode字符，在内存中就分配多少字节，例如，学号"S1"包含2个字符，内存中删除尾端空白的4字节，分配2字节的空间。nchar、nvarchar存放Unicode字符，一个字符占2字节，nchar是定长的，nvarchar是非定长的。nchar、nvarchar的用法与char、varchar的用法相同，只是占用内存空间不同。例如，如果"SNo"（学号）设置为nchar(6)，则学号"S1"占12字节；如果设置为nvarchar(6)，则学号"S1"占4字节。当字符串中包含非ASCII字符时，最好不要使用char、varchar。例如，学生关系表（S）中的属性"SN"（姓名）可以设置为nchar、nvarchar。当某个字符型属性需要描述的字符数比较多时，可以将其设置为text、ntext。其中，text存放非Unicode字符，定长，最大可存储2GB；ntext存放Unicode字符，非定长，最大可存储2GB。

（6）二进制数据型：包括binary、varbinary、image。其中，binary是定长的二进制数据型，varbinary是非定长的二进制数据型，两者最多可以表示8000字节。任何类型的数据都可存储在这种类型的字段中，不需数据转换。image类型可以存储图片本身，这时需要事先将图片转换成二进制流的形式；也可以存储图片路径。此外，由于图片路径是字符串的形式，因此也可以使用字符型。

（7）特殊类型：包括timestamp、uniqueidentifier、sql_variant、table。timestamp数据类型提供数据库范围内的唯一值。此类型相当于binary(8)或varbinary(8)，但当它所定义的列更新或添加数据行时，此列的值会被自动更新，一个计数值将自动地添加到此timestamp数据列中。每个数据库表中只能有一个timestamp数据列。如果建立一个名为"timestamp"的列，则该列的类型将被自动设为timestamp数据类型。uniqueidentifier数据类型称为全球唯一标识符（Globally Unique Identifier，GUID），可用NEWID( )函数产生。sql_variant数据类型可以存储除文本、图形数据和timestamp类型数据外的其他任何合法的SQL Server数据，此数据类型大大方便了SQL Server的开发工作。table数据类型用于存储对表或视图处理后的结果集，这一类型使得变量可以存储一个表，从而使函数或过程返回查询结果更加方便、快捷。

3.4.3 创建数据表及定义约束

数据表是由行和列组成的，创建数据表的过程就是定义数据表的列的过程，也就是定义数据表结构的过程。

1. 创建数据表

（1）用Management Studio创建数据表

首先，用鼠标右键单击"对象资源管理器"窗格中"数据库"下的"表"节点，从快捷菜单中选择"新建表"命令，会弹出"定义数据表结构"

用Management Studio创建数据表

窗格，如图3-12所示。其中，每一行用于定义数据表的一个字段，包括字段名、数据类型、长度、字段是否为空（Null）以及默认值等。

①"列名"："列名"（即表中某个字段名）由用户命名，最长128个字符，可包含中文、英文、下画线、#符号、货币符号（￥）及@符号。同一表中不允许有重名的列。

②"数据类型"：定义字段可存放数据的类型。

③字段的"长度""精度""小数位数"。字段的长度指字段所能容纳的最大数据量，不同的数据类型其长度的意义不同。

- 对字符型与Unicode字符类型而言，长度代表字段所能容纳字符的数量，因此它会限制用户所能输入的文本长度。

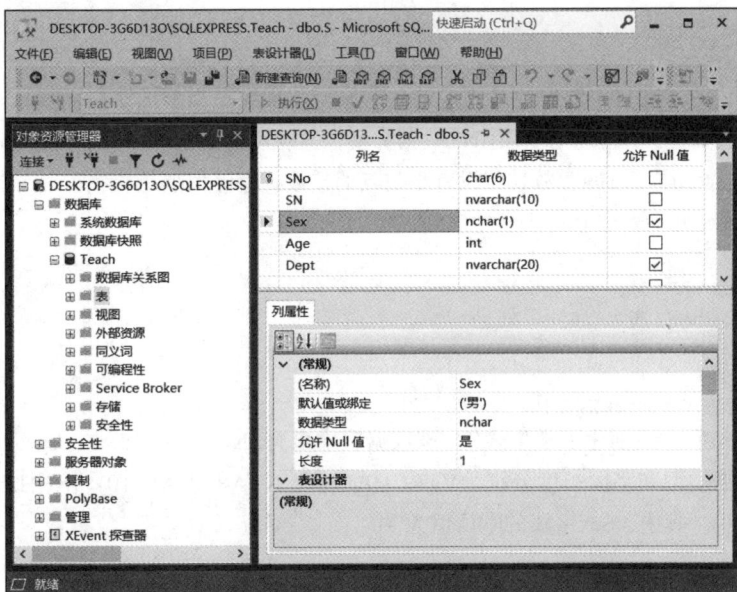

图3-12 定义数据表结构窗格

- 对数值型类型而言，长度则代表字段使用多少字节来存放数字，由精度决定，精度越高，字段的长度就越大。精度是指数据中数字的位数，包括小数点左侧的整数部分和小数点右侧的小数部分。例如，数字12345.678，其精度为8，小数位数为3。只有数值类型才有必要指定精度和小数位数。
- 各种整数型的字段长度是固定的，用户不需要输入长度，系统根据相应整数类型的不同自动给出字段长度。
- 对binary、varbinary和image数据类型而言，长度代表字段所能容纳的字节数。

④"允许Null值"：当对某个字段的"允许Null值"列打钩"✔"时，表示该字段的值允许为Null值。这样，在向数据表中输入数据时，如果没有给该字段输入数据，系统将自动取Null值，否则，必须给该字段提供数据。

⑤"默认值"：表示该字段的默认值（即DEFAULT值）。规定了默认值后，在向数据表中输入数据时，如果没有给该字段输入数据，则系统自动将默认值写入该字段。

其次，将数据表中各列定义完后，单击工具栏中的"保存"按钮，完成创建表过程。

（2）用SQL命令创建数据表

使用CREATE TABLE命令可以创建数据表，其基本语法格式如下。

```
CREATE TABLE <表名> (<列定义>[{,<列定义>|<表约束>}])
```

其中各项功能介绍如下。

① <表名>最多可有128个字符，如S、SC、C等，不允许重名。

② <列定义>的书写格式为"<列名> <数据类型> [DEFAULT] [{<列约束>}]"。

- DEFAULT：若某字段设置有默认值，则当该字段未被输入数据时，以该默认值自动填入该字段。

- 数据类型：在SQL中用如下所示的语法格式来表示数据类型以及它所采用的长度、精度和小数位数，其中，*N*代表长度，*P*代表精度，*S*表示小数位数。

语法格式：   例如：

```
binary(N)              binary (10)
char(N)                char(20)
numeric(P[,S])         numeric(8,3)
```

但有的数据类型的精度与小数位数是固定的。对采用此类数据类型的字段而言，不需设置精度与小数位数。例如，如果某字段采用INT数据类型，其长度固定是4，精度固定是10，小数位数则固定是0，这表示该字段能存放10位没有小数点的整数，存储大小是4字节。

【例3-7】用SQL命令建立一个学生表S。

```
CREATE TABLE S
( SNo VARCHAR(6),
  SN NVARCHAR(10),
  Sex NCHAR(1) DEFAULT '男',
  Age INT,
  Dept NVARCHAR(20))
```

执行该语句后，便创建了学生表S。该数据表中含有SNo、SN、Sex、Age及Dept共5个字段，它们的数据类型和字段长度分别为VARCHAR(6)、NVARCHAR(10)、NCHAR(1)、INT及NVARCHAR(20)。其中，Sex字段的默认值为'男'。

2. 定义数据表的约束

例3-7为创建基本表的最简单形式，还可以对表进一步定义，如主键、空值等约束的设置，使数据库用户能够根据应用的需要对基本表的定义做出更为精确和详尽的规定。

数据的完整性是指保护数据库中数据的正确性、有效性和相容性，防止错误的数据进入数据库造成无效操作。SQL Server提供的数据完整性机制主要包括约束（Constraint）、默认值（Default）、规则（Rule）、触发器（Trigger）、存储过程（Stored Procedure）等。本节只介绍约束，第5章会介绍默认值和规则，第7章会介绍存储过程和触发器。

约束是SQL Server自动强制数据库完整性的方式，约束定义了列中允许的取值。在SQL Server中，对数据表的约束分为列约束和表约束。其中，列约束是对某一个特定列的约束，包含在列定义中，直接跟在该列的其他定义之后，用空格分隔，不必指定列名；表约束与列定义相互独立，不包括在列定义中，通常用于对多个列一起进行约束，与列定义用"，"分隔，定义表约束时必须指出要约束的列的名称。完整性约束的基本语法格式如下。

```
[CONSTRAINT <约束名>] <约束类型>
```

其中各项功能介绍如下。

① 约束名：约束不指定名称时，系统会给定一个名称。

② 约束类型：在定义完整性约束时必须指定完整性约束的类型。

SQL Server中可以定义5种类型的完整性约束，下面分别加以介绍。

（1）NULL/NOT NULL约束

NULL值不是0，也不是空白，更不是填入字符串"NULL"，而是表示"不知道"、"不确定"或"没有数据"的意思。当某一字段的值一定要输入值才有意义的时候，则可以设置为NOT NULL。例如，主键列就不允许出现空值，否则就失去了唯一标识一条记录的作用。该约束只能用于定义列约束，其语法格式如下。

```
[CONSTRAINT <约束名> ][NULL|NOT NULL]
```

【例3-8】建立一个S表，对SNo字段进行NOT NULL约束。

```
CREATE TABLE S
( SNo VARCHAR(6) CONSTRAINT S_CONS NOT NULL,
  SN NVARCHAR(10),
  Sex NCHAR(1),
  Age INT,
  Dept NVARCHAR(20))
```

其中，S_CONS为指定的约束名称。有了NOT NULL约束，在S表中录入数据，当SNo为空时，系统给出错误信息。无NOT NULL约束时，系统默认值为NULL。

在字段的后面也可以不加约束名称，直接写约束类型。在这种情况下，系统会自动产生一个名字。如下列语句的功能与例3-7的功能相同，只是省略了约束名称。

```
CREATE TABLE S
( SNo VARCHAR(6) NOT NULL,
  SN NVARCHAR(10),
  Sex NCHAR(1),
  Age INT,
  Dept NVARCHAR(20))
```

（2）UNIQUE约束

UNIQUE约束（唯一约束）用于指明基本表在某一列或多个列的组合上的取值必须唯一。定义了UNIQUE约束的那些列称为唯一键，系统自动为唯一键建立唯一索引，从而保证了唯一键的唯一性。唯一键允许为空，但系统为保证其唯一性，最多只可以出现一个NULL值。

在建立UNIQUE约束时，需要考虑以下几个因素。

- 使用UNIQUE约束的字段允许为NULL值。
- 一个表中允许有多个UNIQUE约束。
- 可以把UNIQUE约束定义在多个字段上。
- UNIQUE约束用于强制在指定字段上创建一个UNIQUE索引，缺省为非聚集索引。

UNIQUE既可用于列约束，也可用于表约束。UNIQUE用于定义列约束时，其语法格式如下。

```
[CONSTRAINT <约束名>] UNIQUE
```

【例3-9】建立一个S表，定义SN为唯一键。

```
CREATE TABLE S
( SNo VARCHAR(6),
  SN NVARCHAR(10) CONSTRAINT SN_UNIQ UNIQUE,
  Sex NCHAR(1),
  Age INT,
  Dept NVARCHAR(20))
```

其中，SN_UNIQ为指定的约束名称。约束名称可以省略，如下例。

```
CREATE TABLE S
( SNo VARCHAR(6),
  SN NVARCHAR(10) UNIQUE,
  Sex NCHAR(1),
  Age INT,
  Dept NVARCHAR(20))
```

UNIQUE用于定义表约束时，其语法格式如下。

```
[CONSTRAINT <约束名>] UNIQUE(<列名>[{,<列名>}])
```

【例3-10】建立一个S表，定义SN+Sex为唯一键，此约束为表约束。

```
CREATE TABLE S
( SNo VARCHAR(6),
  SN NVARCHAR(10) UNIQUE,
  Sex NCHAR(1),
  Age INT,
  Dept NVARCHAR(20)
  CONSTRAINT S_UNIQ UNIQUE(SN, Sex))
```

系统为SN+Sex建立唯一索引，确保同一性别的学生没有重名。

（3）PRIMARY KEY约束

PRIMARY KEY约束（主键约束）用于定义基本表的主键，起唯一标识作用，其值不能为NULL，也不能重复，以此来保证实体的完整性。

PRIMARY KEY约束与UNIQUE约束类似，通过建立唯一索引来保证基本表在主键列取值的唯一性，但它们之间存在着很大的区别。

* 在一个基本表中只能定义一个PRIMARY KEY约束，但可定义多个UNIQUE约束。
* 对于指定为PRIMARY KEY的一个列或多个列的组合，其中任何一个列都不能出现NULL值，而对于UNIQUE所约束的唯一键，则允许为NULL。
* 不能为同一个列或一组列既定义UNIQUE约束，又定义PRIMARY KEY约束。

PRIMARY KEY既可用于列约束，也可用于表约束。PRIMARY KEY用于定义列约束时，其语法格式如下。

```
CONSTRAINT <约束名> PRIMARY KEY
```

【例3-11】建立一个S表，定义SNo为S的主键，建立另外一个数据表C，定义CNo为C的主键。

定义数据表S：

```
CREATE TABLE S
( SNo VARCHAR(6) CONSTRAINT S_Prim PRIMARY KEY,
  SN NVARCHAR(10) UNIQUE,
  Sex NCHAR(1),
  Age INT,
  Dept NVARCHAR(20))
```

定义数据表C：

```
CREATE TABLE C
( CNo VARCHAR(6) CONSTRAINT C_Prim PRIMARY KEY,
  CN NVARCHAR(20),
  CT INT)
```

PRIMARY KEY用于定义表约束时，即将某些列的组合定义为主键时，其语法格式如下。

```
[CONSTRAINT <约束名>] PRIMARY KEY (<列名>[{,<列名>}])
```

【例3-12】建立一个SC表，定义SNo+CNo为SC的主键。

```
CREATE TABLE SC
( SNo VARCHAR(6) NOT NULL,
  CNo VARCHAR(6) NOT NULL,
  Score NUMERIC(4,1),
  CONSTRAINT SC_Prim PRIMARY KEY(SNo,CNo))
```

（4）FOREIGN KEY约束

FOREIGN KEY约束（外键约束）用于指定某一列或几列作为外部键。其中，包含外部键的表称为从表，包含外部键所引用的主键或唯一键的表称为主表。系统保证从表在外部键上的取值是主表中某一个主键值或唯一键值，或者取空值，以此保证两表间的参照完整性。

FOREIGN KEY既可用于列约束，也可用于表约束，其语法格式如下。

```
[CONSTRAINT<约束名>] FOREIGN KEY REFERENCES <主表名> (<列名>[{,<列名>}])
```

【例3-13】建立一个SC表，定义SNo、CNo为SC的外部键。

```
CREATE TABLE SC
( SNo VARCHAR(6) NOT NULL CONSTRAINT S_Fore FOREIGN KEY REFERENCES S(SNo),
  CNo VARCHAR(6) NOT NULL CONSTRAINT C_Fore FOREIGN KEY REFERENCES C(CNo),
  Score NUMERIC(4,1),
  CONSTRAINT S_C_Prim PRIMARY KEY (SNo,CNo))
```

（5）CHECK约束

CHECK约束用来检查字段值所允许的范围，如一个字段只能输入整数，而且限定在0～100的整数，以此来保证域的完整性。

在建立CHECK约束时，需要考虑以下几个因素。

- 一个表中可以定义多个CHECK约束。
- 每个字段只能定义一个CHECK约束。
- 在多个字段上定义的CHECK约束必须为表约束。
- 当执行INSERT、UPDATE语句时，CHECK约束将验证数据。

CHECK既可用于列约束，也可用于表约束，其语法格式如下。

```
[CONSTRAINT <约束名>] CHECK (<条件>)
```

【例3-14】建立一个SC表，定义Score的取值范围为0～100。

```
CREATE TABLE SC
( SNo VARCHAR(6),
  CNo VARCHAR(6),
  Score NUMERIC(4,1) CONSTRAINT Score_Chk CHECK(Score>=0 AND Score <=100))
```

【例3-15】建立包含完整性约束定义的学生表S。

```
CREATE TABLE S
( SNo VARCHAR(6) CONSTRAINT S_Prim PRIMARY KEY,
  SN NVARCHAR(10) CONSTRAINT SN_Cons NOT NULL,
  Sex NCHAR(1) CONSTRAINT Sex_Cons NOT NULL DEFAULT '男',
  Age INT CONSTRAINT Age_Cons NOT NULL
                CONSTRAINT Age_Chk CHECK (Age BETWEEN 15 AND 50),
  Dept NVARCHAR(20) CONSTRAINT Dept_Cons NOT NULL)
```

与例3-7相比，例3-15所创建的学生表中的每一列都增加了完整性约束定义。其中，指定SNo为主键，指定SN、Sex、Age、Dept各个列均不能为空，同时Sex的默认值为"男"，Age的取值范围为15～50。

读者可以模仿上例建立第1章的图1-19中包含完整性约束定义的表T、表C、表SC和表TC。

3.4.4 修改数据表

由于应用环境和应用需求的变化，可能要修改基本表的结构，比如增加新列和完整性约束、修改原有的列定义和完整性约束等。

1. 用 Management Studio 修改数据表的结构

用Management Studio修改数据表的结构，可按下列步骤进行操作。

（1）在Management Studio中的"对象资源管理器"窗格中，展开"数据库"节点。

（2）用鼠标右键单击要修改的数据表，从弹出的快捷菜单中选择"设计"命令，则会弹出图3-13所示的修改数据表结构窗格。在此窗格中可以修改列的数据类型、名称等属性，添加或删除列，也可以指定表的主关键字约束。

用 Management Studio 设置外键约束

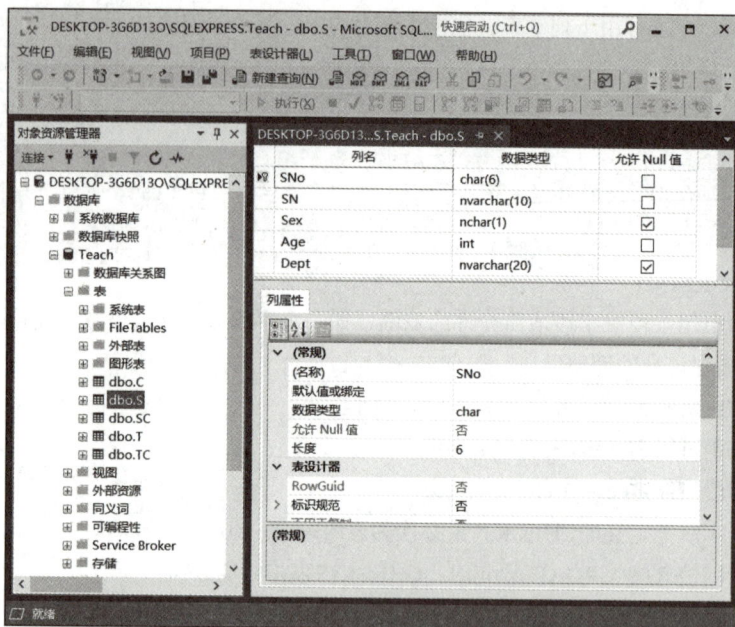

图3-13　修改数据表的结构

（3）修改完后，单击工具栏中的"保存"按钮，存盘并退出。

2. 用 SQL 命令修改数据表

SQL使用ALTER TABLE命令来完成修改数据表这一功能，主要有如下三种修改方式。

（1）ADD方式

ADD方式用于增加新列和完整性约束，其定义方式与CREATE TABLE命令中的定义方式相同。其语法格式如下。

```
ALTER TABLE <表名> ADD <列定义> | <完整性约束定义>
```

【例3-16】在S表中增加一个班号列和住址列。

```
ALTER TABLE S
ADD
Class_No VARCHAR(6),
Address NVARCHAR(20)
```

✏️注意

使用此方式增加的新列自动填充NULL值，所以不能为增加的新列指定NOT NULL约束。

【例3-17】在SC表中增加完整性约束定义，使Score在0～100。

```
ALTER TABLE SC
ADD
CONSTRAINT Score_Chk CHECK(Score BETWEEN 0 AND 100)
```

（2）ALTER 方式

ALTER方式用于修改某些列，其语法格式如下。

```
ALTER TABLE <表名>
ALTER COLUMN <列名> <数据类型> [NULL|NOT NULL]
```

【例3-18】把S表中的SN列加宽到12个字符。

```
ALTER TABLE S
ALTER COLUMN
SN NVARCHAR(12)
```

✎ **注意**

使用此方式有如下一些限制。

- 不能改变列名。
- 不能将含有空值的列的定义修改为NOT NULL约束。
- 若列中已有数据，则不能减少该列的宽度，也不能改变其数据类型。
- 只能修改NULL、NOT NULL约束，其他类型的约束在修改之前必须先将约束删除，然后重新添加修改过的约束定义。

（3）DROP方式

DROP方式只用于删除完整性约束定义。

```
ALTER TABLE<表名>
DROP CONSTRAINT <约束名>
```

【例3-19】删除S表中的主键。

```
ALTER TABLE S
DROP CONSTRAINT S_Prim
```

3.4.5 查看数据表

在Management Studio的"对象资源管理器"窗格中，用鼠标右键单击要操作的表，从弹出的快捷菜单中选择"编辑所有行"命令，即可输入数据。此外，3.10节还会讲解使用SQL命令对数据表中的数据进行操作，在此不再赘述。

1. 查看数据表的属性

在Management Studio的"对象资源管理器"窗格中展开"数据库"节点，选中相应的数据库，从中找到要查看的数据表，用鼠标右键单击该表，从弹出的快捷菜单中选择"属性"命令，则会弹出"表属性"窗格，如图3-14所示，从该图中可以看到表的详细属性信息，如表名、所有者、创建日期、文件组、记录行数、数据表中的字段名称、结构和类型等。

输入数据注意事项

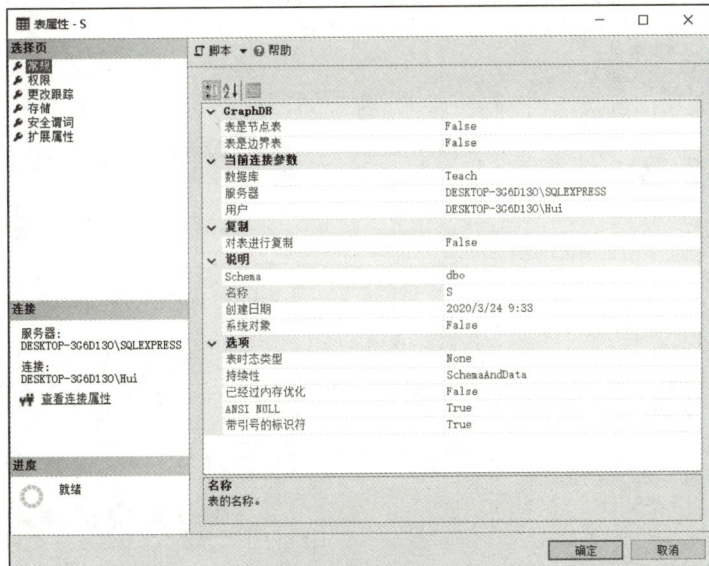

图3-14 查看数据表属性

2．查看数据表中的数据

在Management Studio的"对象资源管理器"窗格中，用鼠标右键单击要查看数据的表，从弹出的快捷菜单中选择"选择前1000行"命令，则会显示表中的前1000条数据，如图3-15所示。

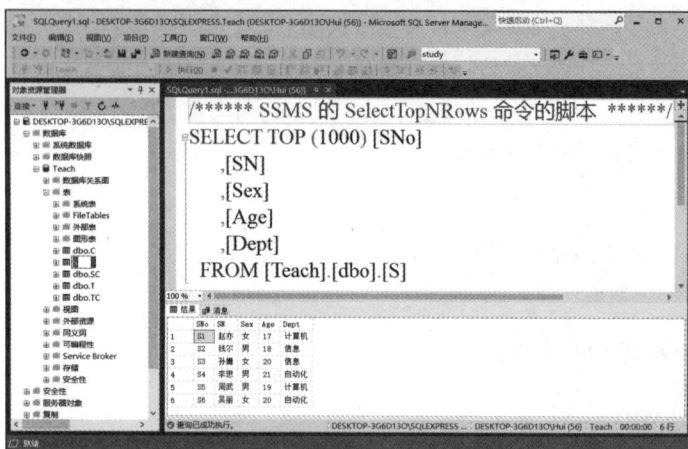

图3-15　查看数据表中的数据

3.4.6　删除数据表

当某个数据表已不再使用时，可将其删除。删除后，该表的数据和在此表上所建的索引都被删除，建立在该表上的视图不会删除，系统将继续保留其定义，但已无法使用。如果重新恢复该表，这些视图可重新使用。

1．用 Management Studio 删除数据表

在Management Studio中，用鼠标右键单击要删除的表，从弹出的快捷菜单中选择"删除"命令，会弹出"删除对象"窗格，如图3-16所示。单击"显示依赖关系"按钮，即会弹出"依赖关系"对话框，其中列出了表所依赖的对象和依赖于表的对象，如果有对象依赖于表，则不能删除表。

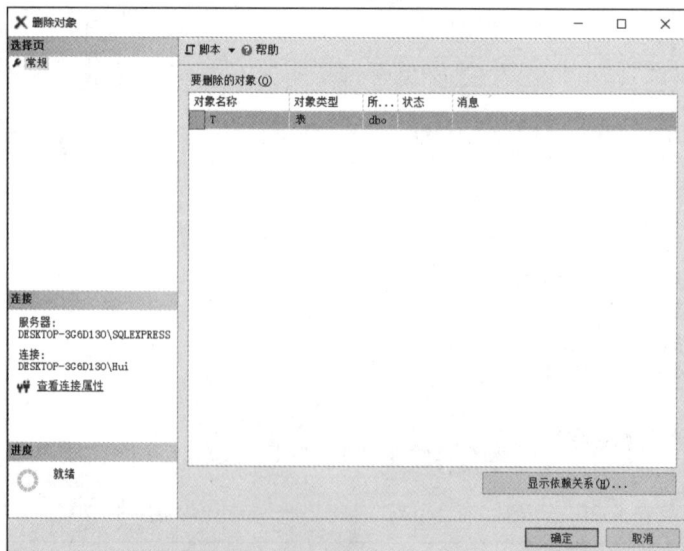

用 Management
Studio 删除
数据表

图3-16　删除数据表

2. 用 SQL 命令删除数据表

删除表的SQL命令语法格式如下。

```
DROP TABLE <表名>
```

【例3-20】删除表S。

```
DROP TABLE S
```

✎注意

只能删除自己建立的表，不能删除其他用户所建的表。

3.5　单关系（表）的数据查询

3.5.1　单关系（表）的数据查询结构

数据查询是数据库中最常用的操作。SQL提供了SELECT命令，通过该命令进行查询操作可得到所需的信息。关系（表）的SELECT命令一般语法格式如下。

```
SELECT [ALL|DISTINCT][TOP N [PERCENT][WITH TIES]]
<列名>[AS 别名1] [{,<列名>[ AS 别名2]}]
FROM<表名>[[AS] 表别名]
[WHERE<检索条件>]
[GROUP BY <列名1> [HAVING <条件表达式>]]
[ORDER BY <列名2> [ASC|DESC]]
```

查询的结果仍是一个表。SELECT命令的执行过程是，根据WHERE子句的检索条件，从FROM子句指定的基本表中选取满足条件的元组，再按照SELECT子句中指定的列，投影得到结果表。如果有GROUP子句，则将查询结果按照与<列名1>相同的值进行分组。如果GROUP子句后有HAVING语句，则只输出满足HAVING条件的元组。如果有ORDER子句，查询结果还要按照ORDER子句中<列名2>的值进行排序。

可以看出，WHERE子句相当于关系代数中的选取操作，SELECT子句则相当于投影操作，但SQL查询不必规定投影、选取连接的执行顺序，它比关系代数更简单、功能更强大。

3.5.2　无条件查询

无条件查询是指只包含"SELECT…FROM"的查询。这种查询最简单，相当于只对关系（表）进行投影操作。

【例3-21】查询全体学生的学号、姓名和年龄。

```
SELECT SNo, SN, Age
FROM S
```

用 Management Studio 进行查询

在工具栏中，单击"新建查询"按钮，会弹出图3-17所示的查询窗格。在查询窗格中输入上述查询语句，单击"执行"按钮，即可得到如图3-18所示的查询结果界面。可以看出，在查询语句的下方是其对应的查询结果。

本例中给出了图3-18所示的查询界面，其中包含查询语句和查询结果。后续例题的查询过程与本例相同，所以不再给出完整的查询界面，只给出查询结果。

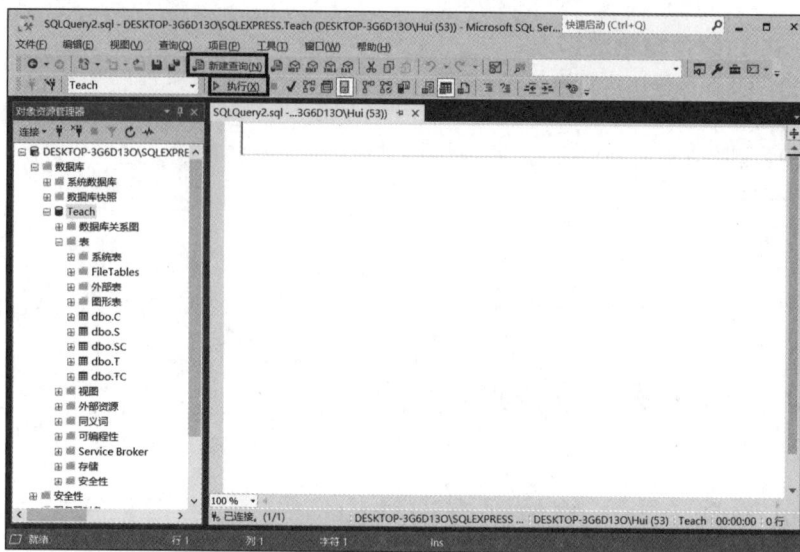

图3-17　新建查询

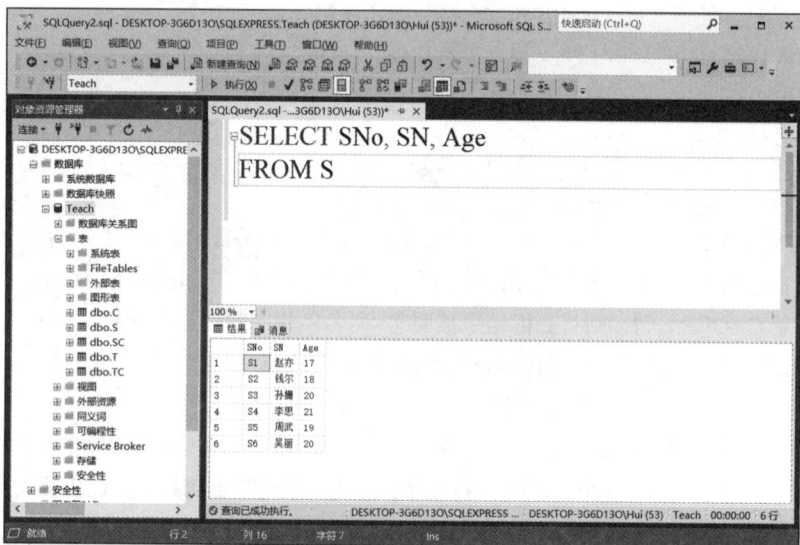

图3-18　显示查询结果

【例3-22】查询学生的全部信息。

```
SELECT *
FROM S
```

用"*"表示S表的全部列名，而不必逐一列出。

【例3-23】查询选修了课程的学生的学号。

```
SELECT DISTINCT SNo
FROM SC
```

查询结果中的重复行被去掉，查询结果如下。

SNo
S1
S2
S3
S4
S5

上述查询均为不使用WHERE子句的无条件查询，也称作投影查询，例3-23的查询结果与关系代数中的投影操作$\prod_{SNo}(SC)$的结果相同。在关系代数中，投影后自动消去重复行；SQL中必须使用关键字DISTINCT才会消去重复行。

另外，利用投影查询可控制列名的顺序，并可通过指定别名改变查询结果中列标题的名称。

【例3-24】查询全体学生的姓名、学号和年龄。

```
SELECT SN Name, SNo, Age
FROM S
```

或

```
SELECT SN AS Name, SNo, Age
FROM S
```

查询结果如下。

Name	SNo	Age
赵亦	S1	17
钱尔	S2	18
孙珊	S3	20
李思	S4	21
周武	S5	19
吴丽	S6	20

其中，Name为SN的别名。在SELECT命令中可以为查询结果的列名重新命名，并且可以重新指定列的次序。

【例3-25】查询选课表中的前三条选课记录。

```
SELECT TOP 3 *
FROM SC
```

【例3-26】查询课程表中的前50%课程记录的课程号和课程名。

```
SELECT TOP 50 PERCENT CNo,CN
FROM C
```

【例3-27】查询选课表中的前三条选课记录的学号和课程号，并且按照课程号升序排列。

```
SELECT TOP 3 SNo,CNo WITH TIES CNo
FROM SC
ORDER BY CNo
```

3.5.3　条件查询

当要在表中找出满足某些条件的行时，需使用WHERE子句指定查询条件。在WHERE子句中，条件通常通过以下三部分来描述。

（1）列名。

（2）运算符。

（3）列名、常数。

其中，运算符是一种符号，用来指定要在一个或多个表达式中执行的操作。常用的运算符包括算术运算符、赋值运算符、字符串连接运算符、比较运算符、逻辑运算符、按位运算符、一元运算符等。

1．算术运算符

算术运算符如表3-2所示，参与运算的表达式必须是数值数据类型或能够进行算术运算的其他数据类型。其中，加（+）和减（-）运算符也可用于对datetime、smalldatetime、money和smallmoney类型的值执行算术运算。

表3-2　算术运算符

运　算　符	含　义
+	加
−	减
*	乘
/	除
%	求余数

【例3-28】查询教师的教师号、姓名、工资和津贴总和。

```
SELECT TNo, TN, Sal+Comm AS 工资和津贴总和
FROM T
```

2. 赋值运算符

等号（=）是唯一的Transact-SQL赋值运算符。

3. 字符串连接运算符

加号（+）是字符串连接运算符，用户可以用它将字符串连接起来。其他所有字符串操作都使用字符串函数进行处理。例如'good' + ' ' + 'morning'的结果是'good　morning'。

【例3-29】查询教师的教师号和工资号，要求查询结果中教师号和工资号在同一列中。

```
SELECT TNo+TN AS 教师信息
FROM T
```

查询结果如下。

教师信息
T1　李力
T2　王平
T3　刘伟
T4　张雪
T5　张兰

4. 比较运算符

比较运算符如表3-3所示，用来比较两个表达式值之间的大小关系。它可以用于除text、ntext和image数据类型外的所有数据类型。其运算的结果为TRUE（真）或FALSE（假），通常用来构造条件表达式。

表3-3　比较运算符

运　算　符	含　义
=	等于
>	大于
<	小于
>=	大于或等于
<=	小于或等于
<>	不等于

【例3-30】查询选修课程号为C1的学生的学号和成绩。

```
SELECT SNo,Score
FROM SC
WHERE CNo= 'C1'
```

查询结果如下。

```
SNo          Score
S1           90.0
S3           75.0
S4           93.0
```

此查询结果与关系代数中的选取操作$\sigma_{CNo='C1'}$(SC)的结果相同。

【例3-31】查询成绩高于85分的学生的学号、课程号和成绩。

```
SELECT SNo,CNo,Score
FROM SC
WHERE Score>85
```

此查询结果与关系代数中的选取操作$\sigma_{Score>85}$(SC)的结果相同。

5. 逻辑运算符

逻辑运算符如表3-4所示，用来对多个条件进行运算，其运算的结果为TRUE（真）或FALSE（假）。

表 3-4　逻辑运算符

运　算　符	含　义
AND	如果两个表达式都为TRUE，则运算结果就为TRUE
OR	如果两个布尔表达式中的一个为TRUE，则运算结果就为TRUE
NOT	对逻辑值取反，即如果操作数的值为TRUE，则运算结果为FALSE，否则为TRUE
BETWEEN AND	如果操作数在某个范围之内，则运算结果就为TRUE
IN	如果操作数等于表达式列表中的一个，则运算结果就为TRUE
LIKE	如果操作数与一种模式相匹配，则运算结果就为TRUE
EXISTS	如果子查询包含一些行，则运算结果就为TRUE
ALL	如果一组比较中都为TRUE，则运算结果就为TRUE
ANY	如果一组比较中的任何一个都为TRUE，则运算结果就为TRUE
SOME	如果一系列操作数中有些值为TRUE，则运算结果为TRUE

（1）多重条件查询

当WHERE子句需要指定一个以上的查询条件时，需要使用逻辑运算符AND、OR和NOT将其连接成复合的逻辑表达式。其优先级由高到低为：NOT、AND、OR，用户可以使用括号改变优先级。

【例3-32】查询选修C1或C2且分数大于或等于85分学生的学号、课程号和成绩。

```
SELECT SNo, CNo, Score
FROM SC
WHERE (CNo = 'C1' OR CNo = 'C2') AND (Score >= 85)
```

（2）确定范围

【例3-33】查询工资在1000元～1500元的教师的教师号、姓名及职称。

```
SELECT TNo,TN,Prof
FROM T
WHERE Sal BETWEEN 1000 AND 1500
```

等价于：

```
SELECT TNo,TN,Prof
FROM T
WHERE Sal>=1000 AND Sal<=1500
```

✎注意

在SQL Server中，BETWEEN…AND…的条件包含等号；在有些DBMS中，BETWEEN…AND…的条件不包含等号。

【例3-34】查询工资不在1000元～1500元的教师的教师号、姓名及职称。

```
SELECT TNo,TN,Prof
FROM T
WHERE Sal NOT BETWEEN 1000 AND 1500
```

（3）确定集合

利用"IN"操作可以查询属性值属于指定集合的元组。

【例3-35】查询选修C1或C2的学生的学号、课程号和成绩。

```
SELECT SNo, CNo, Score
FROM SC
WHERE CNo IN('C1', 'C2')
```

此语句也可以使用逻辑运算符"OR"实现。

```
SELECT SNo, CNo, Score
FROM SC
WHERE CNo='C1'OR CNo= 'C2'
```

利用"NOT IN"可以查询指定集合外的元组。

【例3-36】查询既没有选修C1，也没有选修C2的学生的学号、课程号和成绩。

```
SELECT SNo, CNo, Score FROM SC
WHERE CNo NOT IN('C1', 'C2')
```

等价于：

```
SELECT SNo, CNo, Score FROM SC
WHERE (CNo <> 'C1') AND (CNo <> 'C2')
```

（4）部分匹配查询

当不知道完全精确的值时，用户可以使用LIKE或NOT LIKE进行部分匹配查询（也称模糊查询）。LIKE的一般语法格式如下。

```
<属性名> LIKE <字符串常量>
```

其中，属性名必须为字符型，字符串常量中的字符可以包含通配符。利用通配符可以进行模糊查询，字符串中的通配符及其功能如表3-5所示。

表 3-5　字符串中可含有的通配符

通　配　符	功　能	实　例
%	代表0个或多个字符	'ab%'：'ab'后可接任意字符串
_（下画线）	代表一个字符	'a_b'：'a'与'b'之间可有一个字符
[]	表示在某一范围的字符	[0-9]：0～9的字符
[^]	表示不在某一范围的字符	[^0-9]：不在0～9的字符

【例3-37】查询所有姓张的教师的教师号和姓名。

```
SELECT TNo, TN
FROM T
WHERE TN LIKE '张%'
```

【例3-38】查询姓名中第二个汉字是"力"的教师的教师号和姓名。

```
SELECT TNo, TN
FROM T
WHERE TN LIKE '_力%'
```

6. 按位运算符

按位运算符如表3-6所示，用于进行二进制位操作，参与位运算的两个表达式必须是整型或与整型兼容的数据类型。

表 3-6　按位运算符

运 算 符	含 义	运 算 规 则
&	按位与	两个数对应的二进制位上都为1时，该位上的运算结果为1，否则为0
|	按位或	两个数对应的二进制位上有一个为1时，该位上的运算结果为1，否则为0
^	按位异或	两个数对应的二进制位上不同时，该位上的运算结果为1，否则为0

例如，表达式7 & 4的值为4。其运算过程：7对应的二进制数为00000111，4对应的二进制数为00000100，二者进行"&"运算，对它们的对应二进制位进行按位与运算，如下所示。

```
  00000111
& 00000100
  00000100
```

可见运算结果为4。同理，表达式7 | 4的运算结果为7，表达式7 ^ 4的运算结果为3。

7．一元运算符

一元运算符如表3-7所示，只对一个表达式进行运算。

表 3-7　一元运算符

运 算 符	含 义
+	正号，数值为正
−	负号，数值为负
~	按位取反，对操作数进行按二进制位取反运算，即二进制位上原来为1，运算结果为0，否则为1

8．空值查询

某个字段没有值称为具有空值（NULL）。通常没有为一个列输入值时，该列的值就是空值。空值不同于零和空格，它不占任何存储空间。例如，某些学生选修了课程但没有参加考试，就会造成数据表中有选课记录，但没有考试成绩。考试成绩为空值，这与参加考试，但成绩为0分是不同的。

【例3-39】查询没有考试成绩的学生的学号和相应的课程号。

```
SELECT SNo, CNo
FROM SC
WHERE Score IS NULL
```

✏注意
这里的空值条件为Score IS NULL，不能写成Score=NULL。

3.5.4　常用库函数及统计汇总查询

SQL提供了许多库函数，增强了基本检索能力。常用的库函数及其功能如表3-8所示。

表 3-8　常用的库函数及其功能

函 数 名 称	功 能	函 数 名 称	功 能
AVG	按列计算平均值	MIN	求一列中的最小值
SUM	按列计算值的总和	COUNT	按列值统计个数
MAX	求一列中的最大值		

【例3-40】求学号为S1的学生的总分和平均分。

```
SELECT SUM(Score) AS TotalScore, AVG(Score) AS AvgScore
FROM SC
WHERE (SNo = 'S1')
```

查询结果如下。

TotalScore	AvgScore
175	87.5

上述查询语句中AS后面的TotalScore和AvgScore是别名，别名会显示在查询结果中，让使用者能清楚地知道查询内容所表示的含义。

在使用库函数进行查询时，通常要给查询的每一项内容加别名，否则查询结果中就不显示列名。例如，上述查询语句如果改为如下形式：

```
SELECT SUM(Score), AVG(Score)
FROM SC
WHERE (SNo = 'S1')
```

查询结果如下。

无列名	无列名
175	87.5

✎注意

函数SUM()和AVG()只能对数值型字段进行计算。

【例3-41】求选修C1课程的最高分、最低分及之间相差的分数。

```
SELECT MAX(Score) AS MaxScore, MIN(Score) AS MinScore, MAX(Score)—MIN
(Score) AS Diff
FROM SC
WHERE (CNo = 'C1')
```

【例3-42】求计算机系学生的总数。

```
SELECT COUNT(SNo)FROM S
WHERE Dept= '计算机'
```

【例3-43】求学校中共有多少个系。

```
SELECT COUNT(DISTINCT Dept) AS DeptNum
FROM S
```

✎注意

加入关键字DISTINCT后表示消去重复行，以便计算字段"Dept"中不同值的数量。函数COUNT()对空值不进行计算，但对0进行计算。

【例3-44】统计有成绩的学生人数。

```
SELECT COUNT (Score)
FROM SC
```

上例中成绩为0的学生也计算在内，没有成绩（即空值）的不计算。

【例3-45】利用特殊函数COUNT(*)求计算机系学生的总数。

```
SELECT COUNT(*) FROM S
WHERE Dept='计算机'
```

COUNT(*)用来统计元组的个数，不消去重复行，不允许使用DISTINCT关键字。

3.5.5　分组查询

GROUP BY子句可以将查询结果按属性列或属性列组合在行的方向上进行分组，每组在属性列或属性列组合上具有相同的值。

【例3-46】查询每名教师的教师号及其任课的门数。

```
SELECT TNo,COUNT(*) AS C_Num
FROM TC
GROUP BY TNo
```

GROUP BY子句按TNo的值分组，所有具有相同TNo的元组为一组，对每一组使用函数COUNT()进行计算，统计出各名教师任课的门数。

查询结果如下。

TNo	C_Num
T1	2
T2	2
T3	2
T4	2
T5	2

若在分组后还要按照一定的条件进行筛选，则需使用HAVING子句。

【例3-47】查询选修两门以上（含两门）课程的学生的学号和选课门数。

```
SELECT SNo, COUNT(*) AS SC_Num
FROM SC
GROUP BY SNo
HAVING (COUNT(*) >= 2)
```

查询结果如下。

SNo	SC_Num
S1	2
S2	4
S3	3
S4	3

GROUP BY子句按SNo的值分组，所有具有相同SNo的元组为一组，对每一组都使用函数COUNT()进行计算，统计每名学生选课的门数。HAVING子句用于去掉不满足COUNT(*)>=2的组。

当在一个SQL查询中同时使用WHERE子句、GROUP BY子句和HAVING子句时，其书写顺序是WHERE、GROUP BY、HAVING。WHERE与HAVING子句的根本区别在于作用对象不同。WHERE子句作用于基本表或视图，从中选择满足条件的元组；HAVING子句作用于组，用以选择满足条件的组，必须用在GROUP BY子句之后，但GROUP BY子句可以没有HAVING子句。

3.5.6 查询结果的排序

当需要对查询结果排序时，应该使用ORDER BY子句。ORDER BY子句必须出现在其他子句之后。排序方式可以指定，DESC为降序，ASC为升序，缺省时为升序。

【例3-48】查询选修C1课程的学生学号和成绩，并按成绩降序排列。

```
SELECT SNo, Score
FROM SC
WHERE (CNo = 'C1')
ORDER BY Score DESC
```

【例3-49】查询选修C2、C3、C4或C5课程的学号、课程号和成绩，查询结果按学号升序排列，学号相同再按成绩降序排列。

```
SELECT SNo, CNo, Score
FROM SC
WHERE CNo IN ('C2', 'C3', 'C4', 'C5')
ORDER BY SNo, Score DESC
```

3.6 多关系（表）的连接查询

数据库的各个表中存放着不同的数据，用户往往需要用多个表中的数据来组合、提炼出所需要的信息。如果一个查询需要对多个表进行操作，就称为连接查询。连接查询的结果集或结果表称为表之间的连接。连接查询实际上是通过各个表之间共同列的关联性来查询数据的，数据表之间的联系是通过表的字段值来体现的，这种字段称为连接字段。连接操作的目的就是通过加在连接字段上的条件将多个表连接起来，以便从多个表中查询数据。

多字段分组查询

3.5节的查询都是针对一个表进行的，当查询同时涉及两个或两个以上的表时，便需要连接查询。

3.6.1 多关系（表）的连接查询结构

表的连接方法有以下两种。

（1）表之间满足一定条件的行进行连接时，FROM子句指明进行连接的表名，WHERE子句指明连接的列名及其连接条件。其语法格式如下。

```
SELECT [ALL|DISTINCT][TOP N [PERCENT][WITH TIES]]
<列名>[AS 别名1] [{,〈列名〉[ AS 别名2}]
FROM<表名1>[[AS] 表1别名] [{,<表名2>[[AS] 表2别名,…]}]
[WHERE<检索条件>]
[GROUP BY <列名1> [HAVING <条件表达式>]]
[ORDER BY <列名2> [ASC|DESC]]
```

（2）利用关键字JOIN进行连接，其具体的连接方式分为以下几种。

① INNER JOIN（内连接）显示符合条件的记录，此连接方式为默认值。

② LEFT（OUTER）JOIN称为左（外）连接，用于显示符合条件的数据行以及左边表中不符合条件的数据行。此时右边数据行会以NULL来显示。

③ RIGHT（OUTER）JOIN称为右（外）连接，用于显示符合条件的数据行以及右边表中不符合条件的数据行。此时左边数据行会以NULL来显示。

④ FULL（OUTER）JOIN显示符合条件的数据行以及左边表和右边表中不符合条件的数据行。此时缺乏数据的数据行会以NULL来显示。

⑤ CROSS JOIN称为交叉连接，用于将一个表的每一个记录和另一表的每个记录匹配成新的数据行。

当将JOIN关键字放于FROM子句中时，应有关键字ON与之对应，以表明连接的条件。其语法格式如下。

```
SELECT [ALL|DISTINCT][TOP N [PERCENT][WITH TIES]]
列名1 [AS 别名1][, 列名2 [ AS 别名2]…]
[INTO 新表名]
FROM 表名1 [[AS] 表1别名]
[INNER|RIGHT|FULL|OUTER|CROSS] JOIN 表名2 [[AS] 表2别名]
ON 条件
```

下面介绍几种表的连接操作。

3.6.2 内连接查询

【例3-50】查询"刘伟"老师所讲授的课程，要求列出教师号、教师姓名和课程号。

方法1：

```
SELECT T.TNo,TN,CNo
FROM T,TC
WHERE (T.TNo = TC.TNo) AND (TN='刘伟')
```

① 这里TN='刘伟'为查询条件，T.TNo = TC.TNo为连接条件，TNo为连接字段。连接条件的一般语法格式如下。

[<表名1>.] <列名1> <比较运算符> [<表名2>.] <列名2>

其中比较运算符主要有=、>、<、>=、<=、!=。当比较运算符为"="时，称为等值连接，其他情况为非等值连接。

② 引用列名TNo时要加上表名前缀，这是因为两个表中的列名相同，必须用表名前缀来确切说明所指列属于哪个表，以避免二义性。如果列名是唯一的（比如TN），就不必加前缀。

上面的操作是将T表中的Tno与TC表中的TNo相等的行连接，同时选取TN为"刘伟"的行，然后在TNo、TN、CNo列上投影。这一操作是连接、选取和投影操作的组合。

方法2：

```
SELECT T.TNo, TN, CNo
FROM T INNER JOIN TC
ON T.TNo = TC.TNo
WHERE (TN = '刘伟')
```

方法3：

```
SELECT R1.TNo,R2.TN, R1.CNo
FROM
(SELECT TNo,CNo FROM TC ) AS R1
INNER JOIN
(SELECT TNo,TN FROM T
WHERE TN='刘伟') AS R2
ON R1.TNo=R2.TNo
```

【例3-51】查询所有选课学生的学号、姓名、选课名称及成绩。

```
SELECT S.SNo,SN,CN,Score
FROM S,C,SC
WHERE S.SNo=SC.SNo AND SC.CNo=C.CNo
```

本例涉及三个表，WHERE子句中有两个连接条件。当有两个以上的表进行连接时，称为多表连接。

【例3-52】查询每门课程的课程号、课程名和选课人数。

```
SELECT C.CNo,CN,COUNT(SC.SNo) AS 选课人数
FROM C,SC
WHERE SC.CNo=C.CNo
GROUP BY C.CNo,CN
```

3.6.3 外连接查询

在上面的连接操作中，不满足连接条件的元组不能作为查询结果输出。例如，例3-45的查询结果只包括有选课记录的学生，而不会有吴丽同学的信息。而在外部连接中，参与连接的表有主从之分，以主表的每行数据去匹配从表的数据列。符合连接条件的数据将直接被返回到结果集中；对那些不符合连接条件的列，将被填上NULL值，再返回到结果集中（对bit类型的列，由于bit数据类型不允许有NULL值，因此将会被填上0值，再返回到结果集中）。

多种外连接查询比较

外部连接分为左外部连接和右外部连接两种。以主表所在的方向区分外部连接，主表在左边，则称为左外部连接；主表在右边，则称为右外部连接。

【例3-53】查询所有学生的学号、姓名、选课名称及成绩（没有选课学生的选课信息显示为空）。

```
SELECT S.SNo,SN,CN,Score
FROM S
LEFT OUTER JOIN SC
ON S.SNo=SC.SNo
LEFT OUTER JOIN C
ON C.CNo=SC.CNo
```

查询结果如下。

SNo	SN	CN	Score
S1	赵亦	程序设计	90.0
S1	赵亦	微机原理	85.0
S2	钱尔	数据结构	70.0
S2	钱尔	数据库	57.0
S2	钱尔	编译原理	80.0
S2	钱尔	操作系统	NULL
S3	孙姗	程序设计	75.0
S3	孙姗	微机原理	70.0
S3	孙姗	数据结构	85.0
S4	李思	程序设计	93.0
S4	李思	微机原理	85.0
S4	李思	数字逻辑	83.0
S5	周武	微机原理	89.0
S6	吴丽	NULL	NULL

查询结果包括所有的学生，没有选课的吴丽同学的选课信息显示为空。

3.6.4 交叉查询

交叉查询对连接查询的表没有特殊的要求，任何表都可以进行交叉查询操作。

【例3-54】对学生表S和课程表C进行交叉查询。

```
SELECT *
FROM S CROSS JOIN C
```

上述查询是将学生表S中的每一个记录和课程表C的每个记录匹配成新的数据行，查询结果集合的行数是两个表行数的乘积，列数是两个表列数的和。

3.6.5 自连接查询

当一个表与其自身进行连接操作时，称为表的自身连接。

【例3-55】查询所有比"刘伟"工资高的教师姓名、工资和刘伟的工资。

要查询的内容均在同一表T中，我们可以将表T分别取两个别名：一个是X；另一个是Y。将X、Y中满足比刘伟工资高的行连接起来，这实际上是同一表T的大于连接。

方法1：

```
SELECT X.TN,X.Sal AS Sal_a,Y.Sal AS Sal_b
FROM T AS X ,T AS Y
WHERE X.Sal>Y.Sal AND Y.TN='刘伟'
```

查询结果如下。

TN	Sal_a	Sal_b
李力	1500	900
张雪	1600	900
张兰	1300	900

方法2：

```
SELECT X.TN, X.Sal,Y.Sal
FROM T AS X INNER JOIN T AS Y
ON X.Sal>Y.Sal AND Y.TN='刘伟'
```

方法3：

```
SELECT R1.TN,R1.Sal, R2.Sal
FROM
(SELECT TN,Sal FROM T ) AS R1
INNER JOIN
(SELECT Sal FROM T
WHERE TN='刘伟') AS R2
ON R1.Sal>R2.Sal
```

3.7　子查询

在WHERE子句中包含一个形如SELECT…FROM…WHERE的查询块，此查询块称为子查询，包含子查询的语句称为父查询或外部查询。嵌套查询可以将一系列简单查询构成复杂查询，增强查询能力。嵌套查询的嵌套层次最多可达到255层。嵌套查询以层层嵌套的方式构造查询，充分体现了SQL"结构化"的特点。

嵌套查询在执行时由里向外处理，每个子查询是在上一级父查询处理之前完成的，父查询要用到子查询的结果。

3.7.1　普通子查询

普通子查询的执行顺序是：首先执行子查询，然后把子查询的结果作为父查询的查询条件的值。普通子查询只执行一次，而父查询所涉及的所有记录行都与其查询结果进行比较以确定查询结果集合。

1. 返回一个值的普通子查询

当子查询的返回值只有一个时，可以使用比较运算符（=、>、<、>=、<=、!=）将父查询和子查询连接起来。

【例3-56】查询与"刘伟"老师职称相同的教师的教师号、姓名。

```
SELECT TNo,TN
FROM T
WHERE Prof=(SELECT Prof
            FROM T
            WHERE TN= '刘伟')
```

此查询相当于将查询分成两个查询块来执行。先执行子查询：

```
SELECT Prof
FROM T
WHERE TN= '刘伟'
```

子查询向主查询返回一个值，即刘伟老师的职称"讲师"，然后以此作为父查询的条件，再查询所有职称为"讲师"的教师号、姓名。

```
SELECT TNo,TN
FROM T
WHERE Prof= '讲师'
```
查询结果如下。

TNo	TN
T2	王平
T3	刘伟

2. 返回一组值的普通子查询

如果子查询的返回值不止一个，而是一个集合，则不能直接使用比较运算符，此时可以在比较运算符与子查询之间插入ANY或ALL。

（1）使用ANY

【例3-57】查询选修课程号为C1的学生的学号和姓名。

```
SELECT SNo,SN
FROM S
WHERE (SNo = ANY (SELECT SNo
                  FROM SC
                  WHERE CNo = 'C1'))
```

先执行子查询，找到选修课程号为C1的学号，学号为一组值构成的集合(S1,S3,S4)，再执行父查询。其中ANY的含义为任意一个，所以该查询即查询学号为S1、S3、S4的学生的学号和姓名。

查询结果如下。

SNo	SN
S1	赵亦
S3	孙珊
S4	李思

本例也可以使用前面所讲的连接操作来实现，执行命令如下。

```
SELECT S.SNo,SN
FROM S,SC
WHERE S.SNo=SC.SNo AND SC.CNo= 'C1'
```

可见，对于同一查询，我们可使用子查询和连接查询两种方法来解决。读者可根据习惯任意选用。

【例3-58】查询其他系中比计算机系某一教师工资高的教师的姓名和工资。

```
SELECT TN, Sal
FROM T
WHERE (Sal > ANY (SELECT Sal
                  FROM T
                  WHERE Dept = '计算机'))
      AND (Dept <> '计算机')
```

先执行子查询，找到计算机系中所有教师的工资集合(1500,900)，再执行父查询，以查找所有不是计算机系且工资高于900元的教师姓名和工资。

查询结果如下。

TN	Sal
张雪	1600
张兰	1300

此查询也可以写成：

```
SELECT TN, Sal
FROM T
WHERE Sal > (SELECT MIN(Sal)
```

```
                 FROM T
                 WHERE Dept = '计算机')
        AND Dept <> '计算机'
```

先执行子查询，利用库函数MIN()找到计算机系中所有教师的最低工资900元，再执行父查询，以查找所有不是计算机系且工资高于900元的教师信息。

（2）使用IN

使用IN代替"=ANY"。

【例3-59】查询学号为S2的学生选修课程的课程号和课程名（使用IN）。

```
SELECT CNo,CN
FROM C
WHERE (CNo IN (SELECT CNo
               FROM SC
               WHERE SNo = 'S2'))
```

（3）使用ALL

ALL的含义为全部。

【例3-60】查询其他系中比计算机系所有教师工资都高的教师的姓名和工资。

```
SELECT TN, Sal
FROM T
WHERE (Sal > ALL (SELECT Sal
                   FROM T
                   WHERE Dept = '计算机'))
        AND (Dept <> '计算机')
```

子查询找到计算机系中所有教师的工资集合(1500,900)，父查询找到所有不是计算机系且工资高于1500的教师姓名和工资。

查询结果如下。

TN	Sal
张雪	1600

此查询也可以写成：

```
SELECT TN, Sal
FROM T
WHERE (Sal > (SELECT MAX(Sal)
              FROM T
              WHERE Dept = '计算机'))
        AND (Dept <> '计算机')
```

库函数MAX()的作用是找到计算机系中所有教师的最高工资。

3.7.2　相关子查询

3.7.1节所讲的子查询均为普通子查询。但是，有时子查询的查询条件需要引用父查询表中的属性值，我们把这类查询称为相关子查询。

相关子查询的执行顺序是：首先选取父查询表中的第1行记录，内部的子查询利用此行中相关的属性值进行查询，然后父查询根据子查询返回的结果判断此行是否满足查询条件。如果满足条件，则把该行放入父查询的查询结果集合中。重复执行这一过程，直到处理完父查询表中的每一行数据。

由此可以看出，相关子查询的执行次数是由父查询表的行数决定的。

以下几例均为相关子查询的例子。

相关子查询的原理

普通子查询和相关子查询对比

【例3-61】查询没有选修课程号为C1的学生的学号和姓名。

```
SELECT SNo,SN
FROM S
WHERE ('C1' <> ALL (SELECT CNo
                    FROM SC
                    WHERE SNo = S.SNo))
```

<>ALL的含义为不等于子查询结果中的任何一个值，也可使用NOT IN代替<>ALL。

此外，使用EXISTS也可以进行相关子查询。EXISTS是表示存在的量词，带有EXISTS的子查询不返回任何实际数据，它只得到逻辑值"真"或"假"。当子查询的查询结果集合为非空时，外层的WHERE子句返回真值，否则返回假值。NOT EXISTS与此相反。

【例3-62】用含有EXISTS的语句完成例3-59的查询，即查询学号为S2的学生选修课程的课程号和课程名。

```
SELECT CNo,CN
FROM C
WHERE EXISTS(SELECT *
             FROM SC
             WHERE CNo=C.CNo AND SNo = 'S2'))
```

当子查询SC表存在一行记录满足其WHERE子句中的条件时，父查询便得到一组CNo和CN的值，重复执行以上过程，直到得出最后结果。

【例3-63】查询没有选修课程号为C1的学生的学号和姓名。

```
SELECT SNo,SN
FROM S
WHERE (NOT EXISTS (SELECT *
                   FROM SC
                   WHERE SNo = S.SNo AND CNo = 'C1'))
```

当子查询SC表存在一行记录不满足其WHERE子句中的条件时，父查询便得到一组SNo和SN的值，重复执行以上过程，最后便选出这样一些学生信息：在SC表中不存在他们选修C1课程的记录。

【例3-64】查询选修所有课程的学生姓名。

```
SELECT SN
FROM S
WHERE (NOT EXISTS (SELECT *
                   FROM C
                   WHERE NOT EXISTS (SELECT *
                                     FROM SC
                                     WHERE SNo = S.SNo AND CNo = C.CNo)))
```

本例也可理解为选出这样一些学生名单：在SC表中不存在他们没有选修课程的记录。

3.8 其他类型查询

3.8.1 集合运算查询

合并查询是使用UNION操作符将来自不同查询的数据组合起来，形成一个具有综合信息的查询结果。UNION操作会自动将重复的数据行剔除。必须注意的是，参加合并查询的各子查询所使用的表结构应该相同，即各子查询中的数据数量与对应的数据类型都必须相同。

【例3-65】从SC数据表中查询出学号为"S1"的学生的学号和总分，再从SC数据表中查询出学号为"S5"的学生的学号和总分，然后将两个查询结果合并成一个结果集。

```
SELECT SNo AS 学号, SUM(Score) AS 总分
FROM SC
WHERE (SNo = 'S1')
GROUP BY SNo
UNION
SELECT SNo AS 学号, SUM(Score) AS 总分
FROM SC
WHERE (SNo = 'S5')
GROUP BY SNo
```

3.8.2　存储查询结果到表中

使用SELECT…INTO命令可以将查询结果存储到一个新建的数据库表或临时表中。

【例3-66】从SC数据表中查询出所有学生的学号和总分，并将查询结果存放到一个新的数据表Cal_Table中。

```
SELECT SNo AS 学号, SUM(Score) AS 总分
INTO Cal_Table
FROM SC
GROUP BY SNo
```

在本例中，如果将INTO Cal_Table改为INTO #Cal_Table，则查询的结果被存放到一个临时表中。临时表只存储在内存中，并不存储在数据库中，所以其存在的时间非常短。

3.9　查询一题多解及对比

【例3-67】查询讲授课程号为C5的教师姓名。

（1）多表连接查询

① FROM子句指明连接列表

```
SELECT TN
FROM T,TC
WHERE T.TNo=TC.TNo AND TC.CNo= 'C5'
```

② 利用关键字JOIN进行连接查询

```
SELECT TN
FROM T INNER JOIN TC
ON T.TNo=TC.TNo AND TC.CNo= 'C5'
```

（2）普通子查询

```
SELECT TN
FROM T
WHERE (TNo = ANY (SELECT TNo
                  FROM TC
                  WHERE CNo = 'C5'))
```

上述查询语句中的"＝ANY"也可以用"IN"代替。

（3）相关子查询

① 不包含EXISTS语句

```
SELECT TN
FROM T
WHERE ('C5' = ANY (SELECT CNo
                   FROM TC
                   WHERE TNo = T.TNo))
```

上述查询语句中的"＝ANY"也可以用"IN"代替。

多种解决方案
对比

② 包含EXISTS语句

```
SELECT TN
FROM T
WHERE EXISTS (SELECT *
              FROM TC
              WHERE TNo = T.TNo AND CNo = 'C5')
```

【例3-68】查询与"数据库"课程相同课时的课程号、课程名和课时。

（1）自连接查询

① FROM子句指明连接列表

```
SELECT X.CNo, X.CN, X.CT
FROM C AS X, C AS Y
WHERE X.CT=Y.CT AND Y.CN= '数据库'
```

② 利用关键字JOIN进行连接查询

```
SELECT X.CNo, X.CN, X.CT
FROM C AS X INNER JOIN C AS Y
ON X.CT=Y.CT AND Y.CN= '数据库'
```

（2）普通子查询

```
SELECT CNo, CN, CT
FROM C
WHERE (CT =(SELECT CT
            FROM C
            WHERE CN = '数据库'))
```

（3）相关子查询

```
SELECT CNo, CN, CT
FROM C AS X
WHERE EXISTS(SELECT *
             FROM C
             WHERE X.CT=C.CT AND CN = '数据库'))
```

3.10 数据表中数据的操纵

SQL提供的数据操纵语言（Data Manipulation Language，DML）主要包括添加数据、修改数据和删除数据三类语句。

3.10.1 添加数据表中的数据

添加数据是把新的记录添加到一个已存在的表中。

1. 用 Management Studio 添加数据

在Management Studio中，可以在查看数据库表的数据时添加数据，但这种方式不能应对数据的大量添加。

添加数据的具体方法是：打开待添加数据记录的数据表，单击鼠标右键，在弹出的快捷菜单中选择"编辑前200行"命令，在弹出的窗格中单击空白行，分别向各字段中输入新数据即可。当输入一条新记录的数据后，系统会自动在最后出现新的空白行，用户可以继续输入多条数据记录。

2. 用 SQL 命令添加数据

添加数据使用的SQL命令是INSERT INTO，用该命令添加数据可分为以下几种情况。

（1）添加一行新记录

添加一行新记录的语法格式如下。

```
INSERT INTO <表名>[(<列名1>[,<列名2>…])] VALUES(<值>)
```

其中，<表名>是指要添加新记录的表；<列名1>、<列名2>是可选项，用以指定待添加数据的列；VALUES子句用以指定待添加数据的具体值。列名的排列顺序不一定要与表定义时的顺序一致，但当指定列名时，VALUES子句中值的排列顺序必须与列名表中的列名排列顺序一致，且个数相等、数据类型一一对应。

【例3-69】在S表中添加一条学生记录(S7,郑冬,21,女,计算机)。

```
INSERT INTO S (SNo, SN, Age, Sex, Dept)
VALUES ('S7', '郑冬', 21, '女', '计算机')
```

✎ 注意

必须用逗号将各个数据分开，字符型数据要用单引号括起来。如果INTO子句中没有指定列名，则新添加的记录必须在每个属性列上均有值，且VALUES子句中值的排列顺序要与表中各属性列的排列顺序一致。

（2）添加一行记录的部分数据值

【例3-70】在SC表中添加一条选课记录('S7', 'C1')。

```
INSERT INTO SC (SNo, CNo)
VALUES ('S7', 'C1')
```

将VALUES子句中的值按照INTO子句中指定列名的顺序添加到表中，对于INTO子句中没有出现的列，则新添加的记录在这些列上将赋NULL值，如上例的Score即赋NULL值。但在表定义时有NOT NULL约束的属性列不能取NULL值，插入时必须为其赋值。

（3）添加多行记录

添加多行记录用于表间的复制，即将一个表中的数据抽取数行添加到另一个表中。这一操作可以通过子查询来实现。

添加多行记录的语法格式如下。

```
INSERT INTO <表名> [(<列名1>[,<列名2>…])]
子查询
```

【例3-71】求出各系教师的平均工资，把结果存放在新表AvgSal中。

首先，建立新表AvgSal，用来存放系名和各系的平均工资。

```
CREATE TABLE AvgSal
( Department VARCHAR(20),
  Average SMALLINT)
```

然后，利用子查询求出T表中各系的平均工资，把结果存放在新表AvgSal中。

```
INSERT INTO AvgSal
SELECT Dept,AVG(Sal)
FROM T
GROUP BY Dept
```

3.10.2 修改数据表中的数据

1. 用 Management Studio 修改数据

在Management Studio中，可以在查看数据库表的数据时修改数据，但这种方式不能应对数据的大量修改。

用Management Studio修改数据的方法是：在"对象资源管理器"窗格中用鼠标右键单击要

修改数据的表，在弹出的快捷菜单中选择"编辑所有行"命令，即可弹出修改表数据窗格；单击要修改的记录，分别向各字段中输入新数据，原数据即可被新数据覆盖。

当修改表结构并保存时，如果系统提示不允许保存更改，这可能是你对无法重新创建的表进行了更改或者启用了"阻止保存要求重新创建表的更改"复选框。解决该问题的方法是：单击Management Studio的"工具→选项"命令，在打开的"选项"对话框中找到"表设计器和数据库设计器"，并取消"阻止保存要求重新创建表的更改"复选框，再单击"确定"按钮即可，如图3-19所示。

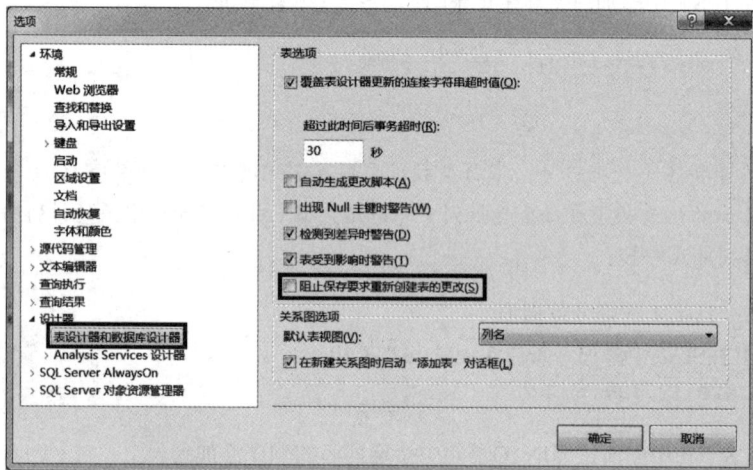

图3-19　禁止表结构修改的选项设置

2. 用 SQL 命令修改数据

使用SQL的UPDATE命令可以对表中的一行或多行记录的某些列值进行修改，其语法格式如下。

```
UPDATE <表名>
SET <列名>=<表达式> [,<列名>=<表达式>]…
[WHERE <条件>]
```

其中，<表名>是指要修改的表；SET子句给出要修改的列及其修改后的值；WHERE子句用于指定待修改的记录应当满足的条件，WHERE子句省略时则修改表中的所有记录。

（1）修改一行

【例3-72】把刘伟老师转到信息系。

```
UPDATE T
SET Dept= '信息'
WHERE TN= '刘伟'
```

（2）修改多行

【例3-73】将所有学生的年龄增加1岁。

```
UPDATE S
SET Age=Age+1
```

【例3-74】把教师表中工资小于或等于1000元的讲师的工资提高20%。

```
UPDATE T
SET Sal = 1.2 * Sal
WHERE (Prof = '讲师 ') AND (Sal <= 1000)
```

（3）用子查询选择要修改的行

【例3-75】把讲授C5课程的教师的岗位津贴增加100元。

```
UPDATE T
SET Comm = Comm + 100
WHERE(TNo IN (SELECT TNo
              FROM T, TC
              WHERE T.TNo = TC.TNo AND TC.CNo = 'C5'))
```

子查询的作用是得到讲授C5课程的教师号。

（4）用子查询提供要修改的值

【例3-76】把所有教师的工资提高到平均工资的1.2倍。

```
UPDATE T
SET Sal = (SELECT 1.2 * AVG(Sal)
           FROM T)
```

子查询的作用是得到所有教师平均工资的1.2倍。

3.10.3 删除数据

1. 用 Management Studio 删除数据

在Management Studio中，可以在查看数据库表的数据时删除数据，这种方式适合于删除少量记录等简单情况。

删除数据的方法是：打开待删除记录的数据表，单击鼠标右键，在弹出的快捷菜单中选择"编辑前200行"或者"编辑所有行命令"，在弹出的窗格中选择一条或者多条记录，确认删除即可。

2. 用 SQL 命令删除数据

使用SQL的DELETE命令可以删除表中的一行或多行记录，其语法格式如下。

```
DELETE
FROM <表名>
[WHERE <条件>]
```

表间有外键关系时如何删除数据

其中，<表名>是指要删除数据的表；WHERE子句用于指定待删除的记录应当满足的条件，WHERE子句省略时则删除表中的所有记录。

（1）删除一行记录

【例3-77】删除刘伟老师的记录。

```
DELETE
FROM T
WHERE TN= '刘伟'
```

（2）删除多行记录

【例3-78】删除所有教师的授课记录。

```
DELETE
FROM TC
```

执行此语句后，TC表即一个空表，但其定义仍存在数据字典中。

（3）利用子查询选择要删除的行

【例3-79】删除刘伟老师授课的记录。

```
DELETE
FROM TC
WHERE(TNo = (SELECT TNo
             FROM T
             WHERE TN = '刘伟'))
```

本章小结

本章详细介绍了SQL的使用方法。SQL具有数据定义、数据查询、数据操纵和数据控制四大功能，其全部功能可以用表3-9所示的9个动词概括出来。

表 3-9　SQL 的功能动词

SQL功能	动　　词
数据定义	CREATE、DROP、ALTER
数据查询	SELECT
数据操纵	INSERT、UPDATE、DELETE
数据控制	GRANT、REVOKE

其中，数据查询功能最为丰富和复杂，也非常重要。初学者掌握起来如果有一定的困难，应反复上机加强练习。

本章习题

一、选择题

1. 在SQL的SELECT语句中，能实现投影操作的是（　　）。

　　A）SELECT　　　　　　　B）FROM　　　　　　C）WHERE　　　　　D）GROUP BY

2. SQL集数据查询、数据操纵、数据定义和数据控制功能于一体，命令ALTER TABLE可实现下列哪类功能？（　　）

　　A）数据查询　　　　　　B）数据操纵　　　　　C）数据定义　　　　D）数据控制

3. 下列SQL命令中，（　　）不是数据操纵命令。

　　A）INSERT　　　　　　　B）CREATE　　　　　　C）DELETE　　　　　D）UPDATE

4. 下列涉及空值的操作中，不正确的是（　　）。

　　A）Age IS NULL　　　　　　　　　　　　B）Age IS NOT NULL

　　C）Age = NULL　　　　　　　　　　　　D）NOT (Age IS NULL)

5. 若用如下的SQL语句创建了一个表S：

```
CREATE TABLE S
(SNo CHAR(6)NOT NULL,
 SName CHAR(8)NOT NULL,
 Sex CHAR(2),
 Age INTEGER)
```

现向S表插入如下行时，哪一行可以被插入？（　　）

　　A）('991001', '李明芳', 女, '23')　　　　　　B）('990746', '张为', NULL, NULL)

　　C）(NULL, '陈道一', '男', 32)　　　　　　　D）('992345', NULL, '女', 25)

6. 假定学生关系是S(SNo,SName,Sex,Age)，课程关系是C(CNo,CName,Teacher)，学生选课关系是SC(SNo,CNo,Grade)。要查找选修"数据库"课程的"男"学生姓名，将涉及的关系是（　　）。

　　A）S　　　　　　　B）SC、C　　　　　　C）S、SC　　　　　D）S、C、SC

7. 在SQL中，修改数据表结构应使用的命令是（　　）。

　　A）ALTER　　　　　　B）CREATE　　　　　C）CHANGE　　　　D）DELETE

8. 已知学生、课程和成绩三个关系如下：学生(学号,姓名,性别,班级)、课程(课程名称,学时,性质)、成绩（课程名称,学号,分数)。若输出学生成绩单，其中包括学号、姓名、课程名称和分数，应该对这些关系进行（　　）操作。

  A）并   B）交   C）乘积   D）连接

9. 层次模型不能直接表示（　　）。

  A）一对一联系   B）一对多联系

  C）多对多联系   D）一对多和一对一联系

10. 当FROM子句中出现多个基本表或视图时，系统将执行（　　）操作。

  A）并   B）等值连接   C）自然连接   D）笛卡儿积

二、填空题

1. SQL是_____的缩写。

2. SQL的功能包括_____、_____、_____和_____四个部分。

3. SQL支持数据库的三级模式结构，其中_____对应于视图和部分基本表，_____对应于基本表，_____对应于存储文件。

4. 在SQL Server中，数据库是由_____文件和_____文件组成的。

5. 在SQL Server中，可以定义_____、_____、_____、_____和_____五种类型的完整性约束。

6. 数据表之间的联系是通过表的字段值来体现的，这种字段称为_____。

7. 相关子查询的执行次数是由父查询表的_____决定的。

8. 设有学生关系表S(No,Name,Sex,Age)，其中，No为学号，Name为姓名，Sex为性别，Age为年龄。根据以下问题，写出对应的SQL语句。

（1）向学生关系表S中增加一条新学生的记录，该学生的学号是"990010"，姓名是"李国栋"，性别是"男"，年龄是19岁。_____

（2）向学生关系表S中增加一条新学生的记录，该学生的学号是"990011"，姓名是"王大友"。_____

（3）从学生关系表S中，将学号为"990009"的学生的姓名改为"陈平"。_____

（4）从学生关系表S中，删除学号为"990008"的学生。_____

（5）从学生关系表S中，删除所有姓氏为"陈"的同学。_____

9. 建立一个学生表Student，它由学号SNo、姓名SName、性别SSex、年龄SAge、所在系SDept五个属性组成，其中学号（假定其为字符型，长度为8个字符）属性不能为空。请补全SQL命令。

```
CREATE TABLE Student
(SNo_____,
 SName CHAR(20),
 SSex CHAR(2),
 Sage INTEGER,
 SDept CHAR(16))
```

10. 在"学生-选课-课程"数据库中的三个关系如下：S(SNo,SName,Sex,Age)、SC(SNo,CNo,Grade）、C(CNo,CName,Teacher)。要查找选修"数据库技术"这门课程的学生的学生名和成绩，可使用连接查询实现。请补全SQL命令。

```
SELECT SName, Grade
FROM S, SC, C
WHERE  CName='数据库技术'
       AND S.SNo=SC.SNo
       AND_____
```

11. 建立一个学生表Student，它由学号SNo、姓名SName、性别SSex、年龄SAge、所在系SDept五个属性组成，其中学号（假定其类型为字符型，长度为8个字符）属性不能为空。Student表建立完成后，若要在表中增加年级SGrade项（设字段类型为字符型，长度为10），其SQL命令为_____。

三、设计题

1. 设有以下两个数据表：

图书（Book）表，其包括书号（BNo）、类型（BType）、书名（BName）、作者（BAuth）、单价（BPrice）、出版社号（PNo）；

出版社（Publish）表，其包括出版社号（PNo）、出版社名称（PName）、所在城市（PCity）、电话（PTel）。

请用SQL语句实现下述功能。

（1）查找在"高等教育出版社"出版、书名为"操作系统"的图书的作者名。

（2）查找为作者"张欣"出版全部"小说"类图书的出版社的电话。

（3）查找"电子工业出版社"出版的"计算机"类图书的价格，同时输出出版社名称及图书类别。

（4）查找比"人民邮电出版社"出版的"高等数学"价格低的同名书的有关信息。

（5）查找书名中有"计算机"一词的图书的书名及作者。

（6）在"图书"表中增加"出版时间"（BDate）项，其数据类型为日期型。

2. 假设有一家书店，书店的管理者要对书店的经营状况进行管理，需要建立一个数据库，其中包括以下两个表：

存书(书号,书名,出版社,版次,出版日期,作者,书价,进价,数量);

销售(日期,书号,数量,金额)。

请用SQL语句实现书店管理者的下列要求。

（1）建立存书表和销售表。

（2）掌握书的库存情况，列出当前库存的所有书名、数量、余额（余额=进价×数量，即库存占用的资金）。

（3）统计总销售额。

（4）列出每天的销售报表，包括书名、数量和合计金额（每一种书的销售总额）。

（5）分析畅销书，即列出本期（从当前日期起，向前30天）销售数量大于100的图书的书名、数量。

四、简答题

1. 简述SQL支持的三级逻辑结构。

2. SQL有什么特点？

3. 在对数据库进行操作的过程中，设置视图机制有什么优点？它与数据表有什么区别？

4. 设有四个基本表S、C、SC、T，它们的结构如图3-20所示。

S 表

S # （学号）	SN （学生姓名）	AGE （年龄）	DEPT （所在系）
S1	丁一	20	计算机
S2	王二	19	计算机
S3	张三	19	外语
…	…	…	…

C 表

C # （课程号）	CN （课程名称）
C1	数据库
C2	操作系统
C3	微机原理
…	…

SC表

S# （学号）	C# （课程号）	GR （成绩）
S1	C1	80
S1	C2	89
S2	C3	59
…	…	…

T表

T# （教师号）	TN （教师姓名）	SAL （工资）	COMM （职务津贴）	C# （所讲课程）
T1	王力	800		C1
T2	张兰	1200	300	C2
T3	李伟	700	150	C1
…	…	…	…	…

图3-20　某教学数据库的表结构

（1）用SQL命令创建S表、C表、SC表、T表、设置各个表的主键。

（2）查找计算机系年龄在20岁以上的学生的学号。

（3）查找姓王的教师所讲课程的课程号及课程名称。

（4）查找张三所学课程的成绩，列出SN、C#和GR。

（5）查找选修总收入超过1000元的教师所讲课程的学生姓名、课程号和成绩。

（6）查找没有选修C1课程且选修课程数为两门的学生的姓名和平均成绩，并按平均成绩降序排列。

（7）查找选修与张三所选课程中任意一门相同的学生的姓名、课程名。

（8）S1选修了C3，将此信息插入SC表中。

（9）删除S表中没有选修任何课程的学生的记录。

本章实验

实验1　设计数据库、创建数据库和数据表

一、实验目的

1. 掌握在SQL Server中使用"对象资源管理器"窗格和SQL命令创建数据库与修改数据库的方法。

2. 掌握在SQL Server中使用"对象资源管理器"窗格或者SQL命令创建数据表和修改数据表的方法（以SQL命令为重点）。

二、实验内容

给定如表3-10、表3-11和表3-12所示的学生信息。

表 3-10　学生表

学号	姓名	性别	专业班级	出生日期	联系电话
0433	张艳	女	生物04	1986-9-13	
0496	李越	男	电子04	1984-2-23	1381290××××
0529	赵欣	男	会计05	1984-1-27	1350222××××
0531	张志国	男	生物05	1986-9-10	1331256××××
0538	于兰兰	女	生物05	1984-2-20	1331200××××
0591	王丽丽	女	电子05	1984-3-20	1332080××××
0592	王海强	男	电子05	1986-11-1	

表 3-11　课程表

课程号	课程名	学分数	学时数	任课教师
K001	计算机图形学	2.5	40	胡晶晶
K002	计算机应用基础	3	48	任泉
K006	数据结构	4	64	马跃先
M001	政治经济学	4	64	孔繁新
S001	高等数学	3	48	赵晓尘

表 3-12　学生作业表

课程号	学号	作业1成绩	作业2成绩	作业3成绩
K001	0433	60	75	75
K001	0529	70	70	60
K001	0531	70	80	80
K001	0591	80	90	90
K002	0496	80	80	90
K002	0529	70	70	85
K002	0531	80	80	80
K002	0538	65	75	85
K002	0592	75	85	85
K006	0531	80	80	90
K006	0591	80	80	80
M001	0496	70	70	80
M001	0591	65	75	75
S001	0531	80	80	80
S001	0538	60		80

1. 在SQL Server中使用"对象资源管理器"窗格和SQL命令创建学生作业管理数据库，数据库的名称自定。

（1）使用"对象资源管理器"窗格创建数据库，请给出重要步骤的截图。

（2）删除第（1）步创建的数据库，再次使用SQL命令创建数据库，请给出SQL代码。

（3）创建数据库之后，如果有需要，可以修改数据库。

2. 对表3-10、表3-11和表3-12分别以表3-13的方式给出各字段的属性定义和说明。

表 3-13 各字段的属性定义和说明

字段名	数据类型	长度或者精度	默认值	完整性约束
……	……	……		……
……	……	……		……

3. 使用SQL命令在学生作业管理数据库中建立学生表、课程表和学生作业表，在实验报告中给出SQL代码。

4. 在各个表中输入表3-10、表3-11和表3-12中的相应内容。

实验 2　数据库的单表查询和连接查询

一、实验目的

1. 掌握无条件查询的使用方法。

2. 掌握条件查询的使用方法。

3. 掌握库函数及汇总查询的使用方法。

4. 掌握分组查询的使用方法。

5. 掌握查询的排序方法。

6. 掌握连接查询的使用方法。

二、实验内容

根据第一部分实验中创建的学生作业管理数据库以及其中的学生表、课程表和学生作业表，进行以下查询操作（每一个查询都要给出SQL语句，列出查询结果）。

1. 查找各位学生的学号、班级和姓名。

2. 查找课程的全部信息。

3. 查找数据库中有哪些专业班级。

4. 查找学时数大于60的课程信息。

5. 查找在1986年出生的学生的学号、姓名和出生日期。

6. 查找三次作业的成绩都在80分以上的学生的学号、课程号。

7. 查找姓张的学生的学号、姓名和专业班级。

8. 查找05级的男生信息。

9. 查找没有作业成绩的学生的学号和课程号。

10. 查找学号为0538的学生的作业1总分。

11. 查找选修了K001课程的学生人数。

12. 查找数据库中共有多少个班级。

13. 查找选修三门以上（含三门）课程的学生的学号及作业1平均分、作业2平均分和作业3平均分。

14. 查找于兰兰的选课信息，列出学号、姓名、课程名（使用两种连接查询的方式）。

实验 3　数据库查询和数据操纵

一、实验目的

1. 掌握各种查询的使用方法。

2．掌握数据操纵的使用方法。

二、实验内容

根据第一部分实验中创建的学生作业管理数据库以及其中的学生表、课程表和学生作业表，进行以下操作。

1．使用查询语句完成以下任务（每一个查询都要给出SQL语句，并且列出查询结果）。

（1）查找与"张志国"同一班级的学生的信息（使用连接查询和子查询方式）。

（2）查找比"计算机应用基础"学时多的课程信息（使用连接查询和子查询方式）。

（3）查找选修课程号为K002的学生的学号、姓名（使用连接查询、普通子查询、相关子查询及使用EXISTS关键字的相关子查询）。

（4）查找没有选修K001和M001课程的学生的学号、课程号及三次成绩（使用子查询）。

2．使用数据操纵完成以下任务（每一个任务都要给出SQL语句，并且列出查询结果）。

（1）在学生表中添加一条学生记录，其中，学号为0593，姓名为张乐，性别为男，专业班级为电子05。

（2）将所有课程的学分数变为原来的两倍。

（3）删除张乐的信息。

第4章
关系型数据库理论

如何设计关系型数据库是一个非常重要的问题。本章讲述关系型数据库规范化理论，该理论是数据库设计（特别是数据库逻辑设计）的理论依据，即面对一个现实问题，如何选择一个比较好的关系模式的集合，每个关系又应该由哪些属性组成。有关数据库设计的全过程将在第6章详细讨论。

本章学习指导：学习本章后，读者应理解不规范的关系模式存在的异常问题，掌握函数依赖表示方法，理解第一范式、第二范式和第三范式的定义，能够构建满足指定范式等级的关系模式。此外，重点掌握关系模式的规范化方法和关系模式的分解方法，也是本章的难点之一。

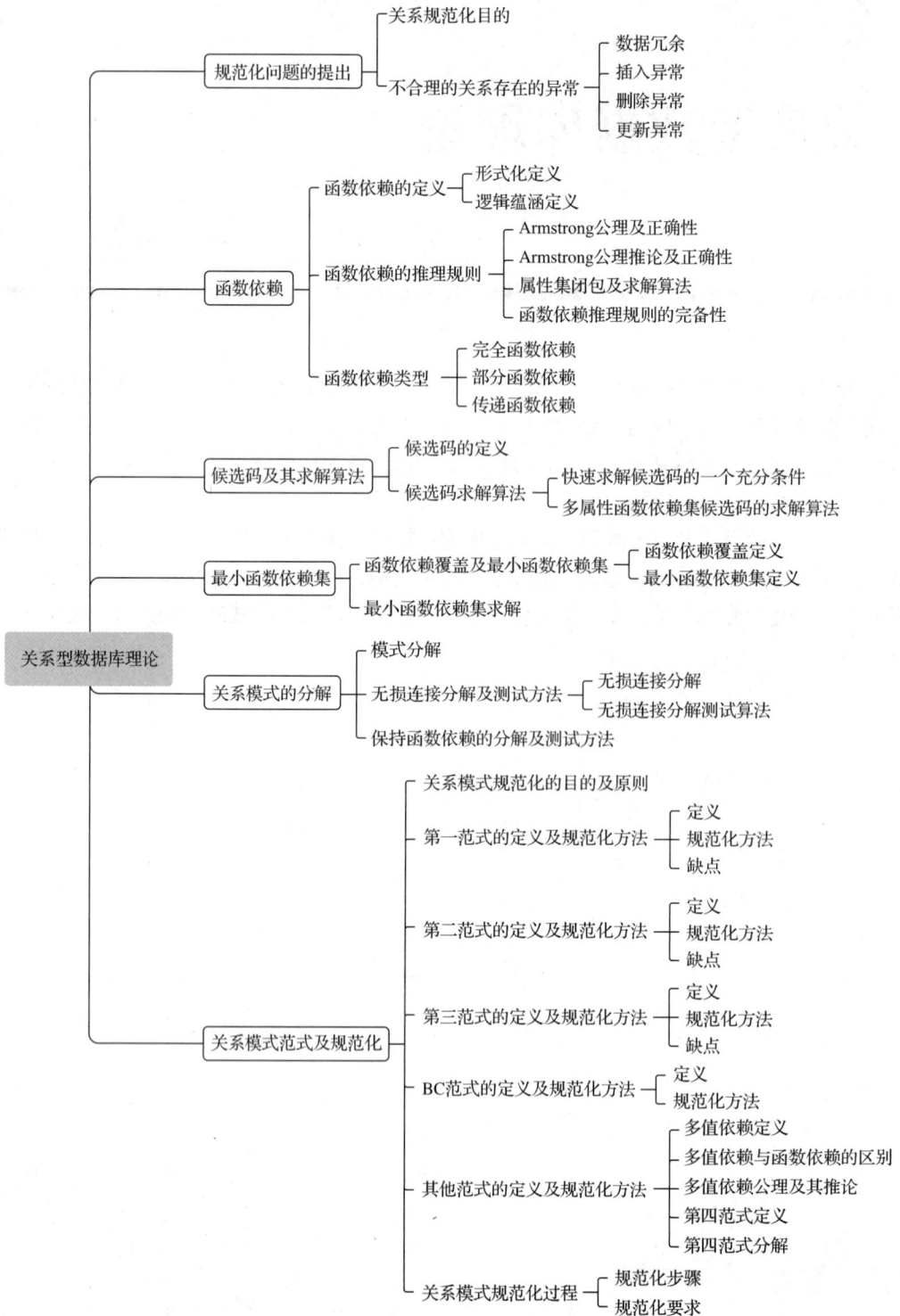

思维导图

关系型数据库理论
- 规范化问题的提出
  - 关系规范化目的
  - 不合理的关系存在的异常
    - 数据冗余
    - 插入异常
    - 删除异常
    - 更新异常
- 函数依赖
  - 函数依赖的定义
    - 形式化定义
    - 逻辑蕴涵定义
  - 函数依赖的推理规则
    - Armstrong公理及正确性
    - Armstrong公理推论及正确性
    - 属性集闭包及求解算法
    - 函数依赖推理规则的完备性
  - 函数依赖类型
    - 完全函数依赖
    - 部分函数依赖
    - 传递函数依赖
- 候选码及其求解算法
  - 候选码的定义
  - 候选码求解算法
    - 快速求解候选码的一个充分条件
    - 多属性函数依赖集候选码的求解算法
- 最小函数依赖集
  - 函数依赖覆盖及最小函数依赖集
    - 函数依赖覆盖定义
    - 最小函数依赖集定义
  - 最小函数依赖集求解
- 关系模式的分解
  - 模式分解
  - 无损连接分解及测试方法
    - 无损连接分解
    - 无损连接分解测试算法
  - 保持函数依赖的分解及测试方法
- 关系模式范式及规范化
  - 关系模式规范化的目的及原则
  - 第一范式的定义及规范化方法
    - 定义
    - 规范化方法
    - 缺点
  - 第二范式的定义及规范化方法
    - 定义
    - 规范化方法
    - 缺点
  - 第三范式的定义及规范化方法
    - 定义
    - 规范化方法
    - 缺点
  - BC范式的定义及规范化方法
    - 定义
    - 规范化方法
  - 其他范式的定义及规范化方法
    - 多值依赖定义
    - 多值依赖与函数依赖的区别
    - 多值依赖公理及其推论
    - 第四范式定义
    - 第四范式分解
  - 关系模式规范化过程
    - 规范化步骤
    - 规范化要求

学习指导

学习目标

【知识层面】

理解不规范关系存在的主要问题；

理解函数依赖的语义含义；

掌握函数依赖集等价的定义，理解函数依赖推理完备性的原因；

掌握函数依赖的逻辑蕴涵定义，理解Armstrong公理和推论内容；

理解关系模式的分解方法；

理解关系规范化的目标和原则，掌握关系规范化的步骤；

理解不同范式定义，能够分析不同范式间转换的关系。

【能力层面】

能够运用规范化关系具有的条件问题对现有关系模式进行分析，验证其是否为规范化关系；

能够根据业务需要，分析已有关系模式的函数依赖关系；

能够按照给定的函数依赖集合，运用Armstrong公理和推论，求解函数依赖集闭包；

能够运用属性集闭包算法在给定函数依赖集的基础上，求解属性集闭包；

能够判断分解后的关系模式是否保持函数依赖和具有无损连接性；

能够根据业务需要和关系模式转换规则，获取关系模式，并可对其进行优化和规范化验证；

能够将给定的关系模式通过关系模式分解的方法，规范化到指定范式级别。

【素养层面】

综合运用属性集闭包算法，在给定的函数依赖集的基础上，通过Armstrong公理和推理，求解关系模式的候选码和最小函数依赖集；

根据给定的关系模式，能够按照范式的定义以及要求，运用函数依赖对其进行规范化，达到指定范式级别；

具备对照实际业务需要，分析现有关系模式是否满足规范化关系的素质。

学习重点

- 理解实际意义上好的关系模式并不是在任何情况下都是最优的实际考虑；
- 函数依赖推理规则的运用方法；
- 属性集闭包算法以及该算法在求解候选码和最小函数依赖集的应用；
- 最小函数依赖集的实际意义；
- 对于给定关系模式，按照规范化范式级别要求，完成相应级别关系模式的规范化；
- 对于指定关系模式，进行规范化验证和规范化的方法。

学习难点

- 将实际关系模式抽象为函数依赖的集合；

- 模式分解后无损连接的测试方法；
- 保持函数依赖对于模式分解的指导意义。

学习建议

本篇章内容属于**偏理论的篇章**，需要读者不仅能够掌握规范化理论的相关知识，还能够在实际数据库设计中活学活用，设计出既满足业务需求，又兼顾范式理论且满足性能要求的关系模式。

4.1 规范化问题的提出

4.1.1 关系规范化目的

关系型数据库的规范化理论最早是由关系型数据库的创始人E. F. Codd于1970年在其文章《大型共享数据库数据的关系模型》中提出的，后经许多专家学者对关系型数据库理论做了深入的研究和发展，形成了一整套有关关系型数据库设计的理论。在该理论出现以前，层次数据模型和网状数据模型只是遵循其模型本身固有的原则，相关的数据设计和实现具有很大的随意性与盲目性，缺乏规范数据库设计的理论基础，可能在实际运行和使用中出现许多预想不到的问题。

在关系型数据库系统中，关系模型包括一组关系模式。关系型数据库系统设计的关键就是设计关系型数据库的模式，具体包括数据库中应包括多少个关系模式、每一个关系模式应该包括哪些属性以及如何将这些相互关联的关系模式组建成一个完整的关系型数据库等。为构建满足业务需要、不存在异常的关系模式，设计人员需要在关系型数据库规范化理论的指导下进行关系型数据库的设计工作。

关系型数据库规范化理论以属性间的函数依赖关系为基础，按照范式级别定义不同范式。数据库设计人员可根据范式级别，分析现有关系模式的规范化程度，并对不满足规范化级别的关系模式，采取模式分解等方法提升关系模式的规范化程度。

4.1.2 不合理的关系存在的异常

数据库的逻辑设计为什么要在关系型数据库规范化理论的指导下进行？什么是合适的关系模式？如果不使用关系型数据库的规范化理论，随意进行数据库的设计会导致哪些问题？下面以教学管理数据库为例对这些问题进行分析。

【例4-1】要求设计教学管理数据库，其关系模式SCD如下：

```
SCD(SNo,SN,Age,Dept,MN,CNo,Score)
```

其中，SNo表示学生学号，SN表示学生姓名，Age表示学生年龄，Dept表示学生所在的系别，MN表示系主任姓名，CNo表示课程号，Score表示成绩。

根据实际情况，SCD的这些数据具有如下语义规定：

（1）一个系有若干学生，但一名学生只属于一个系；

（2）一个系只有一名系主任，但一名系主任可以同时兼几个系的系主任；

（3）一名学生可以选修多门功课，每门课程可被若干学生选修；

（4）每名学生学习的课程有一个成绩，但不一定立即给出。

在关系模式SCD中填入一部分实际数据，可得到一个教学管理数据库，如图4-1所示。

SNo	SN	Age	Dept	MN	CNo	Score
S1	赵亦	17	计算机	刘伟	C1	90
S1	赵亦	17	计算机	刘伟	C2	85
S2	钱尔	18	信息	王平	C5	57
S2	钱尔	18	信息	王平	C6	80
S2	钱尔	18	信息	王平	C7	
S2	钱尔	18	信息	王平	C4	70
S3	孙珊	20	信息	王平	C1	75
S3	孙珊	20	信息	王平	C2	70
S3	孙珊	20	信息	王平	C4	85
S4	李思	21	自动化	刘伟	C1	93

图4-1 关系SCD

根据上述语义规定分析此教学管理数据库，可以看出，(SNo,CNo)属性组合能唯一标识一个元组，即可以通过(SNo,CNo)的取值分辨不同学生记录，所以(SNo,CNo)是关系模式SCD的主码。若使用上述数据库建立教学管理信息系统，则会出现以下几方面的问题。

（1）数据冗余

每个系名和系主任姓名的存储次数等于该系学生人数乘以每名学生选修的课程门数，同时学生的姓名、年龄也都要重复存储多次。数据的冗余度很大，浪费了存储空间。

（2）插入异常

在关系模式SCD中，(SNo,CNo)是主码，如果某个新系没有招生，尚无学生时，则系名和系主任的信息无法插入数据库。根据实体完整性约束，任何记录的主码的值都不能为空。由于该系没有学生，SNo和CNo均无值，因此不能进行插入操作。

同理，根据实体完整性约束，主码的值不能部分为空。当某名学生尚未选课时，CNo未知，因此，也不能进行插入操作。

（3）删除异常

当某系学生全部毕业而没有招生时，要删除全部学生的记录，这时系名、系主任也随之删除。现实中这个系可能依然存在，但在数据库中却无法找到该系的信息。

（4）更新异常

如果某学生改名，则该学生的所有记录都要逐一修改SN的值；又如某系更换系主任，则属于该系的学生记录都要修改MN的内容，稍有不慎，就有可能漏改某些记录。这样就会造成数据的不一致，破坏了数据的完整性。

产生上述问题的原因，直观地说，是关系"包罗万象"，内容过于全面，既包含了学生信息，又包含了学生选课和院系的信息。此时，关系模式SCD用一个大表存放所有的数据，称为泛关系模式。泛关系模式的优势是对某些查询可以直接从大表中找到结果，不需要跨表查询；

但是它把各种数据混在一起，数据间相互牵连，数据结构本身蕴藏着许多致命的弊病，导致上述异常的产生。

那么，怎样才能得到一个规范的关系模式呢？答案是可通过关系模式的分解方法，把关系模式SCD分解为学生关系S(SNo,SN,Age,Dept)、选课关系SC(SNo,CNo,Score)和系关系D(Dept,MN)三个结构简单的关系模式，如图4-2所示。

S

SNo	SN	Age	Dept
S1	赵亦	17	计算机
S2	钱尔	18	信息
S3	孙珊	20	信息
S4	李思	21	自动化

SC

SNo	CNo	Score
S1	C1	90
S1	C2	85
S2	C5	57
S2	C6	80
S2	C7	
S2	C4	70
S3	C1	75
S3	C2	70
S3	C4	85
S4	C1	93

D

Dept	MN
计算机	刘伟
信息	王平
自动化	刘伟

图4-2 分解后的关系模式

在以上三个关系模式中，实现了学生信息、院系信息和学生选课信息的分离，即S中存储学生基本信息，与所选课程及系主任无关；D中存储系别的有关信息，与学生无关；SC中存储学生选课的信息，与学生及系别的有关信息无关。与SCD相比，分解为三个关系模式后，数据的冗余度明显降低。当新插入一个系时，只要在关系D中添加一条记录即可。当某个学生尚未选课时，只要在关系S中添加一条学生记录即可，而与选课关系无关，这样就避免了插入异常。当一个系的学生全部毕业时，只需在S中删除该系的全部学生记录，而关系D中有关该系的信息仍然保留，从而不会引起删除异常。同时，由于数据冗余度的降低，数据没有重复存储，因此也不会引起更新异常。

经过上述分析，分解后的关系模式是一个规范的关系型数据库模式。我们可得出结论，一个规范的关系模式应该具备以下四个条件。

（1）尽可能少的数据冗余。

（2）没有插入异常。

（3）没有删除异常。

（4）没有更新异常。

把泛关系模式合理地分解为若干关系模式可使每个关系模式的结构都简捷和清晰，有效地杜绝数据之间分不清、扯不开的状况。

但要注意，一个好的关系模式并不是在任何情况下都是最优的，例如查询某名学生选修的课程名及所在系的系主任时要通过连接，而连接所需的系统开销非常大，因此，要从实际设计的目标出发进行设计。

按照一定的规范设计关系模式，将结构复杂的关系分解成结构简单的关系，从而把不规范的关系型数据库模式转变为规范的关系型数据库模式，这就是关系的规范化。规范化又可以根据不同的要求而分成若干级别。我们要设计的关系模式中的各属性是相互依赖、相互制约的，这样才构成了一个结构严谨的整体。因此，在设计关系模式时，必须从语义上分析这些依赖关系。数据库模式的好坏程度和关系中各属性间的依赖关系有关。下面先讨论属性间的依赖关系，再讨论关系规范化理论。

4.1.3　章节案例描述

短视频系统是目前使用非常广泛的一类数据库系统，其关键功能所涉及的关系模式规范化对开展其他领域的数据库系统关系模式规范化具有借鉴意义。综合案例的学习成本、实际应用价值以及教材篇幅等原因，本书选取短视频系统的发布和管理功能作为案例，删减短视频系统中其他复杂功能，形成适用于本章教学的关系模式规范化案例。

某公司因业务需要自行开发一套短视频系统。作为数据库设计人员，重点调研了用户需求，具体如下。

（1）一个用户可以发布多个短视频，但一个短视频只能归属于一个用户；

（2）一个用户可以使用多个标签，每个标签可以为多个用户使用；

（3）一个短视频可以有多个标签，每个标签可以为多个短视频使用。

4.2　函数依赖

4.2.1　函数依赖的定义

关系模式中的各属性之间相互依赖、相互制约的联系被称为数据依赖。数据依赖一般分为函数依赖（Functional Dependency，FD）和多值依赖。本章将重点讲解函数依赖并以问题的形式引导读者思考和了解多值依赖。

1. 函数依赖的形式化定义

函数依赖是关系模式中属性之间的一种逻辑依赖关系，是最重要的数据依赖。例如，在关系模式SCD中，SNo与SN、Age和Dept之间都有一种逻辑依赖关系，即一个SNo只对应一名学生，而一名学生只能属于一个系，因此当SNo的值确定之后，该学生的SN、Age、Dept的值也随之被唯一地确定了。这种关系类似于变量之间的单值函数关系。设单值函数$Y=F(X)$，自变量X的值可以决定唯一的函数值Y。同理，我们可以说SNo的值唯一地决定函数(SN,Age,Dept)的值，或者说(SN,Age,Dept)函数依赖于SNo。

下面给出函数依赖的形式化定义。

定义4.1　设关系模式$R(U,F)$，U是属性全集，F是由U上函数依赖所构成的集合，X和Y是U的子集，如果对于$R(U)$的任意一个可能的关系r，X的每一个具体值，Y都有唯一的具体值与之对应，则称X决定函数Y或Y函数依赖于X，记作$X{\rightarrow}Y$。我们称X为决定因素，Y为依赖因素。当Y不函数依赖于X时，记作$X{\nrightarrow}Y$。当$X{\rightarrow}Y$且$Y{\rightarrow}X$时，则记作$X{\leftrightarrow}Y$。

使用定义4.1定义关系模式SCD中属性全集U和函数依赖集F。

$$U=\{SNo,SN,Age,Dept,MN,CNo,Score\}$$

$$F=\{SNo{\rightarrow}SN,SNo{\rightarrow}Age,SNo{\rightarrow}Dept,(SNo,CNo){\rightarrow}Score\}$$

对于F中的最后一个函数依赖(SNo,CNo)→Score，可以这样理解：一个SNo有多个Score的值与其对应，因此不能通过SNo唯一地确定Score，即Score不函数依赖于SNo，所以有SNo↛Score，同样有CNo↛Score。但是Score可以被(SNo,CNo)所组成的属性集唯一地确定，所以该函数依赖可表示为：(SNo,CNo)→Score。

有关函数依赖，有以下几点需要说明。

（1）在定义4.1中，"如果对于$R(U)$的任意一个可能的关系r，X的每一个具体值，Y都有唯一的具体值与之对应"，其含义是对于r的任意两个元组t_1和t_2，只要$t_1[X]=t_2[X]$，就有$t_1[Y]=t_2[Y]$。

（2）平凡的函数依赖与非平凡的函数依赖。当属性集Y是属性集X的子集（即$Y \subseteq X$时），则必然存在着函数依赖$X \to Y$，这种类型的函数依赖被称为平凡的函数依赖，如当(SNo,SN,Age)唯一确定的时候，它的任意子属性集合(SNO,Age)必然唯一确定。如果Y不是X的子集，则称$X \to Y$为非平凡的函数依赖。平凡的函数依赖并没有实际意义，若不特别声明，我们讨论的都是非平凡的函数依赖。

（3）函数依赖不是关系模式R的某个或某些关系实例的约束条件，而是关系模式R之下一切可能的关系实例都要满足的约束条件。因此，可以通过R的某个特定关系去确定哪些函数依赖不成立，而不能只看到R的一个特定关系就推断哪些函数依赖对于R是成立的。

（4）函数依赖是语义范畴的概念。函数依赖实际上是对现实世界中事物性质之间相关性的一种断言，我们需要根据语义来确定一个函数依赖，而无法通过其形式化定义来证明一个函数依赖是否成立。例如，对于关系模式S，在学生不存在重名的情况下，可以得到如下函数依赖：

$$SN \to Age$$

$$SN \to Dept$$

这种函数依赖关系必须在没有重名学生的条件下才成立。所以函数依赖反映了一种语义层面的完整性约束。

（5）函数依赖与属性之间的联系类型有关。

① 在一个关系模式中，如果属性X与Y有1:1的联系时，则存在函数依赖$X \to Y$，$Y \to X$，即$X \leftrightarrow Y$。例如，当学生无重名时，SNo↔SN。

② 如果属性X与Y有m:1的联系时，则只存在函数依赖$X \to Y$。例如，SNo与Age、Dept之间均为m:1联系，所以有SNo→Age，SNo→Dept。

③ 如果属性X与Y有m:n的联系时，则X与Y之间不存在任何函数依赖关系。例如，一名学生可以选修多门课程，一门课程又可以被多名学生选修，所以SNo与CNo之间不存在函数依赖关系。

由于函数依赖与属性之间的联系类型有关，因此在确定属性间的函数依赖关系时，可以从分析属性间的联系类型入手。

（6）函数依赖关系的存在与时间无关。函数依赖是指关系中的所有元组都应该满足的约束条件，而不是指关系中某个或某些元组所满足的约束条件。关系中的元组增加、删除或更新后都不能破坏这种函数依赖。因此，必须根据语义来确定属性之间的函数依赖，而不能单凭某一时刻关系中的实际数据值来判断。例如，对于关系模式S，假设没有给出无重名的学生这种语义规定，则即使当前关系中没有重名的记录，也只能存在函数依赖SNo→SN，而不能存在函数依赖SN→SNo，因为如果新增加一条重名的学生记录，则函数依赖SN→SNo必然不成立。所以函数依赖关系的存在与时间无关，而只与数据之间的语义规定有关。

2. 函数依赖的逻辑蕴涵定义

假设已知关系模式$R(X,Y,Z)$有$X \to Y$，$Y \to Z$，问$X \to Z$是否成立？能否从已知的函数依赖推导出$XY{\rightarrow}YZ$?

由已知的一组函数依赖判断另外一些函数依赖是否成立或者能否从前者推导出后者的问题，就是函数依赖的逻辑蕴涵所要讨论的内容。

定义4.2 设F是在关系模式R（U）上成立的函数依赖集合，X和Y是属性集U的子集，$X{\rightarrow}Y$是一个函数依赖。如果从F中能够推导出$X{\rightarrow}Y$，即如果对于R的每个满足F的关系r也满足$X{\rightarrow}Y$，则称$X{\rightarrow}Y$为F的逻辑蕴涵（或F逻辑蕴涵$X{\rightarrow}Y$），记为$F{\models}X{\rightarrow}Y$。

定义4.3 设F是函数依赖集，被F逻辑蕴涵的全部函数依赖集，被称为函数依赖集F的闭包（Closure），记为F^+。即：

$$F^+=\{\,X{\rightarrow}Y\mid F{\models}X{\rightarrow}Y\}$$

4.2.2 函数依赖的推理规则

从已知的函数依赖，依据一系列推理规则，可以推导出另外一些新的函数依赖，这些规则被称为"Armstrong公理"（即阿氏公理）。函数依赖的推理规则最早出现在1974年W.W.Armstrong（阿姆斯特朗）的论文里，下面的推理规则是其他人于1977年对阿氏公理体系改进后的形式。

设有关系模式$R(U)$，U是关系模式R的属性集，F是R上成立的只涉及U中属性的函数依赖集。X、Y、Z、W均是U的子集，r是R的一个实例。函数依赖的推理规则如下。

1. Armstrong 公理及正确性

（1）A1：自反律（Reflexivity Rule）

如果$Y{\subseteq}X{\subseteq}U$，则$X{\rightarrow}Y$在$R$上成立，即一组属性函数决定它的所有子集。

证明：因为$Y{\subseteq}X$，若r中存在两个元组在X上的值相等，那么这两个元组在X的子集Y上的值也必然相等。前面提到的平凡的函数依赖就可根据自反律推出。

例如，在关系SCD中，(SNo,CNo)${\rightarrow}$SNo和(SNo,CNo)${\rightarrow}$CNo。

（2）A2：增广律（Augmentation rule）

若$X{\rightarrow}Y$在R上成立，且$Z{\subseteq}U$，则$XZ{\rightarrow}YZ$在R上也成立。

证明：用反证法。

假设r中存在两个元组t_1和t_2违反$XZ{\rightarrow}YZ$，即$t_1[XZ]=t_2[XZ]$，但$t_1[YZ]{\neq}t_2[YZ]$。

从$t_1[YZ]{\neq}t_2[YZ]$可知，$t_1[Y]{\neq}t_2[Y]$或$t_1[Z]{\neq}t_2[Z]$。

如果$t_1[Y]{\neq}t_2[Y]$，则与已知的$X{\rightarrow}Y$相矛盾；如果$t_1[Z]{\neq}t_2[Z]$，则与假设的$t_1[XZ]=t_2[XZ]$相矛盾。因此，假设不成立，从而得出增广律是正确的。

例如，在关系SCD中，SNo${\rightarrow}$Age，则(SNo,SN)${\rightarrow}$(Age,SN)。

（3）A3：传递律（Transitivity Rule）

若$X{\rightarrow}Y$和$Y{\rightarrow}Z$在R上成立，则$X{\rightarrow}Z$在R上也成立。

证明：用反证法。

假设r中存在两个元组t_1和t_2违反$X{\rightarrow}Z$，即$t_1[X]=t_2[X]$，但$t_1[Z]{\neq}t_2[Z]$。

在上述假设下，$t_1[Y]{\neq}t_2[Y]$或$t_1[Y]=t_2[Y]$。

如果$t_1[Y]{\neq}t_2[Y]$，则与已知的$X{\rightarrow}Y$相矛盾；如果$t_1[Y]=t_2[Y]$，则与已知的$Y{\rightarrow}Z$相矛盾。

因此，假设不成立，从而得出传递律是正确的。

例如，在关系SCD中，SNo${\rightarrow}$Dept，Dept${\rightarrow}$MN，则SNo${\rightarrow}$MN。

根据以上三个推理规则的证明，可以得出如下定理。

定理4.1 Armstrong公理的推理规则是正确的。也就是，如果$X \rightarrow Y$是从F用Armstrong公理推理导出的，那么$X \rightarrow Y$被F逻辑蕴涵，即$X \rightarrow Y$在F^+中。

2. Armstrong 公理推论及正确性

（1）合并律（Union Rule）

若$X \rightarrow Y$和$X \rightarrow Z$在R上成立，则$X \rightarrow YZ$在R上也成立。

证明：对已知的$X \rightarrow Y$，根据增广律，两边用X扩充，得到$X \rightarrow XY$。

对已知的$X \rightarrow Z$，根据增广律，两边用Y进行扩充，得到$XY \rightarrow YZ$。

对$X \rightarrow XY$和$XY \rightarrow YZ$，根据传递律，得到$X \rightarrow YZ$。

例如，在关系SCD中，SNo$\rightarrow$(SN,Age)，SNo$\rightarrow$(Dept,MN)，则有SNo$\rightarrow$(SN,Age,Dept,MN)。

（2）伪传递律（Pseudotransitivity Rule）

若$X \rightarrow Y$和$YW \rightarrow Z$在R上成立，则$XW \rightarrow Z$在R上也成立。

证明：对已知的$X \rightarrow Y$，根据增广律，两边用W扩充，得到$XW \rightarrow YW$。

对$XW \rightarrow YW$和已知的$YW \rightarrow Z$，根据传递律，得到$XW \rightarrow Z$。

例如，在SCD中，SNo$\rightarrow$SNo，(SNo,CNo)$\rightarrow$Score，则(SNo,CNo)$\rightarrow$Score。

（3）分解律（Decomposition Rule）

若$X \rightarrow Y$和$Z \subseteq Y$在R上成立，则$X \rightarrow Z$在R上也成立。

证明：对已知的$Z \subseteq Y$，根据自反律，得到$Y \rightarrow Z$；对已知的$X \rightarrow Y$和$Y \rightarrow Z$，再根据传递律，得到$X \rightarrow Z$。

很显然，分解律和合并律互为逆过程，因此，很容易得到以下定理。

定理4.2 如果$A_1 A_2 \cdots A_n$是关系模式R的属性集，那么$X \rightarrow A_1 A_2 \cdots A_n$成立的充分必要条件是$X \rightarrow A_i$（$i=1,2,\cdots,n$）成立。

证明：① 必要性。当$X \rightarrow A_1 A_2 \cdots A_n$成立时，根据分解律，$X \rightarrow A_i$（$i=1,2,\cdots,n$）成立。

② 充分性。当$X \rightarrow A_i$（$i=1,2,\cdots,n$）成立时，根据合并律，$X \rightarrow A_1 A_2 \cdots A_n$成立。

例如，在SCD中，(SNo$\rightarrow$(SN,Sex,Age))$\leftrightarrow$(SNo$\rightarrow$SN,SNo$\rightarrow$Sex,SNo$\rightarrow$Age)。

（4）复合律（Composition Rule）

若$X \rightarrow Y$和$W \rightarrow Z$在R上成立，则$XW \rightarrow YZ$在R上也成立。

证明：对已知的$X \rightarrow Y$，根据增广律，两边用W扩充，得到$XW \rightarrow YW$。

对已知的$W \rightarrow Z$，根据增广律，两边用Y扩充，得到$YW \rightarrow YZ$。

对$XW \rightarrow YW$和$YW \rightarrow YZ$，根据传递律，得到$XW \rightarrow YZ$。

例如，在SCD中，SNo$\rightarrow$(SN,Age)，Dept$\rightarrow$MN，则有(SNo,Dept)$\rightarrow$(SN,Age,MN)。

在以上推理规则中，自反律、增广律和传递律称为函数依赖公理，公理的正确性都是基于函数依赖的定义来证明的；合并律、伪传递律、分解律和复合律属于一般的推理规则，它们的正确性可用公理予以证明。

【例4-2】设有关系模式$R(X,Y,Z)$与它的函数依赖集$F=\{X \rightarrow Y, Y \rightarrow Z\}$，求函数依赖集$F$的闭包$F^+$。

由于关系模式$R(X,Y,Z)$中一共有三个属性，构成的属性集为(X,Y,Z)幂级的数量，而(X,Y,Z)可以出现在函数依赖的左边，也可以出现在函数依赖的右边，因此F^+所构成矩阵的最大行数为2^3，最大列数为2^3，即理论上最多可以产生的函数依赖数量为$2^3 \times 2^3 = 64$个。当给定函数依赖集F时，通过推理规则，实际只能推理得到43个函数依赖，有些函数依赖无法从F推理得到，如$Y \rightarrow X$，即F的闭包F^+只有43个函数依赖，它们是：

$$F^+ = \begin{cases} X \to \varnothing, & XY \to \varnothing, & XZ \to \varnothing, & XYZ \to \varnothing, & Y \to \varnothing, & YZ \to \varnothing, & Z \to \varnothing, & \varnothing \to \varnothing \\ X \to X, & XY \to X, & XZ \to X, & XYZ \to X \\ X \to Y, & XY \to Y, & XZ \to Y, & XYZ \to Y, & Y \to Y, & YZ \to Y \\ X \to Z, & XY \to Z, & XZ \to Z, & XYZ \to Z, & Y \to Z, & YZ \to Z, & Z \to Z \\ X \to XY, & XY \to XY, & XZ \to XY, & XYZ \to XY \\ X \to XZ, & XY \to XZ, & XZ \to XZ, & XYZ \to XZ \\ X \to YZ, & XY \to YZ, & XZ \to YZ, & XYZ \to YZ, & Y \to YZ, & YZ \to YZ \\ X \to XYZ, & XY \to XYZ, & XZ \to XYZ, & XYZ \to XYZ \end{cases}$$

F^+中各函数依赖的正确性可以通过前面学过的函数依赖的推理规则进行证明。譬如，空集$\varnothing$可看成任何集合的子集，因此，根据自反律，可以证明第1行中的所有函数依赖都是正确的。有关其他各行的函数依赖，读者可根据函数依赖的推导规则自行证明。

3. 属性集闭包及求解算法

通过上述讨论可知，对关系模式$R(U)$上的函数依赖集F，运用推理规则可以推出一些函数依赖，F逻辑蕴涵的所有函数依赖构成F的闭包F^+。在实际工作中，人们往往需要知道某个函数依赖$X \to Y$是否成立，如果已经计算出F^+，只要检查该函数依赖是否在F^+中就能得到准确的结果。而计算F^+是一个相当复杂、困难的问题，且在F^+中有许多冗余的信息。为了能够尽快确定函数依赖$X \to Y$是否成立，人们把计算F^+简化为计算属性集的闭包X^+，即若要判断某个函数依赖是否在F^+中，只要找到那些所有由X决定的属性集，即X的属性集的闭包X^+就能确定答案。下面给出X^+的形式化定义和计算X^+的属性集闭包算法。

函数依赖集闭包
求解步骤

定义4.4 设有关系模式$R(U)$，属性集为U，F是R上的函数依赖集，X是U的子集（$X \subseteq U$）。用函数依赖推理规则可从F推出的函数依赖$X \to A$中所有A的集合，称为属性集X关于F的闭包，记为X^+（或X^+_F）。即：

$$X^+ = \{属性A | X \to A 在 F^+ 中\}$$

从属性集闭包的定义，可以得出下面的定理。

定理4.3 关系模式$R(U)$，属性集为U，F是R上的函数依赖集，X、Y是U的子集。$X \to Y$能用函数依赖推理规则推出的充分必要条件是$Y \subseteq X^+$。

证明：①充分性。设$Y = Y_1 Y_2 \cdots Y_k$且$Y \subseteq X^+$，由X^+的定义可知，用函数依赖推理规则可从F导出$X \to Y_i$（$i=1,2,\cdots,k$），根据合并律得$X \to Y_1 Y_2 \cdots Y_k$，即$X \to Y$成立。

② 必要性。$X \to Y$能用函数依赖推理规则推出。根据分解律，可得$X \to Y_i$（$i=1,2,\cdots,k$），根据X^+的定义有$Y_i \subseteq X^+$，所以$Y_1 Y_2 \cdots Y_k \subseteq X^+$，即$Y \subseteq X^+$。

算法4.1（属性集闭包算法）设有关系模式$R(U)$，属性集为U，F是R上的函数依赖集，X是U的子集（$X \subseteq U$）。求属性集X相对于函数依赖集F的闭包X^+。

设属性集X的闭包为result，其计算算法如下。

输入：属性集U，U上的函数依赖集F，$X \subseteq U$。

输出：X相对于F的闭包$X+$。

方法：result=X

```
do
  {
    if F中有某个函数依赖Y→Z满足Y⊆result     //Y为已经找到的属性集闭包的子集
    then result=result ∪ Z
```

```
        }
    while (result有所改变);
```

例如，设属性集U为$XYZW$，函数依赖集为$\{X{\to}Y,Y{\to}Z,W{\to}Y\}$，则利用上述算法，可求出$X^{+}{=}XYZ$。

由此可见，属性值闭包算法有如下用途。

（1）判断属性集X是否为关系模式R的码，通过计算X的闭包X^{+}，查看X^{+}是否包含了R中的全部属性。如果X^{+}包含了R的全部属性，则属性集X是R的一个码，否则，不是码。

（2）通过检验$Y{\subseteq}X^{+}$是否成立，可以验证函数依赖$X{\to}Y$是否成立（即某个函数依赖$X{\to}Y$是否在F^{+}中）。

（3）该算法给出另外一种计算函数依赖集F的闭包F^{+}的方法：对任意的属性集X，可以计算其闭包X^{+}；对任意的$Y{\subseteq}X^{+}$，输出一个函数依赖$X{\to}Y$。

4．函数依赖推理规则的完备性

推理规则的正确性是指"从函数依赖集F使用推理规则推出的函数依赖必定在F^{+}中"，完备性是指"F^{+}中的函数依赖都能从F使用推理规则推出"。正确性保证了推出的所有函数依赖是正确的，完备性保证了可以推出所有被蕴涵的函数依赖。这样就保证了推导的有效性和可靠性。

定理4.4 Armstrong函数依赖推理规则$\{A1,A2,A3\}$是完备的。

证明：可通过逆否命题的方式，证明Armstrong的完备性，即证明"不能从F使用推理规则推出的函数依赖，不在F^{+}中"成立。

设F是属性集U上的一个函数依赖集，有一个函数依赖$X{\to}Y$不能从F使用推理规则推出。现要证明$X{\to}Y$不在F^{+}中，即$X{\to}Y$在关系模式$R(U)$的某个关系r上不成立。因此可采用构造r的方法来证明。

构造一个二元组关系R，仅有两个元组t_1和t_2，其中t_1在全部属性上的值均为1，t_2在X^{+}中的属性上的值均为1，在其他属性上的值均为0，如图4-3所示。

Y	X^{+}中的属性	其他属性
t_1	1,1,$\cdots$,1	1,1,$\cdots$,1
t_2	1,1,$\cdots$,1	0,0,$\cdots$,0

图4-3　F不逻辑蕴涵$X{\to}Y$的关系r

（1）**证明F中每个函数依赖$V{\to}W$在r上均成立**

V有两种情况：或者$V{\subseteq}X^{+}$，或者$V{\not\subseteq}X^{+}$。

如果$V{\subseteq}X^{+}$，根据定理4.3，有$X{\to}V$成立。根据已知的$V{\to}W$和传递律，可得$X{\to}W$成立。再根据定理4.3，有$W{\subseteq}X^{+}$，所以$V{\subseteq}X^{+}$和$W{\subseteq}X^{+}$同时成立。在图4-3的关系r上可以看出，X^{+}的属性值完全相同，即$t_1[V]{=}t_2[V]$且$t_1[W]{=}t_2[W]$，从而$V{\to}W$在r上成立。

如果$V{\not\subseteq}X^{+}$，即V中含有X^{+}外的属性，此时关系r的两个元组在V值上不相等，因而$t_1[V]{\neq}t_2[V]$。根据函数依赖的定义，既然r中不存在任何在属性集上具有相等值的元组对，因此，$V{\to}W$在r上自然成立。

故F的每个函数依赖在r中均成立。

（2）**证明$X{\to}Y$在关系r上不成立**

因为$X{\to}Y$不能从F用推理规则推出，根据定理4.3，可知$Y{\not\subseteq}X^{+}$。在关系r中，可知两个元组在X上值相等，在Y上值不相等，因而$X{\to}Y$在r上不成立。

综合（1）和（2）可知，只要$X{\rightarrow}Y$不能用推理规则推出，那么F就不逻辑蕴涵$X{\rightarrow}Y$，也就是说，推理规则是完备的。

4.2.3 函数依赖类型

理解不同类型
函数依赖

1. 完全函数依赖与部分函数依赖

定义4.5 设有关系模式$R(U)$，U是属性全集，X和Y是U的子集，如果$X{\rightarrow}Y$，并且对于X的任何一个真子集X'，都有$X'{\nrightarrow}Y$，则称Y对X完全函数依赖（Full Functional Dependency），记作$X\xrightarrow{f}Y$。如果对X的某个真子集X'，有$X'{\rightarrow}Y$，则称Y对X部分函数依赖（Partial Functional Dependency），记作$X\xrightarrow{p}Y$。

例如，在关系模式SCD中，对于函数依赖(SNo,CNo)→Score，因为SNo↛Score，且CNo↛Score，所以有(SNo,CNo)$\xrightarrow{f}$Score；因为SNo→Age，所以(SNo,CNo)$\xrightarrow{p}$Age。

由定义4.5可知，只有当决定因素是组合属性时，讨论部分函数依赖才有意义；当决定因素是单属性时，只可能是完全函数依赖。例如，在关系模式S(SNo,SN,Age,Dept)中，决定因素为单属性SNo，有SNo→(SN,Age,Dept)，不存在部分函数依赖。

2. 传递函数依赖

定义4.6 设有关系模式$R(U)$，U是属性全集，X、Y、Z是U的子集，若$X{\rightarrow}Y$，但$Y{\nrightarrow}X$，而$Y{\rightarrow}Z$（$Y\notin X$，$Z\notin Y$），则称Z对X传递函数依赖（Transitive Functional Dependency），记作$X\xrightarrow{t}Z$。如果$Y{\rightarrow}X$，则$X{\leftrightarrow}Y$，这时称Z对X直接函数依赖，而不是传递函数依赖。

例如，在关系模式SCD中，SNo→Dept，但Dept↛SNo，而Dept→MN，则有SNo$\xrightarrow{t}$MN。在学生不存在重名的情况下，有SNo→SN，SN→SNo，SNo↔SN，SN→Dept，这时Dept对SNo是直接函数依赖，而不是传递函数依赖。

需要注意的是，在仅通过完全函数依赖和部分函数依赖来区分函数依赖的特性时，传递函数依赖可能是一种完全函数依赖，也可能是一种部分函数依赖。我们可以通过函数依赖传递过程中是否存在部分函数依赖来对它们进行区分。若函数依赖的传递过程均发生在完全函数依赖上，则产生的传递函数依赖是一种完全函数依赖，否则为部分函数依赖。

综上所述，函数依赖分为完全函数依赖、部分函数依赖和传递函数依赖，它们是规范化理论的依据和规范化程度的准则。

4.2.4 案例的函数依赖分析

根据4.1.3小节给出的案例，分析数据项（属性间）的函数依赖关系。

用户发布短视频(用户编号,用户名称,用户年龄,短视频编号,短视频名称,标签名称)。

根据数据项之间的语义关系，短视频编号能够唯一决定每个短视频的基本信息。因此，用户发布短视频关系模式包含的函数依赖集F为

F={短视频编号→{用户编号,用户名称,用户年龄,短视频名称,标签名称}}

根据上述函数依赖，当短视频编号确定时，可以唯一确定该短视频的名称、发布用户编号和短视频的标签等。因此，可进一步将函数依赖的右侧分解，划分成右侧为单属性的多个函数依赖。分解后的函数依赖集F为

F={短视频编号→用户编号,短视频编号→用户姓名,短视频编号→用户年龄,短视频编号→短视频名称,短视频编号→标签名称}

逐一分析上述函数依赖可以发现，短视频编号虽然能够唯一决定用户编号，但短视频编号与用户名称和用户年龄为传递函数依赖关系，即满足业务语义的函数依赖为短视频编号→用户编号，用户编号→用户名称，用户编号→用户年龄。

通过上述分析，用户发布短视频关系的函数依赖集F为

F={短视频编号→用户编号,短视频编号→短视频名称,短视频编号→标签名称,用户编号→用户名称,用户编号→用户年龄}。

通过上述方法，可以抽象出案例中其他关系模式的函数依赖。鉴于篇幅原因，对此不再赘述，请读者自行训练并掌握函数依赖的抽象方法。

4.3 候选码及其求解算法

有了函数依赖的概念后，可以把候选码与函数依赖联系起来。实际上，函数依赖是码概念的推广。

4.3.1 候选码的定义

定义4.7 设关系模式R的属性集是U，X是U的一个子集，F是在R上成立的一个函数依赖集。如果$X{\rightarrow}U$在R上成立（即$X{\rightarrow}U$在F^+中），那么称X是R的一个超码。如果$X{\rightarrow}U$在R上成立，但对X的任一真子集X'都有$X'{\rightarrow}U$不成立（即$X'{\rightarrow}U$不在F^+中，或者$X\overset{f}{\longrightarrow}U$），那么称$X$是$R$上的一个候选码。

根据上述定义，超码虽然能够决定所有属性，但其中可以包含除候选码以外的其他属性。

对于给定的关系模式$R(A_1,A_2,\cdots,A_n)$和函数依赖集F，我们可将其属性分为以下四类。

（1）L类：仅出现在F中的函数依赖左部的属性。

（2）R类：仅出现在F中的函数依赖右部的属性。

（3）N类：在F中的函数依赖左、右两边均未出现的属性。

（4）LR类：在F中的函数依赖左、右两边均出现的属性。

4.3.2 候选码求解算法

1. 快速求解候选码的一个充分条件

定理4.5 对于给定的关系模式R及其函数依赖集F，有以下结论。

（1）若X（$X\in R$）是L类属性，则X必为R的任一候选码的成员。

（2）若X（$X\in R$）是L类属性，且X^+包含了R的全部属性，则X必为R的唯一候选码。

（3）若X（$X\in R$）是R类属性，则X不在任何候选码中。

（4）若X（$X\in R$）是N类属性，则X必为R的任一候选码的成员。

（5）若X（$X\in R$）是N类和L类属性组成的属性集，且X^+包含了R的全部属性，则X是R的唯一候选码。

（6）若X（$X\in R$）是LR类属性，则X可能是R的任一候选码的成员，也可能不是R的任一候选码的成员。

【例4-3】设有关系模式$R(A,B,C,D)$与它的函数依赖集F={$D{\rightarrow}B,B{\rightarrow}D,AD{\rightarrow}B,AC{\rightarrow}D$}，求$R$的所有候选码。

解：通过观察F发现，A、C两属性是L类属性，故A、C两属性必为R的任一候选码的成员；又由于$(AC)^+=ABCD$，即包含了R的全部属性，因此，AC是R的唯一候选码。

【例4-4】设有关系模式$R(A,B,C,D,E,P)$与它的函数依赖集$F=\{A{\rightarrow}D,E{\rightarrow}D,D{\rightarrow}B,BC{\rightarrow}D,DC{\rightarrow}A\}$，求$R$的所有候选码。

解：通过观察F发现，C、E两属性是L类属性，故C、E两属性必为R的任一候选码的成员；又由于P是N类属性，故P属性也必为R的任一候选码的成员。又由于$(CEP)^+=ABCDEP$，即包含了R的全部属性，因此，CEP是R的唯一候选码。

2. 多属性函数依赖集候选码的求解算法

算法4.2 设有关系模式R，F是R上的函数依赖集，求R的所有候选码。

输入：关系模式R及其函数依赖集F。

输出：关系模式R的所有候选码。

候选码求解算法如下。

（1）根据函数依赖集F，将R的所有属性分为L类、R类、N类和LR类四类，并令X代表L类和N类属性，Y代表LR类属性。

（2）求X^+，若X^+包含了R的全部属性，则X即R的唯一候选码，转（5）；否则，转（3）。

（3）在Y中任取一个属性A，求$(XA)^+$，若它包含了R的全部属性，则转（4）；否则，调换Y中其他一个属性反复进行这一过程，直到试完所有Y中的属性。

（4）如果已找出所有候选码，则转（5），否则，在Y中依次取两个属性、三个属性……求它们与X的属性集的闭包，直到其闭包包含R的全部属性。

（5）停止，输出结果。

【例4-5】设有关系模式$R(A,B,C,D,E)$与它的函数依赖集$F=\{A{\rightarrow}BC,CD{\rightarrow}E,B{\rightarrow}D,E{\rightarrow}A\}$，求$R$的所有候选码。

解：通过分析F发现，其所有的属性A、B、C、D、E都是LR类属性，没有L类、R类、N类属性。因此，先从这些属性中依次取出一个属性，分别求它们的闭包：

$$A^+=ABCDE,\ B^+=BD,\ C^+=C,\ D^+=D,\ E^+=ABCDE$$

由于A^+和E^+都包含了R的全部属性，因此，属性A、E分别是R的一个候选码。

接下来，从关系模式R中取出两个属性，分别求它们的闭包，但在取出两个属性时，只能从B、C、D三个属性中取出两个属性，因为属性A、E已经是R的候选码了，包含的属性集只能是超码，所以根据候选码的定义，它们不可能再存在于其他候选码中。

$$(BC)^+=ABCDE,\ (CD)^+=ABCDE,\ (BD)^+=BD$$

由于$(BC)^+$和$(CD)^+$都包含了R的全部属性，因此，属性集BC、CD也分别是R的一个候选码。

至此，关系模式R中不可能再存在别的候选码了，因为所有候选码已经涵盖了A、B、C、D、E属性。

因此，关系模式R的所有候选码分别是A、E、BC和CD。

需要注意的是，在求解某一关系模式的所有候选码时，需要严格按照算法4.2候选码求解算法，找出所有候选码。

4.3.3 案例的候选码分析

根据4.1.3小节给出的案例，对候选码进行分析。

已知关系模式用户发布短视频(用户编号,用户名称,用户年龄,短视频编号,短视频名称,标签名称)，函数依赖集F为F={短视频编号→用户编号,短视频编号→短视频名称,短视频编号→标签名称,用户编号→用户名称,用户编号→用户年龄}。其中，用户编号用UID表示，用户名称用UN表示，用户年龄用Age表示，短视频编号用SID表示，短视频名称用SN表示，标签名称用BN表示，则有F={SID→UID,SID→SN,SID→BN,UID→UN,UID→Age}。求用户发布短视频的所有候选码。

分析：

通过分析用户发布短视频关系模式发现，属性SID是L类属性，故属性SID必为关系模式的任一候选码的成员。

求SID闭包$(SID)^+$=(SID,UID,SN,BN,UN,Age)。

由于$(SID)^+$包含了关系模式的全部属性，因此，SID是用户发布短视频关系模式的唯一候选码。

4.4 最小函数依赖集

从形式上看，一个函数依赖集F包含的函数依赖条数较少，对应的F^+所包含的函数依赖条数比F要多，但实际上F蕴涵的信息量与F^+所表达的信息量一样。人们自然会问：还有其他函数依赖集与F等价吗？如果有，能否从中找出一个形式最简单的函数依赖集呢？这是本节要讨论的内容。

4.4.1 函数依赖覆盖及最小函数依赖集

1. 函数依赖覆盖

定义4.8 关系模式$R(U)$的两个函数依赖集F和G，如果满足$F^+=G^+$，则称F和G是等价的函数依赖集，记作$F\equiv G$。如果F和G等价，就说F覆盖G或G覆盖F。

两个等价的函数依赖集在表示能力上是完全相同的。

检查F和G是否等价，只需验证F中的每个函数依赖$X→Y$都在G^+中，同时G中的每个函数依赖$V→W$也都在F^+中。这里并不需要计算F^+和G^+，而只要计算X关于G的闭包X^+，验证$Y\subseteq X^+$，同时，计算V关于F的闭包V^+，验证$W\subseteq V^+$。一般来说，X^+和V^+的计算量比F^+和G^+的计算量小。

2. 最小函数依赖集

定义4.9 设F是属性集U上的函数依赖集，$X→Y$是F中的函数依赖。函数依赖中无关属性（Extraneous Attribute）、无关函数依赖的定义如下。

（1）如果$A\in X$，且F逻辑蕴涵$(F-\{X→Y\})\cup\{(X-A)→Y\}$，则称属性$A$是$X→Y$左部的无关属性。

（2）如果$A\in Y$，且$(F-\{X→Y\})\cup\{X→(Y-A)\}$逻辑蕴涵$F$，则称属性$A$是$X→Y$右部的无关属性。

（3）如果$X→Y$的左、右两边的属性都是无关属性，则函数依赖$X→Y$称为无关函数依赖。

实际上，无关函数依赖可以从F由推理规则推出。

函数依赖集F中的函数依赖很多，我们应该去掉F中无关函数依赖、平凡函数依赖、函数依赖中无关属性，以求得F上函数依赖数量最少的最小函数依赖集$F_{\min}$，其定义形式如下。

定义4.10 设F是属性集U上的函数依赖集，如果$F_{\min}$是F的一个最小函数依赖集，那么$F_{\min}$应满足以下四个条件。

（1）$F_{\min}^{+}=F^{+}$。

（2）每个函数依赖的右部都是单属性。

（3）$F_{\min}$中没有冗余的函数依赖（即在$F_{\min}$中不存在这样的函数依赖$X{\rightarrow}Y$，使得$F_{\min}$与$F_{\min}-\{X{\rightarrow}Y\}$等价），即减少任何一个函数依赖都将与原来的$F$不等价。

（4）每个函数依赖的左部没有冗余的属性（即$F_{\min}$中不存在这样的函数依赖$X{\rightarrow}Y$，X有真子集W使得$F_{\min}-\{X{\rightarrow}Y\}\cup\{W{\rightarrow}Y\}$与$F_{\min}$等价），减少任何一个函数依赖左部的属性后，都将与原来的F不等价。

【例4-6】 设有如下的函数依赖集F_1、F_2、F_3，判断它们是否为最小函数依赖集。

$$F_1=\{AB{\rightarrow}CD,BE{\rightarrow}C,C{\rightarrow}G\}$$
$$F_2=\{A{\rightarrow}D,B{\rightarrow}A,A{\rightarrow}C,B{\rightarrow}D,D{\rightarrow}C\}$$
$$F_3=\{A{\rightarrow}D,AC{\rightarrow}B,D{\rightarrow}C,C{\rightarrow}A\}$$

解：

（1）函数依赖集F_1中，由于存在函数依赖$AB{\rightarrow}CD$，其右部属性不是单个属性，因此，函数依赖集F_1不是最小函数依赖集。

（2）函数依赖集F_2中，由于函数依赖$A{\rightarrow}C$可从其中已有函数依赖的$A{\rightarrow}D$和$D{\rightarrow}C$导出，即$F_2-\{A{\rightarrow}C\}$与F_2等价，因此，函数依赖$A{\rightarrow}C$是冗余的，故函数依赖集F_2不是最小函数依赖集。

（3）函数依赖集F_3中，由于函数依赖$AC{\rightarrow}B$左部的属性A是冗余的，即$F_3-\{AC{\rightarrow}B\}\cup\{C{\rightarrow}B\}$与$F_3$等价，因此函数依赖集$F_3$不是最小函数依赖集。

4.4.2 最小函数依赖集求解

算法4.3（最小函数依赖集求解算法）计算函数依赖集F的最小函数依赖集G。

具体计算过程分为以下三步。

（1）对F中的任一函数依赖$X{\rightarrow}Y$，如果$Y=Y_1Y_2{\cdots}Y_k$（$k{\geqslant}2$）多于一个属性，那么就用前面介绍的推理规则的分解律，分解为$X{\rightarrow}Y_1,X{\rightarrow}Y_2,{\cdots},X{\rightarrow}Y_k$，替换$X{\rightarrow}Y$，得到一个与$F$等价的函数依赖集$G$，$G$中每个函数依赖的右部均为单属性。

最小函数依赖集求解

（2）去掉G中各函数依赖左部多余的属性，具体方法是：检查G中左部是非单属性的函数依赖，例如$XY{\rightarrow}A$，现要判断Y是否是多余的，则要判断以$X{\rightarrow}A$代替$XY{\rightarrow}A$是否等价；只要在G中求X^{+}，若X^{+}包含A，则说明$X{\rightarrow}A$可以代替$XY{\rightarrow}A$，即Y是多余的属性，否则Y不是多余的属性；依次判断其他属性即可消除各函数依赖左部的多余属性。

（3）在G中消除冗余的函数依赖，具体方法是：从第一个函数依赖开始，在G中去掉它（假设该函数依赖为$X{\rightarrow}Y$），然后在剩下的函数依赖中求X^{+}，看X^{+}是否包含Y，若包含Y，则去掉$X{\rightarrow}Y$；若不包含Y，则不能去掉$X{\rightarrow}Y$；依次进行下去。

【例4-7】 设有函数依赖集$F=\{C{\rightarrow}A,A{\rightarrow}B,B{\rightarrow}C,C{\rightarrow}B,A{\rightarrow}C,BC{\rightarrow}A\}$，求其最小函数依赖集$F_{\min}$。

解：

（1）将F中每个函数依赖的右部均变成单属性。由于在F中所有的函数依赖的右部属性都已是单属性，因此，此步可省略。

（2）去掉F中各函数依赖左部多余的属性。对于F中的函数依赖$BC \rightarrow A$，有以下两种处理情况。

第1种情况，验证C是否为左部多余的属性：根据最小函数依赖集中左部多余属性的检验方法，由于$B^+=(ABC)$，B^+包含属性A，因此，C是多余的属性，$BC \rightarrow A$可简化为$B \rightarrow A$。

第2种情况，验证B是否为左部多余的属性：根据最小函数依赖集中左部多余属性的检验方法，由于$C^+=(ABC)$，C^+包含属性A，因此，B是多余的属性，$BC \rightarrow A$可简化为$C \rightarrow A$。

（3）去掉F中冗余的函数依赖。对于（2）中的两种情况，分别对应两种处理方法。

第1种情况：经过第（2）步运算后，$F=\{C \rightarrow A, A \rightarrow B, B \rightarrow C, C \rightarrow B, A \rightarrow C, B \rightarrow A\}$。由于$C \rightarrow B$可由$C \rightarrow A$和$A \rightarrow B$推出，因此，$C \rightarrow B$可以去掉；由于$A \rightarrow C$可由$A \rightarrow B$和$B \rightarrow C$推出，因此，可以去掉$A \rightarrow C$；由于$B \rightarrow A$可由$B \rightarrow C$和$C \rightarrow A$推出，因此，可以去掉$B \rightarrow A$。这样可得，$F_{\min}=\{C \rightarrow A, A \rightarrow B, B \rightarrow C\}$。

第2种情况：经过第（2）步运算后，$F=\{C \rightarrow A, A \rightarrow B, B \rightarrow C, C \rightarrow B, A \rightarrow C, C \rightarrow A\}$。很明显，$C \rightarrow A$有两个，可以去掉其中之一；由于$C \rightarrow B$可由$C \rightarrow A$和$A \rightarrow B$推出，因此，$C \rightarrow B$可以去掉；由于$A \rightarrow C$可由$A \rightarrow B$和$B \rightarrow C$推出，因此，可以去掉$A \rightarrow C$。这样可得，$F_{\min}=\{C \rightarrow A, A \rightarrow B, B \rightarrow C\}$。

【例4-8】设F是关系模式$R(A,B,C)$的函数依赖集，$F=\{A \rightarrow BC, B \rightarrow C, A \rightarrow B, AB \rightarrow C\}$，求其最小函数依赖集$F_{\min}$。

解：

（1）将F中每个函数依赖的右部均变成单属性，则$F=\{A \rightarrow B, A \rightarrow C, B \rightarrow C, AB \rightarrow C\}$。

（2）去掉F中各函数依赖左部多余的属性。在$AB \rightarrow C$中，由于$A^+=(ABC)$，A^+包含属性C，因此，B是左部多余的属性，可去掉，这样$AB \rightarrow C$简化为$A \rightarrow C$，则$F=\{A \rightarrow B, A \rightarrow C, B \rightarrow C\}$。

（3）去掉F中冗余的函数依赖。由于$A \rightarrow C$可由$A \rightarrow B$和$B \rightarrow C$推出，因此，可去掉$A \rightarrow C$。故$F_{\min}=\{A \rightarrow B, B \rightarrow C\}$。

【例4-9】设有函数依赖集$F=\{AB \rightarrow C, C \rightarrow A, BC \rightarrow D, ACD \rightarrow B, D \rightarrow EG, BE \rightarrow C, CG \rightarrow BD, CE \rightarrow AG\}$，求其最小函数依赖集$F_{\min}$。

解：

（1）将F中每个函数依赖的右部均变成单属性，结果为$F=\{AB \rightarrow C, C \rightarrow A, BC \rightarrow D, ACD \rightarrow B, D \rightarrow E, D \rightarrow G, BE \rightarrow C, CG \rightarrow B, CG \rightarrow D, CE \rightarrow A, CE \rightarrow G\}$。

（2）去掉F中各函数依赖左部多余的属性。对于$ACD \rightarrow B$，由于$(CD)^+=(ABCDEG)$，可见$(CD)^+$包含属性B，因此，A是左部多余的属性，可去掉，$ACD \rightarrow B$简化为$CD \rightarrow B$。我们可以用同样的方法验证属性C和属性D不是左部多余的属性。

对于$CE \rightarrow A$，$C^+=(AC)$，可见C^+包含属性A，因此，E是左部多余的属性，可去掉，$CE \rightarrow A$简化为$C \rightarrow A$。但由于F中已存在$C \rightarrow A$，因而可去掉其中之一。我们可以用同样的方法验证属性E不是左部的多余属性。此时，函数依赖为$F=\{AB \rightarrow C, C \rightarrow A, BC \rightarrow D, CD \rightarrow B, D \rightarrow E, D \rightarrow G, BE \rightarrow C, CG \rightarrow B, CG \rightarrow D, CE \rightarrow G\}$。

（3）去掉F中冗余的函数依赖。对于$CG \rightarrow B$，在剩余的函数依赖中求$(CG)^+=(ABCDEG)$，可见，$(CG)^+$包含属性B，$CG \rightarrow B$是多余的，因而可以去掉。

因此，$F_{\min}=\{AB \rightarrow C, C \rightarrow A, BC \rightarrow D, CD \rightarrow B, D \rightarrow E, D \rightarrow G, BE \rightarrow C, CG \rightarrow D, CE \rightarrow G\}$。

4.4.3 案例的最小函数依赖集

根据4.3.3小节分析的函数依赖集$F=\{SID \rightarrow UID, SID \rightarrow SN, SID \rightarrow BN, UID \rightarrow UN, UID \rightarrow Age\}$，

求其最小函数依赖集$F_{\min}$。

分析：

（1）F中每个函数依赖的右部均为单属性，不需处理。

（2）去掉F中各函数依赖左部多余的属性。本案例中函数依赖左部均为单属性，不需处理。

（3）去掉F中冗余的函数依赖。本案例中没有存在冗余函数依赖，不需处理。

因此最小函数依赖集$F_{\min}$={SID→UID,SID→SN,SID→BN,UID→UN,UID→Age}。

4.5 关系模式的分解*

通过前面的学习可以发现，如果不把属性间的函数依赖情况分析清楚，笼统地把各种数据混在一个关系模式里，这种数据结构本身蕴藏着许多致命的弊病，对数据的操作（修改、插入和删除）会出现异常情况。这些问题可以通过分解原关系模式来解决。通俗地讲，分解就是运用关系代数的投影运算把一个关系模式拆成几个关系模式，从关系实例的角度看，就是用几个小表替换原来的一个大表，使得数据结构更合理，避免数据操作时出现的异常情况。

4.5.1 模式分解

定义4.11 设有关系模式$R(U)$，R_1、R_2、$\cdots$、R_k都是R的子集（此处把关系模式看成属性的集合），$R=R_1 \cup R_2 \cup \cdots \cup R_k$，关系模式的集合用$\rho$表示，$\rho=\{R_1,R_2,\cdots,R_k\}$。用$\rho$代替$R$的过程称为关系模式的分解。这里$\rho$称为$R$的一个分解，也称为数据库模式。

一般把上述R称为泛关系模式，R对应的当前值r称为泛关系。数据库模式ρ对应的当前值σ称为数据库实例，它由数据库模式中的每一个关系模式的当前值组成，用$\sigma=<r_1,r_2,\cdots,r_k>$表示。模式分解示意图如图4-4所示。

泛关系模式		数据库模式
R	$\longrightarrow$	$\rho=\{R_1,R_2,\cdots,R_k\}$
r	$\longrightarrow$	$\sigma=<r_1,r_2,\cdots,r_k>$
泛关系		数据库实例

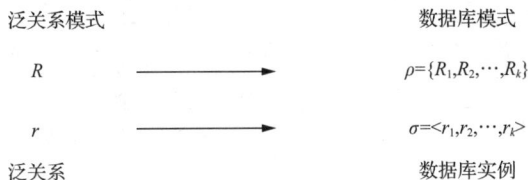

图4-4 模式分解示意图

在4.1节中已提到，R分解成ρ是为了消除关系模式中不合理的数据冗余和解决操作异常问题。由于计算机中的数据并不存储在泛关系r中，而是存储在数据库σ中，那么，σ和r是否表示同一个数据库？如果两者表示不同的内容，该分解就没有意义了。这一点需要从以下两个角度来考虑。

（1）σ和r是否等价，即是否表示同样的数据。这个分解总是用"无损连接"特性表示。

（2）在模式R上有一个函数依赖集F，在ρ的每一个模式R_i上都有一个函数依赖集F_i，那么$\{F_1,F_2,\cdots,F_k\}$与F是否等价。这个问题用"保持依赖"特性表示。

可见，关系模式的分解不仅仅是属性集合的分解，同时体现了对关系模式上的函数依赖集和关系模式的当前值（关系实例）的分解。衡量关系模式的一个分解是否可取，主要有两个标准，即分解是否具有无损连接和分解是否保持了函数依赖。

4.5.2 无损连接分解及测试方法

1. 无损连接分解

定义4.12 设有关系模式R，F是R上的函数依赖集，R分解为数据库模式$\rho=\{R_1,R_2,\cdots,R_k\}$。如果对$R$中满足$F$的每一个关系$r$，有$r=\prod_{R_1}(r)\bowtie\prod_{R_2}(r)\bowtie\cdots\bowtie\prod_{R_k}(r)$，那么就称分解$\rho$相对于$F$是无损连接分解（Lossless Join decomposition），简称无损分解，否则称为损失分解（Lossy Decomposition）。

其中，符号$\prod_{R_i}(r)$表示r在模式R_i属性上的投影。r的投影连接表达式$r=\prod_{R_1}(r)\bowtie\prod_{R_2}(r)\bowtie\cdots\bowtie\prod_{R_k}(r)$用符号$m_\rho(r)$表示，称为关系$r$的投影连接变换。

【例4-10】 设有关系模式$R(A,B,C)$，分解成$\rho=\{AB,AC\}$。

（1）设$F=\{A\rightarrow C\}$是R上的函数依赖集。图4-5（a）所示为R上的一个关系r，图4-5（b）和图4-5（c）分别为r在AB和AC上的投影r_1和r_2。显然，此时满足$r_1\bowtie r_2=r$，也就是投影、连接以后未丢失信息，这正是我们所期望的。这种分解称为"无损分解"。

r	A	B	C
	1	1	1
	1	2	1

（a）

r_1	A	B
	1	1
	1	2

（b）

r_2	A	C
	1	1

（c）

图4-5 未丢失信息的分解

（2）设$F=\{B\rightarrow C\}$是R上的函数依赖集。图4-6（a）所示是R上的一个关系r，图4-6（b）和图4-6（c）所示分别为r在AB和AC上的投影r_1和r_2，图4-6（d）所示为$r_1\bowtie r_2$。显然，此时$r_1\bowtie r_2\neq r$，r在投影、连接以后比原来的元组还要多（增加了噪声），把原来的信息丢失了，这种分解不是我们所期望的。这种分解称为"损失连接分解"。

r	A	B	C
	1	1	4
	1	2	3

r_1	A	B
	1	1
	1	2

r_2	A	C
	1	4
	1	3

r_1,r_2 自然连接	A	B	C
	1	1	4
	1	1	3
	1	2	4
	1	2	3

（a）　　　　　　（b）　　　　　　（c）　　　　　　（d）

图4-6 丢失信息的分解

从本例可以看出，分解是否具有无损性与函数依赖有直接关系。

定理4.6 设$\rho=\{R_1,R_2,\cdots,R_k\}$是关系模式$R$的一个分解，$r$是$R$的任一关系，$r_i=\prod_{R_i}(r)$（$1\leqslant i\leqslant k$），那么有下列性质：

（1）$r\subseteq m_\rho(r)$；

（2）若$s=m_\rho(r)$，则$\prod_{R_i}(s)=r_i$；

（3）$m_\rho(m_\rho(r))=m_\rho(r)$，这个性质称为幂等性（Idempotent）。

2. 无损连接分解的测试算法

在把关系模式R分解成ρ以后，如何测试分解ρ是否是无损分解呢？下面给出相应的算法。

算法4.4 （无损分解的测试算法）测试一个分解ρ是否为无损连接分解。

输入：关系模式$R(A_1,A_2,\cdots,A_n)$，F是R上成立的函数依赖集，R的一个分解$\rho=\{R_1,R_2,\cdots,R_k\}$。

输出：判断ρ相对于F是否为无损连接分解。

具体步骤如下。

（1）构造一个k行n列的表格R_ρ，表中每一列都对应一个属性A_j（$1\leq j\leq n$），每一行都对应一个模式R_i（$1\leq i\leq k$）。如果A_j在R_i中，则在表中的第i行第j列处填上符号a_j，否则填上b_{ij}。

（2）把表格看成模式R的一个关系，根据F中的每个函数依赖，修改表中元素的符号，其方法如下。

① 对F中的某个函数依赖$X\to Y$，在表中寻找X分量上相等的行，把这些行的Y分量也都改成一致。具体方法是：分别对Y分量上的每一列做修改。

② 如果列中有一个是a_j，那么这一列上（X相同的行）的元素都改成a_j。

③ 如果列中没有a_j，那么这一列上（X相同的行）的元素都改成b_{ij}（下标i取i最小的那个）。

④ 对F中所有的函数依赖反复地执行上述的修改操作，直到表格不能再修改（这个过程称为"追踪"（Chase）过程）。

（3）若修改到最后，表中有一行全为a，即$a_1a_2\cdots a_n$，那么称ρ相对于F是无损连接分解。

【例4-11】设有关系模式$R(A,B,C,D)$，R分解成$\rho=\{AB,BC,CD\}$，如果在R上成立的函数依赖集$F=\{B\to A,C\to D\}$，那么ρ相对于F是否为无损连接分解？

解：

（1）由于关系模式R具有4个属性，ρ中分解的模式共有3个，因此要构造一个3行4列的表格，并根据算法4.4向表格中填入相应的符号，如图4-7所示。

（2）根据F中的第1个函数依赖$B\to A$，由于属性B列上的第1行和第2行都为a_2，因此这两行的对应属性A列上的符号都应改为a_1，即将第2行中对应属性A列的b_{21}改为a_1；根据F中的第2个函数依赖$C\to D$，由于属性C列上的第2行和第3行都为a_3，因此这两行的对应属性D列上的符号都应改为a_4，即将第2行中对应属性D列的b_{24}改为a_4。修改后的表格如图4-8所示。

	A	B	C	D
AB	a_1	a_2	b_{13}	b_{14}
BC	b_{21}	a_2	a_3	b_{24}
CD	b_{31}	b_{32}	a_3	a_4

图4-7 例4-11的初始表格

	A	B	C	D
AB	a_1	a_2	b_{13}	b_{14}
BC	a_1	a_2	a_3	a_4
CD	b_{31}	b_{32}	a_3	a_4

图4-8 例4-11修改后的表格

（3）由于修改后的表格中的第2行已全是a，即$a_1a_2a_3a_4$，因此，ρ相对于F是无损连接分解。

【例4-12】设有关系模式$R(SNo,CNo,Score,TNo,TS)$，其中属性SNo、CNo、Score、TNo及TS分别表示学生的学号、课程号、成绩、教师号和教师专长。基于R的函数依赖集$F=\{(SNo,CNo)\to Score,CNo\to TNo,TNo\to TS\}$，判断$\rho=\{SCS(SNo,CNo,Score),CTN(CNo,TNo),TNTS(TNo,TS）\}$相对于$F$是否为无损连接分解？

解：

（1）由于关系模式R具有5个属性，ρ中分解的模式共有3个，因此要构造一个3行5列的表格，并根据算法4.4向表格中填入相应的符号，如图4-9所示。

（2）根据F中的第1个函数依赖$(SNo,CNo)\to Score$，由于表格中没有在(SNo,CNo)相等的行，因此，不修改；根据F中的第2个函数依赖$CNo\to TNo$，由于表格中第1行和第2行CNo的值同为

a_2，因此，把这两行TNo的值改为a_4，也就是将第1行TNo的值由b_{14}改为a_4，修改结果如图4-10所示。

	SNo	CNo	Score	TNo	TS
SCS	a_1	a_2	a_3	b_{14}	b_{15}
CTN	b_{21}	a_2	b_{23}	a_4	b_{25}
TNTS	b_{31}	b_{32}	b_{33}	a_4	a_5

图4-9 例4-12的初始表格

	SNo	CNo	Score	TNo	TS
SCS	a_1	a_2	a_3	a_4	b_{15}
CTN	b_{21}	a_2	b_{23}	a_4	b_{25}
TNTS	b_{31}	b_{32}	b_{33}	a_4	a_5

图4-10 例4-12根据函数依赖CNo→TNo的修改结果

根据F中的第3个函数依赖TNo→TS，由于表格中第1～3行TNo的值同为a_4，因此，把这三行TS的值改为a_5，也就是将第1行和第2行TS的值分别由b_{15}和b_{25}都改为a_5，修改结果如图4-11所示。

	SNo	CNo	Score	TNo	TS
SCS	a_1	a_2	a_3	a_4	a_5
CTN	b_{21}	a_2	b_{23}	a_4	a_5
TNTS	b_{31}	b_{32}	b_{33}	a_4	a_5

图4-11 例4-12根据函数依赖TNo→TS的修改结果

（3）由于修改后的表格中的第1行已全是a，即$a_1a_2a_3a_4a_5$，因此，ρ相对于F是无损连接分解。

当ρ中只包含两个关系模式时，存在一个较简单的测试定理。

定理4.7 设$\rho=\{R_1,R_2\}$是关系模式R的一个分解，F是R上成立的函数依赖集，那么分解ρ相对于F是无损分解的充分条件为

$$(R_1 \cap R_2) \to (R_1-R_2) \text{ 或 } (R_1 \cap R_2) \to (R_2-R_1)$$

其中，$R_1 \cap R_2$表示两个模式的交集，即R_1与R_2中的公共属性，R_1-R_2或R_2-R_1表示两个模式的差集。差集的含义，就是从R_1（或R_2）中去掉了R_1和R_2的公共属性后剩下的其他属性。

当模式R分解成两个模式R_1和R_2时，若两个模式的公共属性（ø除外）能够函数决定R_1（或R_2）中的其他属性，这样的分解具有无损连接性。

当$(R_1 \cap R_2) \to (R_1-R_2)$或$(R_1 \cap R_2) \to (R_2-R_1)$为$R$上成立的函数依赖时，即$(R_1 \cap R_2) \to (R_1-R_2) \in F$或$(R_1 \cap R_2) \to (R_2-R_1) \in F$时，定理4.7为充分必要条件。这个定理的证明可以用算法4.4来证明。

无损连接测试算法

【例4-13】设有关系模式$R(X,Y,Z)$，基于R的函数依赖集$F=\{X \to Y\}$，判断以下有关R的两个分解是否是为无损连接。

$$\rho_1=\{R_1(X,Y),R_2(X,Z)\}$$
$$\rho_2=\{R_3(X,Y),R_4(Y,Z)\}$$

解：

（1）因为$R_1 \cap R_2$为$XY \cap XZ=X$，$R_1-R_2=XY-XZ=Y$，已知$X \to Y$，所以$R_1 \cap R_2 \to (R_1-R_2)$。故$\rho_1=\{R_1(X,Y),R_2(X,Z)\}$是无损分解。

（2）因为$R_3 \cap R_4$为$XY \cap YZ=Y$，$R_3-R_4=XY-YZ=X$，已知$X \to Y$，所以$R_3 \cap R_4 \nrightarrow (R_3-R_4)$。故$\rho_2=\{R_3(X,Y),R_4(Y,Z)\}$不是无损分解。

4.5.3 保持函数依赖的分解及测试方法

要求关系模式分解具有无损连接性是必要的，因为它保证了R上每个满足F的具体关系r，在分解后都可以由r的投影经自然连接得以恢复，且还原后的信息与原始信息一致。

保持关系模式的一个分解是等价的另一个重要条件是在分解的过程中能否保持函数依赖。如果不能保持函数依赖，那么数据的语义就会出现混乱。

定义4.13 设有关系模式$R(U)$，F是$R(U)$上的函数依赖集，Z是属性集U上的一个子集，$\rho=\{R_1,R_2,\cdots,R_k\}$是$R$的一个分解。

F在Z上的一个投影用$\prod_Z(F)$表示：$\prod_Z(F)=\{X{\rightarrow}Y\mid X{\rightarrow}Y\in F^+\wedge XY\subseteq Z\}$。

F在R_i上的一个投影用$\prod_{R_i}(F)$表示：$\bigcup\limits_{i=1}^{k}\prod_{R_i}(F)=\prod_{R_1}(F)\bigcup\prod_{R_2}(F)\bigcup\cdots\bigcup\prod_{R_k}(F)$。

如果有$F^+=\bigcup\limits_{i=1}^{k}(\prod_{R_i}(F))^+$，则称$\rho$是保持函数依赖集$F$的分解。

从定义中可以看出，保持函数依赖的分解是把R分解为R_1、R_2、$\cdots$、R_k后，函数依赖集F应被F在这些R_i上的投影所蕴涵。因为F中的函数依赖实质上是对关系模式R的完整性约束，R分解后也要保持F的有效性，否则数据的完整性将受到破坏。

但是，一个无损连接分解不一定是保持函数依赖的。同样，一个保持函数依赖的分解也不一定是无损连接的。

【例4-14】 设有关系模式$R(SNo,Dept,DP)$，其中属性SNo、Dept和DP分别表示学生学号、所在系别和系办公室地点。函数依赖集有$F=\{SNo{\rightarrow}Dept,Dept{\rightarrow}DP\}$，$R$分解成$\rho=\{R_1(SNo,Dept),R_2(SNo,DP)\}$。

（1）判断ρ是否具有无损连接性。

（2）判断ρ是否具有保持函数依赖性。

解：

（1）判断ρ是否具有无损连接性。因为$R_1\cap R_2$为$(SNo,Dept)\cap(SNo,DP)=SNo$，$R_1-R_2=(SNo,Dept)-(SNo,DP)=Dept$，已知$SNo{\rightarrow}Dept$，所以$R_1\cap R_2{\rightarrow}(R_1-R_2)$。故$\rho=\{R_1(SNo,Dept),R_2(Sno,DP)\}$是无损分解。

（2）判断ρ是否具有保持函数依赖性。R_1上的函数依赖是$SNo{\rightarrow}Dept$，R_2上的函数依赖是$SNo{\rightarrow}DP$。但从这两个函数依赖推不出在R上成立的函数依赖$Dept{\rightarrow}DP$，分解ρ把$Dept{\rightarrow}DP$丢失了，因此，分解ρ不具有保持函数依赖性。

4.6 关系模式范式及规范化

4.6.1 关系模式规范化的目的及原则

关系模式规范化的目的是使结构合理，消除存储异常，消除关系模式中的数据冗余，消除数据依赖中的不合适部分，解决数据插入、删除时发生的异常现象。这就要求关系模式要满足一定的条件。关系模式规范化过程中为不同程度的规范化要求设立的不同标准称为范式（Normal Forms，NF）。由于规范化的程度不同，就产生了不同的范式。

范式的概念最早由E.F.Codd提出。从1971年起，Codd相继提出了关系的三级规范化形式，即第一范式（1NF）、第二范式（2NF）和第三范式（3NF）。1974年，Codd和Boyce共同提出了一个新范式的概念，即Boyce-Codd范式，简称BC范式（BCNF）。1976年，Fagin提出了第四范式（4NF），后来又有人定义了第五范式（5NF）。至此，在关系型数据库规范中建立了一系列范式：1NF、2NF、3NF、BCNF、4NF和5NF。

各个范式之间的关系可以表示为5NF⊂4NF⊂BCNF⊂3NF⊂2NF⊂1NF，如图4-12所示。

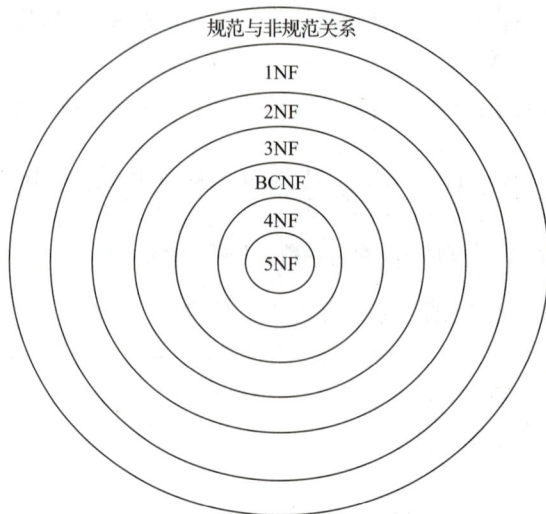

规范与非规范关系
1NF
2NF
3NF
BCNF
4NF
5NF

图4-12　各种范式之间的关系

到目前为止，规范化理论已经提出了六类范式（有关5NF的内容，本书不再详细介绍）。范式级别可以逐级升高，而升高规范化的过程就是逐步消除关系模式中不合适的数据依赖的过程，使模型中各个关系模式达到某种程度的分离。一个低一级范式的关系模式通过模式分解转换为若干高一级范式的关系模式的集合，这种分解过程叫作关系模式的规范化（Normalization）。

一个关系只要其分量都是不可分的数据项，就可称它为规范化的关系，但这只是最基本的规范化。

规范化的基本原则就是遵循"一事一地"的原则，即一个关系只描述一个实体或者实体间的联系。若多于一个实体，就把它"分离"出来。因此，所谓规范化，实质上是概念的单一化，即一个关系表示一个实体。

4.6.2　第一范式的定义及规范化方法

1. 第一范式的定义

第一范式（First Normal Form）是关系模式最基本的规范形式，要求关系模式中的每个属性都是不可再分的原子项。

定义4.14　如果关系模式R中所有的属性均为原子属性，即每个属性都是不可再分的，则称R属于第一范式，简称1NF，记作$R \in 1NF$。

满足1NF的关系模式称为规范化关系，是关系模式应具备的基本条件。在关系型数据库系统中只讨论规范化的关系，凡是非规范化的关系模式必须转化成规范化的关系。每个规范化的关系都属于1NF，这也是它之所以称为"第一"的原因。

2. 第一范式的规范化方法

在设计数据库时，第一范式的实施步骤是将关系模式中所有的属性都原子化。

需注意的是，初学规范化理论，我们强调1NF是关系型数据库规范化设计的基础，其目的是让读者在开展数据库设计时，确保属性尽量原子化，培养关系型数据库规范化设计的基本素养。但是在实际数据库设计时，综合考虑查询效率等原因，我们会让部分属性呈现非原子化的情况；但初学者还是应尽量遵守1NF的要求，仅当具备丰富的数据库经验后，再考虑属性原子化的成本问题。

3. 第一范式的缺点

一个关系模式仅仅属于第一范式是不够的。在4.1节中给出的泛关系模式SCD属于第一范式，但它具有大量的数据冗余，存在插入异常、删除异常和更新异常等弊端。为什么会存在这种问题？分析一下SCD中的函数依赖关系，它的码是(SNo,CNo)的属性组合，所以有：

$$(SNo,CNo)\xrightarrow{f}Score$$
$$SNo \rightarrow SN,(SNo,CNo)\xrightarrow{p}SN$$
$$SNo \rightarrow Age,(SNo,CNo)\xrightarrow{p}Age$$
$$SNo \rightarrow Dept,(SNo,CNo)\xrightarrow{p}Dept$$
$$Dept \rightarrow MN,SNo\xrightarrow{t}MN$$

我们可以用函数依赖图表示以上函数依赖关系，如图4-13所示。其中，矩形框表示属性，箭头表示函数依赖的决定关系，箭头上标注函数依赖的类型。

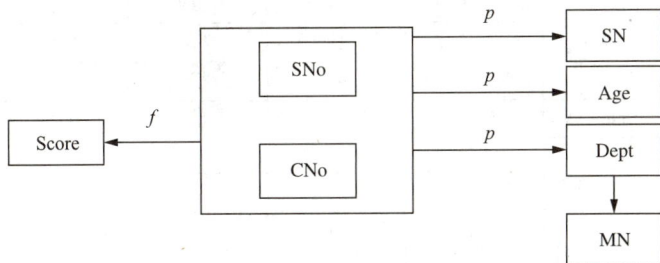

图4-13 SCD中的函数依赖关系

由此可见，在SCD中，既存在完全函数依赖，又存在部分函数依赖和传递函数依赖。由于关系模式中存在着复杂的函数依赖，导致数据操作中出现了种种弊端。克服这些弊端的方法是将关系模式分解，去掉过于复杂的函数依赖关系，向更高一级的范式进行转换。

4.6.3 第二范式的定义及规范化方法

1. 第二范式的定义

定义4.15 如果关系模式$R \in 1NF$，且每个非主属性都完全函数依赖于R的主码，则称R属于第二范式（Second Normal Form），简称2NF，记作$R \in 2NF$。如果数据库模式中每个关系模式都是2NF，则这个数据库模式称为2NF的数据库模式。

在关系模式SCD中，SNo、CNo为主属性，Age、Dept、SN、MN和Score均为非主属性，经上述分析，存在非主属性对主码的部分函数依赖，所以$SCD \notin 2NF$。图4-2所示由SCD分解的三个关系模式S、D和SC中，S的码为SNo，D的码为Dept，它们都是单属性，不可能存在部分函数依赖。对于SC，$(SNo,CNo)\xrightarrow{f}Score$。所以SCD分解后，消除了非主属性对主码的部分函数依赖，S、D和SC均属于2NF。

又如在讲述全码的概念时给出的关系模式TC(T,C)，一个教师可以讲授多门课程，一门课程可以被多个教师讲授；(T,C)两个属性的组合是主码，T、C都是主属性，而没有非主属性，所以也就不可能存在非主属性对主码的部分函数依赖，故TC∈2NF。

经以上分析，可以得到以下两个结论：

（1）从1NF关系中消除非主属性对主码的部分函数依赖，即可得到2NF；

（2）如果R的主码为单属性或R的全体属性均为主属性，则R∈2NF。

2. 第二范式的规范化方法

2NF规范化是指把1NF关系模式通过分解，转换成2NF关系模式的集合。分解时遵循"一事一地"的基本原则，分解后每一个关系模式都只描述一个实体或者实体间的联系。

下面以关系模式SCD为例说明2NF规范化的过程。

【例4-15】将SCD(SNo,SN,Age,Dept,MN,CNo,Score)规范为2NF。

解： 由SNo→SN，SNo→Age，SNo→Dept，SNo→MN，$(Sno,CNo) \xrightarrow{f} Score$可以判断，关系SCD至少描述了两个实体：一个为学生实体，属性有SNo、SN、Age、Dept和MN；另一个为学生与课程的选课联系，属性有SNo、CNo和Score。根据"一事一地"的分解原则，SCD可以分解成SD和SC两个关系，如图4-14所示。

SD

SNo	SN	Age	Dept	MN
S1	赵亦	17	计算机	刘伟
S2	钱尔	18	信息	王平
S3	孙珊	20	信息	王平
S4	李思	21	自动化	刘伟

SC

SNo	CNo	Score
S1	C1	90
S1	C2	85
S2	C5	57
S2	C6	80
S2	C7	
S2	C4	70
S3	C1	75
S3	C2	70
S3	C4	85
S4	C1	93

图4-14 关系SD和SC

其中，SD(SNo,SN,Age,Dept,MN)描述学生实体，主码为SNo；SC(SNo,CNo,Score)描述学生与课程的联系，主码为(SNo,CNo)。分解后的两个关系SD和SC，非主属性对主码完全函数依赖，因此，SD∈2NF，SC∈2NF。SCD的这种分解不会丢失任何信息，具有无损连接性。

分解后，SD和SC中的函数依赖关系分别如图4-15和图4-16所示。

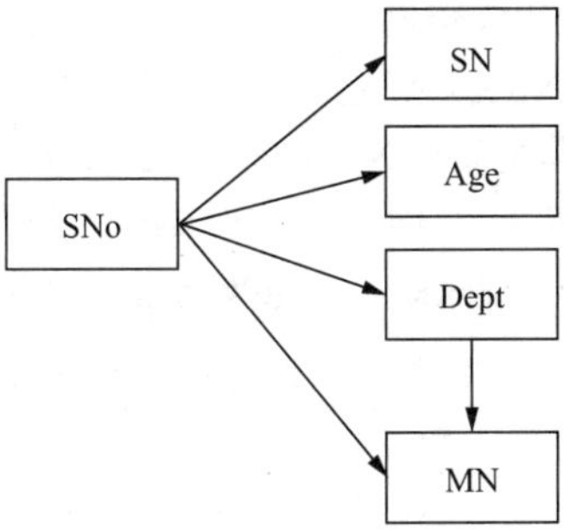

图4-15　SD中的函数依赖关系 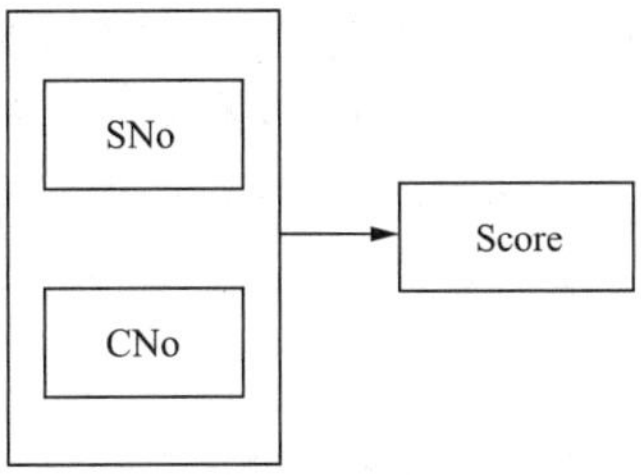　　　　图4-16　SC中的函数依赖关系

　　1NF的关系模式经过投影分解转换成2NF后，消除了一些数据冗余。分析图4-14中SD和SC中的数据，可以看出，它们存储的冗余度比关系模式SCD有了较大幅度的降低。学生的姓名、年龄不需要重复存储多次，这样便可在一定程度上避免数据更新造成的数据不一致的问题。由于把学生的基本信息与选课信息分开存储，学生基本信息因没有选课而不能插入的问题得到了解决，插入异常现象得到了部分改善。同样，如果某名学生不再选修C1课程，只在选课关系SC中删除该学生选修C1的记录即可，SD中有关该学生的其他信息不会受到任何影响，也解决了部分删除异常问题。因此，可以说关系模式SD和SC在性能上比SCD有了显著提高。

　　下面对2NF规范化进行形式化的描述。

　　算法4.5（2NF规范化算法）设有关系模式$R(X,Y,Z)$，$R \in 1NF$，但$R \notin 2NF$，其中，X是主属性，Y、Z是非主属性，且存在部分函数依赖，$X \xrightarrow{P} Y$。设X可表示为X_1、X_2，其中$X_1 \xrightarrow{f} Y$，则$R(X,Y,Z)$可以分解为$R[X_1,Y]$和$R[X,Z]$。因为$X_1 \xrightarrow{f} Y$，所以$R(X,Y,Z)=R[X_1,Y] \bowtie R[X_1,X_2,Z]=R[X_1,Y] \bowtie R[X,Z]$，即由定理4.7可知，$R$等于其投影$R[X_1,Y]$和$[X,Z]$在$X_1$上的自然连接，$R$的分解具有无损连接性。

　　由于$X_1 \xrightarrow{f} Y$，因此$R[X_1,Y] \in 2NF$。若$R[X,Z] \notin 2NF$，可以按照上述方法继续进行投影分解，直到将$R[X,Z]$分解为属于2NF关系的集合，且这种分解必定是有限的。

3．第二范式的缺点

　　2NF的关系模式解决了1NF中存在的一些问题，2NF规范化的程度比1NF前进了一步，但2NF的关系模式在进行数据操作时，例如，在SD中，仍然存在下面一些问题。

　　（1）数据冗余。如每个系名和系主任的名字存储的次数等于该系的学生人数。

　　（2）插入异常。如当一个新系没有招生时，有关该系的信息无法插入。

　　（3）删除异常。如某系学生全部毕业而没有招生时，删除全部学生的记录也随之删除了该系的有关信息。

　　（4）更新异常。如更换系主任时，仍需改动较多的学生记录。

　　存在这些问题的原因是：SD中存在非主属性对主码的传递函数依赖。分析SD中的函数依赖关系，SNo→SN、SNo→Age、SNo→Dept、Dept→MN和SNo$\xrightarrow{T}$MN，非主属性MN对主码SNo传递函数依赖。为此，对关系模式SD还需进一步进行模式分解，消除传递函数依赖，这样就得到了3NF。

4.6.4　第三范式的定义及规范化方法

1．第三范式的定义

　　定义4.16　如果关系模式$R \in 2NF$，且每个非主属性都不传递函数依赖于R的主码，则称R属于第三范式（Third Normal Form），简称3NF，记作$R \in 3NF$。

例如，前面由关系模式SCD分解而得到的SD(SNo,SN,Age,Dept,MN)和SC(SNo,CNo,Score)，它们都属于2NF。在SC中，主码为(SNo,CNo)，非主属性为Score，函数依赖为(SNo,CNo)→Score，非主属性Score不传递函数依赖于主码(SNo,CNo)，因此，$SC \in 3NF$。但在SD中，主码为SNo，非主属性Dept和MN与主码SNo间存在着函数依赖SNo→Dept和Dept→MN，即SNo$\xrightarrow{t}$MN。可见，非主属性MN与主码SNo间存在着传递函数依赖，所以$SD \notin 3NF$。对于SD，应该进一步进行分解，将其转换成3NF。

2. 第三范式的规范化方法

3NF规范化是指把2NF的关系模式通过投影分解转换成3NF关系模式的集合，即将第二范式关系模式中存在的传递函数依赖提取出来，确保每个关系模式都不存在非主属性对码的传递函数依赖，遵循"一事一地"原则，让一个关系只描述一个实体或者实体间的联系。

算法4.6 （3NF规范化算法）把一个关系模式分解为3NF，使它具有保持函数依赖性。

输入：关系模式R和R的最小函数依赖集$F_{\min}$。

输出：R的一个保持函数依赖的分解$\rho=\{R_1,R_2,\cdots,R_k\}$，每个$R_i$相对于$\prod_{R_i}(F_{\min})$（$i=1,2,\cdots,k$）都是3NF模式。

方法：

（1）如果$F_{\min}$中有一函数依赖$X \to A$，且$XA=R$，则输出$\rho=\{R\}$，转（4）；

（2）如果R中某些属性与$F_{\min}$中所有函数依赖的左部和右部都无关，则将它们构成关系模式，从R中将它们分出去，单独构成一个模式；

（3）对于$F_{\min}$中的每一个函数依赖$X \to A$，都单独构成一个关系子模式XA。若$F_{\min}$中有$X \to A_1,X \to A_2,\cdots,X \to A_n$，则可以用模式$XA_1A_2 \cdots A_n$取代$n$个模式$XA_1,XA_2,\cdots,XA_n$；

（4）停止分解，输出ρ。

【例4-16】 设有关系模式$R(U,F)$，其中$U=\{C,T,H,R,S,G\}$，$F=\{CS \to G,C \to T,TH \to R,HR \to C,HS \to R\}$，将其分解为3NF且具有保持函数依赖性。

解： 求出关系模式R的最小函数依赖$F_{\min}=\{CS \to G,C \to T,TH \to R,HR \to C,HS \to R\}$。

（1）根据算法4.6的第（1）步，可看出F中没有满足条件的函数依赖。

（2）根据算法4.6的第（2）步，可看出F中没有满足条件的函数依赖。

（3）根据算法4.6的第（3）步，将R分解为$R_1=\{CS,G\}$，$R_2=\{C,T\}$，$R_3=\{TH,R\}$，$R_4=\{HR,C\}$，$R_5=\{HS,R\}$。由于$F_{\min}$中的函数依赖没有相同的左部，因此，分解结束。

（4）$\rho=\{R_1(C,S,G),R_2(C,T),R_3(T,H,R),R_4(H,R,C),R_5(H,S,R)\}$。

显然，这样的分解把原来函数依赖集F的所有函数依赖都保持了下来，并且每个分解后的关系模式都是3NF的。

算法4.7 （保持函数依赖和无损连接的3NF算法）把一个关系模式分解为3NF，使它既具有无损连接性，又具有保持函数依赖性。

输入：关系模式R和R的最小函数依赖集$F_{\min}$。

输出：R的一个分解$\rho=\{R_1,R_2,\cdots,R_k\}$，$R_i$为3NF（$i=1,2,\cdots,k$），$\rho$具有无损连接性和函数依赖保持性。

方法：

（1）根据算法4.6，求出保持函数依赖的分解$\rho=\{R_1,R_2,\cdots,R_k\}$；

（2）判定ρ是否具有无损连接性，若有，转（4）；

（3）令$\rho=\rho\cup\{X\}=\{R_1,R_2,\cdots,R_k,X\}$，其中$X$是$R$的候选码；

（4）输出ρ。

【例4-17】 设有关系模式$R(F,G,H,I,J)$，R的函数依赖集$F=\{F\rightarrow I,J\rightarrow I,I\rightarrow G,GH\rightarrow I,IH\rightarrow F\}$。将$R$分解为3NF，并具有无损连接性和保持函数依赖性。

解： 求出R的最小函数依赖集$F_{\min}=\{F\rightarrow I,J\rightarrow I,I\rightarrow G,GH\rightarrow I,IH\rightarrow F\}$。

（1）根据算法4.6，求出保持函数依赖的分解：$\rho=\{R_1(F,I),R_2(J,I),R_3(I,G),R_4(G,H,I),R_5(I,H,F)\}$。

（2）判定ρ是否具有无损连接性。

① 由于关系模式R具有5个属性，ρ中分解的模式共有5个，因此要构造一个5行5列的表格，并根据算法4.4向表格中填入相应的符号，如图4-17所示。

② 根据$F_{\min}$中的第1个函数依赖$F\rightarrow I$，由于表格中第1行和第5行F的值同为a_1，因此，把这两行I的值改为a_4。由表格可以看出，这两行I的值都已为a_4，所以不用修改。

根据$F_{\min}$中的第2个函数依赖$J\rightarrow I$，由于表格中没有在J上相等的行，因此，不做修改。

根据$F_{\min}$中的第3个函数依赖$I\rightarrow G$，由于表格中第1～5行I的值同为a_4，因此，把这五行G的值都改为a_2，如图4-18所示。

	F	G	H	I	J
FI	a_1	b_{12}	b_{13}	a_4	b_{15}
JI	b_{21}	b_{22}	b_{23}	a_4	a_5
IG	b_{31}	a_2	b_{33}	a_4	b_{35}
GHI	b_{41}	a_2	a_3	a_4	b_{45}
IHF	a_1	b_{52}	a_3	a_4	b_{55}

	F	G	H	I	J
FI	a_1	a_2	b_{13}	a_4	b_{15}
JI	b_{21}	a_2	b_{23}	a_4	a_5
IG	b_{31}	a_2	b_{33}	a_4	b_{35}
GHI	a_1	a_2	a_3	a_4	b_{45}
IHF	a_1	a_2	a_3	a_4	b_{55}

图4-17 例4-17的初始表格　　图4-18 例4-17的根据函数依赖$I\rightarrow G$的修改结果

根据$F_{\min}$中的第4个函数依赖$GH\rightarrow I$，由于表格第4行和第5行的G和H的值均为a_2和a_3，因此，把这两行I的值都改为a_4。由表格可以看出，这两行I的值都已为a_4，所以不用修改。

根据$F_{\min}$中的第5个函数依赖$IH\rightarrow F$，由于表格第4行和第5行的I和H的值均为a_4和a_3，因此，把这两行F的值改为a_1。

③ 修改后的最终结果如图4-18所示。从结果可以看出，在最终结果中没有一行的值全都为a，即$a_1a_2a_3a_4a_5$的形式。因此，ρ相对于$F_{\min}$不是无损连接分解。

（3）根据算法4.7的第（3）步，先求R的候选码。根据函数依赖集F可以看出，JH是L类属性，且$(JH)^+=FGHIJ$，因此，JH是R的唯一候选码。

$$\rho=\rho\cup\{JH\}=\{R_1(F,I),R_2(J,I),R_3(I,G),R_4(G,H,I),R_5(I,H,F),R_6(J,H)\}$$

至此，分解结束，ρ中的每个关系模式$R_1(F,I)$、$R_2(J,I)$、$R_3(I,G)$、$R_4(G,H,I)$、$R_5(I,H,F)$、$R_6(J,H)$都是3NF，且既具有无损连接性，又具有保持函数依赖性。

【例4-18】 将SD(SNo,SN,Age,Dept,MN)规范到3NF。

解： 根据语义分析SD的属性组成可知，SD中存在着以下函数依赖集$F=\{\text{SNo}\rightarrow(\text{SN,Age,Dept}),\text{Dept}\rightarrow\text{MN}\}$。

（1）根据算法4.6，求出保持函数依赖的分解：$\rho=\{\text{S(SNo,SN,Age,Dept)},\text{D(Dept,MN)}\}$。

（2）判定ρ是否具有无损连接性。

① 由于关系模式SD具有5个属性，ρ中分解的模式共有2个，因此要构造一个2行5列的表格，并根据算法4.4向表格中填入相应的符号，如图4-19所示。

	SNo	SN	Age	Dept	MN
R_1(SNo,SN,Age,Dept)	a_1	a_2	a_3	a_4	b_{15}
R_2(Dept,MN)	b_{21}	b_{22}	b_{23}	a_4	a_5

图4-19 例4-18的初始表格

② 根据 F 中的第 1 个函数依赖SNo→(SN,Age,Dept)，由于表格中没有在SNO上相等的行，因此，不做修改。

根据F中的第2个函数依赖Dept→MN，由于表格中第1行和第2行Dept的值同为a_4，因此，把这两行MN的值改为a_5，也就是将第1行MN的值由b_{15}改为a_5，修改结果如图4-20所示。

	SNo	SN	Age	Dept	MN
R_1(SNo,SN,Age,Dept)	a_1	a_2	a_3	a_4	a_5
R_2(Dept,MN)	b_{21}	b_{22}	b_{23}	a_4	a_5

图4-20 例4-18的根据函数依赖Dept→MN的修改结果

③ 从结果可以看出，在最终结果中第1行的值全都为a，即$a_1a_2a_3a_4a_5$的形式。因此，ρ相对于F是无损连接分解。

可见，将SD分解为ρ={S(SNo,SN,Age,Dept),D(Dept,MN)}时，S、D都属于3NF，且既具有无损连接性，又具有保持函数依赖性。

事实上，通过语义分析可知，关系SD实际上描述了两个实体：一个为学生实体，其属性有SNo、SN、Age、Dept；另一个是系别的实体，其属性有Dept和MN。分解后的两个关系如图4-21所示。其中，S(SNo,SN,Age,Dept)描述学生实体，D(Dept,MN)描述系别的实体。

分解后的两个关系S和D的主码分别为SNo和Dept，不存在非主属性对主码的传递函数依赖，因此，$S \in$3NF，$D \in$3NF。

S

SNo	SN	Age	Dept
$S1$	赵亦	17	计算机
$S2$	钱尔	18	信息
$S3$	孙珊	20	信息
$S4$	李思	21	自动化

D

Dept	MN
计算机	刘伟
信息	王平
自动化	刘伟

图4-21 例4-18分解后的关系S和D

分解后，关系S和D的函数依赖分别如图4-22和图4-23所示。

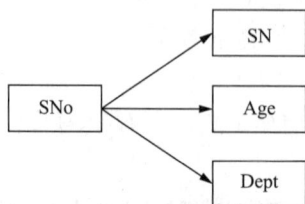

图4-22 关系S中的函数依赖关系   图4-23 关系D中的函数依赖关系

由以上两图可以看出，关系模式SD由2NF分解为3NF后，函数依赖关系变得更加简单，既没有非主属性对主码的部分函数依赖，也没有非主属性对主码的传递函数依赖，解决了2NF中存在的4个问题，且具有以下特点。

（1）数据冗余降低了。如系主任的名字存储的次数与该系的学生人数无关，只在关系D中存储一次。

（2）不存在插入异常。如当一个新系没有学生时，该系的信息可以直接插入关系D中，而与学生关系S无关。

（3）不存在删除异常。当要删除某系的全部学生而仍然保留该系的有关信息时，可以只删除学生关系S中的相关学生记录，而不影响系关系D中的数据。

（4）不存在更新异常。如更换系主任时，只需修改关系D中一个相应元组的MN属性值，不会出现数据的不一致现象。

3. 第三范式的缺点

SD规范到3NF后，所存在的数据冗余、数据插入、删除异常和修改异常现象已经全部消失。但是，3NF只限制了非主属性对主码的依赖关系，而没有限制主属性对主码的依赖关系。如果发生了这种依赖，则仍有可能存在数据冗余、插入异常、删除异常和修改异常。这时，则需对3NF进一步规范化，消除主属性对主码的依赖关系。为了解决这种问题，Boyce与Codd共同提出了一个新范式的定义，即Boyce-Codd范式（通常简称BCNF或BC范式），该范式弥补了3NF的不足。

4.6.5 BC范式的定义及规范化方法

1. BC范式的定义

定义4.17 如果关系模式$R \in 1NF$，且所有的函数依赖$X \to Y$（$Y \notin X$），决定因素X都包含了R的一个候选码，则称R属于BC范式，记作$R \in BCNF$。如果数据库中每个关系模式都属于BCNF，则称为BCNF的数据库模式。

BCNF具有如下性质。

（1）满足BCNF的关系将消除所有属性（主属性或非主属性）对主码的部分函数依赖和传递函数依赖。也就是说，如果$R \in BCNF$，则R也是3NF。

证明：采用反证法。设R不是3NF，则必然存在满足一定条件的函数依赖：$X \to Y$（$Y \nrightarrow X$），$Y \to Z$。其中，X是主属性，Y是任意属性组，Z是非主属性，$Z \notin Y$，这样$Y \to Z$函数依赖的决定因素Y不包含候选码，这与BCNF范式的定义相矛盾，所以如果$R \in BCNF$，则R也是3NF。

（2）如果$R \in 3NF$，则R不一定是BCNF，现举例说明。

【例4-19】 设有关系模式SNC(SNo,SN,CNo,Score)，其中SNo代表学号，SN代表学生姓名并假设没有重名，CNo代表课程号，Score代表成绩。可以判定，SNC有两个候选码(SNo,CNo)和(SN,CNo)，其函数依赖如下。

$$SNo \leftrightarrow SN$$

$$(SNo,CNo) \to Score$$

$$(SN,CNo) \to Score$$

唯一的非主属性Score对主码不存在部分函数依赖，也不存在传递函数依赖，所以$SNC \in 3NF$。但是，因为$SNo \leftrightarrow SN$，即决定因素SNo或SN不包含候选码。从另一个角度说，存在着主属性对主码的部分函数依赖：$(SNo,CNo) \overset{P}{\longrightarrow} SN$，$(SN,CNo) \overset{P}{\longrightarrow} SNo$，所以SNC不是BCNF。正是存在这种主属性对主码的部分函数依赖关系，导致关系SNC中存在着较大的数据冗余，如学生姓名的存储次数等于该生所选的课程数，从而会引起修改异常。例如，当更改某名学生的姓名时，必须搜索出该姓名学生的每条记录，并对其姓名逐一修改，这样容易造成数据不一致的问题。解决这一问题的方法仍然是通过模式分解进一步提高SNC的范式等级，将SNC规范到BCNF。

2．BC 范式的规范化方法

算法4.8 把一个关系模式分解为BCNF。

输入：关系模式R和R的函数依赖集F。

输出：R的一个无损连接分解$\rho=\{R_1,R_2,\cdots,R_k\}$，每个$R_i$相对于$\prod_{R_i}(F)$（$i=1,2,\cdots,k$）是BCNF。

方法：

（1）令$\rho=\{R\}$；

（2）如果ρ中所有模式都是BCNF，则转（4）；

（3）如果ρ中有一个关系模式S不是BCNF，则S中必能找到一个函数依赖$X \rightarrow A$且X不是S的候选码，A不属于X，设$S_1=XA$，$S_2=S-(A-X)$，用分解$\{S_1,S_2\}$代替S，转（2）；

（4）分解结束，输出ρ。

BCNF规范化是指把3NF的关系模式通过模式分解转换成BCNF关系模式的集合。下面以3NF的关系模式SNC为例，来说明BCNF规范化的过程。

【例4-20】 将SNC(SNo,SN,CNo,Score)规范到BCNF。

解： 根据前面的分析可知，SNC有两个候选码(SNo,CNo)和(SN,CNo)，其函数依赖如下。
$F=\{SNo \rightarrow SN, SN \rightarrow SNo, (SNo,CNo) \rightarrow Score, (SN,CNo) \rightarrow Score\}$。

（1）令$\rho=\{SNC(SNo,SN,CNo,Score)\}$。

（2）经过前面的分析可知，ρ中关系模式不属于BCNF。

（3）考虑SNo→SN，由于SNo不是模式SNC的候选码，且SN不属于SNo，因此，用分解$\{S_1(SNo,SN),S_2(SNo,CNo,Score)\}$代替SNC。

可以看出，关系模式S_1的候选码为SNo，其函数依赖为SNo→SN，决定因素包含了候选码，因此S_1属于BCNF，即$S_1 \in BCNF$。

关系模式S_2的候选码为(SNo，CNo)，其函数依赖为(SNo,CNo)→Score，决定因素包含了候选码，因此S_2也属于BCNF，即$S_2 \in BCNF$。

（4）至此分解结束，分解结果为S_1(SNo,SN)描述学生实体，S_2(SNo,CNo,Score)描述学生与课程的联系。

分解后，S_1和S_2的函数依赖关系分别如图4-24和图4-25所示。

图4-24　S_1中的函数依赖关系　　　　图4-25　S_2中的函数依赖关系

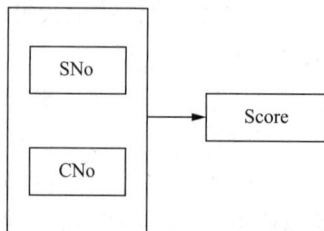

关系SNC转换成BCNF后，数据冗余度明显降低。学生的姓名只在关系S_1中存储一次，当学生改名时，只需改动一条学生记录中的相应的SN值即可，因此不会发生修改异常。

【例4-21】设有关系模式TCS(T,C,S)，T表示教师，C表示课程，S表示学生。语义假设是：每一位教师只讲授一门课程；每门课程由多位教师讲授；某一学生选定某门课程，就对应于一个确定的教师。

解： 根据语义假设，TCS的函数依赖为$F=\{(S,C)\to T,(S,T)\to C,T\to C\}$。TCS中的函数依赖关系如图4-26所示。

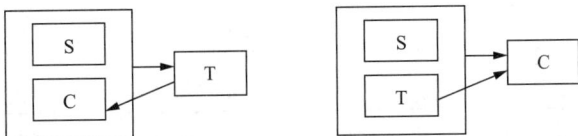

图4-26 TCS中的函数依赖关系

（1）令$\rho=\{TCS(T,C,S)\}$。

（2）经过前面的分析可知，对于TCS，(S,C)和(S,T)都是候选码，TCS中不存在非主属性，也就不可能存在非主属性对主码的部分函数依赖或传递函数依赖，所以$TCS\in 3NF$。但从TCS的一个关系实例（见图4-27）分析，仍存在一些问题。

T	C	S
T1	C1	S1
T1	C1	S2
T2	C1	S3
T2	C1	S4
T3	C2	S2
T4	C2	S2
T4	C3	S2

图4-27 关系TCS

① 数据冗余。虽然每位教师只开一门课，但每名选修该教师该门课程的学生元组都要记录这一信息。

② 插入异常。某门课程本学期不开设，自然就没有学生选修。因为主属性不能为空，教师上该门课程的信息就无法插入。同理，学生刚入校，尚未选课，有关信息也不能输入。

③ 删除异常。如果选修某门课程的学生全部毕业，删除学生记录的同时随之也删除了教师开设该门课程的信息。

④ 更新异常。当某位教师开设的某门课程改名后，所有选修该教师该门课程的学生元组都要进行修改，如果漏改某个数据，则破坏了数据的完整性。

出现上述问题的原因在于主属性部分函数依赖于候选码，$(S,T)\xrightarrow{P}C$，因此，ρ中关系模式不属于BCNF。关系模式还需要继续分解，转换成更高一级的范式BCNF，以消除数据库操作中的异常现象。

（3）对于F中的函数依赖，由于函数依赖$(S,C)\to T$和$(S,T)\to C$中决定因素都包含了关系模式TCS的候选码，因此，不再需要考虑。

考虑$T\to C$，由于决定因素T不是关系模式TCS的候选码，且C不属于T，因此，用分解$\{TC(T,C),ST(S,T)\}$代替TCS。

可以看出，关系模式TC的候选码为T，其函数依赖为T→C，决定因素包含了候选码，因此TC属于BCNF，即TC∈BCNF；关系模式ST的候选码为(S,T)，即全码，不存在函数依赖，因此ST属于BCNF，即ST∈BCNF。

（4）由于ρ中关系模式分解为TC(T,C)和ST(S,T)后，所有关系模式都已是BCNF，因此分解结束。

可见，将关系模式TCS分解为两个关系模式TC(T,C)和ST(S,T)，消除了函数依赖(S,T)$\xrightarrow{\ \ P\ \ }$C。其中TC的码为T，ST的码为(S,T)，ST∈BCNF，TC∈BCNF。这两个关系模式的函数依赖关系分别如图4-28和图4-29所示。

图4-28 TC中的函数依赖关系   图4-29 ST中的函数依赖关系

关系模式TCS规范到BCNF后，原来存在的四个异常问题得到解决。

（1）数据冗余降低了。每位教师开设课程的信息只在TC关系中存储一次。

（2）不存在插入异常。所开课程尚未有学生选修的教师信息可以直接存储在关系TC中，而尚未选修课程的学生可以存储在关系ST中。

（3）不存在删除异常。如果选修某门课程的学生全部毕业，则可以只删除关系ST中的相关学生记录，而不影响关系TC中相应教师开设该门课程的信息。

（4）不存在更新异常。当某位教师开设的某门课程改名后，只需修改关系TC中的一个相应元组即可，不会破坏数据的完整性。

如果一个关系型数据库中的所有关系模式都属于3NF，则已在很大程度上消除了插入异常和删除异常，但由于可能存在主属性对候选码的部分函数依赖和传递函数依赖，因此关系模式的分解仍不够彻底。

如果一个关系型数据库中的所有关系模式都属于BCNF，那么在函数依赖的范畴内，已经实现了模式的彻底分解，消除了产生插入异常和删除异常的根源，而且数据冗余也减少到了极小程度。

4.6.6 其他范式的定义及规范化方法

前面所介绍的规范化都建立在函数依赖的基础上。函数依赖表示的是关系模式中属性间的一对一或一对多的联系，但它并不能表示属性间的多对多的联系，因而某些关系模式虽然已经规范到BCNF，但仍然存在一些弊端。本节主要讨论属性间的多对多的联系，即多值依赖（Multivalued Dependency，MVD）问题，以及在多值依赖范畴内定义的第四范式。

1. 多值依赖的定义

一个关系属于BCNF范式，是否就已经很完美了呢？为此，我们先看一个例子。

假设一门课程可由多名教师讲授，教学中他们使用相同的一套参考书，可用图4-30中非规范化的关系来表示课程C、教师T与参考书B之间的关系。

如果把图4-30的关系CTB转换成规范化的关系，结果如图4-31所示。

由此可以看出，规范后的关系模式CTB的码是(C,T,B)，即全码，因而CTB属于BCNF范式。但是，进一步分析可以看出，关系CTB还存在如下弊端。

（1）数据冗余大。课程、教师和参考书都被多次存储。

（2）插入异常。如增加一名教授"数据结构"的教师"李静"时，由于这名教师也使用相同的一套参考书，因此需要添加两个元组，即(数据结构,李静,算法与数据结构)和(数据结构,李静,数据结构教程)。

（3）删除异常。如要删除某一门课的一本参考书，则与该参考书有关的元组都要删除，例如删除"数据库原理"课程的参考书"数据库系统"，则需要删除(数据库原理,吴胜利,数据库系统)和(数据库原理,陈晨,数据库系统)两个元组。

课程C	教师T	参考书B
数据库原理	吴胜利	数据库原理与应用
	陈　晨	数据库系统
		SQL Server 2000
	王　平	算法与数据结构
数据结构	张京生	数据结构教程

图4-30　关系CTB

课程C	教师T	参考书B
数据库原理	吴胜利	数据库原理与应用
数据库原理	吴胜利	数据库系统
数据库原理	吴胜利	SQL Server 2000
数据库原理	陈　晨	数据库原理与应用
数据库原理	陈　晨	数据库系统
数据库原理	陈　晨	SQL Server 2000
数据结构	王　平	算法与数据结构
数据结构	王　平	数据结构教程
数据结构	张京生	算法与数据结构
数据结构	张京生	数据结构教程

图4-31　规范后的关系CTB

产生以上弊端的原因主要有以下两方面。

（1）对于关系CTB中C的一个具体值来说，有多个T值与其相对应；同样，C与B间也存在着类似的联系。

（2）对于关系CTB中的一个确定的C值，与其所对应的一组T值与B值无关。例如，与"数据库原理"课程对应的一组教师与此课程的参考书毫无关系。

从以上两方面可以看出，C与T间的联系显然不是函数依赖，在此我们称之为多值依赖。

定义4.18　设有关系模式 $R(U)$，U是属性全集，X、Y和Z是属性集U的子集，且$Z = U{-}X{-}Y$，如果对于R的任一关系，X的一个确定值，存在Y的一组值与之对应，且Y的这组值仅仅决定于X的值而与Z值无关，此时称Y多值依赖于X或X多值决定Y，记作$X{\rightarrow}{\rightarrow}Y$。

在多值依赖中，若$X{\rightarrow}{\rightarrow}Y$且$Z = U{-}X{-}Y \neq \varnothing$，则称$X{\rightarrow}{\rightarrow}Y$是非平凡的多值依赖，否则称为平凡的多值依赖。

例如，在关系模式CTB中，对于某一(C,B)属性值组合(数据库原理,数据库系统)来说，有一组T值{吴胜利,陈晨}，这组值仅仅决定于课程C上的值(数据库原理)。也就是说，对于另一个(C,B)属性值组合(数据库原理,SQL Server 2000)，它对应的一组T值仍是{吴胜利,陈晨}，尽管这时参考书B的值已经改变了。因此T多值依赖于C，即$C{\rightarrow}{\rightarrow}T$。

下面给出多值依赖的形式化定义。

设有关系模式$R(U)$，U是属性全集，X、Y和Z是属性集U的子集，且$Z=U-X-Y$，r是关系模式R的任一关系，t和s是r的任意两个元组，如果$t[X]=s[X]$，必有r的两个元组u、v存在，使得：

（1）$s[X]=t[X]=u[X]=v[X]$；

（2）$u[Y]=t[Y]$且$u[Z]=s[Z]$；

（3）$v[Y]=s[Y]$且$v[Z]=t[Z]$。

则称X多值决定Y或Y多值依赖于X。

2. 多值依赖与函数依赖的区别

（1）在关系模式R中，函数依赖$X \rightarrow Y$的有效性仅仅取决于X、Y这两个属性集，不涉及第三个属性集，而在多值依赖中，$X \rightarrow\rightarrow Y$在属性集$U$（$U=X+Y+Z$）上是否成立，不仅要检查属性集$X$、$Y$上的值，而且要检查属性集$U$的其余属性$Z$上的值。因此，可能会有$X \rightarrow\rightarrow Y$在属性集$W$（$W \subset U$）上成立，而在属性集$U$上不一定成立的情况。故多值依赖的有效性与属性集的范围有关。

如果在$R(U)$上有$X \rightarrow\rightarrow Y$在属性集$W$（$W \subset U$）上成立，则称$X \rightarrow\rightarrow Y$为$R(U)$的嵌入型多值依赖。

（2）如果在关系模式R上存在函数依赖$X \rightarrow Y$，则任何$Y' \subseteq Y$均有$X \rightarrow Y'$成立，而多值依赖$X \rightarrow\rightarrow Y$在$R$上成立，但不能断言对于任何$Y' \subset Y$都有$X \rightarrow\rightarrow Y'$成立。

3. 多值依赖公理及其推论

设有关系模式$R(U)$，U是属性全集，X、Y、Z和W是属性集U的子集。

（1）多值依赖公理

① 增广律：如果$X \rightarrow\rightarrow Y$，$V \subseteq W \subseteq U$，则$WX \rightarrow\rightarrow VY$。

② 传递律：如果$X \rightarrow\rightarrow Y$，$Y \rightarrow\rightarrow Z$，则$X \rightarrow\rightarrow Z-Y$。

③ 补余律：如果$X \rightarrow\rightarrow Y$，则$X \rightarrow\rightarrow U-X-Y$。

（2）函数依赖公理与多值依赖混合公理

① 复制规则：从FD导出MVD，如果$X \rightarrow Y$，则$X \rightarrow\rightarrow Y$。

② 接合规则：从MVD导出FD，如果$X \rightarrow\rightarrow Y$，$Z \subseteq Y$，且存在$W \subseteq U$，有$W \cap Y=\varnothing$，$W \rightarrow Z$，则$X \rightarrow Z$。

（3）多值依赖推论

① 合并律：如果$X \rightarrow\rightarrow Y$，$X \rightarrow\rightarrow Z$，则$X \rightarrow\rightarrow YZ$。

② 伪传递律：如果$X \rightarrow\rightarrow Y$，$WY \rightarrow\rightarrow Z$，则$XW \rightarrow\rightarrow (Z-W-Y)$。

③ 分解律：如果$X \rightarrow\rightarrow Y$，$X \rightarrow\rightarrow Z$，则$X \rightarrow\rightarrow (Y \cap Z)$，$X \rightarrow\rightarrow (Y-Z)$，$X \rightarrow\rightarrow (Z-Y)$。这说明，如果两个相交的属性子集均多值依赖于另一个属性子集，则这两个属性子集因相交而分割成的三部分也都多值依赖于该属性子集。

④ 混合伪传递律：如果$X \rightarrow\rightarrow Y$，$XY \rightarrow Z$，则$X \rightarrow\rightarrow (Z-Y)$。

4. 第四范式的定义

前面分析了关系CTB虽然属于BCNF，但还存在着数据冗余、插入异常和删除异常的弊端，究其原因就是CTB中存在非平凡的多值依赖，而决定因素不是码。因此，我们必须将CTB继续分解，如果分解成两个关系模式CTB$_1$(C,T)和CTB$_2$(C,B)，则它们的冗余度会明显下降。从多值依赖的定义分析CTB$_1$和CTB$_2$，它们的属性间各有一个多值依赖C$\rightarrow\rightarrow$T、C$\rightarrow\rightarrow$B，都是平凡的多值依赖。因此，在含有多值依赖的关系模式中，减少数据冗余和操作异常的常用方法是将关系模式分解为仅有平凡的多值依赖的关系模式。

数据库原理及应用教程（第5版）（微课版）

定义4.19 设有一关系模式$R(U)$，U是其属性全集，X、Y是U的子集，D是R上的数据依赖集。如果对于任一多值依赖$X\longrightarrow\longrightarrow Y$，此多值依赖是平凡的，或者$X$包含了$R$的一个候选码，则称$R$是第四范式的关系模式，记为$R\in 4NF$。

由此定义可知，在关系模式CTB分解后产生的$CTB_1(C,T)$和$CTB_2(C,B)$中，因为$C\longrightarrow\longrightarrow T$，$C\longrightarrow\longrightarrow B$均是平凡的多值依赖，所以$CTB_1$和$CTB_2$都是4NF。

经过上面的分析可以得知，一个BCNF的关系模式不一定是4NF，而4NF的关系模式必定是BCNF的关系模式，即4NF是BCNF的推广。

5. 第四范式的分解

把一个关系模式分解为4NF的方法与分解为BCNF的方法类似，就是当把一个关系模式利用模式分解的方法消去非平凡且非函数依赖的多值依赖，并具有无损连接性。

算法4.9 把一个关系模式分解为4NF，并使其具有无损连接性。

输入：关系模式R和R的数据依赖集D。

输出：R关于D的一个无损连接分解$\rho=\{R_1,R_2,\cdots,R_k\}$，每个$R_i$相对于$\prod_{R_i}(D)$（$i=1,2,\cdots,k$）是4NF。

方法：

（1）令$\rho=\{R\}$。

（2）如果ρ中所有模式R_i都是4NF，则转（4）。

（3）如果ρ中有一个关系模式S不是4NF，则S中必能找到一个多值依赖$X\longrightarrow\longrightarrow Y$且$X$不包含$S$的候选码，$Y-X\neq\varnothing$，$XY\neq S$。令$Z=Y-X$，设$S_1=XZ$，$S_2=S-Z$，用分解$\{S_1,S_2\}$代替$S$。由于$S_1\cap S_2=X$，$S_1-S_2=Z$，因此有$(S_1\cap S_2)\longrightarrow\longrightarrow(S_1-S_2)$，故分解具有无损连接性，转（2）。

（4）分解结束，输出ρ。

【例4-22】 设有关系模式$R(A,B,C,E,F,G)$，数据依赖集$D=\{A\longrightarrow\longrightarrow BGC,B\rightarrow AC,C\rightarrow G\}$，将$R$分解为4NF。

解：

（1）令$\rho=\{R(A,B,C,E,F,G)\}$。

（2）考虑$A\longrightarrow\longrightarrow BGC$，利用算法4.9，可将$R$分解为$\rho=\{ABCG,AEF\}$。考虑$B\rightarrow AC$，对$(ABCG)$进一步分解得：$\rho=\{ABC,BG,AEF\}$。

由此得到的三个关系模式(ABC)、(BG)和(AEF)都属于4NF，但此分解丢失了函数依赖$C\rightarrow G$。若最后一次分解针对函数依赖$C\rightarrow G$来进行，则$\rho=\{ABC,CG,AEF\}$，由此得到的三个关系模式(ABC)、(CG)和(AEF)都是属于4NF的关系模式，且保持了所有的数据依赖。这说明，4NF的分解结果不是唯一的，结果与选择数据依赖的次序有关。任何一个关系模式都可无损分解成一组等价的4NF关系模式，但这种分解不一定具有保持函数依赖性。

数据依赖和多值依赖是两种最重要的数据依赖。如果只考虑函数依赖，则属于BCNF的关系模式的规范化程度已经是最高的了。如果考虑多值依赖，则属于4NF的关系模式化程度是最高的。事实上，数据依赖中除函数依赖和多值依赖外，还有其他数据依赖。函数依赖是多值依赖的一种特殊情况，而多值依赖实际上又是连接依赖的一种特殊情况。但连接依赖不像函数依赖和多值依赖那样可由语义直接导出，而是在关系的连接运算时才反映出来。存在连接依赖的关系模式仍可能遇到数据冗余及插入、修改、删除异常的问题。如果消除了属于4NF的关系模式中存在的连接依赖，则可以进一步达到5NF的关系模式。本书不再讨论连接依赖和5NF。有关这方面的内容，读者可参阅其他书籍。

4.6.7 关系模式规范化过程

1. 关系模式规范化步骤

规范化就是对原关系进行模式分解，消除决定属性不是候选码的任何函数依赖。关系模式规范化具体可以分为以下几步。

（1）对1NF关系模式进行模式分解，消除原关系中非主属性对主码的部分函数依赖，将1NF关系模式转换成若干2NF关系模式。

（2）对2NF关系模式进行模式分解，消除原关系中非主属性对主码的传递函数依赖，将2NF关系模式转换成若干3NF关系模式。

（3）对3NF关系模式进行模式分解，消除原关系中主属性对码的部分函数依赖和传递函数依赖，也就是说，使决定因素都包含一个候选码，得到一组BCNF关系模式。

（4）对BCNF关系模式进行模式分解，消除原关系中的非平凡且非函数依赖的多值依赖，得到一组4NF的关系模式。

关系模式规范化的基本步骤如图4-32所示。

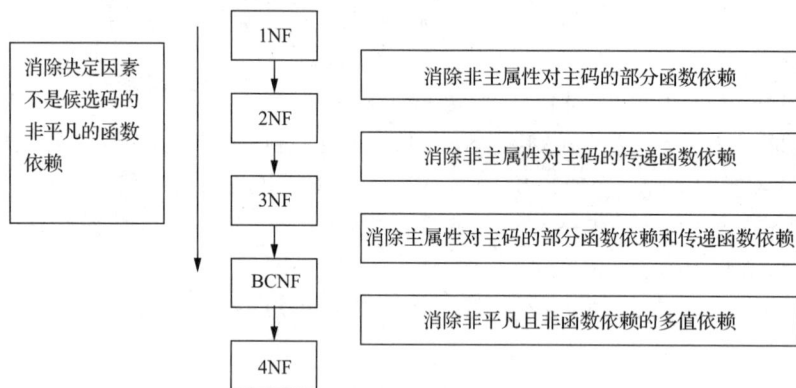

图4-32 关系模式规范化步骤

一般情况下，没有数据冗余、插入异常、更新异常和删除异常的数据库设计是好的数据库设计，一个不好的关系模式也总是可以通过规范化的基本步骤分解成好的关系模式的集合。但是在进行关系模式分解时要全面衡量，综合考虑，视实际情况而定。对于那些只要求查询而不要求插入、删除等操作的数据库系统，不宜过度分解，否则当对系统进行整体查询时，需要更多的表连接操作，这有可能得不偿失。在实际应用中，最有价值的是3NF和BCNF，在进行关系模式的规范化时，通常分解到3NF就足够了。

2. 关系模式规范化的要求

关系模式的规范化过程是通过对关系模式的分解来实现的，但是模式分解方法不是唯一的，不同的分解会得到不同的关系模式。在这些分解方法中，只有能够保证分解后的关系模式与原关系模式等价的方法才是有意义的。

判断对关系模式的一个分解是否与原关系模式等价有三种标准。

（1）分解要具有无损连接性。

（2）分解要具有函数依赖保持性。

（3）分解既要具有无损连接性，又要具有函数依赖保持性。

【例4-23】将4.6.3小节中例4-15的关系模式SD(SNo,SN,Age,Dept,MN)规范到3NF。

解： 我们可以用以下三种分解方法。

第一种方法如下。

S(SNo,SN,Age,Dept)

D(Dept,MN)

SD(SNo,SN,Age,Dept,MN)=S[SNo,SN,Age,Dept]⋈D[Dept,MN]，也就是说，用两个投影在Dept上的自然连接可复原关系模式SD，所以说这种分解具有无损连接性。

对于分解后的关系模式S，有函数依赖SNo→Dept；对于D，有函数依赖Dept→MN。这种分解方法保持了原来的SD中的两个完全函数依赖SNo→Dept、Dept→MN，使分解既具有无损连接性，又具有函数依赖保持性。前面已经给出详细的论述，这是一种正确的分解方法。

第二种方法如下。

S1(SNo,SN,Age,Dept)

D1(SNo,MN)

分解后的关系如图4-33所示。

S1

SNo	SN	Age	Dept
S1	赵亦	17	计算机
S2	钱尔	18	信息
S3	孙珊	20	信息
S4	李思	21	自动化

D1

SNo	MN
S1	刘伟
S2	王平
S3	刘伟
S4	刘伟

图4-33 关系S1和D1

分解以后，两个关系的主码都为SNo，也不存在非主属性对主码的传递函数依赖，所以两个关系均属于3NF。并且SD=S1⋈D1，关系模式SD等于S1和D1在SNo上的自然连接，所以这种分解具有无损连接性，保证不丢失原关系中的信息。但这种分解结果仍然存在着数据冗余、插入异常、删除异常和更新异常的问题。

之所以存在上述问题，是因为分解得到的两个关系模式不是相互独立的。SD中的函数依赖Dept→MN既没有投影到关系模式S1上，也没有投影到关系模式D1上，而是投在这两个关系模式上，也就是说这种分解方法没有保持原关系中的函数依赖，却用了原关系隐含的传递函数依赖SNo —^{t}→ MN。因此，分解只具有无损连接性，而不具有函数依赖保持性。故"弊病"仍然没有解决。

第三种方法如下。

S2(SNo,SN,Age,MN)

D2(Dept,MN)

分解后的关系如图4-34所示。

分解以后，两个关系均为3NF，公共属性为MN，但MN↛SNo，MN↛Dept，所以S2⋈D2≠SD。S2和D2在MN上的自然连接的结果如图4-35所示。

S2⋈D2比原来的关系SD多了两个元组(S1,赵亦,17,自动化,刘伟)和(S4,李思,21,计算机,刘伟)，因此无法知道原来的SD关系中究竟有哪些元组。从这个意义上说，此分解方法仍然丢失了信息，所以其分解是不可恢复的。

S2

SNo	SN	Age	MN
S1	赵亦	17	刘伟
S2	钱尔	18	王平
S3	孙珊	20	王平
S4	李思	21	刘伟

D2

Dept	MN
计算机	刘伟
信息	王平
自动化	刘伟

图4-34　关系S2和D2

SNo	SN	Age	Dept	MN
S1	赵亦	17	计算机	刘伟
S1	赵亦	17	自动化	刘伟
S2	钱尔	18	信息	王平
S3	孙珊	20	信息	王平
S4	李思	21	计算机	刘伟
S4	李思	21	自动化	刘伟

图4-35　S2和D2的自然连接

另外，这种分解方法只保持了原来的SD中的Dept→MN这个完全函数依赖，而未用另外一个SNo→Dept完全函数依赖，却用了原关系的传递函数依赖SNo——^{t}→MN。所以分解既不具有无损连接性，也不具有函数依赖保持性，同样存在着数据操作的异常情况。

经过对以上几种分解方法的分析，如果一个分解具有无损连接性，则能够保证不丢失信息；如果一个分解具有函数依赖保持性，则可以减轻或解决各种异常情况。

无损连接性和函数依赖保持性是两个相互独立的标准。具有无损连接性的分解不一定具有函数依赖保持性。同样，具有函数依赖保持性的分解也不一定具有无损连接性。

规范化理论提供了一套完整的模式分解方法，按照这套算法可以做到：如果要求分解既具有无损连接性，又具有函数依赖保持性，则分解一定能够达到3NF，但不一定能够达到BCNF。所以在3NF的规范化中，既要检查分解是否具有无损连接性，又要检查分解是否具有函数依赖保持性。只有这两条都满足，才能保证分解的正确性和有效性，才能既不丢失信息，又保证关系中的数据满足完整性约束。

4.6.8　案例的范式规范化

根据4.1.3小节给出的案例，对关系模式用户发布短视频（用户编号、用户名称、用户年龄、短视频编号、短视频名称、标签名称）进行规范化。

首先分析该关系模式，发现每个属性都是不可再分的原子项，所以该关系模式属于第一范式。

根据4.3.3小节的分析可知，短视频编号是该关系模式的唯一候选码，所以主属性为短视频编号，其他属性都为非主属性。

根据4.2.4小节分析得到的函数依赖集F={短视频编号→用户编号,短视频编号→短视频名称,短视频编号→标签名称,用户编号→用户名称,用户编号→用户年龄}可知,每个非主属性都完全函数依赖于R的主码,所以该关系模式属于第二范式。但短视频编号与用户名称和用户年龄为传递函数依赖关系,即存在函数依赖:短视频编号→用户编号、用户编号→用户名称、用户编号→用户年龄,所以该关系模式不属于第三范式。

下面将关系模式用户发布短视频规范化为第三范式。

(1)由4.4.3小节求得的最小函数依赖集F_{min}={SID→UID,SID→SN,SID→BN,UID→UN,UID→Age},根据算法4.6的第(1)步,可看出F中没有满足条件的函数依赖。

(2)根据算法4.6的第(2)步,可看出F中没有满足条件的函数依赖。

(3)根据算法4.6的第(3)步,将关系模式分解为R_1={SID,UID},R_2={SID,SN},R_3={SID,BN},R_4={UID,UN},R_5={UID,Age}。由于F_{min}中存在有相同左部的函数依赖,因此关系模式变为R_1={SID,UID,SN,BN},R_2={UID,UN,Age},分解结束。

(4)ρ={R_1={SID,UID,SN,BN},R_2={UID,UN,Age}}。

显然,这样的分解把原来函数依赖集F的所有函数依赖都保持下来,并且每个分解后的关系模式都是3NF的。

(5)判定ρ是否具有无损连接性。

① 由于关系模式具有6个属性,ρ中分解的模式共有2个,因此要构造一个2行6列的表格,并根据算法4.4向表格中填入相应的符号,如图4-36所示。

	SID	UID	SN	BN	UN	Age
R_1(SID,UID,SN,BN)	a_1	a_2	a_3	a_4	b_{15}	b_{16}
R_2(UID,UN,Age)	b_{21}	a_2	b_{23}	a_4	a_5	a_6

图4-36 初始表格

② 根据F_{min}中的前3个函数依赖SID→UID、SID→SN和SID→BN,由于表格中没有在SID上相等的行,因此,不做修改。

根据F中的第4个函数依赖UID→UN,由于表格中第1行和第2行UID的值同为a_2,因此,把这两行UN的值改为a_5,也就是将第1行UN的值由b_{15}改为a_5,修改结果如图4-37所示。

	SID	UID	SN	BN	UN	Age
R_1(SID,UID,SN,BN)	a_1	a_2	a_3	a_4	a_5	b_{16}
R_2(UID,UN,Age)	b_{21}	a_2	b_{23}	a_4	a_5	a_6

图4-37 根据函数依赖UID→UN的修改结果

根据F中的第5个函数依赖UID→Age,由于表格中第1行和第2行UID的值同为a_2,因此,把这两行Age的值改为a_6,也就是将第1行Age的值由b_{16}改为a_6,修改结果如图4-38所示。

	SID	UID	SN	BN	UN	Age
R_1(SID,UID,SN,BN)	a_1	a_2	a_3	a_4	a_5	a_6
R_2(UID,UN,Age)	b_{21}	a_2	b_{23}	a_4	a_5	a_6

图4-38 根据函数依赖UID→Age的修改结果

③ 从结果可以看出，在最终结果中第1行的值全都为a，即$a_1a_2a_3a_4a_5a_6$的形式。因此，ρ相对于F是无损连接分解。

可见，将关系模式分解为$\rho=\{R_1=\{SID,UID,SN,BN\},R_2=\{UID,UN,Age\}\}$时，$R_1$、$R_2$都属于3NF，且既具有无损连接性又具有函数依赖保持性。

本章小结

本章由关系模式的数据冗余、插入异常、更新异常和删除异常问题引出了函数依赖的概念，其中包括完全函数依赖、部分函数依赖和传递函数依赖，为关系模式分解提供分析工具。其从关系模式所表示的业务语义出发，以形式化方式展示各属性之间的逻辑语义依赖关系。这些概念是规范化理论的依据和规范化程度的准则。

本章还重点讲解了第一范式、第二范式、第三范式和BC范式等（4类）主流范式级别的定义和关系、各级别范式的转换原则及步骤和注意事项。

规范化就是对原关系进行分解，消除决定属性不是候选码的任何函数依赖。在规范化过程中，可逐渐消除存储异常，使数据冗余尽量小，便于插入、删除和更新。规范化的基本原则就是遵循概念单一化"一事一地"的原则，即一个关系只描述一个实体或者实体间的联系。规范化的分解方法不是唯一的。对于3NF的规范化，分解既要具有无损连接性，又要具有函数依赖保持性。

本章习题

一、选择题

1. $X{\rightarrow}Y$能从推理规则导出的充分必要条件是（　　）。

　A）$Y\subseteq X$　　　　　　　B）$Y\subseteq X^+$　　　　　　C）$X\subseteq Y^+$　　　　　　D）$X^+=Y^+$

2. 在最小函数依赖集F中，下列叙述不正确的是（　　）。

　A）F中的每个函数依赖的右部都是单属性

　B）F中的每个函数依赖的左部都是单属性

　C）F中没有冗余的函数依赖

　D）F中的每个函数依赖的左部都没有冗余的属性

3. 两个函数依赖集F和G等价的充分必要条件是（　　）。

　A）$F=G$　　　　　　　B）$F^+=G$　　　　　　C）$F=G^+$　　　　　　D）$F^+=G^+$

4. 在关系模式R中，函数依赖$X{\rightarrow}Y$的语义是（　　）。

　A）在R的某一关系中，若两个元组的X值相等，则Y值也相等

　B）在R的每一关系中，若两个元组的X值相等，则Y值也相等

　C）在R的某一关系中，Y值应与X值相等

　D）在R的每一关系中，Y值应与X值相等

5. 设有关系模式$R(X,Y,Z)$与它的函数依赖集$F=\{X{\rightarrow}Y,Y{\rightarrow}Z\}$，则$F$的闭包$F^+$中左部为$(XY)$的函数依赖有（　　）个。

　A）32　　　　　　　　　B）16　　　　　　　　C）8　　　　　　　　D）4

6. 设有关系模式 $R(X,Y,Z,W)$ 与它的函数依赖集 $F=\{X{\rightarrow}Y,Y{\rightarrow}Z,Z{\rightarrow}W,W{\rightarrow}X\}$，则 F 的闭包 F^+ 中左部为 (ZW) 的函数依赖有（　　）个。

　　A）2 　　　　　　　B）4 　　　　　　　C）8 　　　　　　　D）16

7. 设有关系模式 $R(X,Y,Z,W)$ 与它的函数依赖集 $F=\{XY{\rightarrow}Z,W{\rightarrow}X\}$，则属性集（$ZW$）的闭包为（　　）。

　　A）ZW 　　　　　　B）XZW 　　　　　　C）YZW 　　　　　　D）XYZW

8. 设有关系模式 $R(X,Y,Z,W)$ 与它的函数依赖集 $F=\{XY{\rightarrow}Z,W{\rightarrow}X\}$，则 R 的主码为（　　）。

　　A）XY 　　　　　　B）XW 　　　　　　C）YZ 　　　　　　D）YW

9. 设有关系模式 $R(A,B,C,D,E)$，函数依赖集 $F=\{B{\rightarrow}A,A{\rightarrow}C\}$，$\rho=\{AB,AC,AD\}$ 是 R 上的一个分解，那么分解 ρ 相对于 F（　　）。

　　A）既是无损连接分解，又是保持函数依赖的分解

　　B）是无损连接分解，但不是保持函数依赖的分解

　　C）不是无损连接分解，但是保持函数依赖的分解

　　D）既不是无损连接分解，也不是保持函数依赖的分解

10. 设有关系模式 $R(A,B,C,D,E)$，函数依赖集 $F=\{A{\rightarrow}B,B{\rightarrow}C,C{\rightarrow}D,D{\rightarrow}A\}$，$\rho=\{AB,BC,AD\}$ 是 R 上的一个分解，那么分解 ρ 相对于 F（　　）。

　　A）既是无损连接分解，又是保持函数依赖的分解

　　B）是无损连接分解，但不是保持函数依赖的分解

　　C）不是无损连接分解，但是保持函数依赖的分解

　　D）既不是无损连接分解，也不是保持函数依赖的分解

11. 设计性能较优的关系模式称为规范化，规范化主要的理论依据是（　　）。

　　A）关系规范化理论　　B）关系运算理论　　C）关系代数理论　　D）数理逻辑

12. 规范化过程主要为克服数据库逻辑结构中的插入异常、删除异常以及（　　）。

　　A）数据的不一致性　　B）结构不合理　　C）冗余度大　　D）数据丢失

13. 下列说法正确的是（　　）。

　　A）属于BCNF的关系模式不存在存储异常

　　B）函数依赖可由属性值决定，不由语义决定

　　C）超码就是候选码

　　D）码是唯一能决定一个元组的属性或属性组

14. 下列说法不正确的是（　　）。

　　A）任何一个包含两个属性的关系模式一定满足3NF

　　B）任何一个包含两个属性的关系模式一定满足BCNF

　　C）任何一个包含三个属性的关系模式一定满足3NF

　　D）任何一个关系模式都一定有码

15. 若关系 R 的候选码都是由单属性构成的，则 R 的最高范式必定为（　　）。

　　A）1NF 　　　　　　B）2NF 　　　　　　C）3NF 　　　　　　D）无法确定

二、填空题

1. 在关系模式 R 中，能函数决定 R 中所有属性的属性组，称为关系模式 R 的_____。

2. "从已知的函数依赖集使用推理规则导出的函数依赖在 F^+ 中"，是推理规则的_____性，而"不能从已知的函数依赖使用推理规则导出的函数依赖不在 F^+ 中"，是推理规则的

_____性。

3. 由属性集X函数决定的属性的集合，称为_____；被函数依赖集F逻辑蕴涵的函数依赖的全体构成的集合，称为_____。

4. 如果$X{\rightarrow}Y$和$Y{\subseteq}X$成立，那么$X{\rightarrow}Y$是一个_____，它可以根据推理规则的_____性推出。

5. 设有关系模式$R(A,B,C,D)$，函数依赖$F=\{AB{\rightarrow}C,D{\rightarrow}B\}$，则$F$在模式$ACD$上的投影为_____；$F$在模式$AC$上的投影为_____。

6. 消除了非主属性对主码的部分函数依赖的关系模式，称为_____模式；消除了非主属性对主码的传递函数依赖的关系模式，称为_____模式；消除了每一属性对主码的传递函数依赖的关系模式，称为_____模式。

7. 在关系模式的分解中，数据等价用_____衡量，函数依赖等价用_____衡量。

8. 设有关系模式$R(A,B,C,D)$，函数依赖$F=\{AB{\rightarrow}C,C{\rightarrow}D,D{\rightarrow}A\}$，则$R$的3个可能的候选码分别是_____、_____、_____。

9. 设有关系模式$R(A,B,C,D)$，函数依赖$F=\{A{\rightarrow}B,B{\rightarrow}C\}$，则所有左部为属性$B$的函数依赖分别是_____、_____、_____、_____。

10. 设有关系模式$R(A,B,C,D)$，函数依赖$F=\{A{\rightarrow}B,B{\rightarrow}C,A{\rightarrow}D,D{\rightarrow}C\}$，$\rho=\{AB,AC,BD\}$是$R$上的一个分解，则分解$\rho$中所丢失的函数依赖分别是_____、_____、_____。

11. 设有关系模式$R(A,B,C,D)$，函数依赖$F=\{AB{\rightarrow}CD,A{\rightarrow}D\}$，则$R$的候选码是_____，它属于_____范式的关系模式。

12. 设有关系模式$R(A,B,C,D)$，函数依赖$F=\{A{\rightarrow}B,B{\rightarrow}C,D{\rightarrow}B\}$，$\rho=\{ACD,BD\}$是$R$上的一个分解，则子模式$\{ACD\}$的候选码是_____，其范式等级是_____。

13. 在关系模式$R(A,B,C,D)$中有函数依赖集$F=\{B{\rightarrow}C,C{\rightarrow}D,D{\rightarrow}A\}$，则$R$能够达到_____。

14. 1NF、2NF、3NF之间相互是一种_____关系。

15. 在关系型数据库的规范化理论中，执行"分解"时，必须遵守的规范化规则：保持原有的依赖关系和_____。

16. 在关系型数据库中，任何二元关系模式的最高范式必定为_____。

三、简答题

1. 解释下列术语的含义：函数依赖、平凡函数依赖、非平凡函数依赖、部分函数依赖、完全函数依赖、传递函数依赖、范式、无损连接分解、保持函数依赖分解。

2. 给出2NF、3NF和BCNF的形式化定义，并说明它们之间的区别和联系。

3. 什么叫关系模式分解？为什么要有关系模式分解？模式分解要遵守什么准则？

4. 试证明全码的关系必是3NF，也必是BCNF。

5. 设有关系模式$R(A,B,C,D)$，函数依赖$F=\{A{\rightarrow}C,C{\rightarrow}A,B{\rightarrow}AC,D{\rightarrow}AC,BD{\rightarrow}A\}$，试回答以下问题。

（1）求出R的所有候选码。

（2）求出F的最小函数依赖集$F_{\min}$。

（3）根据函数依赖关系，确定关系模式R属于第几范式。

（4）将R分解为3NF，并保持无损连接性和函数依赖性。

6. 设有关系模式$R(A,B,C,D)$，函数依赖$F=\{A{\rightarrow}C,C{\rightarrow}A,B{\rightarrow}AC,D{\rightarrow}AC\}$，试回答以下问题。

（1）求$(AD)^+$、B^+。

（2）求出R的所有候选码。

（3）求出F的最小函数依赖集$F_{\min}$。

（4）根据函数依赖关系，确定关系模式R属于第几范式。

（5）将R分解为3NF，并保持无损连接性和函数依赖性。

（6）将R分解为BCNF，并保持无损连接性。

7. 设有关系模式$R(A,B,C,D,E)$，函数依赖$F=\{A{\rightarrow}D,E{\rightarrow}D,D{\rightarrow}B,BC{\rightarrow}D,CD{\rightarrow}A\}$，试回答以下问题。

（1）求R的候选码。

（2）根据函数依赖关系，确定关系模式R属于第几范式。

（3）将R分解为3NF，并保持无损连接性。

8. 判断以下关系模式的分解是否具有无损连接性。

（1）关系模式$R(U,V,W,X,Y,Z)$，函数依赖$F=\{U{\rightarrow}V,W{\rightarrow}Z,Y{\rightarrow}U,WY{\rightarrow}X\}$，分解$\rho=\{WZ,VY,WXY,UV\}$。

（2）关系模式$R(B,O,I,S,Q,D)$，函数依赖$F=\{S{\rightarrow}D,I{\rightarrow}B,IS{\rightarrow}Q,B{\rightarrow}O\}$，分解$\rho=\{SD,IB,ISQ,BO\}$。

（3）关系模式$R(A,B,C,D)$，函数依赖$F=\{A{\rightarrow}C,D{\rightarrow}C,BD{\rightarrow}A\}$，分解$\rho=\{AB,ACD,BCD\}$。

（4）关系模式$R(A,B,C,D,E)$，函数依赖$F=\{A{\rightarrow}C,C{\rightarrow}D,B{\rightarrow}C,DE{\rightarrow}C,CE{\rightarrow}A\}$，分解$\rho=\{AD,AB,BC,CDE,AE\}$。

9. 设有关系模式$SC(S,C,G)$，函数依赖集为$F=\{SC{\rightarrow}G\}$。请确定SC的范式等级，并证明。

10. 设有关系模式$R(A,B,C,D,E,F)$，函数依赖集$F=\{A{\rightarrow}BC,BC{\rightarrow}A,BC,D{\rightarrow}EF,E{\rightarrow}C\}$，试问关系模式$R$是否为BCNF，并证明结论。

11. 设有关系模式$R(A,B,C,D,E)$，函数依赖集$F=\{A{\rightarrow}D,E{\rightarrow}D,D{\rightarrow}B,(B,C){\rightarrow}D,(D,C){\rightarrow}A\}$，试回答以下问题。

（1）求出R的候选码。

（2）判断$\rho=\{AB,AE,CE,BCD,AC\}$是否为无损连接分解。

12. 设有关系模式$R(A,B,C,D,E)$，函数依赖集$F=\{A{\rightarrow}C,B{\rightarrow}D,C{\rightarrow}D,DE{\rightarrow}C,CE{\rightarrow}A\}$，判断$\rho=\{AD,AB,BE,CDE,AE\}$是否为无损连接分解。

13. 设有函数依赖集$F=\{AB{\rightarrow}CE,A{\rightarrow}C,GP{\rightarrow}B,EP{\rightarrow}A,CDE{\rightarrow}P,HB{\rightarrow}P,D{\rightarrow}HG,ABC{\rightarrow}PG\}$，求属性集$D$关于$F$的闭包$D^+$。

14. 已知关系模式R的全部属性集$U=\{A,B,C,D,E,G\}$及其函数依赖集$F=\{AB{\rightarrow}C,C{\rightarrow}A,BC{\rightarrow}D,ACD{\rightarrow}B,D{\rightarrow}EG,BE{\rightarrow}C,CG{\rightarrow}BD,CE{\rightarrow}AG\}$，求属性集$BD$的闭包$(BD)^+$。

15. 设有函数依赖集$F=\{D{\rightarrow}G,C{\rightarrow}A,CD{\rightarrow}E,A{\rightarrow}B\}$，求闭包$D^+$、$C^+$、$A^+$、$(CD)^+$、$(AD)^+$、$(AC)^+$、$(ACD)^+$。

16. 设有函数依赖集$F=\{AB{\rightarrow}CE,A{\rightarrow}C,GP{\rightarrow}B,EP{\rightarrow}A,CDE{\rightarrow}P,HB{\rightarrow}P,D{\rightarrow}HG,ABC{\rightarrow}PG\}$，求与$F$等价的最小函数依赖集。

17. 设有关系模式$R(U,F)$，其中$U=\{E,F,G,H\}$，$F=\{E{\rightarrow}G,G{\rightarrow}E,F{\rightarrow}EG,H{\rightarrow}EG,FH{\rightarrow}E\}$，求$F$的最小函数依赖集。

18. 求以下给定关系模式的所有候选码。

（1）关系模式$R(A,B,C,D,E,P)$，其函数依赖集$F=\{A{\rightarrow}B,C{\rightarrow}P,E{\rightarrow}A,CE{\rightarrow}D\}$。

（2）关系模式$R(C,T,S,N,G)$，其函数依赖集$F=\{C{\rightarrow}T,CS{\rightarrow}G,S{\rightarrow}N\}$。

（3）关系模式$R(C,S,Z)$，其函数依赖集$F=\{(C,S)\to Z,Z\to C\}$。

（4）关系模式$R(S,D,I,B,O,Q)$，其函数依赖集$F=\{S\to D,I\to B,B\to O,O\to Q,Q\to I\}$。

（5）关系模式$R(S,D,I,B,O,Q)$，其函数依赖集$F=\{I\to B,B\to O,I\to Q,S\to D\}$。

（6）关系模式$R(A,B,C,D,E,F)$，其函数依赖集$F=\{AB\to E,AC\to F,AD\to B,B\to C,C\to D\}$。

19. 设有关系R，如图4-39所示。试问R属于第几范式？如何规范化为3NF？写出规范化的步骤。

职工号	职工名	年龄	性别	单位号	单位名
E1	ZHAO	20	F	D3	CCC
E2	QIAN	25	M	D1	AAA
E3	SUN	38	M	D3	CCC
E4	LI	25	F	D3	CCC

图4-39 关系R

20. 要建立关于系、学生、班级、研究会等信息的一个关系型数据库。规定：一个系有若干专业，每个专业每年只招一个班，每个班有若干学生，一个系的学生住在同一个宿舍区。每名学生可参加若干研究会，每个研究会有若干学生。

描述学生的属性有：学号、姓名、出生年月、系名、班号、宿舍区。

描述班级的属性有：班号、专业名、系名、人数、入校年份。

描述系的属性有：系号、系名、系办公室地点、人数。

描述研究会的属性有：研究会名、成立年份、地点、人数。

学生参加某研究会，有一个入会年份。

试给出上述数据库的关系模式；写出每个关系的最小函数依赖集（基本的函数依赖集，不是导出的函数依赖）；指出是否存在传递函数依赖；对于函数依赖左部是多属性的情况，讨论其函数依赖是完全函数依赖还是部分函数依赖，指出各关系的候选码。

21. 设有函数依赖集$F=\{AB\to CE,A\to C,GP\to B,EP\to A,CDE\to P,HB\to P,D\to HG,ABC\to PG\}$，求与$F$等价的最小函数依赖集。

22. 设有关系模式$R(B,O,I,S,Q,D)$，其函数依赖集为$F=\{S\to D,I\to B,IS\to Q,B\to O\}$，如果用$SD$、$IB$、$ISQ$和$BO$代替$R$，这样的分解具有无损连接吗？

23. 设关系R（课程名,教师名,教师地址），它是第几范式？是否存在删除异常？如何将它分解为高一级的范式。

第5章
数据库优化和管理

随着计算机的普及，数据库的使用也越来越广泛。例如，企业的全部信息、国家机构的事务管理信息、国防情报等机密信息，都集中地存放在数据库中。在前面我们已经讲到，数据库系统中的数据是由DBMS统一进行管理和控制的。为了适应和满足数据共享的环境及要求，DBMS要保证整个系统的正常运转，防止数据意外丢失和不一致数据的产生，以及当数据库遭受破坏后能迅速地恢复正常，这就是数据库的安全保护。DBMS对数据库的优化和管理是通过六方面实现的，即视图、索引、安全性控制、完整性控制、并发性控制和数据库恢复及还原。本章将从这六个方面介绍数据库的优化和管理，读者应掌握视图和索引的使用，以及安全性、完整性、并发性、数据库恢复及还原的含义，并掌握这四种实现数据库安全保护功能的方法。

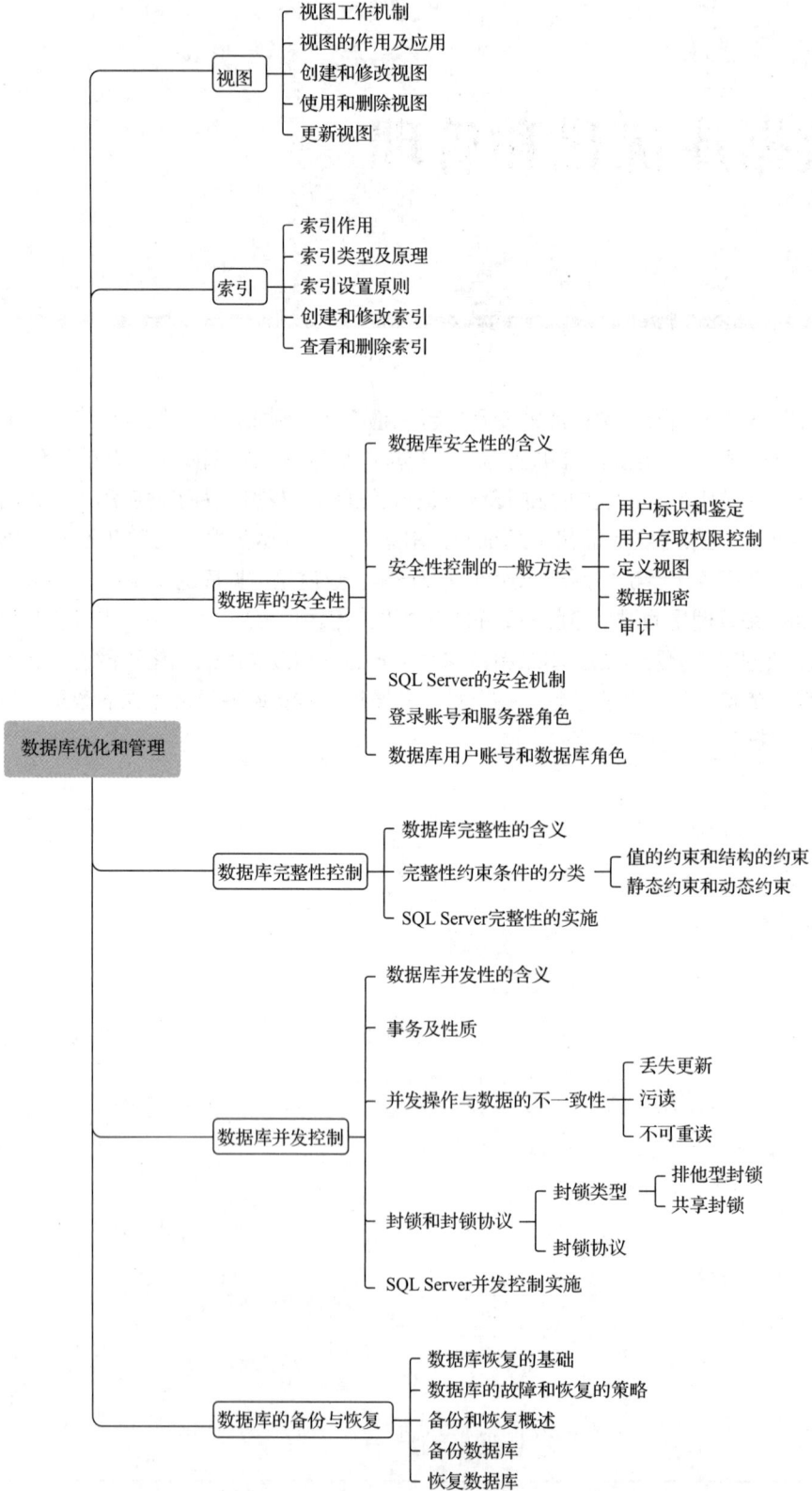

思维导图

视图
- 视图工作机制
- 视图的作用及应用
- 创建和修改视图
- 使用和删除视图
- 更新视图

索引
- 索引作用
- 索引类型及原理
- 索引设置原则
- 创建和修改索引
- 查看和删除索引

数据库的安全性
- 数据库安全性的含义
- 安全性控制的一般方法
  - 用户标识和鉴定
  - 用户存取权限控制
  - 定义视图
  - 数据加密
  - 审计
- SQL Server的安全机制
- 登录账号和服务器角色
- 数据库用户账号和数据库角色

数据库优化和管理

数据库完整性控制
- 数据库完整性的含义
- 完整性约束条件的分类
  - 值的约束和结构的约束
  - 静态约束和动态约束
- SQL Server完整性的实施

数据库并发控制
- 数据库并发性的含义
- 事务及性质
- 并发操作与数据的不一致性
  - 丢失更新
  - 污读
  - 不可重读
- 封锁和封锁协议
  - 封锁类型
    - 排他型封锁
    - 共享封锁
  - 封锁协议
- SQL Server并发控制实施

数据库的备份与恢复
- 数据库恢复的基础
- 数据库的故障和恢复的策略
- 备份和恢复概述
- 备份数据库
- 恢复数据库

5.1　视图

5.1.1　视图工作机制

视图是一个虚拟表，其内容由查询定义。同基本表一样，视图包含一系列带有名称的列和行数据。视图在数据库中并不以数据值存储集形式存在，除非是索引视图。视图中的行和列数据来自定义视图的查询所引用的基本表，并且在引用视图时动态生成。因此，视图中的内容总是与基本表中数据保持一致，即当基本表中数据发生变化时，相关视图的数据也随之变化。

5.1.2　视图的作用及应用

1. 视图提升了数据操作的便携性

视图可定义在多个表上。使用视图时，用户无须了解视图构建细节，只需在视图提供的字段中进行查询即可，这样提高了编写相关SQL语句的速度。

2. 视图提升了数据的逻辑独立性

利用视图可以在一定程度上将基本表结构与操作该表的业务程序进行逻辑分离。例如，在表格字段名称改变后，用户只需利用视图将修改的字段重命名为原来程序使用的字段，程序调用视图，好像调用原来的基本表一样，从而实现了数据的逻辑独立性。

3. 视图提升了数据的安全性

使用视图可在表权限基础上，进一步针对视图使用进行授权，增加了权限授予的层次。同时，通过视图可隐藏表中的敏感数据，为数据库用户提供其权限范围可见的数据，实现数据安全。

4. 视图可用于数据集成

在分布式数据库环境下，视图也可以用于数据集成。例如，某单位在不同地区存储了属地业务数据，该单位可使用分布式查询定义视图，定期将不同区域的数据组合起来。

5.1.3　创建和修改视图

使用Management Studio和SQL命令两种方法可以创建视图、修改视图。

1. 用 Management Studio 创建视图

在"对象资源管理器"窗格中，用鼠标右键单击选定数据库下的"视图"节点，在弹出的快捷菜单中选择"新建视图"命令，会弹出"添加表"窗格。之后，在"添加表"窗格中，从"表""视图""函数""同义词"选项卡中选择在新视图中包含的元素，单击"添加"按钮和"关闭"按钮。在"关系图窗格"中，选择要在新视图中包含的列和其他元素，在"条件窗格"中，选择列的排序和筛选条件，即可创建一个新的视图。

用 Management
Studio 创建视图

2. 用 SQL 命令创建视图

使用SQL命令CREATE VIEW可以创建视图，其语法格式如下。

```
CREATE VIEW view_name [ (column [ ,…n ] ) ]
[ WITH <view_attribute> [ ,…n ] ]
AS select_statement
```

```
[ WITH CHECK OPTION ] [ ; ]
<view_attribute> ::=
{
    [ ENCRYPTION ]
    [ SCHEMABINDING ]
    [ VIEW_METADATA ]}
```

其中各主要参数说明如下。

（1）view_name：视图的名称，必须符合SQL Server的标识符命名规则。

（2）column：视图的列名称。仅在下列情况下需要列名：列是从算术表达式、函数或常量派生的；两个或更多的列可能会具有相同的名称（通常是由于联接的原因）；视图中的某个列的指定名称不同于其派生来源列的名称。

（3）select_statement：定义视图的SELECT语句。该语句可以使用多个表和其他视图。

（4）CHECK OPTION：设置针对视图的所有数据修改语句都必须符合select_statement中规定的条件。

（5）ENCRYPTION：视图是加密的，如果加上这个选项，则无法修改视图。因此，创建视图时需要将脚本保存，否则再也不能修改了。

（6）SCHEMABINDING：与底层引用的表进行定义绑定。如果加上这个选项，则视图引用的表不能随便更改构架（例如列的数据类型）。如果需要更改底层表构架，则先删除（DROP）或者修改（ALTER）在底层表之上绑定的视图。SCHEMABINDING常用于定义索引视图。

（7）VIEW_METADATA：不设置该选项，返回客户端的metadata是视图所引用表的metadata。设置了该选项，则返回视图自身的metadata。通俗点说，VIEW_METADATA可以让视图看起来貌似表一样，视图的每一列的定义直接告诉客户端，而不是所引用的底层表列的定义。

【例5-1】创建一个计算机系教师情况的视图Sub_T。

```
CREATE VIEW Sub_T
AS  SELECT TNo, TN, Prof
    FROM T
    WHERE Dept = '计算机'
```

视图名称为Sub_T，省略了视图字段列表。视图由子查询中的TNo、TN和Prof三列组成。视图创建后，对视图Sub_T中数据的访问只限制在"计算机系"内，且只能访问TNo、TN和Prof三列的内容，从而达到了数据保密的目的。

视图创建后，只在数据字典中存放视图的定义，而其中的子查询SELECT语句并不执行。只有当用户对视图进行操作时，才按照视图的定义将数据从基本表中取出。

【例5-2】创建一学生情况视图S_SC_C（包括学号、姓名、课程名及成绩）。

```
CREATE VIEW S_SC_C(SNo, SN, CN, Score)
AS SELECT S.SNo, SN, CN, Score
    FROM S, C, SC
    WHERE S.SNo = SC.SNo AND SC.CNo = C.CNo
```

此视图由三个表连接得到，在S表和SC表中均存在SNo列，故需指定视图列名。

【例5-3】创建一学生平均成绩视图S_Avg。

```
CREATE VIEW S_Avg(SNo, Avg)
AS SELECT SNo, Avg(Score)
    FROM SC
    GROUP BY SNo
```

此视图的列名之一Avg为库函数的计算结果，在定义时需指明列名。

3．用 Management Studio 修改视图

（1）打开"对象资源管理器"窗格，展开"数据库→'数据库名称'→视图"节点，用鼠标右键单击要修改的视图，在弹出的快捷菜单中选择"设计"命令，即可弹出"修改视图"窗格。

（2）对视图内容进行修改后，单击工具栏中的"保存"按钮，存盘并退出。

4．用 SQL 命令修改视图

使用SQL命令ALTER VIEW可以修改视图，其语法格式如下。

```
ALTER VIEW <视图名>[(<视图列表>)]
AS <子查询>
```

【例5-4】修改学生情况视图S_SC_C（包括姓名、课程名及成绩）。

```
ALTER VIEW S_SC_C(SN, CN, Score)
AS SELECT SN, CN, Score
    FROM S, C, SC
    WHERE S.SNo = SC.SNo AND SC.CNo = C.CNo
```

5.1.4 使用和删除视图

1．使用视图

视图定义后，对视图的查询操作如同对基本表的查询操作一样。

【例5-5】查询视图Sub_T中职称为教授的教师号和姓名。

```
SELECT TNo, TN
FROM Sub_T
WHERE Prof = '教授'
```

此查询的执行过程是系统首先从数据字典中找到Sub_T的定义，然后把此定义和用户的查询结合起来，转换成等价的对基本表T的查询，这一转换过程称为视图消解（View Resolution）。其相当于执行以下查询。

```
SELECT TNo,TN
FROM T
WHERE Dept = '计算机' AND Prof= '教授'
```

由上例可以看出，当对一个基本表进行复杂的查询时，可以先对基本表建立一个视图，然后只需对此视图进行查询，这样就不必再输入复杂的查询语句，而将一个复杂的查询转换成一个简单的查询，从而简化了查询操作。

2．删除视图

（1）用Management Studio删除视图

打开"对象资源管理器"窗格，展开"数据库→'数据库名称'→视图"节点，用鼠标右键单击要删除的视图，在弹出的快捷菜单中选择"删除"命令，会弹出"删除对象"窗格，单击其中的"显示依赖关系"，可以看到依赖于该视图的对象和该视图依赖的对象。单击窗格中底部的"确定"按钮，即可删除视图。

（2）用SQL命令删除视图

删除视图的语法格式如下。

```
DROP VIEW <视图名>
```

【例5-6】删除计算机系教师情况的视图Sub_T。

```
DROP VIEW Sub_T
```

视图删除后，只会删除该视图在数据字典中的定义，而与该视图有关的基本表中的数据不

会受任何影响，由此视图导出的其他视图的定义不会被删除，但已无任何意义。用户应该把这些视图删除。

5.1.5 更新视图

由于视图是一张虚表，因此对视图的更新，最终会转换成对基本表的更新。其更新操作包括添加（INSERT）、修改（UPDATE）和删除（DELETE）数据，其语法格式与对基本表的更新操作一样。

更新视图注意事项

有些更新在理论上是不可能的，有些实现起来比较困难，如来自多个基本表的视图。以下仅考虑可以更新的视图。

1. 添加数据

【例5-7】向计算机系教师视图Sub_T中添加一条记录（教师号：T6、姓名：李丹、职称：副教授）。

```
INSERT INTO Sub_T (TNo, TN, Prof)
VALUES ('T6', '李丹', '副教授')
```

系统在执行此语句时，首先从数据字典中找到Sub_T的定义，然后把此定义与添加操作结合起来，转换成等价的对基本表T的添加。其相当于执行以下操作。

```
INSERT INTO T (TNo, TN, Prof)
VALUES ('T6', '李丹', '副教授')
```

2. 修改数据

【例5-8】将计算机系教师视图Sub_T中刘伟的职称改为"副教授"。

```
UPDATE Sub_T
SET Prof = '副教授'
WHERE (TN = '刘伟')
```

转换成对基本表的修改操作，执行命令如下。

```
UPDATE T
SET Prof = '副教授'
WHERE TN = '刘伟' AND Dept = '计算机'
```

3. 删除数据

【例5-9】删除计算机系教师视图Sub_T中刘伟老师的记录。

```
DELETE FROM Sub_T
WHERE TN = '刘伟'
```

转换成对基本表的删除操作，执行命令如下。

```
DELETE FROM T
WHERE Dept = '计算机' AND TN = '刘伟'
```

5.2 索引

5.2.1 索引作用

在很多数据库系统中，数据库读取的次数多于数据库写的次数，因此，如何优化数据库读取数据的效率是数据库优化的主要工作之一。

索引是一种可加快检索的数据库结构，它包含从表或视图的一列（或多列）生成的键，以及映射到指定数据存储位置的指针。通过创建设计良好的索引，可以显著提高数据库查询和应用程序的性能。从某种程度上说，可以把数据库看作一本书，把索引看作书的目录。借助目录查找信息，显然比没有目录的书方便、快捷。除提高检索速度外，索引还可以强制表中的行具有唯一性，从而确保数据的完整性。

索引一旦创建，将由DBMS自动管理和维护。当插入、修改或删除记录时，DBMS会自动更新表中的索引。编写SQL查询语句时，有索引的表与没有索引的表在使用方法上是一致的。虽然索引具有诸多优点，但要避免在一个表中创建大量的索引，否则会影响插入、删除、更新数据的性能，增加索引调整的成本，降低系统的响应速度。

5.2.2　索引类型及原理

在SQL Server 2022中，有两种基本类型的索引：聚集索引和非聚集索引。除此之外，还有唯一索引、视图索引、全文索引和XML索引等。

1．聚集索引

在聚集索引中，表中行的物理存储顺序与索引键的逻辑（索引）顺序相同。由于真正的物理存储只有一个，因此，一个表只能包含一个聚集索引。创建或修改聚集索引可能会非常耗时，因为要根据索引键的逻辑值重新调整物理存储顺序。

在SQL Server 2022中创建PRIMARY KEY约束时，如果不存在该表的聚集索引且未指定唯一非聚集索引，则自动对PRIMARY KEY涉及的列创建唯一聚集索引。在添加UNIQUE约束时，默认将创建唯一非聚集索引。如果不存在该表的聚集索引，则可以指定唯一聚集索引。

在以下情况下，可以考虑使用聚集索引。

（1）包含有限数量的唯一值的列，如仅包含100个唯一状态码的列。

（2）使用BETWEEN及>、>=、<和<=这样的运算符返回某个范围值的查询。

（3）返回大型结果集的查询。

2．非聚集索引

非聚集索引与聚集索引具有相似的索引结构。不同的是，非聚集索引不影响数据行的物理存储顺序，数据行的物理存储顺序与索引键的逻辑（索引）顺序并不一致。每个表可以有多个非聚集索引，而不像聚集索引那样只能有一个。在SQL Server 2008 R2中，每个表可以创建最多249个非聚集索引，其中包括PRIMARY KEY或者UNIQUE约束创建的索引，但不包括XML索引。

与聚集索引类似，非聚集索引也可以提升数据的查询速度，但也会降低插入和更新数据的速度。当更改包含非聚集索引的表数据时，DBMS必须同步更新索引。如果一个表需要频繁地更新数据，不应对它建立太多的非聚集索引。另外，如果硬盘和内存空间有限，也应该限制非聚集索引的数量。

3．唯一索引

唯一索引能够保证索引键中不包含重复的值，从而使表中的每一行在某种方式上具有唯一性。只有当唯一性是数据本身的特征时，指定唯一索引才有意义。例如，如果希望确保学生表的"身份证号"列的值唯一，当主键为"学号"时，可以为"身份证号"列创建一个UNIQUE约束。当尝试在该列中为多名学生输入相同的身份证号时，将显示错误消息，禁止输入重复值。使用多列唯一索引，能保证索引键值中多列的组合是唯一的。例如，如果为"姓"和"名"列的组合创建了唯一索引，则表中任意两行记录不会具有完全相同的"姓"和"名"值。

聚集索引和非聚集索引都可以是唯一的，可以为同一个表创建一个唯一聚集索引和多个唯一非聚集索引。

创建PRIMARY KEY或UNIQUE约束时会为指定列自动创建唯一索引。由UNIQUE约束自动生成的唯一索引和独立于约束手工创建的唯一索引没有本质区别，二者数据验证的方式是相同的，查询优化器也不会区分唯一索引是由约束自动创建的还是手动创建的。但是，如果目的是要实现数据完整性，则应为列创建UNIQUE或PRIMARY KEY约束，这样做才能使索引的目标明确。

4．视图索引

视图也称为虚表，由视图返回的结果集格式与基本表的格式相同，都由行和列组成。在SQL语句中使用视图与使用基本表的方式相同。标准视图的结果集不是永久地存储在数据库中的。每次查询引用标准视图时，SQL Server会在内部将视图的定义替换为该查询，直到修改后的查询仅引用基本表。

对标准视图而言，查询动态生成的结果集开销很大，特别是涉及对大量行进行复杂处理的视图（如聚合大量数据或联接许多行）时。如果在查询中频繁地引用这类视图，则可通过对视图创建唯一聚集索引来提升性能。这类索引称为视图索引，对应的视图称为索引视图。索引视图是从SQL Server 2005后引入的一个新特征，可以有效改善标准视图的查询性能。对视图创建唯一聚集索引后，结果集将直接存储在数据库中，就像带有聚集索引的基本表一样。

如果很少更新基础表数据，则索引视图的使用效果最佳。如果经常更新基础表数据，维护索引视图的开销可能超过使用索引视图所带来的性能收益。如果基础表数据以批处理的形式定期更新，但在两次更新之间主要作为只读数据处理，则可考虑在更新前删除所有索引视图，更新后再重新生成，这样可提升批处理的更新性能。

5．全文索引

全文索引是搜索引擎的关键技术之一。试想在1MB大小的文件中搜索一个词，可能需要几秒，在100MB的文件中可能需要几十秒，在更大的文件中搜索开销会更大。为加快此类检索速度，出现了全文索引技术，该技术也称倒排文档技术。其原理是先定义一个词库，然后在文章中查找并存储每个词条出现的频率和位置，相当于对文件建立了一个以词库为目录的索引，这样查找某个词的时候就能很快地定位到该词出现的位置。

在SQL Server 2022中，每个表只允许有一个全文索引。若要对某个表创建全文索引，该表必须具有唯一且非空（NULL）的列。我们可以对以下类型的列创建全文索引：char、varchar、nchar、nvarchar、text、ntext、image、xml、varbinary和varbinary(max)，从而可对这些列进行全文搜索。对数据类型为varbinary、varbinary(max)、image或xml的列创建全文索引需要指定文档类型列，类型列用来存储文件的扩展名（.doc、.pdf和.xls等）。

6．XML 索引

对xml数据类型列可以创建XML索引。XML索引对列中xml实例的所有标记、值和路径进行索引，从而提高查询性能。在下列情况下，可考虑创建XML索引。

（1）对xml列进行查询在工作中很常见。但需要注意的是，xml列如果频繁修改，可能会造成很高的索引维护开销。

（2）xml列的值相对较大，而检索的部分相对较小。生成索引避免了在运行时分析所有数据，能实现高效的查询处理。

5.2.3 索引设置原则

建立索引时，需结合业务查询需要，综合索引特征及存储方式，构建适合的索引。索引设置的具体原则包括以下几条。

（1）严格限制同一个表或视图上的索引数量。索引增多将会严重影响INSERT、UPDATE和DELETE语句的执行性能。对于表中使用频度较低或者不再使用的索引，需及时删除。

（2）对于重复值较多的列，不建议建立索引。

（3）对排序、分组或者表连接涉及的字段建立索引，可提高数据检索效率。

（4）对视图建立索引将提高使用视图的检索效率。

（5）注意唯一索引和全文索引对NULL的处理方式。

5.2.4 创建和修改索引

1. 用 Management Studio 创建索引

打开"对象资源管理器"窗格，用鼠标右键单击"数据库→'数据库名称'→表→索引"节点，在弹出的快捷菜单中选择"新建索引"命令，即可弹出"新建索引"窗格，如图5-1所示。设置好索引的名称、类型、是否唯一等，然后添加要索引的列（可为一列或多列），单击"确定"按钮即可。

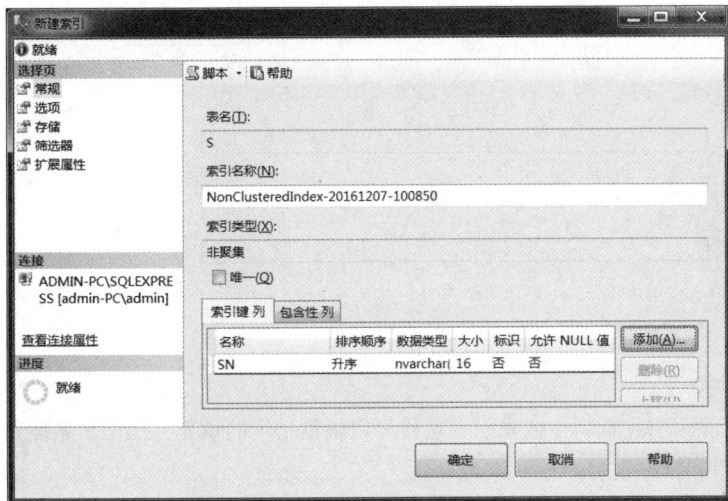

图5-1 新建索引

用 Management Studio 创建索引

索引的实现原理

2. 用 SQL 命令创建索引

在SQL Server 2022中，可以使用CREATE INDEX命令创建索引（既可以创建聚集索引，也可以创建非聚集索引；既可以在一列上创建索引，也可以在多列上创建索引）。其基本的语法格式如下。

```
CREATE [ UNIQUE ] [ CLUSTERED | NONCLUSTERED ] INDEX index_name
    ON table_or_view_name ( column_name [ ASC | DESC ] [ ,…n ] )
    [ WITH <index_option> [ ,…n ] ]
    [ ON { filegroup_name | "default" } ]
```

其中，UNIQUE表示创建唯一索引，CLUSTERED表示创建聚集索引，NONCLUSTERED表示创建非聚集索引。

【例5-10】 为表SC在SNo和CNo上建立唯一索引。

```
CREATE UNIQUE INDEX SCI ON SC(SNo,CNo)
```

执行此命令后，为SC表建立一个名为SCI的唯一索引，此索引为SNo和CNo两列的复合索引，即对SC表中的行先按SNo的递增顺序索引。对于相同的SNo，又按CNo的递增顺序索引。由于有UNIQUE的限制，因此该索引在(SNo,CNo)组合列的排序上具有唯一性，不存在重复值。

【例5-11】 为教师表T在TN上建立聚集索引。

```
CREATE CLUSTERED INDEX TI ON T(TN)
```

执行此命令后，为T表建立一个名为TI的聚集索引，T表中的记录将按照TN的值升序存放。

3. 用 SQL 命令修改索引

通常情况下，索引建立后由DBMS自动维护更新，无须手工干预，但有的情况下可能需要对索引进行修改。例如，向一个带有索引的表中插入大量数据时，为了提高插入性能，可考虑先删除索引，再重新建立索引。修改索引的SQL命令语法格式如下。

```
ALTER INDEX { index_name | ALL }
  ON table_or_view_name
  { REBUILD
     [ [PARTITION = ALL]
        [ WITH ( <rebuild_index_option> [ ,…n ] ) ]
        | [ PARTITION = partition_number
              [ WITH ( <single_partition_rebuild_index_option>
                 [ ,…n ] )
              ]
        ]
     ]
  | DISABLE
  | REORGANIZE
     [ PARTITION = partition_number ]
     [ WITH ( LOB_COMPACTION = { ON | OFF } ) ]
  | SET ( <set_index_option> [ ,…n ] )
     }
[ ; ]
```

其中各主要参数说明如下。

（1）REBUILD：删除索引并重新生成索引，这样可以根据指定的填充度压缩页来删除磁盘碎片，回收磁盘空间，重新排序索引。

（2）PARTITION：指定只重新生成或重新组织索引的一个分区。如果index_name不是已分区索引，则不能指定PARTITION。

（3）DISABLE：将索引标记为禁用，从而不能由数据库引擎使用。任何索引均可被禁用，已禁用索引的索引定义保留在没有基础索引数据的系统目录中。禁用聚集索引将阻止用户访问基础表数据。若要启用已禁用的索引，使用ALTER INDEX REBUILD或CREATE INDEX WITH DROP_EXISTING命令。

（4）REORGANIZE：重新组织索引，此子句等同于DBCC INDEXDEFRAG。ALTER INDEX REORGANIZE语句始终联机执行，这意味着不保留长期阻塞的表锁，对基础表的查询或更新可以在ALTER INDEX REORGANIZE事务处理期间继续执行。不能为已禁用的索引指定REORGANIZE。

5.2.5 查看和删除索引

1. 用 Management Studio 查看索引

打开"对象资源管理器"窗格，展开"数据库→'数据库名称'→表→索引"节点，即可看到该表下的所有索引。双击其中一个索引，即可查看该索引的详细信息。

2. 用 Sp_helpindex 存储过程查看索引

Sp_helpindex存储过程可以返回表中的所有索引信息，其语法格式如下。

```
Sp_helpindex [@objname =] 'name'
```

其中，[@objname =] 'name'子句指定当前数据库中的表名。

【例5-12】查看表SC的索引。

```
EXEC Sp_helpindex SC
```

如果要更改索引名称，则可利用Sp_rename存储过程更改，其语法格式如下。

```
Sp_rename '数据表名.原索引名', '新索引名'
```

【例5-13】更改T表中的索引TI名称为T_Index。

```
EXEC Sp_rename 'T.TI', 'T_Index'
```

3. 用 Management Studio 删除索引

打开"对象资源管理器"窗格，展开"数据库→'数据库名称'→表→索引"节点，用鼠标右键单击要删除的索引，在弹出的快捷菜单中选择"删除"命令，即可删除索引。

4. 用 SQL 命令删除索引

在SQL Server 2022中，可以使用DROP INDEX删除索引。其语法格式如下。

```
DROP INDEX <table>|<view name>.<index name>
```

当然也可以使用如下的语法格式。

```
DROP INDEX <index name> ON <table or view name>
```

在上述命令中，index name表示要删除的索引名，<table> |<view name>表示当前索引基于的表名或者视图名。

5.3 数据库的安全性

5.3.1 数据库安全性的含义

数据库的安全性是指保护数据库以防止非法使用所造成的数据泄露、更改或破坏。安全性问题有许多方面，其中包括：

（1）法律、社会和伦理方面的问题，如请求查询信息的人是不是有合法的权限；

（2）物理控制方面的问题，如计算机机房是否应该加锁或用其他方法加以保护；

（3）政策方面的问题，如确定存取原则，允许指定用户存取指定数据；

（4）运行方面的问题，如使用口令时，如何使口令保密；

（5）硬件控制方面的问题，如CPU是否提供任何安全性方面的功能（诸如存储保护键）或特权工作方式；

（6）操作系统安全性方面的问题，如在主存储器和数据文件用过以后，操作系统是否把它们的内容清除掉；

（7）数据库系统本身的安全性方面的问题。

这里讨论的是数据库本身的安全性问题，主要考虑安全保护的策略，尤其是控制访问的策略。

5.3.2 安全性控制的一般方法

安全性控制是指要尽可能地杜绝所有可能的数据库非法访问。用户非法使用数据库可以有很多种情况。例如，编写合法的程序绕过DBMS授权机制，通过操作系统直接存取、修改或备份有关数据。用户非法访问数据，无论是有意的还是无意的，都应该严格加以控制。因此，系统还要考虑数据信息的流动问题并对此加以控制，否则系统就有隐蔽的危险性。因为数据的流动可能使无权访问的用户获得访问权限。例如，甲用户可以访问文件F1，但无权访问文件F2，如果乙用户把文件F2移至文件F1中，则由于乙用户的操作，使甲用户获得了对文件F2的访问权。此外，用户可以多次利用允许的访问结果，经过逻辑推理得到他无权访问的数据。为防止这一点，访问的许可权还要结合过去访问的情况而定。可见，安全性的实施是要付出一定代价的。安全保护策略就是要以最小的代价来防止对数据的非法访问，层层设置安全措施。

实际上，安全性问题并不是数据库系统所独有的，所有计算机系统都存在这个问题。在计算机系统中，安全措施是一级一级层层设置的，安全控制模型如图5-2所示。

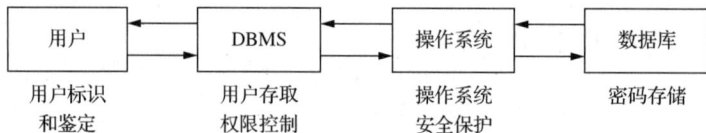

图5-2 安全控制模型

根据图5-2所示的安全控制模型，当用户进入计算机系统时，系统首先根据输入的用户标识进行身份的鉴定，只有合法的用户才允许进入系统。对已进入系统的用户，DBMS还要进行存取权限控制，只允许用户进行合法的操作。DBMS是建立在操作系统之上的，安全的操作系统是数据库安全的前提。操作系统应能保证数据库中的数据必须由DBMS访问，而不允许用户越过DBMS直接通过操作系统访问。数据最后可以通过密码的形式存储到数据库中。有关操作系统的安全措施是其他课程的内容，本书只讨论与数据库有关的用户标识和鉴定、用户存取权限控制、定义视图、数据加密和审计等几类安全性措施。

1. 用户标识和鉴定

数据库系统是不允许一个未经授权的用户对数据库进行操作的。用户标识和鉴定是系统提供的最外层的安全保护措施，其方法是由系统提供一定的方式让用户标识自己的名字或身份，系统内部记录着所有合法用户的标识，每次用户要求进入系统时，都由系统进行核实，通过鉴定后才提供计算机的使用权。

用户标识和鉴定的方法有多种，为了获得更强的安全性，往往是多种方法并用。其常用的方法有以下几种。

（1）用一个用户名或用户标识符来标明用户的身份，系统以此来鉴别用户的合法性。如果用户名或用户标识符正确，则可进入下一步的核实，否则，该用户不能使用计算机。

（2）用户标识符是用户公开的标识，它不足以成为鉴别用户身份的凭证。为了进一步核实用户身份，常采用用户名（Username）与口令（Password）相结合的方法，系统通过核对口令判别用户身份的真伪。系统有一张用户口令表，为每个用户都保存一个记录，其中包括用户名和口令两部分数据。用户先输入用户名，然后系统要求用户输入口令系统核对口令以鉴别用户身份。为了保密，用户在终端上输入的口令不直接显示在屏幕上。

（3）通过用户名和口令来鉴定用户的方法简单易行，但该方法在使用时，由于用户名和口令的产生与使用比较简单，也容易被窃取，因此还可采用更复杂的方法。例如，每个用户都预先约定好一个过程或者函数，当鉴别用户身份时，系统提供一个随机数，用户根据自己预先约定的计算过程或者函数进行计算，系统根据计算结果辨别用户身份的合法性。例如，让用户记住一个表达式，如$T=X+2Y$，系统告诉用户$X=1$，$Y=2$，如果用户回答$T=5$，则证实了该用户的身份。当然，这是一个简单的例子，在实际使用中，还可以设计复杂的表达式，以使安全性更高。系统每次提供不同的X、Y值，其他人可能看到X、Y的值，但不能推算出T的确切值。

2. 用户存取权限控制

用户存取权限指的是不同的用户对于不同的数据对象允许执行的操作权限。在数据库系统中，每个用户只能访问他有权存取的数据并执行有权使用的操作。因此，系统必须预先定义用户的存取权限。对于合法的用户，系统根据其存取权限的定义对其各种操作请求进行控制，确保合法操作。存取权限由两个要素组成：数据对象和操作类型。定义一个用户的存取权限就是要定义这个用户可以在哪些数据对象上进行哪些类型的操作。

在数据库系统中，定义用户存取权限称为授权（Authorization）。用户的存取权限有两种：系统权限和对象权限。系统权限由DBA授予某些数据库用户，只有得到系统权限，才能成为数据库用户。对象权限可以由DBA授予，也可以由数据对象的创建者授予，使数据库用户具有对某些数据对象进行某些操作的权限。用户权限管理将在5.3.5小节详细介绍。

3. 定义视图

为不同的用户定义不同的视图，可以限制各个用户的访问范围。通过视图机制把要保密的数据对无权存取这些数据的用户隐藏起来，从而自动地对数据提供一定程度的安全保护。例如，如果限定User1只能对计算机系的学生进行操作，一种方法是通过授权机制对User1授权，另一种简单的方法就是定义一个"计算机系"的视图。但视图机制的安全保护功能太不精细，往往不能达到应用系统的要求，其主要功能在于提供了数据库的逻辑独立性。在实际应用中，通常将视图机制与授权机制结合起来使用，首先用视图机制屏蔽一部分保密数据，然后在视图上进一步定义存取权限。

4. 数据加密

前面介绍的几种数据库安全措施都是防止从数据库系统窃取保密数据，不能防止通过不正常渠道非法访问数据。例如，窃取存储数据的磁盘或在通信线路上窃取数据。为了防止这些窃密活动，比较好的办法是对数据加密（Data Encryption）。

数据加密是防止数据库中数据在存储和传输中失密的有效手段。加密的基本思想是根据一定的算法将原始数据（术语为明文，Plain Text）加密成为不可直接识别的格式（术语为密文，Cipher Text），数据以密文的形式存储和传输。

加密方法有两种：一种是替换方法，该方法使用密钥（Encryption Key）将明文中的每一个字符都转换为密文中的字符；另一种是转换方法，该方法将明文中的字符按不同的顺序重新排列。通常将这两种方法结合起来使用，就可以达到相当高的安全程度。例如，美国1977年制定的官方加密标准——数据加密标准（Data Encryption Standard，DES），就是使用这种算法的例子。关于加密的有关技术问题，有专门课程论述，本书不再详细介绍。

5. 审计

前面介绍的各种数据库安全性措施都可将用户操作限制在规定的安全范围内，但实际上任何系统的安全性措施都不是绝对可靠的，窃密者总有办法打破这些控制。对于某些高度敏感的保密数据，必须以审计作为预防手段。审计（Audit）功能是一种监视措施，它跟踪记录有关数据的访问活动。

使用审计功能把用户对数据库的所有操作都自动记录下来，存放在一个特殊文件中，即审计日志（Audit Log）中。记录的内容一般包括操作类型（如修改、查询等）、操作终端标识与操作者标识、操作日期和时间、操作所涉及的相关数据（如基本表、视图、记录、属性等）、数据的前象和后象等。利用这些信息，可以重现导致数据库现有状况的一系列事件，以进一步找出非法存取数据的人、时间和内容等。

使用审计功能会大大增加系统的开销，所以DBMS通常将其作为可选特征，并提供相应的操作语句，可灵活地打开或关闭审计功能。例如，可使用如下SQL语句打开对表S的审计功能，对表S每次成功的查询、增加、删除和修改操作都进行审计追踪。

```
AUDIT SELECT,INSERT,DELETE,UPDATE
ON S WHENEVER SUCCESSFUL
```

要关闭对表S的审计功能可以使用如下语句。

```
NO AUDIT ALL ON S
```

5.3.3 SQL Server 的安全机制

SQL Server具有三个层级的安全机制和两种身份验证模式，下面分别进行介绍。

理解服务器账号
和数据库账号
关系

SQL Server的整个安全体系结构从顺序上可以分为认证和授权两部分，其安全机制为三层，分别是服务器安全管理、数据库安全管理和数据库对象的访问权限管理。

第一层安全性是SQL Server服务器级别的安全性，这一级别的安全性建立在控制服务器登录账号和密码的基础上，即必须具有正确的服务器登录账号和密码才能连接到SQL Server服务器。登录账号可以是Windows系统的账号或组，也可以是SQL Server的登录账号。

第二层安全性是数据库级别的安全性，用户提供正确的服务器登录账号和密码通过第一层的SQL Server服务器的安全性检查之后，将接受第二层的安全性检查，即是否具有访问某个数据库的权限。

第三层安全性是数据库对象级别的安全性，用户通过了前两层的安全性检查之后，在对具体的数据库对象（表、视图、存储过程等）进行操作时，将接受权限检查，即用户想要访问数据库里的对象时，必须事先被授予相应的访问权限，否则系统将拒绝访问。

SQL Server这三个层级的安全机制相当于用户访问数据库对象过程中的三道安全屏障，只有合法地通过了这三个层级的安全性检查，用户才能真正访问到相应的数据库对象。这三个层级的安全机制原理如图5-3所示。

SQL Server提供两种身份验证模式：Windows身份验证模式和混合身份验证模式（SQL Server和Windows身份验证模式）。

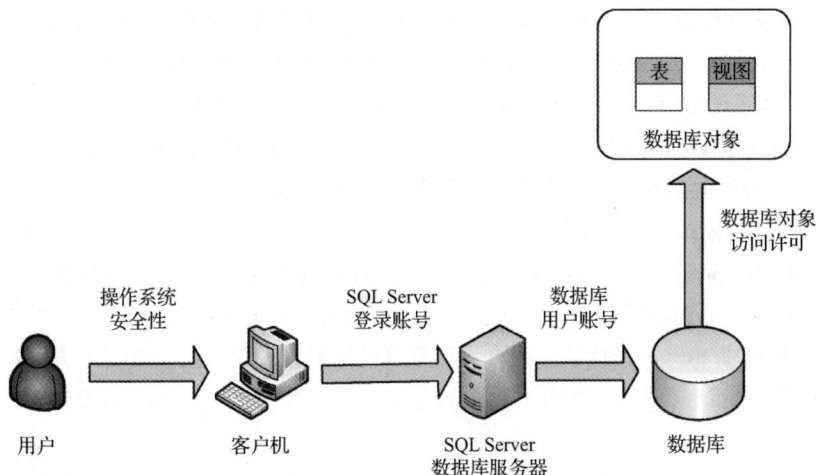

图5-3 SQL Server 的三层安全机制

1. Windows 身份验证模式

在该验证模式下，SQL Server 2022使用Windows操作系统来对登录的账号进行身份验证，支持Windows操作系统的密码策略和锁写策略，账号和密码保存在Windows操作系统的账户数据库中，该文件是一个系统文件。SQL Server 2022服务器自身不再负责身份验证。因此，在该种验证模式下，SQL Server 2022客户机只要能够访问Windows服务器，就可以访问SQL Server 2022服务器，用户不必同时登录网络和SQL Server 2022服务器。SQL Server 2022服务器把身份验证的工作交给Windows操作系统来完成，特点是"登录一次"，所以这种验证模式也称为"受信连接"。

Windows身份验证模式主要有以下优点。

（1）数据库管理员的工作可以集中在管理数据库方面，而不是管理用户账户。对用户账户的管理可以交给Windows去完成。

（2）Windows有着更强的用户账户管理工具，用户可以设置账户锁定、密码期限等。如果不是通过定制来扩展SQL Server，SQL Server是不具备这些功能的。

（3）Windows的组策略支持多个用户同时被授权访问SQL Server。

因此，如果网络中有多个SQL Server服务器，为了简化客户机的登录操作，就可以选择通过Windows身份验证机制来完成。

但应该注意的是，要在客户机与服务器间建立连接，使用该验证模式时必须满足以下两个条件中的一个。

（1）客户端的用户必须有合法的服务器上的Windows账号，服务器能够在自己的域中或者信任域中验证该用户。

（2）服务器启动了Guest账户。但该方法会带来安全上的隐患，因而不是一个好的方法。

2. 混合身份验证模式

混合身份验证模式允许以SQL Server身份验证模式或者Windows身份验证模式来进行验证。使用哪种模式取决于在最初通信时使用的网络库。如果一个用户使用的是TCP/IP Sockets进行登录验证，则将使用SQL Server身份验证模式；如果用户使用命名管道，则登录时将使用Windows身份验证模式。这种身份验证模式能更好地适应用户的各种环境。但是对于Windows 9x系列的操作系统，只能使用SQL Server身份验证模式。

在混合身份验证模式下，当客户机使用用户账号和密码连接数据库服务器时，SQL Server

2022首先在数据库中查询是否有相同的账号和密码，若有则接受连接。若数据库中没有相应的账号和密码，则SQL Server 2022会向Windows操作系统请求验证客户机的身份。SQL Server 2022和Windows操作系统都没有通过客户机的身份验证请求，则拒绝连接。

在SQL Server身份验证模式下，账号和密码保存在master数据库的syslogins数据表中。SQL Server将用户登录使用的账号和密码与该表中的进行比较和匹配。

混合身份验证模式具有以下优点。

（1）如果用户是具有Windows登录名和密码的Windows域用户，则还必须提供另一个用于连接SQL Server的登录名和密码。因此，该种验证模式创建了Windows之上的另外一个安全层次。

（2）允许SQL Server支持具有混合操作系统的环境，在这种环境中并不是所有用户均由Windows域进行验证。因此，该种验证模式能够支持更大范围的用户，如非Windows客户、Novell网用户等。

（3）允许用户从未知的或不可信的域进行连接。例如，一个应用程序可以使用单个的SQL Server登录账号和密码进行登录。

（4）允许SQL Server支持基于Web的应用程序，在这些应用程序中用户可创建自己的标识。

由此可以看出，验证模式的选择通常与网络验证的模型和客户机与服务器间的通信协议有关。如果网络主要是Windows网，则用户登录到Windows时已经得到了确认，因此，使用Windows身份验证模式将减轻系统的工作负担。但是，如果网络主要是Novell网或者对等网，则使用SPX协议和SQL Server验证模式将是很方便的。因为这种情况下，只需创建SQL Server登录账户，而不用创建Windows账户。另外，在Internet网络环境中，无法采用Windows身份验证机制。

3. 设置身份验证模式

在安装SQL Server 2022时，安装程序会提示用户选择服务器身份验证模式，然后根据用户的选择将服务器设置为"Windows身份验证模式"或"SQL Server和Windows身份验证模式"。在使用过程中，用户可以根据需要来重新设置服务器的身份验证模式。设置身份验证模式的具体步骤如下。

（1）在SQL Server Management Studio的"对象资源管理器"窗格中，用鼠标右键单击服务器，在弹出的快捷菜单中选择"属性"命令，会弹出"服务器属性"窗格。

（2）在"服务器属性"窗格中，在"选择页"列表中选择"安全性"，然后在"服务器身份验证"下选择新的服务器身份验证模式，单击"确定"按钮，如图5-4所示。

（3）重新启动SQL Server，使设置生效。

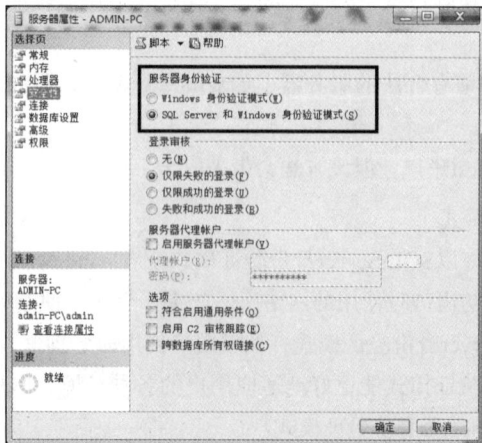

图5-4 设置SQL Server服务器的身份验证模式

5.3.4　登录账号和服务器角色

在SQL Server中，账号有两种：一种是登录服务器的登录账号（Login Name）；另一种是使用数据库的用户账号（User Name）。登录账号是指能登录到SQL Server的账号，它属于服务器层面，本身并不能让用户访问服务器中的数据库，而登录者要使用服务器中的数据库时，必须要有用户账号才能存取数据库。就如同公司门口先刷卡进入（登录服务器），然后拿钥匙打开自己的办公室门（进入数据库）一样。

1. 创建登录账号

使用Management Studio创建登录账号的具体步骤如下。

（1）在"对象资源管理器"窗格中，展开"安全性"节点，然后用鼠标右键单击"登录名"，在弹出的快捷菜单中选择"新建登录名"命令，会出现"登录名-新建"窗格。

（2）在"登录名-新建"窗格中，在"选择页"列表中选择"常规"。

（3）在"登录名"文本框中输入要创建的登录账号名称，单击"SQL Server身份验证"单选按钮，并输入密码，之后取消"强制实施密码策略"复选框，如图5-5所示。

（4）在图5-5中，在"选择页"列表中选择"服务器角色"，如图5-6所示。这里可以选择将该登录账号添加到某个服务器角色中成为其成员，并自动具有该服务器角色的权限。其中，public角色自动选中，并且不能删除。在此选择sysadmin角色，使该登录账号具有服务器层面的任何权限。

（5）设置完所有需要设置的选项之后，单击"确定"按钮即可创建登录账号，并且显示在登录名列表中，如图5-7所示。

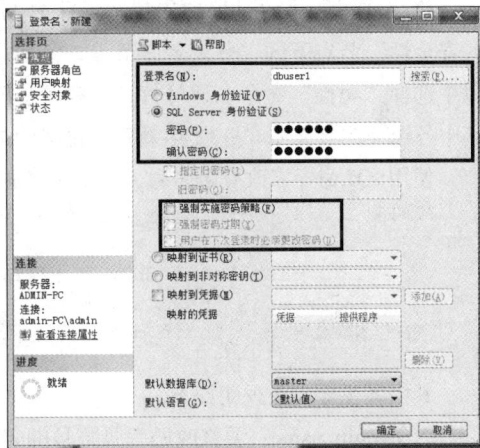

图5-5　创建SQL Server的登录账号

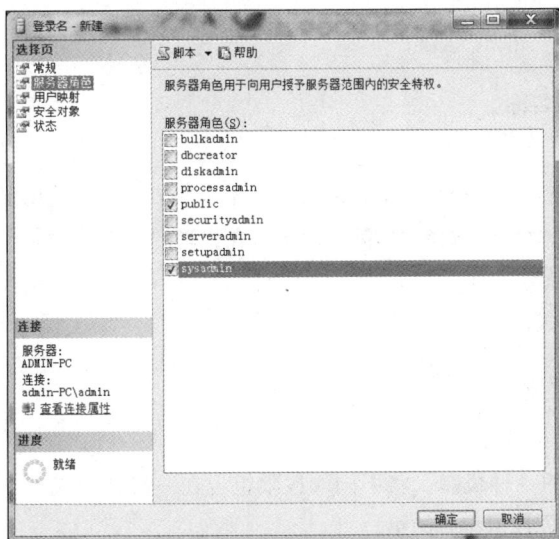

图5-6　设置登录账号的服务器角色

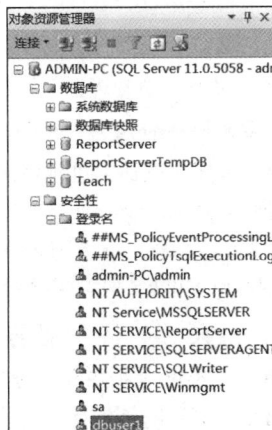

图5-7　新建的登录账号显示在登录名列表中

同时也可以使用SQL命令创建登录名，其语法格式如下。

```
CREATE LOGIN login_name
WITH PASSWORD = 'password'
[ ,DEFAULT_DATABASE = database_name ]
[ ,CHECK_POLICY = { ON | OFF } ]
[ ,CHECK_EXPIRATION = { ON | OFF } ]
```

其中各主要参数说明如下。

（1）login_name：要创建的登录名。

（2）password：登录名的密码。请确保密码足够复杂和安全。

（3）database_name（可选）：将登录名关联到的默认数据库。

（4）CHECK_POLICY（可选）：指定是否启用密码策略检查，可以是ON（启用）或OFF（禁用）。启用时，要求密码符合安全策略。

（5）CHECK_EXPIRATION（可选）：指定是否启用密码过期策略检查，可以是ON（启用）或OFF（禁用）。启用时，要求密码在一段时间后过期。

2. 修改登录账号

修改登录账号的过程和创建登录账号的过程类似，在"对象资源管理器"窗格中，展开"安全性"节点下的"登录名"节点，然后用鼠标右键单击要修改的登录名，在弹出的快捷菜单中选择"属性"命令，即可打开"登录属性"窗格，接下来就可以对该登录账号进行修改。其中各选项的含义和"登录名-新建"窗格中的选项含义相同，这里不再赘述。

使用SQL命令修改登录账号，其语法格式如下。

```
ALTER LOGIN login_name
{
  | WITH { STATUS = { ENABLE | DISABLE } }
  | { PASSWORD = 'new_password' [ OLD_PASSWORD = 'old_password' ] }
  | { NAME = new_login_name }
}
```

其中各主要参数说明如下。

（1）login_name：要修改的登录账号的名称。

（2）STATUS：允许使用ENABLE或DISABLE选项启用或禁用登录账号。

（3）PASSWORD：允许更改登录账号的密码。其允许指定新密码或选择指定旧密码进行验证。

（4）NAME：用于修改登录账号的名称。

3. 删除登录账号

在"对象资源管理器"窗格中，展开"安全性"节点下的"登录名"节点，然后用鼠标右键单击要删除的登录名，在弹出的快捷菜单中选择"删除"命令，在出现的"删除对象"窗格中单击"确定"按钮即可删除该登录账号。

使用SQL命令删除登录账号，其语法格式如下。

```
DROP LOGIN login_name;
```

其中，login_name是要删除的登录账号的名称。

4. SQL Server 的服务器角色

角色（Role）是对权限集中管理的一种机制，将不同的权限组合在一起就形成了一种角色。因此，不同的角色就代表了具有不同权限集合的组。

如果系统有很多用户，且这些用户的权限各不相同，那么单独授权给每个用户，不便于集中管理，当权限变化时，管理员可能需要逐个修改用户的权限，非常烦琐。而当若干用户都被授予同一个角色时，他们都继承了该角色拥有的权限，若角色的权限变更了，这些相关的用户权限都会发生相应的变更。因此，角色可以方便管理员对用户权限的集中管理。

SQL Server 2022支持服务器角色和数据库角色。以下先介绍服务器角色，数据库角色放在5.3.5小节讲解。

服务器角色是执行服务器级管理操作的用户权限的集合，因此，一般指定需要管理服务器的登录账号属于服务器角色。服务器角色是SQL Server系统内置的，数据库管理员（DBA）不能创建服务器角色，只能将其他角色或者用户添加到服务器角色中。

在"对象资源管理器"窗格中展开"安全性"节点，然后单击"服务器角色"，即可看到这9种服务器角色，如图5-8所示。

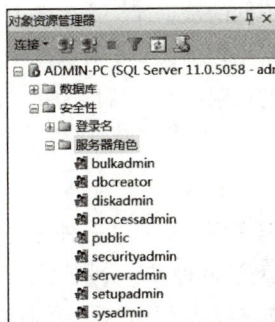

图5-8 服务器角色

这些服务器角色是SQL Server在安装过程中默认创建的，它们的权限描述如表5-1所示。

表5-1 服务器角色及其权限描述

服务器角色	权限描述
bulkadmin	允许非sysadmin用户运行BULK INSERT语句
dbcreator	创建、更改、删除和还原任何数据库
diskadmin	管理磁盘文件
processadmin	终止SQL Server实例中运行的进程
public	每个SQL Server登录账号都属于public服务器角色
securityadmin	管理登录名及其属性
serveradmin	更改服务器范围的配置选项和关闭服务器
setupadmin	添加和删除链接的服务器，并且可以执行某些系统存储过程
sysadmin	在服务器中执行任何活动

只有public角色的权限可以根据需要修改，而且对public角色设置的权限，所有的登录账号都会自动继承。

查看和设置public角色权限的步骤如下。

（1）用鼠标右键单击public角色，在弹出的快捷菜单中选择"属性"命令。

（2）在"服务器角色属性"窗格的"权限"选项卡中，可以查看当前public角色的权限并进行修改。

5.3.5 数据库用户账号和数据库角色

1. 数据库的用户账号

登录名、数据库用户名是SQL Server中两个容易混淆的概念。登录名是访问SQL Server的通行证，每个登录名的定义都存放在master数据库的表syslogins（登录名是服务器级的）中。登录名本身并不能让用户访问服务器中的数据库资源。要访问具体数据库中的资源，还必须有该数据库的用户名。新的登录名创建以后，才能创建数据库用户。数据库用户在特定的数据库内创建，必须与某个登录名相关联。数据库用户的定义信息存放在与其相关的数据库的sysusers表（用户名是数据库级的）中，这个表包含了该数据库的所有用户对象以及与相对应的登录名标识。用户名设有密码与其相关联，大多数情况下，用户名和登录名使用相同的名称，数据库用户名主要用于数据库权限的控制。

在SQL Server中，登录账户和数据库用户是SQL Server进行权限管理的两种对象。一个登录账户可以与服务器上的所有数据库进行关联，而数据库用户是一个登录账户在某数据库中的映射，也即一个登录账户可以映射到不同的数据库，产生多个数据库用户（但一个登录账户在一个数据库中至多只能映射一个数据库用户），一个数据库用户只能映射到一个登录账户。允许数据库为每个用户对象都分配不同的权限，这一特性为在组内分配权限提供了最大的自由度与可控性。

2. 创建数据库的用户账号

通过以下两种方法可以创建数据库用户账号：一种是利用"对象资源管理器"窗格创建；另一种是利用T-SQL语句创建。下面对这两种方法分别进行介绍。

利用"对象资源管理器"窗格创建数据库用户账号的具体步骤如下。

（1）打开"对象资源管理器"窗格，展开需要创建数据库用户账号的数据库节点（以数据库Teach为例），找到"安全性"节点并将其展开，如图5-9所示。

图5-9　Teach数据库的用户列表

（2）在图5-9所示的"用户"节点上单击鼠标右键，在弹出的快捷菜单中选择"新建用户"命令，将打开"数据库用户-新建"窗格，如图5-10所示。

① 在图5-10所示的"常规"选项卡中可以对如下内容进行设置。

- 用户名：输入要创建的数据库用户名。
- 登录名：输入与该数据库用户对应的登录账号，我们也可以通过右边的按钮进行选择。
- 默认架构：输入或选择该数据库用户所属的架构。

② 在"拥有的架构"选项卡中可以查看和设置该用户拥有的架构。

③ 在"成员身份"选项卡中可以为该数据库用户选择数据库角色。

④ "安全对象"和"扩展属性"选项卡中可以对相应的选项进行设置。

（3）单击"确定"按钮，即可创建数据库用户账号。

如图5-10所示，数据库用户名"user1"是依附于5.3.4小节创建的登录名"dbuser1"创建完成的，因此，当用户以"dbuser1"登录SQL Server之后，即可直接访问数据库Teach。

这时，如果查看服务器登录名"dbuser1"属性，在其登录属性窗格的"用户映射"选项卡中可以看到数据库用户名"user1"已经与其绑定，如图5-11所示。

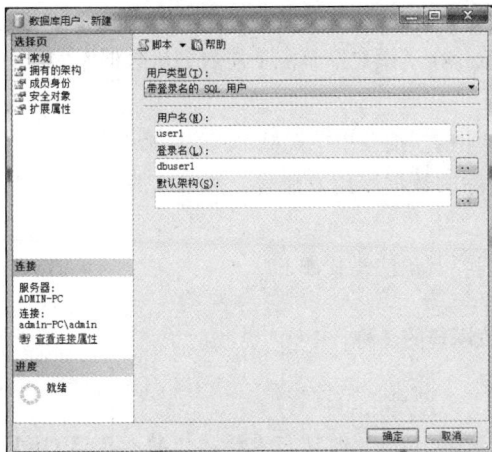

图5-10 "数据库用户-新建"窗格 　　　　图5-11 数据库登录名与服务器登录名绑定

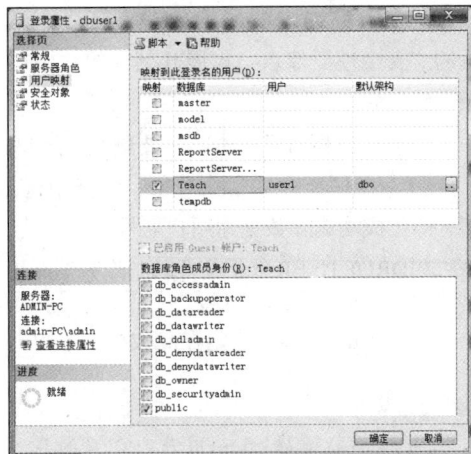

此外，也可以利用CREATE USER命令创建数据库用户账号。其语法格式如下。

```
CREATE USER user_name
[ {FOR | FROM }
    {
        LOGIN login_name
        | CERTIFICATE cert_name
        | ASYMMETRIC KEY asym_key_name
    }
        | WithOUT LOGIN
]
```

其中各项参数说明如下。

- user_name：要创建的数据库用户名。
- LOGIN login_name：指定要创建数据库用户的登录名。login_name必须是服务器中有效的登录名。
- CERTIFICATE cert_name：指定要创建数据库用户的证书。
- ASYMMETRIC KEY asym_key_name：指定要创建数据库用户的非对称密钥。
- WITHOUT LOGIN：指定不应将用户映射到现有登录名。

使用如下语句可以创建数据库用户账号Test2。

```
Create User Test2 For test1
```

3. 查看或修改数据库用户账号

（1）在"对象资源管理器"窗格中，展开"具体的数据库名"（例如数据库Teach）下的"安全性"节点，再展开其中的"用户"节点，在"用户"节点下能看到该数据库的已有用户。

（2）用鼠标右键单击某个要操作的用户名，在弹出的快捷菜单中选择"属性"命令。

（3）在打开的数据库用户属性窗格中可以查看或修改用户的权限信息，如对"常规""拥有架构""角色成员""安全对象""扩展属性"等进行修改。

（4）设置完成后，单击"确定"按钮，即可成功修改数据库用户账号。

用ALTER USER命令也可以修改数据库用户账号。ALTER USER的具体语法参数与CREATE USER命令的参数相似，不再赘述。

4．删除数据库用户账号

（1）在"对象资源管理器"窗格中，展开 "具体的数据库名"（例如数据库Teach）下的"安全性"节点，再展开其中的"用户"节点，在"用户"节点下能看到该数据库的已有用户。

（2）用鼠标右键单击某个要删除的用户，在弹出的快捷菜单中选择"删除"命令。

（3）在打开的"删除对象"窗格中选定要删除的数据库用户账号，然后单击"确定"按钮，即可成功删除数据库用户账号。

用DROP USER命令也可以删除数据库用户账号，其语法格式如下。

```
DROP USER user_name
```

其中，user_name指定在此数据库中用于识别该用户的名称。

> **✎注意**
>
> 虽然不能删除guest用户，但可在除master或tempdb外的任何数据库中执行REVOKE CONNECT FROM GUEST来撤销它的CONNECT权限，从而禁用guest用户。

5．数据库角色

SQL Server在每个数据库中都提供了10个固定的数据库角色。与服务器角色不同的是，数据库角色权限的作用域仅限在特定的数据库内。在"对象资源管理器"窗格中展开相应数据库下的"安全性"节点，然后单击"数据库角色"，即可看到这10个数据库角色，如图5-12所示。

图5-12　数据库角色

10个固定数据库角色及其权限描述如表5-2所示。

表 5-2 固定数据库角色及其权限描述

固定数据库角色	权限描述
db_accessadmin	访问权限管理员，能够添加或删除数据库用户和角色
db_backupoperator	数据库备份管理员，能够备份和还原数据库
db_datareader	数据库检索操作员，能够读取数据库中所有用户表中的所有数据
db_datawriter	数据维护操作员，能够对数据库中的所有用户表添加、删除或修改数据
db_ddladmin	数据库对象管理员，能够添加、删除和修改数据库对象，如表、视图等
db_denydatareader	拒绝执行检索操作员，不能读取数据库内用户表中的任何数据
db_denydatawriter	拒绝执行数据维护操作员，不能添加、修改或删除数据库内用户表中的任何数据
db_owner	数据库所有者，可以执行数据库的所有活动，在数据库中拥有全部权限
db_securityadmin	安全管理员，可以修改角色成员身份和管理权限
public	每个数据库用户都属于public角色，具有默认的权限

只有public角色的权限可以根据需要修改，而且对public角色设置的权限，当前数据库中所有的用户都会自动继承。查看和设置public角色权限步骤如下。

（1）用鼠标右键单击public角色，在弹出的快捷菜单中选择"属性"命令。

（2）在"数据库角色属性"窗格的"安全对象"选项卡中，可以查看当前public角色的权限并进行修改。

6. 用户权限管理

权限用来指定授权用户可以使用的数据库对象和这些授权用户可以对这些数据库对象执行哪些操作。当用户以某个登录账号登录SQL Server服务器后，该数据库用户账号（一定依附于某个登录账号）所归属的Windows组（Windows登录账号）或所归属的数据库角色被授予的权限决定了该用户能够对哪些数据库对象执行哪种操作以及能够访问、修改哪些数据。在每个数据库中，权限独立于用户账号和用户在数据库中的角色，每个数据库都有自己独立的权限系统。

权限机制的基本思想是给用户授予不同类型的权限，必要时可以收回授权，以使用户能够进行的数据库操作以及所操作的数据都限定在指定的范围内，禁止用户超越权限对数据库进行非法的操作，从而保证数据库的安全性。

在数据库中，权限可分为系统权限和对象权限，这两种权限都是可以授予与收回的。

（1）系统权限

系统权限表示用户对数据库的操作权限，即创建数据库或者创建数据库中的其他内容所需要的权限类型，例如，创建数据库、数据表和存储过程等的权限。如果用户具有了某个系统权限，则该用户就具有了执行相应命令的权限。表5-3中列出了数据库系统权限及其对应的操作功能说明。

表 5-3 数据库系统权限及其对应的操作功能说明

系统权限	说明
授予数据库用户BACKUP DATABASE权限	用户可以备份数据库
授予数据库用户BACKUP LOG权限	用户可以备份事务日志
授予数据库用户CREATE DATABASE权限	用户可以创建数据库

续表

系统权限	说明
授予数据库用户CREATE DEFAULT权限	用户可以创建默认值
授予数据库用户CREATE FUNCTION权限	用户可以创建自定义函数
授予数据库用户CREATE PROCEDURE权限	用户可以创建存储过程
授予数据库用户CREATE RULE权限	用户可以创建规则
授予数据库用户CREATE TABLE权限	用户可以创建表
授予数据库用户CREATE VIEW权限	用户可以创建视图

在"对象资源管理器"窗格中授予和收回系统权限的内容请扫二维码查看。

（2）对象权限

对象权限是授予数据库用户对特定数据库中的表、视图和存储过程等对象的操作权限，它决定了能对表、视图等数据库对象执行哪些操作，相当于数据库操纵语言的命令权限。表5-4列出了数据库对象权限及其对应的操作功能说明。也就是说，数据库对象权限使用户能够访问存在于数据库中的对象，如果用户想要对某一数据库对象进行操作，就必须具有相应的数据库对象的操作权限，否则，用户将不能访问该对象。

授予和收回
系统权限

表5-4　数据库对象权限及其对应的操作功能说明

对象权限	说明
授予数据库用户SELECT（查询）权限	用户能够访问、操作表和视图的数据
授予数据库用户INSERT（插入）权限	用户能够向数据表中插入数据
授予数据库用户UPDATE（修改）权限	用户可以更新数据表中数据
授予数据库用户DELETE（删除）权限	用户可以删除数据表中数据
授予数据库用户EXECUTE（执行）权限	用户可以执行存储过程

在"对象资源管理器"窗格中授予和收回对象权限的内容请扫二维码查看。

5.4　数据库完整性控制

5.4.1　数据库完整性的含义

数据库的完整性是指保护数据库中数据的正确性、有效性和相容性，防止错误的数据进入数据库造成无效操作。有关完整性的含义在第1章中已经做了简要介绍。如年龄属于数值型数据，只能含数字0,1,…,9，不能含字母或其他符号；月份只能用1～12之间的正整数表示；表示同一事实的两个数据应相同，否则就不相容，如一个人不能有两个学号。显然，维护数据库的完整性非常重要，数据库中的数据是否具备完整性关系到数据能否真实地反映现实世界。

数据库的完整性和安全性是数据库保护的两个不同的方面。数据库的完整性是指防止合法用户使用数据库时向数据库中加入不符合语义的数据。完整性措施的防范对象是不合语义的数据。数据库的安全性是指保护数据库以防止非法使用所造成数据的泄露、更改或破坏。安全性措施的防范对象是非法用户和非法操作。但从数据库的安全保护角度来讲，完整性和安全性又是密切相关的。

5.4.2　完整性约束条件的分类

1．值的约束和结构的约束

完整性约束从约束条件使用的对象分为值的约束和结构的约束。

值的约束即对数据类型、数据格式、取值范围和空值等进行规定。

（1）对数据类型的约束，包括数据的类型、长度、单位和精度等。例如，规定学生姓名的数据类型应为字符型，长度为8。

（2）对数据格式的约束。例如，规定出生日期的数据格式为YY.MM.DD。

（3）对取值范围的约束。例如，月份的取值范围为1～12，日期的取值范围为1～31。

（4）对空值的约束。空值表示未定义或未知的值，它与零和空格不同。有的列允许有空值，有的则不允许。例如，在SC关系中，学号和课程号不可以为空值，但成绩可以为空值。

结构的约束即对数据之间联系的约束。数据库中同一关系的不同属性之间应满足一定的约束条件，同时，不同关系的属性之间也有联系，也应满足一定的约束条件。常见的结构的约束有如下四种。

（1）函数依赖约束：说明了同一关系中不同属性之间应满足的约束条件。例如，2NF、3NF、BCNF这些不同的范式应满足不同的约束条件。大部分函数依赖约束都是隐含在关系模式结构中的，特别是对于规范化程度较高的关系模式，都由关系模式来保持函数依赖。

（2）实体完整性约束：说明了关系键的属性列必须唯一，其值不能为空或部分为空。

（3）参照完整性约束：说明了不同关系的属性之间的约束条件，即外部键的值应能够在被参照关系的主键值中找到或取空值。

（4）统计约束：规定了某个属性值与一个关系多个元组的统计值之间必须满足某种约束条件。例如，规定系主任的奖金不得高于该系平均奖金的40%，不得低于该系平均奖金的20%。这里该系平均奖金的值就是一个统计计算值。

其中，实体完整性约束和参照完整性约束是关系模型的两个极其重要的约束，被称为关系的两个不变性。

2．静态约束和动态约束

完整性约束按约束对象的状态分为静态约束和动态约束。

（1）静态约束：静态约束是指数据库每一个确定状态所应满足的约束条件。它是反映数据库状态合理性的约束，也是最重要的一类完整性约束。上面介绍的值的约束和结构的约束均属于静态约束。

（2）动态约束：动态约束是指数据库从一种状态转变为另一种状态时，新旧值之间所应满足的约束条件。它反映的是数据库状态变迁的约束。例如，学生年龄在更改时只能增长，职工工资在调整时不得低于其原来的工资。

5.4.3　SQL Server 完整性的实施

在SQL Server中，数据完整性可以通过下列两种形式来实施。

（1）声明式数据完整性。声明式数据完整性是将数据所需符合的条件融入对象的定义中，这样SQL Server会自动确保数据符合事先指定的条件。它是实施数据完整性的首选。

声明式数据完整性的特点如下。

① 通过针对表和字段定义声明的约束，可使声明式数据完整性成为数据定义的一部分。

② SQL Server可以使用约束、默认值与规则实施声明式数据完整性。

（2）程序化数据完整性。如果所需符合的条件以及该条件的实施均通过所编写的程序代码完成，则这种形式的数据完整性称为程序化数据完整性。

程序化数据完整性的特点如下。

① 程序化数据完整性可以通过相关的程序语言及工具在客户端或服务器端实施。

② SQL Server可以使用存储过程或触发器实施程序化数据完整性。

综上所述，实施数据完整性的方法有五种：约束（Constraint）、默认值（Default）、规则（Rule）、存储过程（Stored Procedure）和触发器（Trigger）。

在选用实施数据完整性的方法时，应优先选用约束，因为约束在SQL Server的可执行部分有一段代码路径，执行速度比默认值和规则要快。

有关约束的定义和使用方法可以参见3.4.3小节，有关存储过程和触发器的内容请参见7.3节和7.5节。下面我们来介绍规则和默认值。

5.4.3.1 规则

规则就是数据库对存储在表中的列或用户自定义数据类型中的值的规定和限制。规则是单独存储的独立的数据库对象。规则与其作用的表或用户自定义数据类型是相互独立的，即表或用户自定义数据类型的删除、修改不会对与之相连的规则产生影响。规则和约束可以同时使用，表的列可以有一个规则及多个CHECK约束。规则与CHECK约束很相似。相比之下，在ALTER TABLE或CREATE TABLE命令中使用的CHECK约束是更标准的限制列值的方法，但CHECK约束不能直接作用于用户自定义数据类型。

1. 创建规则

CREATE RULE命令用于在当前数据库中创建规则，其语法格式如下。

```
CREATE RULE rule_name AS condition_expression
```

其中，rule_name是规则的名称；condition_expression子句是规则的定义，它可以用于WHERE条件子句中的任何表达式，包含算术运算符、关系运算符和谓词（如IN、LIKE、BETWEEN等）。

注意

condition_expression子句中的表达式必须以字符@开头。

【例5-14】创建学生年龄规则。

```
CREATE RULE age_rule
AS @age >= 18 and @age <= 50
```

2. 规则的绑定与松绑

创建规则后，规则仅仅是一个存在于数据库中的对象，并未发生作用。我们需要将规则与数据库表或用户自定义数据类型联系起来，才能达到创建规则的目的。联系的方法称为"绑定"。绑定就是指定规则作用于哪个表的哪一列或哪个用户自定义数据类型。表的一列或一个用户自定义数据类型只能与一个规则相绑定，而一个规则可以绑定多个对象，这正是规则的魅力所在。解除规则与对象的绑定称为"松绑"。

（1）用存储过程sp_bindrule绑定规则

存储过程sp_bindrule可以将一个规则绑定到表的一列或一个用户自定义数据类型上，其语法格式如下。

```
sp_bindrule [@rulename =] 'rule',[@objname =] 'object_name'[, 'futureonly']
```
其中各主要参数说明如下。

- [@rulename =] 'rule'：指定规则名称。
- [@objname =] 'object_name'：指定规则绑定的对象。
- 'futureonly'：仅在绑定规则到用户自定义数据类型上时才可以使用；当指定此选项时，只有以后使用此用户自定义数据类型的列会应用新规则，当前已经使用此数据类型的列则不受影响。

【例5-15】绑定规则age_rule到S表的字段Age。
```
EXEC sp_bindrule 'age_rule', 'S.Age'
```

✎注意
　规则对已经输入表中的数据不起作用。

　　规则所指定的数据类型必须与所绑定的对象的数据类型一致，且规则不能绑定一个数据类型为TEXT、IMAGE或TIMESTAMP的列。

　　与表的列绑定的规则优先于与用户自定义数据类型绑定的规则。因此，如果表的列数据类型与规则A绑定，同时列又与规则B绑定，则以规则B为列的规则。

　　我们可以直接用一个新的规则来绑定列或用户自定义数据类型，而不需要先将其原来绑定的规则解除，系统会自动将旧规则覆盖。

（2）用存储过程sp_unbindrule解除规则的绑定

　　存储过程sp_unbindrule可解除规则与列或用户自定义数据类型的绑定，其语法格式如下。
```
sp_unbindrule [@objname =] 'object_name'          [,'futureonly']
```
其中，'futureonly'同绑定时一样，仅用于用户自定义数据类型，它指定现有的用此用户自定义数据类型定义的列仍然保持与此规则的绑定。如果不指定此项，则所有由此用户自定义数据类型定义的列也将随之解除与此规则的绑定。

【例5-16】解除已绑定到S表的字段Age的规则age_rule。
```
EXEC sp_unbindrule 'S.Age'
```

3. 删除规则

　　使用DROP RULE命令可以删除当前数据库中的一个或多个规则，其语法格式如下。
```
DROP RULE {rule_name} [,…n]
```

✎注意
　在删除一个规则前，必须先将与其绑定的对象解除绑定。

【例5-17】删除age_rule规则。
```
DROP RULE age_rule
```

5.4.3.2　默认值

　　所谓默认值，就是用户在向表中添加数据时，如果没有明确地给出一个值，这时SQL Server所自动使用的值。默认值可以是常量、内置函数或数学表达式。此处的默认值与用ALTER TABLE或CREATE TABLE命令操作表时使用DEFAULT选项指定的默认功能相似，但默认值可以用于多个列或用户自定义数据类型，它的管理与应用同规则有许多相似之处。表的一列或一个用户自定义数据类型只能与一个默认值绑定。

1. 创建默认

CREATE DEFAULT命令用于在当前数据库中创建默认对象，其语法格式如下。

```
CREATE DEFAULT default_name AS constant_expression
```

其中，default_name是要创建的默认的名称；constant_expression子句是默认的定义，该子句可以是数学表达式或函数，也可以包含表的列名或其他数据库对象。

【例5-18】创建出生日期的默认birthday_defa。

```
CREATE DEFAULT birthday_defaAS '1990-1-1'
```

2. 默认的绑定与松绑

创建默认后，默认仅仅是一个存在于数据库中的对象，并未发生作用。默认同规则一样，需要将它与数据库表或用户自定义数据类型绑定

（1）用存储过程sp_bindefault 绑定默认

存储过程sp_bindefault可以将一个默认绑定到表的一个列或一个用户自定义数据类型上，其语法格式如下。

```
sp_bindefault [@defname =] 'default', [@objname =] 'object_name' [, 'futureonly']
```

其中，'futureonly'仅在将默认绑定到用户自定义数据类型上时才可以使用。当指定此项时，只有以后使用此用户自定义数据类型的列会应用新默认，当前已经使用此数据类型的列则不受影响。

【例5-19】绑定默认birthday_defa到数据表S的Birthday列上。

```
EXEC sp_bindefault,birthday_defa,'S.Birthday'
```

这样，当用户在输入记录数据时，如果未提供字段Birthday的值，系统将自动默认其值为"1990-1-1"。

（2）用存储过程sp_unbindefault解除默认的绑定

存储过程sp_unbindefault可以解除默认与表的列或用户自定义数据类型的绑定，其语法格式如下。

```
sp_unbindefault [@objname =] 'object_name' [,'futureonly']
```

其中，'futureonly'项同绑定时一样，仅用于用户自定义数据类型。它指定现有的用此用户自定义数据类型定义的列仍然保持与此默认的绑定。如果不指定此项，所有由此用户自定义数据类型定义的列也将随之解除与此默认的绑定。

【例5-20】解除默认birthday_defa与表S的Birthday列的绑定。

```
EXEC sp_unbindefault 'S.Birthday'
```

✏️ **注意**

如果列同时绑定了一个规则和一个默认，那么默认应该符合规则的规定。不能绑定默认到一个用CREATE TABLE 或ALTER TABLE 命令创建或修改表时用DEFAULT 选项指定了的默认的列上。

3. 删除默认

使用DROP DEFAULT命令可以删除当前数据库中的一个或多个默认，其语法格式如下。

```
DROP DEFAULT {default_name} [,…n]
```

【例5-21】删除出生日期默认birthday_defa。

```
DROP DEFAULT birthday_defa
```

✏️ **注意**

在删除一个默认前，必须先将与其绑定的对象解除绑定。

5.5 数据库并发控制

5.5.1 数据库并发性的含义

上一节讨论的完整性是保证各个事务本身都能得到正确的数据，只考虑一个用户使用数据库的情况，但实际上数据库中有许多用户。每个用户在存取数据库中的数据时，可能是串行执行，即每个时刻只有一个用户程序运行，也可能是多个用户并行地存取数据库。数据库的最大特点之一就是数据资源是共享的。串行执行意味着一个用户在运行程序时，其他用户程序必须等到这个用户程序结束才能对数据库进行存取，这样如果一个用户程序涉及大量数据的输入、输出操作，则数据库系统的大部分时间将处于闲置状态。因此，为了充分利用数据库资源，很多时候数据库用户都是对数据库系统并行存取数据，这样就会发生多个用户并发存取同一数据的情况，如果对并发操作不加控制，可能会产生不正确的数据，破坏数据的完整性。并发控制就是要解决这类问题，以保持数据库中数据的一致性，即在任何时刻数据库都将以相同的形式为用户提供数据。

5.5.2 事务及性质

1. 事务的定义

在上一节中我们就曾提到过事务（Transaction）的概念，DBMS的并发控制也是以事务为基本单位进行的。那么到底什么是事务呢？

事务是数据库系统中执行的一个工作单位，它是由用户定义的一组操作序列。一个事务可以是一组SQL语句、一条SQL语句或整个程序，一个应用程序可以包括多个事务。

事务的开始与结束可以由用户显式控制。如果用户没有显式地定义事务，则由DBMS按照缺省规定自动划分事务。在SQL中，定义事务的语句有以下三条。

```
BEGIN TRANSACTION
COMMIT
ROLLBACK
```

其中，BEGIN TRANSACTION表示事务的开始；COMMIT表示事务的提交，即将事务中所有对数据库的更新写回到磁盘上的物理数据库中去，此时事务正常结束；ROLLBACK表示事务的回滚，即在事务运行的过程中发生了某种故障，事务不能继续执行，系统将事务中对数据库的所有已完成的更新操作全部撤销，再回滚到事务开始时的状态。

2. 事务的特征

事务是由有限的数据库操作序列组成的，但并不是任意的数据库操作序列都能成为事务，为了保护数据的完整性，一般要求事务具有以下四个特征。

（1）原子性（Atomicity）。一个事务是一个不可分割的工作单位，事务在执行时，应该遵守"要么不做，要么全做"（Nothing or All）的原则，即不允许完成部分事务。即使因为故障而使事务未能完成，它执行过的部分也要被取消。

（2）一致性（Consistency）。事务对数据库的作用是数据库从一个一致状态转变到另一个一致状态。所谓数据库的一致状态是指数据库中的数据满足完整性约束。例如，在银行中，"从账号A转移资金额R到账号B"是一个典型的事务，这个事务包括两个操作，从账号A中减去资金额R和在账号B中增加资金额R，如果只执行其中一个操作，则数据库处于不一致状态，账务会出现问题。也就是说，两个操作要么全做，要么全不做，否则就不能称为事务。可见，事务的一致性与原子性是密切相关的。

（3）隔离性（Isolation）。如果多个事务并发地执行，应像各个事务独立执行一样，一个事务的执行不能被其他事务干扰，即一个事务内部的操作及使用的数据对并发的其他事务是隔离的。并发控制就是为了保证事务间的隔离性。

（4）持久性（Durability）。持久性是指一个事务一旦提交，它对数据库中数据的改变就应该是持久的，即使数据库因故障而受到破坏，DBMS也应该能够恢复。

事务的上述四个特征的英文第一个字母分别为A、C、I和D，因此，这四个特征又称为事务的ACID准则。下面是一个事务的例子，即从账号A转移资金额R到账号B。

```
BEGIN TRANSACTION
  READ A
  A←A-R
  IF A<0              /* A款不足*/
  THEN
     BEGIN
         DISPLAY "A款不足"
         ROLLBACK
     END
  ELSE                      /* 拨款 */
     BEGIN
         B←B+R
         DISPLAY "拨款完成"
         COMMIT
     END
```

这是对一个简单事务的完整描述。该事务有两个出口：一个出口是当A账号的款项不足时，事务以ROLLBACK（撤销）命令结束，即撤销该事务的影响；另一个出口是以COMMIT（提交）命令结束，完成从账号A到账号B的拨款。在COMMIT之前，即在数据库修改过程中，数据可能是不一致的，事务本身也可能被撤销。只有在COMMIT之后，事务对数据库所产生的变化才对其他事务开放，这就可以避免其他事务访问不一致或不存在的数据。

5.5.3　并发操作与数据的不一致性

当同一数据库系统中有多个事务并发运行时，如果不加以适当控制，可能会产生数据的不一致。

【例5-22】并发取款操作。假设存款余额$R=1000$元，甲事务T_1取走存款100元，乙事务T_2取走存款200元，如果正常操作，即甲事务T_1执行完毕再执行乙事务T_2，存款余额更新后应该是700元。但是如果按照如下顺序操作，则会有不同的结果：

（1）甲事务T_1读取存款余额$R=1000$元；

（2）乙事务T_2读取存款余额$R=1000$元；

（3）甲事务T_1取走存款100元，修改存款余额$R=R-100=900$，把$R=900$写回到数据库；

（4）乙事务T_2取走存款200元，修改存款余额$R=R-200=800$，把$R=800$写回到数据库。

结果两个事务共取走存款300元，而数据库中的存款却只少了200元。得到这种错误的结果是由甲、乙两个事务并发操作引起的。数据库的并发操作导致的数据库不一致性主要有以下三种。

1. 丢失更新
当两个事务T_1和T_2读入同一数据，并发执行修改操作时，T_2把T_1或T_1把T_2的修改结果覆盖掉，造成了数据的丢失更新（Lost Update）问题，进而导致数据的不一致。

仍以例5-22中的操作为例进行分析。在表5-5中，数据库中R的初值是1000，事务T_1包含三个操作：读入R初值（FIND R），计算存款余额（$R=R-100$），更新R（UPDATE R）。事务T_2也包含三个操作：读入R，计算存款余额（$R=R-200$），更新R。如果事务T_1和T_2顺序执行，则更新后，R的值是700。但如果T_1和T_2按照表5-5所示的并发执行，R的值是800，则得到错误的结果，原因在于在t_7时刻丢失了T_1对数据库的更新操作。因此，这个并发操作不正确。

表5-5　丢失更新问题

时　间	事务T_1	数据库中R的值	事务T_2
t_0		1000	
t_1	FIND R		
t_2			FIND R
t_3	$R=R-100$		
t_4			$R=R-200$
t_5	UPDATE R		
t_6		900	UPDATE R
t_7		800	

2．污读

事务T_1更新了数据R，事务T_2读取了更新后的数据R，事务T_1由于某种原因被撤销，修改无效，数据R恢复原值，事务T_2得到的数据与数据库的内容不一致，这种情况称为"污读"（Dirty Read）。

在表5-6中，事务T_1把R的值改为900，但此时尚未做COMMIT操作，事务T_2将修改过的值900读出来，之后事务T_1执行ROLLBACK操作，R的值恢复为1000，而事务T_2仍在使用已被撤销了的R值900。其原因在于，在t_4时刻事务T_2读取了T_1未提交的更新操作结果，这种值是不稳定的，在事务T_1结束前随时可能执行ROLLBACK操作。对于这些未提交的随后又被撤销的更新数据，被称为"脏数据"。例如，这里事务T_2在t_4时刻读取的就是"脏数据"。

表5-6　污读问题

时　间	事务T_1	数据库中R的值	事务T_2
t_0		1000	
t_1	FIND R		
t_2	$R=R-100$		
t_3	UPDATE R		
t_4		900	FIND R
t_5	ROLLBACK		
t_6		1000	

3．不可重读

事务T_1读取了数据R，事务T_2读取并更新了数据R，当事务T_1再读取数据R以进行核对时，得到的两次读取值不一致，这种情况称为"不可重读"（Unrepeatable Read）。

在表5-7中，在t_1时刻，事务T_1读取R的值为1000，但事务T_2在t_4时刻将R的值更新为800，所以T_1所使用的值已经与开始读取的值不一致了。

表 5-7　不可重读问题

时　　间	事务T₁	数据库中R的值	事务T₂
t_0		1000	
t_1	FIND R		
t_2			FIND R
t_3			$R=R-200$
t_4			UPDATE R
t_5		800	

产生上述三类数据不一致性的主要原因就是并发操作破坏了事务的隔离性。

并发控制就是要求DBMS提供并发控制功能以正确的方式管理并发事务，避免并发事务之间的相互干扰造成数据的不一致性，保证数据库的完整性。

5.5.4　封锁和封锁协议

实现并发控制的方法主要有两种：封锁（Lock）技术和时标（Timestamping）技术。这里只介绍封锁技术。

1. 封锁类型

所谓封锁就是当一个事务在对某个数据对象（可以是数据项、记录、数据集以及整个数据库）进行操作之前，必须获得相应的锁，以保证数据操作的正确性和一致性。封锁是目前DBMS普遍采用的并发控制方法，基本的封锁类型（Lock Type）有两种：排他型封锁和共享封锁。

理解两种类型
封锁配合的方法

（1）排他型封锁

排他型封锁（Exclusive Lock）又称写封锁，简称X封锁，它采用的原理是禁止并发操作。当事务T对某个数据对象R实现X封锁后，其他事务要等T解除X封锁以后，才能对R进行封锁。这样就保证了其他事务在T释放R上的封锁之前，不能再对R进行操作。

（2）共享封锁

共享封锁（Share Lock）又称读封锁，简称S锁，它采用的原理是允许其他用户对同一数据对象进行查询，但不能对该数据对象进行修改。当事务T对某个数据对象R实现S封锁后，其他事务只能对R加S锁，而不能加X锁，直到T释放R上的S锁。这样就保证了其他事务在T释放R上的S锁之前，只能读取R，而不能再对R做任何修改。

2. 封锁协议

封锁可以保证合理地进行并发控制，保证数据的一致性。实际上，锁是一个控制块。其中包括被加锁记录的标识符及持有锁的事务的标识符等。在封锁时，要考虑一定的封锁规则，例如，何时开始封锁、封锁多长时间、何时释放等，这些封锁规则称为封锁协议（Lock Protocol）。对封锁方式规定不同的规则，就形成了各种封锁协议。封锁协议在不同程度上为正确控制并发操作提供了一定的保证。上面讲述过的并发操作所带来的丢失更新、污读和不可重读等数据不一致性问题，可以通过三级封锁协议在不同程度上给予解决。下面介绍三级封锁协议。

（1）一级封锁协议

一级封锁协议的内容是：事务T在修改数据对象之前必须对其加X锁，直到事务结束。具体地

说，就是任何企图更新记录R的事务必须先执行"XLOCK R"（即对记录R进行X封锁）操作，以获得对该记录进行寻址的能力并对它取得X封锁。如果未获准"X封锁"，那么这个事务进入等待状态，直到获准"X封锁"，才继续做下去。该封锁协议规定事务在更新记录时必须获得排他性封锁，使得两个同时要求更新R的并行事务之一必须在一个事务更新操作执行完成之后才能获得X封锁，这样就避免了两个事务读到同一个R值而先后更新时所发生的丢失更新问题。

利用一级封锁协议可以解决表5-5中的数据丢失更新问题，如表5-8所示。事务T_1先对R进行X封锁（XLOCK），事务T_2执行"XLOCK R"操作，未获准"X封锁"，则进入等待状态，直到事务T_1更新R值以后，解除X封锁操作（UNLOCK X）。此后事务T_2再执行"XLOCK R"操作，获准"X封锁"，并对R值进行更新（此时R已是事务T_1更新过的值，$R=900$）。这样就能得出正确的结果。

表5-8 无丢失更新问题

时 间	事务T_1	数据库中R的值	事务T_2
t_0	XLOCK R	1000	
t_1	FIND R		
t_2			XLOCK R
t_3	$R=R-100$		WAIT
t_4	UPDATE R		WAIT
t_5	UNLOCK X	900	WAIT
t_6			XLOCK R
t_7			$R=R-200$
t_8			UPDATE R
t_9		700	UNLOCK X

一级封锁协议只有修改数据时才进行加锁，如果只是读取数据则并不加锁，所以它不能防止"污读"和"不可重读"数据。

（2）二级封锁协议

二级封锁协议的内容是：在一级封锁协议的基础上，另外加上事务T在读取数据R之前必须先对其加S锁，读完后释放S锁。所以二级封锁协议不但可以解决更新时所发生的数据丢失问题，还可以进一步防止"污读"。

利用二级封锁协议可以解决表5-6中的数据"污读"问题，如表5-9所示。事务T_1先对R进行X封锁（XLOCK），把R的值改为900，但尚未提交。这时事务T_2请求对数据R加S锁，因为T_1已对R加了X锁，T_2只能等待，直到事务T_1释放X锁。之后事务T_1由于某种原因被撤销，数据R恢复原值1000，并释放R上的X锁。事务T_2可对数据R加S锁，读取$R=1000$，得到了正确的结果，从而避免了事务T_2读取"脏数据"。

表5-9 无污读问题

时 间	事务T_1	数据库中R的值	事务T_2
t_0	XLOCK R	1000	
t_1	FIND R		
t_2	$R=R-100$		
t_3	UPDATE R		

时　间	事务T$_1$	数据库中R的值	事务T$_2$
t_4		900	SLOCK R
t_5	ROLLBACK		WAIT
t_6	UNLOCK X	1000	SLOCK R
t_7			FIND R
t_8			UNLOCK S

二级封锁协议在读取数据之后，立即释放S锁，所以它仍然不能防止"不可重读"数据。

（3）三级封锁协议

三级封锁协议的内容是：在一级封锁协议的基础上，另外加上事务T在读取数据R之前必须先对其加S锁，读完后并不释放S锁，而直到事务T结束才释放。所以三级封锁协议除了可以防止数据丢失更新问题和"污读"数据，还可以进一步防止"不可重读"数据，彻底解决了并发操作所带来的三个数据不一致性问题。

利用三级封锁协议可以解决表5-7中的不可重读问题，如表5-10所示。在表5-10中，事务T$_1$读取R的值之前先对其加S锁，这样其他事务只能对R加S锁，而不能加X锁，即其他事务只能读取R，而不能对R进行修改。所以当事务T$_2$在t_3时刻申请对R加X锁时被拒绝，使其无法执行修改操作，只能等待事务T$_1$释放R上的S锁，这时事务T$_1$再读取数据R进行核对时，得到的值仍是1000，与开始所读取的数据是一致的，即可重读。在事务T$_1$释放S锁后，事务T$_2$可以对R加X锁，进行更新操作，这样便保证了数据的一致性。

表5-10　可重读问题

时　间	事务T$_1$	数据库中R的值	事务T$_2$
t_0		1000	
t_1	SLOCK R		
t_2	FIND R		
t_3			XLOCK R
t_4	COMMIT		WAIT
t_5	UNLOCK S		WAIT
t_6			XLOCK R
t_7			FIND R
t_8			R=R-200
t_9			UPDATE R
t_{10}		800	UNLOCK X

3. 封锁粒度

封锁粒度（Lock Granularity）是指封锁的单位。根据对数据的不同处理，封锁的对象可以是这样一些逻辑单元：字段、记录、表和数据库等，封锁的数据对象的大小称为封锁粒度。封锁粒度与系统的并发度和并发控制的开销密切相关。封锁粒度越小，系统中能够被封锁的对象就越多，并发度越高，但封锁机构越复杂，系统开销也就越大。相反，封锁粒度越大，系统中能够被封锁的对象就越少，并发度越低，封锁机构越简单，相应的系统开销也就越小。因此，在实际应用中，选择封锁粒度时应同时考虑封锁机构和并发度两个因素，对系统开销与并发度进行权衡，以求得最优的效果。

4. 活锁和死锁

封锁技术可有效解决并行操作的一致性问题，但也可产生新的问题，即活锁和死锁问题。

（1）活锁

当某个事务请求对某一数据进行排他性封锁时，由于其他事务对该数据的操作而使这个事务处于永久等待状态，这种状态称为活锁（Livelock）。

例如，事务T_1在对数据R封锁后，事务T_2又请求封锁R，于是T_2等待。T_3也请求封锁R。当T_1释放了R上的封锁后，首先批准了T_3的请求，T_2继续等待。然后又有T_4请求封锁R，T_3释放了R上的封锁后又批准了T_4的请求，……，T_2可能永远处于等待状态，从而发生了活锁问题，如表5-11所示。

表 5-11　活锁

时　间	事务T_1	事务T_2	事务T_3	事务T_4
t_0	LOCK R			
t_1		LOCK R		
t_2		WAIT	LOCK R	
t_3	UNLOCK	WAIT	WAIT	LOCK R
t_4		WAIT	LOCK R	WAIT
t_5		WAIT		WAIT
t_6		WAIT	UNLOCK	WAIT
t_7		WAIT		LOCK R
t_8		WAIT		

避免活锁的简单方法是采用先来先服务的策略，按照请求封锁的次序对事务排队，一旦记录上的锁释放，就使申请队列中的第一个事务获得锁。有关活锁的问题，我们不再详细讨论，因为活锁的问题较为常见。这里主要讨论有关死锁的问题。

（2）死锁

在同时处于等待状态的两个或多个事务中，其中的每一个在它能够进行之前，都等待着某个数据，而这个数据已被它们中的某个事务所封锁，这种状态称为死锁（Deadlock）。

例如，事务T_1在对数据R_1封锁后，又要求对数据R_2封锁，而事务T_2已获得对数据R_2的封锁，又要求对数据R_1封锁，这样两个事务由于都不能得到封锁而处于等待状态，从而发生了死锁问题，如表5-12所示。

表 5-12　死锁

时　间	事务T_1	事务T_2
t_0	LOCK R_1	
t_1		LOCK R_2
t_2		
t_3	LOCK R_2	
t_4	WAIT	
t_5	WAIT	LOCK R_1
t_6	WAIT	WAIT
t_7	WAIT	WAIT

① 死锁产生的条件

发生死锁的必要条件有以下四个。

- 互斥条件：一个数据对象一次只能被一个事务所使用，即对数据的封锁采用排他式。
- 不可抢占条件：一个数据对象只能被占有它的事务所释放，而不能被别的事务强行抢占。
- 部分分配条件：一个事务已经封锁分给它的数据对象，但仍然要求封锁其他数据。
- 循环等待条件：允许等待其他事务释放数据对象，系统处于加锁请求相互等待的状态。

② 死锁的预防

死锁一旦发生，系统效率将会大大下降，因而要尽量避免死锁的发生。在操作系统的多道程序运行中，由于多个进程的并行执行需要分别占用不同资源，因此也会发生死锁问题。要想预防死锁的产生，就要改变形成死锁的条件。同操作系统预防死锁的方法类似，在数据库环境下，预防死锁常用的方法有以下两种。

- 一次加锁法。一次加锁法是每个事务必须将所有要使用的数据对象全部一次加锁，并要求加锁成功，只要一个加锁不成功，表示本次加锁失败，则应该立即释放所有加锁成功的数据对象，然后重新开始加锁。一次加锁法的程序框图如图5-13所示。

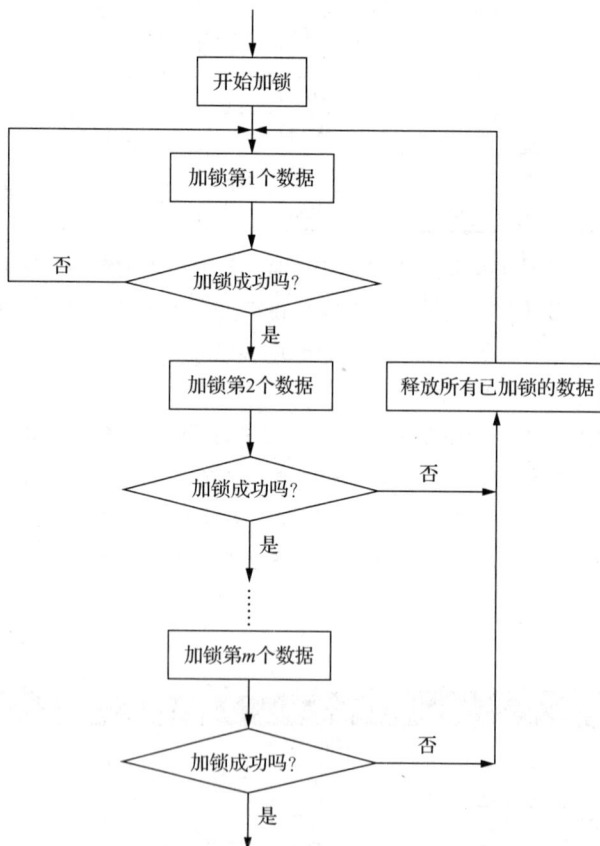

图5-13　一次加锁法的程序框图

图5-13发生死锁的例子，可以通过一次加锁法加以预防。事务T_1启动后，立即对数据R_1和R_2一次加锁，加锁成功后，执行T_1，而事务T_2等待。直到T_1执行完后释放R_1和R_2上的锁，T_2继续执行。这样就不会发生死锁。

一次加锁法虽然可以有效地预防死锁的发生，但也存在一些问题。首先，对某一事务所要使用的全部数据一次性加锁，扩大了封锁的范围，从而降低了系统的并发度。其次，数据库中的数据是不断变化的，原来不要求封锁的数据在执行过程中可能会变成封锁对象，所以以很难事先精确地确定每个事务所要封锁的数据对象，这样只能在开始扩大封锁范围，将可能要封锁的数据全部加锁，就进一步降低了并发度，影响了系统的运行效率。

- 顺序加锁法。顺序加锁法是预先对所有可加锁的数据对象规定一个加锁顺序，每个事务都需要按此顺序加锁，在释放时，按逆序进行。

例如对于表5-12发生的死锁，我们可以规定封锁顺序为R_1、R_2，事务T_1和T_2都需要按此顺序加锁。T_1先封锁R_1，再封锁R_2。当T_2再请求封锁R_1时，因为T_1已经对R_1加锁，T_2只能等待。待T_1释放R_1后，T_2再封锁R_1，则不会发生死锁。

顺序加锁法同一次加锁法一样，也存在一些问题。因为事务的封锁请求可以随着事务的执行而动态地决定，所以很难事先确定封锁对象，从而更难确定封锁顺序。即使确定了封锁顺序，随着数据操作的不断变化，维护这些数据的封锁顺序也需要很大的系统开销。

在数据库系统中，由于可加锁的目标集合不但很大，而且是动态变化的，可加锁的目标常常不是按名寻址，而是按内容寻址，预防死锁常要付出很高的代价，因而上述两种在操作系统中广泛使用的预防死锁方法并不太适合数据库。一般情况下，在数据库系统中，可以允许发生死锁，在死锁发生后可以自动诊断并解除死锁。

③ 死锁的诊断与解除

数据库系统中诊断死锁的方法与操作系统中的类似。我们可以利用事务依赖图的形式来测试系统中是否存在死锁。例如在图5-14中，事务T_1需要数据R，但R已经被事务T_2封锁，那么从T_1到T_2画一个箭头。如果在事务依赖图中沿着箭头方向存在一个循环，那么死锁的条件就形成了，系统就会出现死锁。

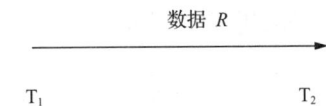

图5-14 数据库系统中死锁的诊断与解除

如果已经发现死锁，DBA从依赖相同资源的事务中抽出某个事务作为牺牲品，将它撤销，解除它的所有封锁，释放此事务占用的所有数据资源，分配给其他事务，使其他事务得以继续运行下去，这样就有可能消除死锁。在解除死锁的过程中，抽取牺牲事务的标准是根据系统状态及其应用的实际情况来确定的，通常采用的方法之一是选择一个处理死锁代价最小的事务，将其撤销。当然，对于撤销的事务所执行的数据更新操作必须加以恢复。

5.5.5 SQL Server 并发控制实施

在SQL Server中实施并发控制需要考虑一系列策略和机制，以确保多个用户可以同时访问数据库而不会导致数据不一致或冲突。以下是SQL Server中实施并发控制的一些可能的操作。

1. 选择适当的事务隔离级别

根据应用程序的需求选择合适的事务隔离级别。例如，如果需要最高的数据隔离性，则可以选择SERIALIZABLE隔离级别。如果需要更高的性能，则可以选择READ COMMITTED。

2. 使用合适的锁定级别

在SQL Server中，可以使用锁定来控制并发访问。了解不同类型的锁定，如共享锁和排他锁，以及何时使用它们是重要的。

3．避免长时间的事务

长时间运行的事务可能会导致锁定资源并阻碍其他事务。尽量避免不必要的长时间事务，以允许其他事务访问数据。

4．使用乐观并发控制

考虑使用乐观并发控制机制，以减少锁冲突。乐观并发控制要求在更新之前检查数据是否已更改，从而避免了锁定。

5．使用行版本控制

行版本控制（Row Versioning）可以帮助处理读写冲突。这样允许多个事务同时读取和写入相同的数据行而不会发生锁定冲突。

6．锁定超时和死锁处理

在SQL Server中，锁定可能会超时，我们应防止无限期锁定资源。同时，系统会检测死锁情况并进行处理。

7．合理设计数据库模式

数据库的设计和索引策略可以影响并发性能。合理的数据库设计和索引可以减少锁定和提高查询性能。

8．监控性能

定期监控数据库性能，以识别潜在的并发问题。SQL Server提供了性能监控工具，如SQL Server Profiler和SQL Server Management Studio的性能监控器。

9．优化查询和事务

通过合理的SQL查询编写和优化事务，可以降低锁定的概率并提高数据库性能。

10．备份和恢复策略

确保有适当的备份和恢复策略，以便在并发问题或数据损坏时能够快速还原数据库。

在实施并发控制时，应根据应用程序的具体需求和数据库结构来制定适当的策略。这种策略可以包括选择合适的隔离级别、锁定级别、事务设计和优化查询，以确保数据库的一致性和性能。同时，监控和维护数据库是确保并发控制策略有效的重要部分。

5.6　数据库的备份与恢复

数据库的备份与恢复是数据库管理员维护数据库安全性和完整性必不可少的操作，合理地进行备份和恢复可以将可预见的和不可预见的问题对数据库造成的伤害降到最低。当运行SQL Server的服务器出现故障，或者数据库遭到某种程度的破坏时，可以利用以前对数据库所做的备份重建或恢复数据库。因此，为了防止因软硬件故障而导致数据丢失或数据库崩溃，数据备份和恢复工作就成了一项不容忽视的系统管理工作。

5.6.1　数据库恢复的基础

虽然数据库系统中已采取一定的措施来防止数据库的安全性和完整性遭到破坏，保证并发事务的正确执行，但数据库中的数据仍然无法保证绝对不遭受破坏。例如计算机系统中硬件的故障、软件的错误、操作员的失误、恶意的破坏以及计算机病毒等都有可能发生，这些故障的发生影响数据库中数据的正确性，甚至可能破坏数据库，使数据库中的数据全部或部分丢失。因此，系统必须具有检测故障并把数据从错误状态中恢复到某一正确状态的功能，这就是数据库的恢复功能。

数据库恢复的基本原理十分简单，就是利用数据的冗余。数据库中任何被破坏或不正确的数据都可以利用存储在其他地方的冗余数据来修复。因此恢复系统应该提供两种类型的功能：一种是生成冗余数据，即对可能发生的故障做某些准备；另一种是冗余重建，即利用这些冗余数据恢复数据库。

生成冗余数据最常用的技术是登记日志文件（Logging）和数据转储（Data Dump）。在实际应用中，这两种方法常常结合在一起使用。

1. 登记日志文件

日志文件是用来记录事务对数据库的更新操作的文件。对数据库的每次修改，都将被修改项目的旧值和新值写在一个称为运行日志的文件中，其目的是为数据库的恢复保留详细的数据。

典型的日志文件主要包含以下内容。

（1）更新数据库的事务标识（标明是哪个事务）。

（2）操作的类型（插入、删除或修改）。

（3）操作对象。

（4）更新前数据的旧值（对于插入操作，没有旧值）。

（5）更新后数据的新值（对于删除操作，没有新值）。

（6）事务处理中的各个关键时刻（事务的开始、结束及其真正回写的时间）。

日志文件是系统运行的历史记载，必须高度可靠。所以一般都是双副本的，并且独立地写在两个不同类型的设备上。日志的信息量很大，一般保存在海量存储器上。

对数据库进行修改时，在运行日志中要写入一个表示这个修改的运行记录。为了防止两个操作之间发生故障，运行日志中没有记录这个修改，以后也无法撤销。为保证数据库是可恢复的，登记日志文件必须遵循以下两条原则。

（1）至少要等到相应运行记录的撤销部分已经写入日志文件以后，才允许该事务向物理数据库写入记录。

（2）直到事务的所有运行记录的撤销和重做两部分都已写入日志文件以后，才允许事务完成提交处理。

这两条原则称为日志文件的先写原则。先写原则蕴含了如下意义：如果系统出现故障，只可能在日志文件中登记所做的修改，但没有修改数据库，这样在系统重新启动进行恢复时，只是撤销或重做因发生事故而没有做过的修改，并不会影响数据库的正确性。如果先写了数据库修改，但在运行记录中没有登记这个修改，则以后就无法恢复这个修改了。所以为了安全，一定要先写日志文件，后写数据库的修改。

2. 数据转储

数据转储是指定期地将整个数据库复制到多个存储设备（如磁带、磁盘）上保存起来的过程，它是数据库恢复中采用的基本手段。转储的数据称为后备副本或后援副本，当数据库遭到破坏后就可利用后备副本把数据库有效地加以恢复。转储是十分耗费时间和资源的，不能频繁地进行，应该根据数据库的使用情况确定一个适当的转储周期。

按照转储方式，数据转储可以分为海量转储和增量转储。海量转储是指每次转储整个数据库；增量转储是指每次只转储上次转储后被更新过的数据。上次转储以来对数据库的更新修改情况记录在日志文件中，利用日志文件就可进行这种转储，将更新过的那些数据重新写入上次转储的文件，就完成了转储操作，这与转储整个数据库的效果是一样的，但用的时间要少得多。

按照转储状态，数据转储又可分为静态转储和动态转储。静态转储期间不允许有任何数据存取活动，因而需在当前用户事务结束之后进行，新用户事务又需在转储结束之后才能进行，这样就降低了数据库的可用性。动态转储则不同，它允许转储期间继续运行用户事务，但产生的副本并不能保证与当前状态一致。解决的办法是把转储期间各事务对数据库的修改活动登记下来，建立日志文件。因此，使用后备副本加上日志文件就能把数据库恢复到某一时刻的正确状态。

5.6.2　数据库的故障和恢复的策略

数据库系统在运行中发生故障后，有些事务尚未完成就被迫中断，这些未完成事务对数据库所做的修改有一部分已写入物理数据库。这时数据库就处于一种不正确的状态，或者说是不一致的状态，这时可利用日志文件和数据库转储的后备副本将数据库恢复到故障前的某个一致性状态。数据库运行过程中可能出现各种各样的故障，这些故障可分为以下三类：事务故障、系统故障和介质故障。根据故障类型的不同，应该采取不同的恢复策略。

1．事务故障及其恢复

事务故障（Transaction Failure）表示由非预期的、不正常的程序结束所造成的故障。造成程序非正常结束的原因包括输入数据错误、运算溢出、违反存储保护和并行事务发生死锁等。

发生事务故障时，被迫中断的事务可能已对数据库进行了修改。为了消除该事务对数据库的影响，要利用日志文件中所记载的信息，强行回滚（ROLLBACK）该事务，将数据库恢复到修改前的初始状态。为此，要检查日志文件中由这些事务所引起变化的记录，取消这些没有完成的事务所做的一切改变。这类恢复操作称为事务撤销（UNDO），具体做法如下。

（1）反向扫描日志文件，查找该事务的更新操作。

（2）对该事务的更新操作执行反操作，即对已经插入的新记录进行删除操作，对已删除的记录进行插入操作，对修改的数据恢复旧值，用旧值代替新值；这样由后向前逐个扫描该事务已做的所有更新操作，并做同样处理，直到扫描到此事务的开始标记，则事务故障恢复完毕。

因此，一个事务是一个工作单位，也是一个恢复单位。事务越短，越便于对它进行撤销操作。如果一个应用程序运行时间较长，则应该把该应用程序分成多个事务，用明确的COMMIT语句结束各个事务。

2．系统故障及其恢复

系统故障（System Failure）是指系统在运行过程中，由于某种原因，造成系统停止运转，致使所有正在运行的事务都以非正常方式终止，要求系统重新启动。引起系统故障的原因可能有：硬件错误（如CPU故障）、操作系统或DBMS代码错误、突然断电等。这时，内存中数据库缓冲区的内容全部丢失，存储在外部存储设备上的数据库并未破坏，但内容不可靠了。

系统故障发生后，对数据库的影响有以下两种情况。

一种情况是一些未完成事务对数据库的更新已写入数据库，这样在系统重新启动后，要强行撤销（UNDO）所有未完成事务，清除这些事务对数据库所做的修改。这些未完成事务在日志文件中只有BEGIN TRANSACTION标记，而无COMMIT标记。

另一种情况是有些已提交的事务对数据库的更新结果还保留在缓冲区中，尚未写到磁盘上的物理数据库中，这也使数据库处于不一致状态，因此，应将这些事务已提交的结果重新写入数据库，这类恢复操作称为事务的重做（REDO）。这种已提交事务在日志文件中既有BEGIN TRANSACTION标记，也有COMMIT标记。

因此，系统故障的恢复要完成两方面的工作，既要撤销所有未完成的事务，又要重做所有已提交的事务，这样才能将数据库真正恢复到一致的状态。其具体做法如下。

（1）正向扫描日志文件，查找尚未提交的事务，将其事务标识记入撤销队列。同时查找已经提交的事务，将其事务标识记入重做队列。

（2）对撤销队列中的各个事务进行撤销处理。其方法与事务故障中所介绍的撤销方法相同。

（3）对重做队列中的各个事务进行重做处理。进行重做处理的方法是：正向扫描日志文件，按照日志文件中所登记的操作内容重新执行操作，使数据库恢复到最近的某个可用状态。

系统发生故障后，由于无法确定哪些未完成的事务已更新过数据库、哪些事务的提交结果尚未写入数据库，因此系统重新启动后，就要撤销所有的未完成事务，重做所有的已经提交的事务。但是，在故障发生前已经运行完毕的事务有些是正常结束的、有些是异常结束的，所以无须把它们全部撤销或重做。通常采用设立检查点（Checkpoint）的方法来判断事务是否正常结束。每隔一段时间，例如5分钟，系统就产生一个检查点，做下面这些事情。

（1）把仍保留在日志缓冲区中的内容写到日志文件中。

（2）在日志文件中写一个"检查点记录"。

（3）把数据库缓冲区中的内容写到数据库中，即把更新的内容写到物理数据库中。

（4）把日志文件中检查点记录的地址写到"重新启动文件"中。

每个检查点记录包含的信息有：在检查点时间的所有活动事务一览表、每个事务最近日志记录的地址。在系统重新启动时，恢复管理程序先从"重新启动文件"中获得检查点记录的地址，再从日志文件中找到该检查点记录的内容，通过日志往回找，就能决定哪些事务需要撤销、哪些事务需要重做。

3. 介质故障及其恢复

介质故障（Media Failure）是指系统在运行过程中，由于辅助存储器介质受到破坏，使存储在外存中的数据部分丢失或全部丢失。这类故障比事务故障和系统故障发生的可能性要小，但这是最严重的一种故障，破坏性很大，磁盘上的物理数据和日志文件可能被破坏。解决此问题需要装入发生介质故障前最新的数据库后备副本，然后利用日志文件重做该副本所运行的所有事务。其具体做法如下。

（1）装入最新的数据库后备副本，使数据库恢复到最近一次转储的可用状态。

（2）装入最新的日志文件副本，根据日志文件中的内容重做已完成的事务。装入方法如下：首先正向扫描日志文件，找出发生故障前已提交的事务，将其记入重做队列；再对重做队列中的各个事务进行重做处理，方法是正向扫描日志文件，对每个重做事务重新执行登记的操作，即将日志文件中数据已更新后的值写入数据库。

通过以上对三类故障的分析，我们可以看出故障发生后对数据库的影响有以下两种可能性。

（1）数据库没有被破坏，但数据可能处于不一致状态。这是由事务故障和系统故障引起的，这种情况在恢复时，不需要重新装入数据库副本，可直接根据日志文件，撤销故障发生时未完成的事务，并重做已完成的事务，使数据库恢复到正确的状态。这类故障的恢复是系统在重新启动时自动完成的，不需要用户干预。

（2）数据库本身被破坏。这是由介质故障引起的，这种情况在恢复时，把最近一次转储的数据装入，然后借助于日志文件，在此基础上对数据库进行更新，从而重建数据库。这类故障的恢复不能自动完成，需要DBA的介入，方法是先由DBA重装最近转储的数据库副本和相应的日志文件的副本，再执行系统提供的恢复命令，具体的恢复操作由DBMS来完成。

数据库恢复的基本原理就是利用数据的冗余，实现的方法比较明确，但真正实现起来相当复杂，实现恢复的程序非常庞大，常常占整个系统代码的10%以上。数据库系统所采用的恢复技术是否行之有效，不仅对系统的可靠程度起着决定性作用，而且对系统的运行效率也有很大的影响。它是衡量系统性能优劣的重要指标。

5.6.3 备份和恢复概述

1. 备份和恢复

备份和恢复组件是SQL Server的重要组成部分。备份是对SQL Server数据库或事务日志进行复制，数据库备份记录了在进行备份这一操作时数据库中所有数据的状态，如果数据库因意外而损坏，这些备份文件将在数据库恢复时用来恢复数据库。

由于SQL Server支持在线备份，因此通常情况下可一边进行备份，一边进行其他操作，但是，在备份过程中不允许执行以下操作。

（1）创建或删除数据库文件。

（2）创建索引。

（3）执行非日志操作。

（4）自动或手工缩小数据库/数据库文件大小。

如果以上各种操作正在进行中，且准备进行备份，则备份处理将被终止；如果在备份过程中，打算执行以上任何操作，则操作将会失败而备份继续进行。

恢复就是把遭受破坏、丢失的数据或出现错误的数据库恢复到原来的正常状态。这一状态是由备份决定的，但是为了维护数据库的一致性，备份中对未完成的事务并不进行恢复。

进行备份和恢复的工作主要是由数据库管理员来完成的。实际上，数据库管理员日常比较重要和频繁的工作就是对数据库进行备份和恢复。

如果在备份或恢复过程中发生中断，则可以重新从中断点开始执行备份或恢复。这样做，在备份或恢复一个大型数据库时极有价值。

2. 数据库备份的类型

数据备份的范围可以是完整的数据库、部分数据库、一组文件或文件组。对此，SQL Server提供以下四种备份方式，以满足不同数据库系统的备份需求。

（1）数据库完整备份

数据库完整备份（Database Backup）是指对数据库内的所有对象都进行备份，包括事务日志。该备份类型需要比较大的存储空间来存储备份文件，备份时间也比较长，恢复数据时只需恢复一个备份文件。

如果数据库不是很大，而且不是24小时运行的应用系统，也不是一个变化频繁的系统，就可以采用这种备份方式。如果数据库很大，采用这种方式将很费时间，甚至造成系统访问缓慢。虽然完整备份比较费时间，但还是需要定期对数据库做完整备份，如一周一次。

（2）数据库差异备份

数据库差异备份（Differential Database Backup）是完整备份的补充，只备份自上次数据库完整备份后（注意：不是上一次差异备份后）数据库变动的部分。相对于完整备份来说，差异备份的数据量比完整备份小，备份的速度也比完整备份要快。因此，差异备份通常作为常用的备份方式。

在恢复数据时，要先恢复前一次做的完整备份，再恢复最近一次的差异备份就可以了，而不需要依次恢复每一次的差异备份，这样就能让数据库里的数据恢复到与最后一次差异备份时的相同内容。

（3）事务日志备份

事务日志备份（Transaction Log Backup）只备份数据库的事务日志内容。事务日志备份以事务日志文件作为备份对象，相当于将数据库里的每一个操作都记录下来了。

事务日志记录的是某一段时间内的数据库变动情况，因此在进行事务日志备份之前，必须要进行完整备份。与差异备份类似，事务日志备份生成的文件较小、占用时间较短，但是在恢复数据时，除了先要恢复完整备份，还要依次恢复每个事务日志备份，而不是只恢复最后一个事务日志备份（这是与差异备份的区别）。

当数据库很大时，每次完整备份都需要耗费很多时间，并且系统可能需要24小时运行，不允许让过长的备份时间影响在线运行，这时可以采用事务日志备份方式。但是，事务日志备份在数据库恢复时无法单独运行，它必须与一次完整备份一起才可以恢复数据库，而且事务日志备份在恢复时有一定的时间顺序，不能搞错。

（4）文件及文件组备份

文件及文件组备份是针对单一数据库文件或文件组做备份，它的好处是便利和具有弹性，而且在恢复时可以仅仅针对受损的数据库文件做恢复。

虽然文件及文件组备份有其方便性，但是这类备份必须搭配事务日志备份，因为在恢复部分数据库文件或者文件组后必须恢复自数据库文件或者文件组备份后所做的所有事务日志备份，否则会造成数据库的不一致性。因此在做完文件或者文件组备份后，最好立刻做一个事务日志备份。

在创建数据库时，如果为数据库创建了多个数据库文件或文件组，则可以使用该备份方式。使用文件及文件组备份方式可以只备份数据库中的某些文件，该备份方式在数据库文件非常庞大时十分有效，因为每次只备份一个（或几个）文件或文件组可以分多次来备份数据库，从而避免大型数据库备份的时间过长。另外，由于文件及文件组备份只备份其中一个或多个数据文件，因此当数据库中的某个或某些文件损坏时，可能只需恢复损坏的文件或文件组备份。

3．备份和恢复的策略

通常而言，我们总是依赖所要求的恢复能力（如将数据库恢复到失败点）、备份文件的大小（如完整数据库备份、只进行事务日志的备份或差异数据库备份）以及留给备份的时间等来决定该使用哪种类型的备份。常用的备份选择方案有：仅进行完整数据库备份，或在进行完整数据库备份的同时进行事务日志备份，抑或使用完整数据库备份和差异数据库备份。

选用何种备份方案将对备份和恢复产生直接影响，而且也决定了数据库在遭到破坏前后的一致性水平。所以在做出该决策时，必须认识到以下几个问题。

（1）如果只进行完整数据库备份，那么将无法恢复自最近一次完整数据库备份以来数据库中所发生的所有事务。这种方案的优点是简单，而且在进行数据库恢复时操作也很方便。

（2）如果在进行完整数据库备份时也进行事务日志备份，那么可以将数据库恢复到失败点。那些在失败前未提交的事务将无法恢复，但如果在数据库失败后立即对当前处于活动状态的事务进行备份，则未提交的事务也可以恢复。

从以上问题可以看出，对数据库一致性的要求程度成为我们选择备份方案的主要的普遍性原因。但在某些情况下，对数据库备份应提出更为严格的要求，例如在处理重要业务的应用环境中，常要求数据库服务器连续工作，至多只留一小段时间来执行系统维护任务，在这种情况下一旦出现系统失败，则要求数据库在最短时间内恢复到正常状态，以避免丢失过多的重要数据。由此可见，备份或恢复所需时间往往也成为我们选择何种备份方案的重要影响因素。

那么如何才能减少备份和恢复所耗费的时间？SQL Server提供了几种方法来减少备份或恢复操作的执行时间。

（1）使用多个备份设备来同时进行备份处理。同理，可以从多个备份设备上同时进行数据库恢复操作处理。

（2）综合使用数据库完整备份、差异备份或事务日志备份来减少每次需要备份的数据量。

（3）使用文件及文件组备份和事务日志备份，这样可以只备份或恢复那些包含相关数据的文件，而不是整个数据库。

另外需要注意的是，在备份时我们也要决定应使用哪种备份设备，如磁盘或磁带，并且决定如何在备份设备上创建备份，例如将备份添加到备份设备上或将其覆盖。

5.6.4　备份数据库

5.6.4.1　创建备份设备

在备份一个数据库之前，需要先创建一个备份设备，比如磁带、硬盘等，然后复制有备份的数据库、事务日志、文件/文件组。

SQL Server 2022可以将本地主机或者远端主机上的硬盘作为备份设备，数据备份在硬盘上是以文件的方式被存储的。对数据库进行备份时，备份设备可以采用物理设备名称和逻辑设备名称两种方式。

（1）物理设备名称：即操作系统文件名，直接采用备份文件在磁盘上以文件方式存储的完整路径名，例如"D:\backup\data_full.bak"。

（2）逻辑设备名称：为物理备份设备指定的可选的逻辑别名，使用逻辑设备名称可以简化备份路径。逻辑设备名称永久性地存储在SQL Server内的系统表中。

下面提供两种创建逻辑备份设备的方法。

1. 使用"对象资源管理器"窗格创建逻辑备份设备

创建逻辑备份设备的步骤如下。

（1）打开"对象资源管理器"窗格，在"服务器对象"节点下找到"备份设备"，单击鼠标右键，弹出的快捷菜单如图5-15所示。

（2）选择"新建备份设备"命令，弹出"新建备份设备"窗口。

（3）输入备份设备逻辑名称，并指定备份设备的物理路径，单击"确定"按钮即可。

图5-15 备份设备菜单

2. 使用系统存储过程 sp_addumpdevice 创建逻辑备份

设备使用系统存储过程sp_addumpdevice也可以创建逻辑备份设备,其语法格式如下。

```
sp_addumpdevice [ @devtype = ] 'device_type' , [ @logicalname = ] 'logical_
name' , [ @physicalname = ] 'physical_name'
```

其中各主要参数说明如下。

- [@devtype =] 'device_type':备份设备的类型,可以是disk或tape。
- [@logicalname =] 'logical_name':备份设备的逻辑名称。
- [@physicalname =] 'physical_name':备份设备的物理名称。物理名称必须遵从操作系统文件名规则或网络设备的通用命名约定,并且必须包含完整路径。

【例5-23】为数据库Teach创建一个磁盘备份设备。

```
USE Teach
GO
EXEC sp_addumpdevice 'disk','pubss','c:\backdev\backdevpubs.bak'
```

以上命令创建了一个逻辑名称为pubss的备份设备,设备类型为磁盘,对应的物理位置在"c:\backdev\backdevpubs.bak"。

【例5-24】为数据库Teach创建远程磁盘备份设备。

```
USE Teach
GO
EXEC sp_addumpdevice 'disk','networkdevice','\\servername\sharename\path\
filename. ext'
```

以上命令创建了一个逻辑名称为networkdevice的备份设备,设备类型为磁盘,对应的物理位置在"\\servername\sharename\path\filename. ext"。

当不需要备份设备的时候,可以使用sp_dropdevice来删除备份设备。其语法格式如下。

```
sp_dropdevice [@logicalname =] 'device' [,[@delfile =] 'delfile']
```

其中,@logicalname表示备份设备逻辑名;@delfile表示相对应的实体文件。

当执行该存储过程时,@delfile选项值必须给出,否则备份设备相对应的实体文件仍旧存在。

【例5-25】删除数据库Teach中创建的备份设备pubss。

```
USE Teach
GO
EXEC sp_dropdevice 'pubss', 'c:\backdev\backdevpubs.bak'
```

以上命令删除了例5-23创建的备份设备pubss，同时，删除对应的备份文件c:\backdev\back devpubs.bak。

5.6.4.2　备份数据库

1．使用"对象资源管理器"窗格备份数据库

在SQL Server 2022中，无论是数据库完整备份、还是事务日志备份、差异备份、文件及文件组备份都执行相似的步骤。使用"对象资源管理器"窗格进行数据库备份有如下几个步骤。

（1）连接到相应的SQL Server服务器实例之后，在"对象资源管理器"窗格中，单击服务器名称以展开服务器树。找到"数据库"节点并展开，选择要备份的系统数据库或用户数据库（如Teach数据库），单击鼠标右键，在弹出的快捷菜单中选择"任务→备份"命令。

使用"对象资源管理器"窗格备份数据库

（2）选择"备份"命令后，出现"备份数据库-Teach"窗口，如图5-16所示。

图5-16　"备份数据库-Teach"窗口

（3）在"数据库"下拉列表中将出现刚选择的数据库名，用户也可以从该下拉列表中选择其他数据库。

（4）在"恢复模式"中的恢复模式为"完整"。

（5）在"备份类型"下拉列表中选择备份类型：完整、差异或事务日志。在"备份组件"选项中选择"数据库"或"文件和文件组"，每种组件都支持三种备份类型。如果选择备份"文件和文件组"，则出现"选择文件和文件组"窗口，从中选择要备份的文件或文件组即可。

（6）在"名称"文本框中输入备份集的名称，也可以接受系统默认的备份集名称。在"说

明"文本框中输入备份集的说明。

（7）在"备份集过期时间"选项中指定备份集在特定天数后过期或特定日期过期。

（8）在"目标"栏下的"备份到"选项中选择"磁盘"或"磁带"，同时添加相应的备份设备到"目标"下方列表框中。

（9）在"选择页"中可以单击"选项"，打开"选项"选项卡，对数据库备份的高级选项进行设置。

（10）设置完成之后，单击"确定"按钮，系统将按照所选的设置对数据库进行备份。如果没有发生错误，将出现备份成功的窗口。

2. 使用 Transact-SQL 语句备份数据库

BACKUP命令用来对指定数据库进行完整备份、完整差异备份、文件及文件组备份、文件差异备份、部分备份、部分差异备份和事务日志备份。

（1）完整备份和差异备份

实现完整备份和差异备份的语法格式如下。

```
BACKUP DATABASE { database_name | @database_name_var }
TO <backup_device> [ ,…n ]
[ WITH { Differential | <general_WITH_options> [ ,…n ] }]
[;]
```

其中各主要参数说明如下。

- database_name是要备份的数据库名称，@database_name_var是存储要备份的数据库名称的变量，二者选其一即可。

- backup_device：指定用于备份操作的逻辑备份设备或物理备份设备。如果使用逻辑备份设备，应该使用下列格式：{ logical_device_name | @logical_device_name_var }，并指定逻辑备份设备的名称。如果使用物理备份设备，则使用下列格式：{ Disk | Tape } = { 'physical_device_name' | @physical_device_name_var }，并指定磁盘文件或磁带。

- Differential：指定只备份上次完整备份后更改的数据库部分，即差异备份。必须执行过一次完整备份之后，才能做差异备份。

- general_WITH_options：备份操作的WITH选项，包含备份选项、介质集选项、错误处理选项、数据传输选项等，这里只对几个常用的选项进行说明。Expiredate={date|@date_var}指定备份集到期的时间；Retaindays={days|@days_var}指定备份集经过多少天之后到期；如果同时使用这两个选项，Retaindays的优先级别将高于Expiredate；Password={password|@password_variable}为备份集指定密码，如果为备份集设置了密码，则必须提供该密码才能对该备份集执行任何恢复操作；{ Noinit | Init }控制备份操作是追加还是覆盖备份介质中的现有备份集，默认为追加到介质中最新的备份集（Noinit）；{ Noskip| Skip }控制备份操作是否在覆盖介质中的备份集之前检查它们的过期日期和时间，Noskip为默认设置，指示BACKUP语句在可以覆盖介质上的所有备份集之前先检查它们的过期日期。

（2）事务日志备份

实现事务日志备份的语法格式如下。

```
BACKUP LOG { database_name | @database_name_var }
TO <backup_device> [ ,…n ]
[ WITH { <general_WITH_options>}]
[;]
```

其中，参数的含义与完整备份和差异备份中的参数含义相同。

（3）文件及文件组备份

实现文件及文件组备份的语法格式如下。

```
BACKUP DATABASE { database_name | @database_name_var }
<file_or_filegroup> [ ,…n ]
TO <backup_device> [ ,…n ]
[ WITH { Differential | <general_WITH_options> [ ,…n ] }]
[;]
```

其中各主要参数说明如下。

- file_or_filegroup：指定要进行备份的文件或文件组名。如果要对文件进行备份，则可以使用下列格式FILE = { logical_file_name | @logical_file_name_var }，指定要备份文件的逻辑名称；如果要对文件组进行备份，则可以使用FILEGROUP={ logical_filegroup_name | @logical_filegroup_name_var }，指定要备份文件组的名称。

- 其他参数的含义与完整备份和差异备份中的参数含义相同。

5.6.5　恢复数据库

在SQL Server中，有三种数据库恢复模式，分别是简单恢复（Simple Recovery）、完全恢复（Full Recovery）和批日志恢复（Bulk-logged Recovery）。

简单恢复是指在进行数据库恢复时仅使用了数据库备份或差异备份，而不涉及事务日志完整备份。简单恢复模式可使数据库恢复到上一次备份的状态，但由于不使用事务日志备份来进行恢复，因此无法将数据库恢复到失败点状态。选择简单恢复模式时常使用的备份策略是：首先进行数据库完整备份，然后进行差异备份。

完全恢复是指通过使用数据库完整备份和事务日志备份，将数据库恢复到发生失败的时刻。因此在完全恢复模式下，数据库几乎不造成任何数据丢失，故该模式成为应对因存储介质损坏而使数据丢失的理想方法。为了保证数据库的这种恢复能力，所有的批数据操作，例如SELECT INTO、创建索引都被写入日志文件。如果准备让数据库恢复到失败时刻，必须对数据库失败前正处于运行状态的事务进行备份。在选择完全恢复模式时，常使用的备份策略是：首先进行数据库完整备份，然后进行差异备份，最后进行事务日志备份。

批日志恢复在性能上要优于简单恢复和完全恢复模式，它能尽最大努力减少批操作所需要的存储空间。这些批操作主要有：SELECT INTO、批装载操作（如bcp操作或批插入操作）、创建索引和针对大文本或图像的操作（如WRITETEXT、UPDATETEXT）。选择批日志恢复模式所采用的备份策略与完全恢复所采用的恢复策略基本相同。

从以上论述中可以看到，在实际应用中，备份策略和恢复策略的选择不是孤立的，而是有着紧密的联系。我们不能仅仅因为数据库备份为数据库恢复提供了"原材料"这一事实，就根据某种数据库恢复模式考虑该怎样进行数据库备份，而更多是考虑选择使用哪种备份类型，能把遭到损坏的数据库"带"到所需的状态（是数据库失败的时刻，还是最近一次备份的时刻）。但有一点必须强调，即备份类型的选择和恢复模式的确定都应服从于这样一个目标：尽最大可能、以最快速度减少或消灭数据丢失。

在"对象资源管理器"窗格中使用备份文件恢复数据库

1.　使用"对象资源管理器"窗格恢复数据库

使用"对象资源管理器"窗格可以很方便地实现对数据库的恢复操作，

具体步骤如下。

（1）连接到相应的服务器实例之后，在"对象资源管理器"窗格中单击服务器名称以展开"服务器"节点。

（2）用鼠标右键单击"数据库"节点，在弹出的快捷菜单中选择"还原数据库"命令，打开的"还原数据库"窗口如图5-17所示。

（3）在"源"栏对应的"设备"选项右侧，单击"浏览"按钮，打开"选择备份设备"对话框。在"备份介质"列表框中，从列出的设备类型中选择一种，或者单击"添加"按钮可以将一个或多个备份设备添加到"备份位置"列表框中，单击"确定"按钮，返回到图5-17所示的窗口。

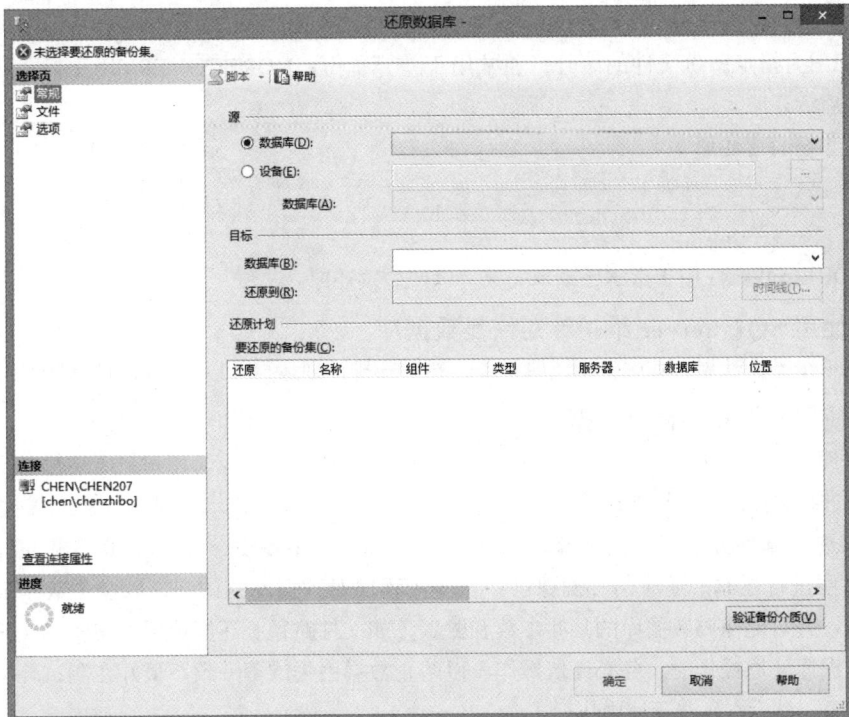

图5-17 "还原数据库"窗口

（4）在"目标"栏对应的"数据库"下拉列表框中输入目标数据库的名称。

（5）如果要查看或选择高级选项，可以单击"选择页"中的"选项"，切换到"选项"选项卡进行有关设置。

（6）设置完成之后，单击"确定"按钮，系统将按照所选的设置对数据库进行恢复。如果没有发生错误，将出现恢复成功的窗口。

2. 使用 SQL 命令恢复数据库

我们还可以使用SQL命令进行数据库还原，其语法格式如下。

```
RESTORE DATABASE database_name
FROM [DISK | URL] = 'backup_device'
[WITH options];
```

其中，database_name是要还原的目标数据库的名称；backup_device是指定备份文件的位置，可以是磁盘上的文件（DISK）或 URL；options是可选项，包括还原类型、文件恢复、替代数据库、还原计划等。以下是一些常见的还原操作和相关选项。

（1）完整数据库还原

```
RESTORE DATABASE YourDatabase
FROM DISK = 'C:\YourBackupFile.bak'
WITH REPLACE, RECOVERY;
```

其中，REPLACE用于替代现有的数据库，如果存在同名的数据库；RECOVERY用于将数据库还原到可用状态。

（2）差异数据库还原

```
RESTORE DATABASE YourDatabase
FROM DISK = 'C:\YourFullBackupFile.bak'
WITH FILE = 2, NORECOVERY;
RESTORE DATABASE YourDatabase
FROM DISK = 'C:\YourDiffBackupFile.bak'
WITH RECOVERY;
```

其中，FILE为指定备份文件的编号，通常用于差异备份；NORECOVERY用于指示还原未完成，以便后续还原。

（3）事务日志还原

```
RESTORE LOG YourDatabase
FROM DISK = 'C:\YourLogBackupFile.trn'
WITH NORECOVERY;
```

其中，NORECOVERY用于指示还原未完成，以便后续还原。

3. 使用 SQL Server 维护计划恢复数据库

创建一个维护计划，其中包括还原操作，然后安排计划运行，以自动进行数据库还原。

4. 使用备份软件恢复数据库

如果使用了第三方备份软件，可以使用该软件进行数据库还原。用户只需遵循备份软件提供的指南进行数据库恢复操作即可。

无论选择哪种方法，都需要有适当的备份文件（完整备份、差异备份、事务日志备份等），以便进行还原。还原前，确保已停止应用程序对数据库的访问，以避免数据损坏。此外，还原过程可能需要数据库的某些参数和配置（如文件路径、还原选项）与备份文件匹配。在执行数据库还原操作时，务必谨慎操作，以防止数据丢失或不一致。最好在测试环境中练习数据库还原，然后在生产环境中执行。

本章小结

数据库优化与管理是确保数据库系统有效运行的关键，数据库的重要特征是它能为多个用户提供数据共享。在多个用户使用同一数据库系统时，要保证整个系统的正常运转，DBMS必须具备一整套完整而有效的安全保护措施。本章从视图、索引、安全性控制、完整性控制、并发控制和数据库恢复六方面进行了学习与讨论。

视图是数据库中的虚拟表，提供了不同的数据透视角。我们学习了如何创建视图，以及视图的用途和优势，还研究了如何优化复杂视图的性能，以及视图的权限管理和数据安全性。

索引是提高查询性能的重要组成部分，包括索引类型、设置原则、创建、修改、查看和删除。

数据库的安全性是指保护数据库，以防止因非法使用数据库，造成数据的泄露、更改或破坏。实现数据库系统安全性的方法有用户标识和鉴定、用户存取权限控制、定义视图、数据加密和审计等多种，其中，最重要的是用户存取权限控制技术和审计技术。

数据库的完整性是指保护数据库中数据的正确性、有效性和相容性。完整性和安全性是两个不同的概念，安全性措施的防范对象是非法用户和非法操作，完整性措施的防范对象是合法用户的不合语义的数据。这些语义约束构成了数据库的三条完整性规则，即触发条件、约束条件和违约响应。完整性约束条件按使用对象分为值的约束和结构的约束，按约束对象的状态又可分为静态约束和动态约束。实施数据完整性的方法有五种：约束、默认值、规则、存储过程和触发器。

并发控制是为了防止多个用户同时存取同一数据，造成数据库的不一致性。事务是数据库的逻辑工作单位，并发操作中只有保证系统中一切事务的原子性、一致性、隔离性和持久性，才能保证数据库处于一致状态。并发操作导致的数据库不一致性主要有丢失更新、污读和不可重读三种。实现并发控制的方法主要是封锁技术，基本的封锁类型有排他型封锁和共享封锁两种；三个级别的封锁协议可以有效解决并发操作的一致性问题。对数据对象施加封锁会带来活锁和死锁问题，并发控制机制可以通过采取一次加锁法或顺序加锁法预防死锁的产生。死锁一旦发生，可以选择一个处理死锁代价最小的事务将其撤销。

数据库的恢复是指系统发生故障后，把数据从错误状态中恢复到某一正确状态的功能。对于事务故障、系统故障和介质故障三种故障类型，DBMS有不同的恢复方法。登记日志文件和数据转储是数据库恢复中常用的技术，数据库恢复的基本原理是利用存储在日志文件和数据库后备副本中的冗余数据来重建数据库。此外，数据库恢复的一个重要方面是数据库还原。数据库还原是一种核心恢复方法，它涉及将数据库从备份文件中还原到之前的状态，以应对数据丢失、损坏或其他问题。备份文件通常包括完整备份、差异备份和事务日志备份。通过数据库还原，可以将数据库恢复到一个已知的状态，以便在各种故障情况下实现快速恢复。数据库管理员应该建立适当的备份和还原策略，以确保数据的完整性和可用性。因此，数据库的恢复不仅包括故障类型和登记日志文件，还包括数据库还原，这是维护数据库完整性和可用性的重要组成部分。

本章习题

一、选择题

1. 下列关于视图的描述中，不正确的是（　　）。

    A）视图是外模式

    B）使用视图可以加快查询语句的执行速度

    C）视图是虚表

    D）使用视图可以加快查询语句的编写

2. 视图机制提高了数据库系统的（　　）。

    A）完整性　　　　　　B）安全性　　　　　　C）一致性　　　　　　D）并发控制

3. 完整性控制的防范对象是（　　）。

    A）非法用户　　　　　B）不合语义的数据　C）非法操作　　　　　D）不正确的数据

4. 安全性控制的防范对象主要是（　　）。

    A）合法用户　　　　　B）不合语义的数据　C）非法操作　　　　　D）不正确的数据

5. 一个事务在执行时，应该遵守"要么不做，要么全做"的原则，这是体现了事务的（　　）。

    A）原子性　　　　　　B）一致性　　　　　　C）隔离性　　　　D）持久性

6. 实现事务回滚的语句是（　　）。

    A）GRANT　　　　　B）COMMIT　　　　C）ROLLBACK　　D）REVOKE

7. 后备副本的作用是（　　）。

    A）保障安全性　　　B）完整性控制　　　C）并发控制　　　D）数据库恢复

8. 解决并发控制带来的数据不一致问题普遍采用的技术是（　　）。

    A）封锁　　　　　　B）存取控制　　　　C）恢复　　　　　D）协商

9. 如事务T对数据对象R实现X封锁，则事务T对R（　　）。

    A）只能读，不能写　　　　　　　B）只能写，不能读

    C）既可读又可写　　　　　　　　D）不能读，也不能写

10. 在数据库技术中，"脏数据"是指（　　）。

    A）未回退的数据　　　　　　　　B）未提交的数据

    C）回退的数据　　　　　　　　　D）未提交随后又被撤销的数据

11. "日志"文件用于保存（　　）。

    A）程序运行过程　　　　　　　　B）数据操作

    C）程序运行结果　　　　　　　　D）对数据库的更新操作

12. 在数据库恢复时，对尚未做完的事务执行（　　）处理。

    A）REDO　　　　　B）UNDO　　　　C）ABORT　　　D）ROLLBACK

13. 在事务依赖图中，如果两个事务的依赖关系形成一个循环，那么就会（　　）。

    A）出现活锁现象　　　　　　　　B）出现死锁现象

    C）事务执行成功　　　　　　　　D）事务执行失败

14. 在数据库的安全性控制中，为了保证用户只能存取他有权存取的数据，在授权定义中数据对象的（　　），授权子系统就越灵活。

    A）范围越小　　　　B）范围越大　　　　C）约束越细致　　D）范围越灵活

15. 事务的一致性是指（　　）。

    A）事务中包括的所有操作要么都做，要么都不做

    B）事务一旦提交，对数据库的改变是永久的

    C）一个事务内部的操作及使用的数据对并发的其他事务是隔离的

    D）事务必须是使数据库从一个一致性状态变到另一个一致性状态

16. 保护数据库，防止未经授权的或不合法的使用造成数据泄露、更改破坏，这是指数据的（　　）。

    A）安全性　　　　　B）完整性　　　　　C）并发控制　　　D）恢复

二、填空题

1. DBMS对数据库的安全保护功能是通过＿＿＿、＿＿＿、＿＿＿和＿＿＿四个方面实现的。

2. 存取权限由＿＿＿和＿＿＿两个要素组成。

3. 衡量授权机制的两个重要指标是＿＿＿和＿＿＿。

4. 加密的基本思想是根据一定的算法将_____加密成为_____，数据以_____的形式存储和传输。

5. _____是数据库系统中执行的一个工作单位，它是由用户定义的一组操作序列。它具有_____、_____、_____和_____四个特征。

6. 并发操作导致的数据库不一致性主要有_____、_____和_____三种。

7. 实现并发控制的方法主要是_____技术，基本的封锁类型有_____和_____两种。

8. 数据库恢复的基本原理是_____。

9. 生成冗余数据最常用的技术是_____和_____。

10. 数据库运行过程中可能出现_____、_____和_____三类故障。

11. 按照转储方式，数据转储可以分为_____和_____。

12. 按照转储状态，数据转储又可分为_____和_____。

13. 规则和默认值用来帮助用户实现数据的_____。

14. 根据SQL Server的安全性要求，当某一用户要访问SQL Server中的数据库时，必须在SQL Server上创建_____和_____。

15. 在SQL Server数据库管理系统中，设用户A可以访问其中的数据库MyDb，则用户A在数据库MyDb中必定属于_____角色。

16. 在SQL Server数据库管理系统中，dbcreator是一种_____角色，而dbowner是一种_____角色。

17. 在SQL Server中有_____、_____、_____和_____四种备份类型。

18. 在SQL Server中有_____、_____和_____三种数据库还原模式。

19. 备份设备可以是_____、_____或_____。

三、简答题

1. 什么是数据库保护？数据库的安全性保护功能包括哪几方面？解释它们的含义。

2. 什么是数据库的安全性？试述DBMS提供的安全性控制功能包括哪些内容？

3. 什么是数据库的完整性？关系型数据库中有哪些完整性规则，各包括哪些内容？

4. 什么是事务？事务的提交和回滚是什么意思？

5. 在数据库中为什么要有并发控制？

6. 并发操作会带来什么样的后果？

7. 什么是封锁？封锁的基本类型有几种，含义如何？

8. 试述发生死锁的条件和消除死锁的常用方法。

9. 数据库运行过程中可能产生的故障有哪几类，各类故障如何恢复？

10. 简述规则和CHECK约束的区别与联系。

11. 简述在SQL Server中进行数据备份的四种类型。

12. SQL Server提供了哪几种方法来减少备份或还原操作的执行时间。

专题讨论：数据库安全和隐私保护

数据库安全和隐私保护是当今数字化时代中至关重要的议题。随着各组织对数据的依赖程度不断增加，保护数据库中的敏感信息变得尤为重要。在专题讨论中，我们一起来探讨数据库安全和隐私保护的重要性以及相关的挑战。

首先，讨论数据泄露和未经授权访问的威胁。数据泄露可能导致组织的声誉受损，并对个人隐私造成严重影响。为了减少这些风险，需要采取严格的访问控制和身份验证措施，确保只有授权人员能够访问敏感数据。此外，还需要实施监控和审计机制，及时发现并应对潜在的攻击。

其次，必须强调数据加密和脱敏的重要性。数据加密是一种关键技术，可以保护数据在传输和存储过程中的机密性。脱敏技术则可用于减少敏感数据泄露的风险，通过对数据进行匿名化或替代处理，保护个人隐私。

再次，要注意合规要求和法规对数据库安全和隐私保护的影响。GDPR和CCPA等法规对于个人数据的处理有明确规定，组织需要了解并遵守这些法规要求，以保护用户数据并赢得用户的信任。

接下来，需要深入研究内部威胁对数据库安全的影响。员工的错误行为、滥用权限和恶意行为可能导致数据泄露和机密信息的丢失。为了应对这些威胁，组织需要建立严格的访问控制机制，实施员工培训和教育，并定期进行安全审计。

最后，思考新兴技术带来的挑战。云计算、大数据和人工智能等技术的发展为数据库安全和隐私保护带来了新的挑战。例如，云环境中的共享责任模型和跨界数据传输的安全性。我们需要关注和研究这些挑战，并采取相应的安全措施来保护数据的安全和隐私。

通过本次专题讨论，希望同学们能深入了解数据库安全和隐私保护的重要性，并了解应对相关挑战的解决方案。在实践中，组织应制定全面的数据库安全策略，并不断加强安全措施的实施和员工安全意识的培养，以确保数据库中的数据得到有效保护。

本章实验

实验1　视图

一、实验目的

1. 掌握创建视图的方法。
2. 掌握修改视图的方法。
3. 掌握查询视图的方法。
4. 掌握更新视图的方法。
5. 掌握删除视图的方法。

二、实验内容

根据第一部分实验中创建的学生作业管理数据库以及其中的学生表、课程表和学生作业表，进行以下操作。

1. 创建一个电子05的学生视图（包括学号、姓名、性别、专业班级、出生日期）。

2. 创建一个生物05的学生作业情况视图（包括学号、姓名、课程名、作业1成绩、作业2成绩、作业3成绩）。

3. 创建一个学生作业平均成绩视图（包括学号、作业1平均成绩、作业2平均成绩、作业3平均成绩）。

4. 修改第2题中生物05的学生作业情况视图，将作业2成绩和作业3成绩去掉。

5. 向电子05的学生视图中添加一条记录，其中学号为0596，姓名为赵亦，性别为男，专业班级为电子05，出生日期为1986-6-8（除了电子05的学生视图发生变化，看看学生表中还发生了什么变化）。

6. 将电子05的学生视图中赵亦的性别改为"女"（除了电子05的学生视图发生变化之外，看看学生表中还发生了什么变化）。

7. 删除电子05的学生视图中赵亦的记录。

8. 删除电子05的学生视图（给出SQL语句即可）。

实验2 数据库系统的备份和恢复

一、实验目的
1. 能够将目标数据库完整备份为单个文件。
2. 能够将目标数据库差异备份到文件中。
3. 能够从已经备份的文件中还原数据库。

二、实验内容
1. 将已经创建的数据库StudentTest完整备份到桌面的testbak.bak文件中。
2. 向数据库StudentTest中添加一张测试表，表结构和表的内容自拟。
3. 将已经建立的数据库StudentTest差异备份到桌面的testbakdif.bak文件中。
4. 删除已经创建的数据库StudentTest。
5. 单纯使用testbak.bak文件还原数据库到第一次备份的状态。
6. 观察还原后的数据库中是否具有刚刚建立的测试表，删除已经创建的数据库StudentTest。
7. 使用差异备份文件和完整备份文件恢复数据库到最新的状态。
8. 观察还原后的数据库是否包含刚刚建立的测试表。

实验3 数据库安全配置

一、实验目的
1. 能够创建数据库登录账号，设置登录账户的服务器角色。
2. 能够创建数据库用户账号，设置用户账号的数据库角色。
3. 能够将目标数据库完整备份为单个文件。
4. 能够将目标数据库差异备份到文件中。
5. 能够从已经备份的文件中还原数据库。

二、实验内容
1. 创建登录账号。

（1）在"对象资源管理器"窗格中，展开"安全性"节点，用鼠标右键单击"登录名"，在弹出的快捷菜单中选择"新建登录名"命令，会出现"登录名-新建"窗格。

（2）在"登录名-新建"窗格中，在"选择页"中选择"常规"，创建登录账号（登录名自定），选择其身份验证方式为"SQL Server身份验证"，并输入密码，之后，取消"强制实施密码策略"复选框（此步骤要截图）。

（3）在"选择页"中选择"服务器角色"，为登录账号添加"dbcreator"服务器角色（其中，public角色自动选中，并且不能删除）（此步骤要截图）。

（4）上述第（2）步和第（3）步设置完成之后，单击"确定"按钮即可成功创建登录账号。

（5）在"对象资源管理器"窗格中，展开"安全性"节点下的"登录名"，查看新建的登录账号（此步骤要截图）。

（6）根据需要修改登录账号的相关信息（此步骤不做强制要求）。

（7）在"对象资源管理器"窗格中，单击"断开连接"，之后单击"连接对象资源管理器"，用上述创建的登录账号进行登录，查看这个登录账号可以做什么（此步骤用文字描述即可，也可以适当地添加截图）。

2．创建数据库的用户账号。

（1）在"对象资源管理器"窗格中，展开需要创建数据库用户账号的"数据库"节点（可以是上课用的Teach数据库，也可以是实验1中的学生作业管理数据库，还可以是临时新创建的数据库），找到"安全性"节点并将其展开，在其中的"用户"节点上单击鼠标右键，在弹出的快捷菜单中选择"新建用户"命令，打开"数据库用户-新建"窗格。

（2）在"数据库用户-新建"窗格中，在"选择页"中选择"常规"，创建数据库用户账号（用户名自定），登录名填写"1.创建登录账号"中创建的登录名（此步骤要截图）。

（3）在"选择页"中选择"成员身份"，为数据库账号添加"db_datareader"和"db_datawriter"数据库角色（此步骤要截图）。

（4）上述第（2）步和第（3）步设置完成之后，单击"确定"按钮，即可成功创建数据库用户账号。

（5）在"对象资源管理器"窗格中，展开上述创建数据库用户账号的"数据库"节点，找到"安全性"节点并将其展开，找到"用户"节点并将其展开，查看新建的数据库账号（此步骤要截图）。

（6）在"对象资源管理器"窗格中，展开"安全性"节点下的"登录名"，选择"1.创建登录账号"中创建的登录名，单击鼠标右键，在弹出的快捷菜单中选择"属性"命令，在弹出的登录属性窗格中，在"选择页"中单击"用户映射"，查看映射到该登录名的数据库用户账号及其数据库角色（此步骤要截图）。

（7）在"对象资源管理器"窗格中，单击"断开连接"，之后，单击"连接对象资源管理器"，用"1.创建登录账号"中创建的登录账号进行登录，查看可以做什么（此步骤用文字描述即可，也可以适当地添加截图）。

3．数据库的备份和还原。

（1）创建数据库StudentTest，数据库的数据文件和日志文件的各项数据自定（此步骤给出SQL语句）。

（2）将数据库StudentTest进行完整备份，存储到D盘根目录（或者目录自定）下的"testbak.bak"文件中（此步骤要给出截图）。进行完整备份的方法：在"对象资源管理器"窗格中，选择需要备份的数据库，单击鼠标右键，在快捷菜单中选择"任务"命令，在级联菜单中选择"备份"命令，在弹出"备份数据库"窗格中选择"备份类型"为"完整"，之后将其备份到指定路径下的指定文件中即可（注意：在右下角的文本区中，先删除默认路径，再创建完整备份路径）。

（3）在数据库StudentTest中新建一个数据表，表结构和表的内容自拟（此步骤给出SQL语句）。

（4）将数据库StudentTest进行差异备份，存储到D盘根目录（或者目录自定）下的"testbakdif.bak"文件中（此步骤要截图）。进行差异备份的方法与完整备份的方法类似，区别是选择"备份类型"为"差异"。注意：进行差异备份时，在"备份数据库"窗格中的右下角文本区中，把已有的路径先删除，再创建差异备份路径。

（5）删除数据库StudentTest。

（6）使用testbak.bak文件还原数据库到第一次备份的状态（此步骤要给出截图），观察还原后的数据库中是否具有刚刚建立的测试表。第一次还原数据库的方法：在"对象资源管理器"窗格中，在"数据库"节点上单击鼠标右键，在快捷菜单中选择"还原数据库"命令，在弹出的"还原数据库"窗格中，选择"设备"，找到备份文件"testbak.bak"，单击"确定"按钮即可。

（7）删除数据库StudentTest。

（8）使用"testbak.bak"和"testbakdif.bak"还原数据库到最新的状态（此步骤要给出截图）。

还原数据库的方法如下。

① 在"对象资源管理器"窗格中，在"数据库"节点上单击鼠标右键，在快捷菜单中选择"还原数据库"命令，在弹出的"还原数据库-Learn"窗格中，选择"设备"，找到备份文件testbak.bak，之后，在"选择页"中选择"选项"，勾选"覆盖现有数据库"复选框，选择"恢复状态"为"RESTORE WITH NORECOVERY"，单击"确定"按钮，如图5-18所示。

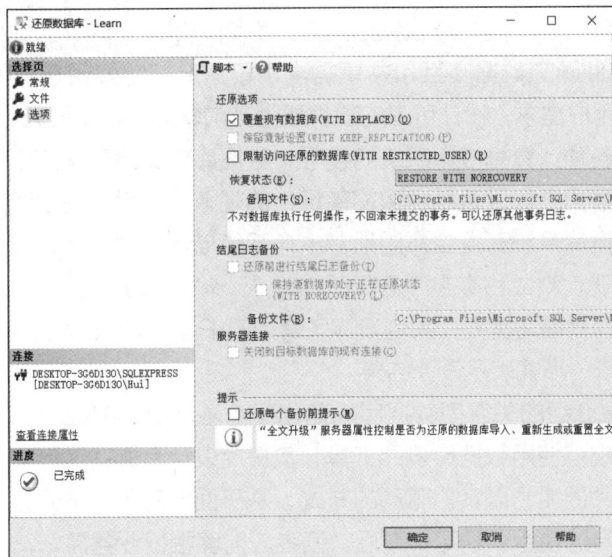

图5-18 "还原数据库-Learn"窗格

② 单击"确定"按钮之后，在"对象资源管理器"窗格中看到还原出来的数据库（以Learn为例）的状态如图5-19所示。

图5-19 还原后的Learn数据库

③ 在"对象资源管理器"窗格中，在"数据库"节点上单击鼠标右键，在快捷菜单中选择"还原数据库"命令，在弹出的"还原数据库"窗格中，选择"设备"，找到备份文件"testbakdif.bak"，单击"确定"按钮，即可将数据库还原到最新状态。

（9）观察还原后的数据库是否包含刚刚建立的测试表。

第6章
数据库设计

过去几十年，随着信息技术的发展，软件通过系统软件、应用软件、移动软件和云端软件等各种形式，服务于人类生产和生活的方方面面。目前，软件的规模不断扩大、业务功能愈发复杂、软件间的数据交互和共享需求也日益迫切，如何在有限的经费预算控制下，高质量地完成用户需求，设计可靠的软件成为当前软件工程的研究热点。

数据库是现代各种计算机应用系统的核心，数据库设计是数据库应用系统设计与开发的关键性工作。为了提升软件系统中数据库设计的规范性，人们提出了软件开发生命周期以及与之配套的数据库系统开发生命周期。生命系统描述了数据库系统在定义、规划、需求分析、设计、实现、测试和实施等各阶段的输入、输出和主要工作。同时，针对其中设计阶段的交流、沟通和描述需要，人们设计了诸如E-R图、UML类图等工具，辅助开发人员高效、便捷地以统一形式表示设计结果。

本章将在第4章介绍的关系型数据库规范化理论基础上，围绕"数据库生命周期各阶段如何协同、如何规范使用数据库设计工具、数据库设计有哪些设计实践"等主题，讲解数据库系统开发生命周期，以案例驱动的方式，基于面向对象方法介绍数据库设计的主要步骤以及各步骤工具的使用。学习本章后，读者应能够根据业务需求，熟练掌握E-R模型设计的方法和原则，以及从E-R模型转换为关系模型的方法，进而构建规范的数据库表结构。本章还提供了短视频原型系统的数据库设计案例，辅助读者对照学习，提升数据库设计的泛化能力。

思维导图

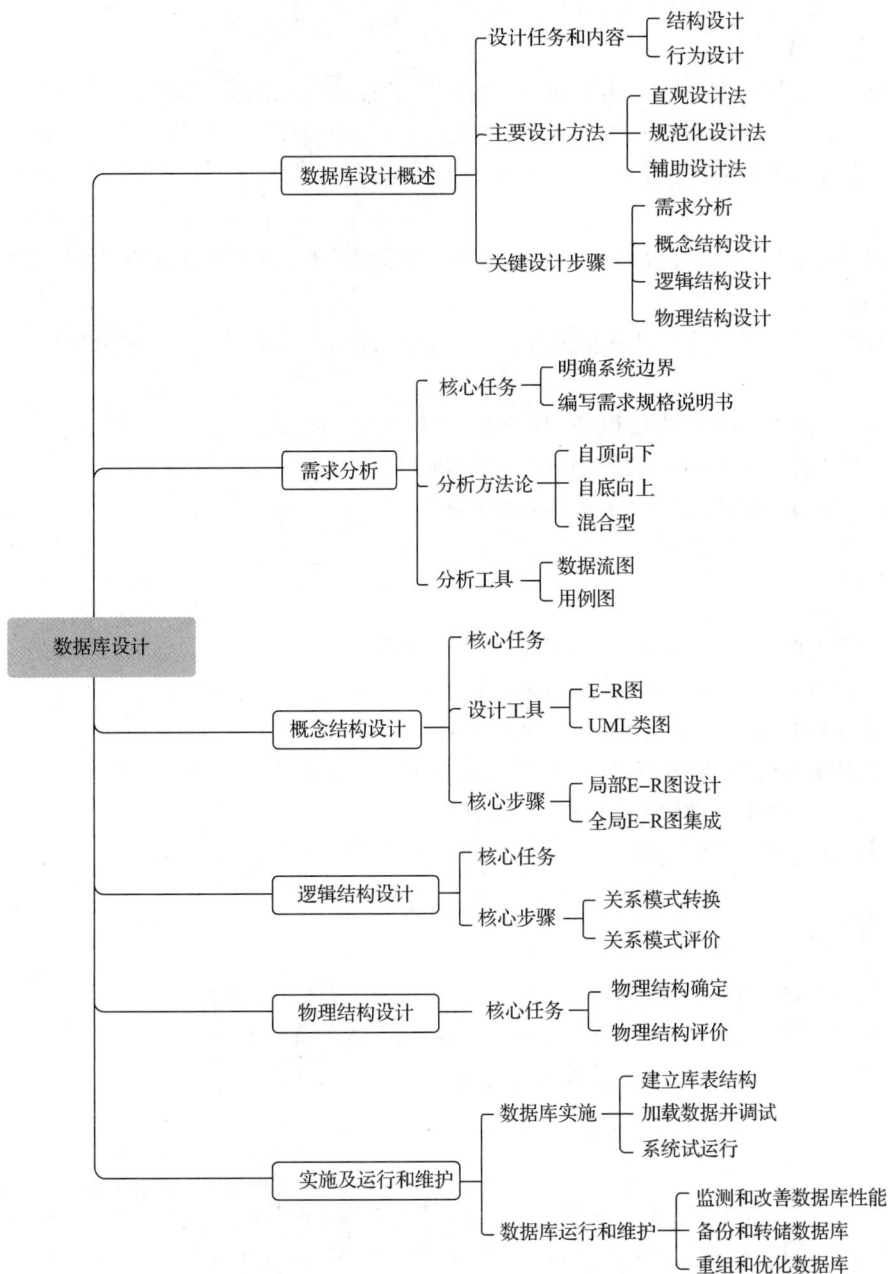

学习指导

学习目标

【知识层面】

概述数据库结构设计和行为设计的区别；

列举数据库设计的主要阶段、各阶段的主要任务和标准产出；

概述数据库需求分析阶段使用的数据流图和用例图；

概述概念结构设计阶段使用的E-R图和UML类图。

【能力层面】

能够根据业务需要，绘制分层的数据流图和用例图，并可确定系统边界和数据字典；

能够根据业务需要，构建全局E-R图或UML类图，并可对设计结果进行评价和验证；

能够根据业务需要，按照关系模式转换规则，获取关系模式，并可对其进行优化和规范化验证；

能够根据业务需要，综合运用数据库运维管理和优化方法，开展数据库物理结构设计。

【素养层面】

能够深刻理解数据库设计各步骤的关系，并认同在需求分析后，引入概念结构设计的必要性；

能够综合运用E-R设计方法和规范化理论，开展数据库规范化设计；

具备运用各类建模工具辅助开展规范化数据库设计的素质；

具备团队协作开发复杂大型数据库系统的素养。

学习重点

- 数据库设计各阶段的输入、输出、主要任务和联系；
- 使用数据流图和用例图获得业务涉及的数据字典；
- 使用E-R设计方法完成数据库概念结构设计；
- 使用关系模式转换规则将E-R图转换为优化后的关系模式；
- 开展数据库物理结构设计、测试、部署和运维实施；
- 数据库建模工具的使用。

学习难点

- 引入概念结构设计的必要性和辨析实际E-R图中常见的错误画法；
- 在关系模式转换中，多对多关系和一对多关系转换的最终差异；
- 涉及两个以上实体的多对多关系模式的分解和优化方法。

学习建议

本章内容属于**能力和经验并重型**，需要读者不仅能够掌握数据库设计各个阶段的方法、输入、输出和主要任务，还能够在实际数据库设计环境中，活学活用E-R图，设计出既满足业务需求，又兼顾范式理论且满足性能要求的关系模式，同时，能够运用流行的数据库建模工具开展高效的数据库建模工作。

6.1　数据库设计概述

6.1.1　数据库设计的任务和内容

1．数据库设计的任务

数据库设计是指对于给定的业务描述和应用环境，通过合理的数据分析、设计和组织方法，综合DBMS特性以及系统支撑环境特性，构造最为适合的数据库模式，建立数据库及其应用系统，使之能可靠、有效地满足用户的信息处理要求。数据库设计的任务如图6-1所示。

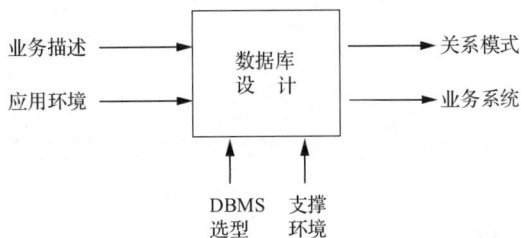

图6-1　数据库设计的任务

2．数据库设计的内容

数据库设计包括数据库的结构设计和数据库的行为设计两方面的内容。

（1）数据库的结构设计

数据库的结构设计是指根据给定的应用环境，进行数据库的子模式或模式的设计，包括数据库的概念结构设计、逻辑结构设计和物理结构设计。数据库模式包含了整个数据库系统的库表结构，一经构建，若需求未发生重大变化通常是不容易改变的，所以数据库的结构设计又称为静态模型设计。

（2）数据库的行为设计

数据库的行为设计主要是指数据库用户的行为和动作设计，这些行为和动作需要通过应用程序实现，所以也可以将数据库的行为设计看作应用程序或业务逻辑的设计。用户的行为总是根据业务的变化对数据库中的数据进行增加、修改、删除，所以数据库的行为设计是动态的，这种行为设计又称为动态模型设计。

随着数据库设计方法学的成熟，人们主张通过"反复探寻，逐步求精"的过程，将数据库的结构设计与行为设计相结合，以数据模型为核心，逐渐建立一个完整、独立、共享、冗余小和安全有效的数据库系统。

6.1.2　数据库设计方法简述

数据库设计的方法包括直观设计法、规范设计法和计算机辅助设计法。

1．直观设计法

直观设计法也称为手工试凑法，该方法直接根据业务需要给出数据库的关系模式，依赖于设计者的经验和技巧。由于缺乏科学理论和工程原则的支持，直观法的设计结果常常在数据库运行一段时间后因各种问题需反复对数据库进行修改，因此，直观设计法并不适用于现代大型或复杂数据库系统的设计。

2．规范设计法

规范设计法包括E-R模型方法、范式理论方法和视图方法。

（1）E-R模型方法

E-R模型方法由Peter Chen（陈品山）于1976年提出，其基本思想是在需求分析的基础上，用易于表达的Entity（实体）-Relationship（联系）图构造一个反映现实世界各类数据项关系的概念模式，然后运用转换规则，将概念模式转换成关系模式。

（2）范式理论方法

范式理论方法是S.Atre围绕数据库范式理论提出的结构化设计方法，其基本思想是在需求分析的基础上，确定数据库模型中全部属性间的函数依赖关系，然后运用范式理论，构建满足规范化要求的关系模式的集合。

（3）视图方法

视图方法先收集重点业务涉及的各功能点，通过系统原型设计等方式，构建各功能点相关的数据视图，然后将这些数据视图看作数据库系统的外模式，通过分解和合并视图的手段，形成数据库关系模式。

3．计算机辅助设计法

计算机辅助设计法是指在数据库设计过程中使用数据库辅助设计工具，辅助设计人员高效、规范化地完成数据库设计。常用的数据库辅助设计工具包括Sybase公司的PowerDesigner、Premium公司的Navicat、Oracle公司的MySQL Workbench等。

现代数据库设计方法是上述设计方法相互融合的产物，可达成更为高效、规范化的数据库设计目标。图6-2描述了一种混合多种设计方法的现代数据库设计过程。

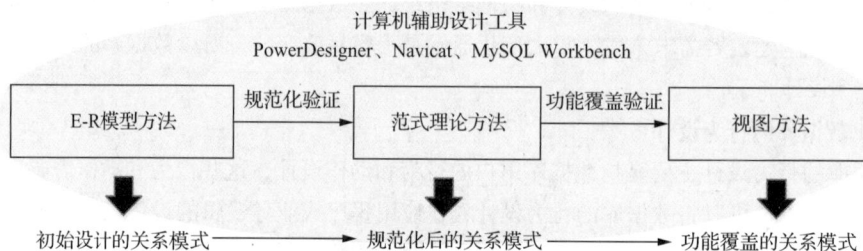

图6-2　混合多种方法的现代数据库设计过程

在实际开展数据库设计时，人们往往综合不同方法的优势共同完成数据库设计。例如，通过E-R模型方法设计数据库，然后使用范式理论对设计的结果进行分析和验证，最后通过视图方法核验设计结果是否完整覆盖所有功能点。各设计步骤在计算机辅助设计工具（如PowerDesigner、MySQL Workbench等）上进行，以达到多人协作、高效、规范化开发的目的。

6.1.3　数据库设计的主要阶段

数据库设计由规划、需求分析、设计、实现、加载和测试以及运行和运维阶段组成，下面介绍各阶段的主要工作。

1．规划阶段

结合业务需求，对数据库系统进行可行性分析和规划，判断是否有必要分析、设计和开发该数据库系统。

2. 需求分析阶段

综合运用面向过程或面向对象分析方法，收集与业务相关的数据资源和业务描述，使用数据流图或用例图等工具抽象满足业务需求的数据模型（数据项）和功能模型。其中，数据模型用于数据库结构设计，功能模型用于数据库行为设计。为避免因遗漏业务和需求导致反复回溯修改需求分析结果等问题，设计人员需在该阶段进行多轮验证，降低回溯修改成本。

3. 设计阶段

根据需求分析阶段的数据模型和功能模型，获取满足业务需求的数据库结构和程序结构。其中，数据库结构设计先后通过概念结构设计、逻辑结构设计和物理结构设计等步骤，设计满足业务的功能性需求和非功能性需求的关系模式或其他数据模型。数据库行为设计通过系统架构设计、系统模块设计等过程，设计系统架构、功能模块组成以及模块间调用接口。

4. 实现阶段

根据设计结果，完成数据库实现和程序实现工作。数据库实现主要完成数据库管理系统选定，数据库、表、视图、用户、角色、权限、存储过程等内容创建工作。程序实现使用选定的程序设计语言、框架开发操作数据库的应用程序和界面等。

5. 加载和测试阶段

完成数据库设计和程序实现后，通过数据加载、软件测试等手段，测试实现内容是否满足需求分析要求。

6. 运行和维护阶段

将数据库系统部署在指定环境下，对数据库系统进行持续性的监控和维护。必要时，结合新的业务需求，对数据库结构和应用程序进行优化或重构。

上述每个阶段都要对产生的文档进行评价，分析该阶段产生的设计结果是否满足系统业务的功能性和非功能性需求。如果设计结果不符合，则需修改，以求最后实现的数据库能够比较精确和客观地反映现实世界中业务的执行过程。数据库设计各阶段的核心任务、设计工具和核心输出如表6-1所示。

表 6-1 数据库设计各阶段的核心任务、设计工具和核心输出

阶段名称	核心任务	设计工具	核心输出
规划阶段	系统的可行性分析	参照项目管理要求	系统可行性报告等
需求分析阶段	明确边界分析，确定数据字典	数据流图、用例图等	系统需求规格说明书
设计阶段	确定和评价关系模式	E-R图、UML类图等	系统设计文档
实现阶段	DBMS选型和各类DDL等	各类DBMS辅助工具	系统库表文件
加载和测试阶段	数据加载和系统测试等	软件测试工具等	系统测试报告
运行和维护阶段	系统监控和维护等	日志分析工具等	运行日志或状态报告

数据库系统规划阶段与使用系统的用户环境、业务场景以及市场需求等密切相关，有关内容可参照软件项目管理类教程或材料。有关数据库行为设计的内容可参照软件工程类教材或资料辅助。本章主要以数据库结构设计为重点，展示结构设计各阶段的实施过程。

数据库设计阶段示意图如图6-3所示。

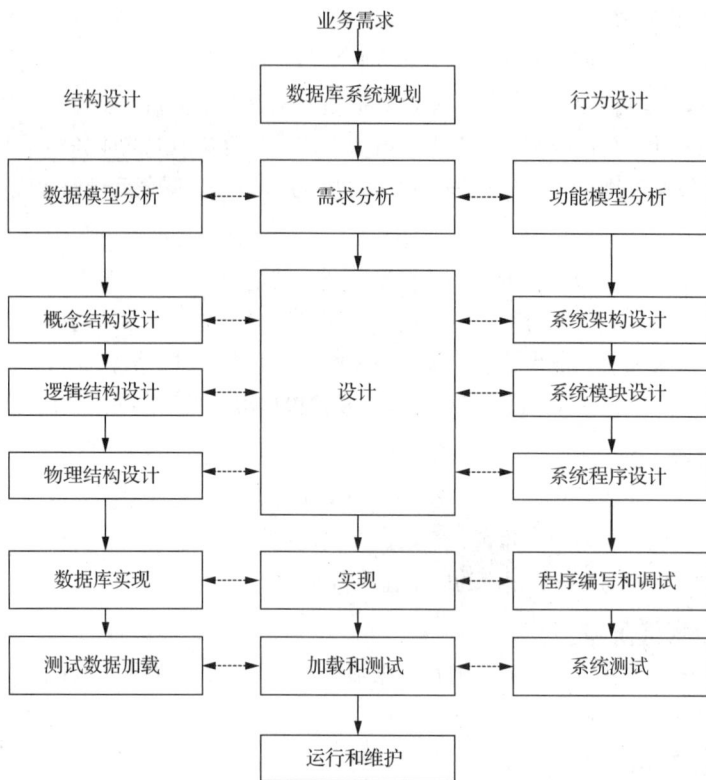

图6-3　数据库设计阶段示意图

6.2　需求分析

需求分析是数据库设计的重要节点，其结果是否准确将直接影响后面各个阶段的设计，并影响设计结果是否实用且满足用户需求。经验表明，潜藏在需求分析中的不正确结果，直到测试阶段才可能发现，纠正该错误要付出很大代价。因此，需高度重视系统的需求分析工作。

6.2.1　需求分析的任务

从数据库设计的角度来看，需求分析的任务是：对使用系统的组织、部门等相关用户进行调查，收集业务或原系统的相关信息，抽象新建系统的数据字典、角色和功能，确定新建系统的实现边界，编写需求规格说明书。

具体地说，需求分析阶段的任务包括下述3项。

1．调研阶段

对相关用户的业务或旧系统进行分析，收集业务相关的原始资料，明确未来系统开发的需求目标，确定这个目标的功能域和数据域。其具体做法如下。

（1）调查业务或新系统相关的组织机构，包括该组织的部门组成、各部门的职责和任务等。

（2）调查业务的线下实施方式或旧系统的业务流程，包括业务涉及的用户角色、业务执行各概要、业务的输入和输出文件、表格和其他类型数据、业务间交互方式等。

2. 分析阶段

在熟悉业务活动的基础上，使用数据流图、用例图等分析工具，与用户共同明确对新系统的功能性需求、信息需求、非功能性需求等各类需求。

（1）功能性需求是指为实现某一业务系统所需提供的功能。不同业务分解得到的功能可以共享，如选课业务和排课业务中的课程查询功能。分解后的功能需求还可用于进一步分析功能所涉及的信息需求和非功能性需求等。

（2）信息需求是指各类功能所包含的输入、输出数据。大部分输入、输出数据是有结构的，可以看作由数据项构成的数据结构，如登录功能需要用户名、密码等数据项。有些输入和输出的数据为图像、文本文件等非结构的形式。在信息需求中，重点关注有结构的输入、输出数据，汇总输入、输出数据中包含的所有数据项，明确业务实现所需的全域数据，为后续设计工作奠定基础。

（3）非功能性需求指用户在使用系统功能时所需的响应时间、安全性、可靠性、相关界面易用性、数据可恢复性等方面要求。相同功能在不同系统中的非功能性需求可能不同，如网银或在线交易系统对用户身份验证功能的可靠性要求显著高于一般业务系统的用户身份验证功能。因此，针对业务需求，有必要更为精准地分析系统各功能的非功能性需求。

在收集各种需求数据后，对调查结果进行初步分析，确定新系统的边界，确定哪些功能由计算机完成或将来准备让计算机完成，哪些活动由人工完成。由计算机完成的功能就是新系统应该实现的功能。涉及新旧系统版本迭代或与其他业务系统交互的情况，还需界定新旧系统的迁移方式或不同系统的数据交互方法。

3. 报告任务

系统需求分析阶段的最后是编写《系统需求分析规格说明书》报告。编写报告是一个不断反复、逐步深入和逐步完善的过程，报告应包括如下内容。

（1）系统概况，包括系统的目标、范围、背景和现状。

（2）系统的原理和技术，对原系统的改善。

（3）系统需实现的业务。

（4）系统实现业务的角色、功能和信息需求。

（5）系统的非功能性需求。

（6）系统的预期技术方案以及方案的可行性（可选）。

（7）系统开发的规划和绩效要求等。

完成报告后，在项目单位的领导下要组织有关技术专家评审报告，这是对需求分析结果的再审查。审查通过后由项目方和开发方领导签字认可。

随报告提供下列附件。

（1）需求调研原始数据，包括会议纪要、录音、图片及业务相关文件、数据和台账等。

（2）组织机构图、组织之间联系图和各机构功能业务一览图。

（3）《系统需求分析规格说明书》中的图表源文件。

（4）专家论证意见。

通过专家论证、用户认可和修改后的《系统需求分析规格说明书》是设计者和用户一致确认的权威性文件，为今后各阶段设计工作提供依据。

需求分析各阶段的主要工作如图6-4所示。

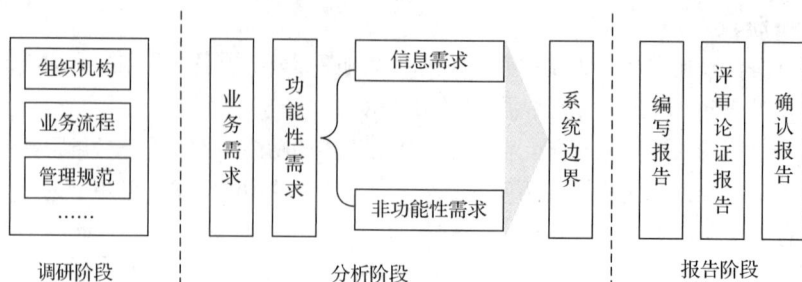

图6-4　需求分析各阶段的主要工作

6.2.2　需求分析的方法论

从方法论的角度，可通过自顶向下和自底向上两种方法开展需求分析工作，如图6-5所示。

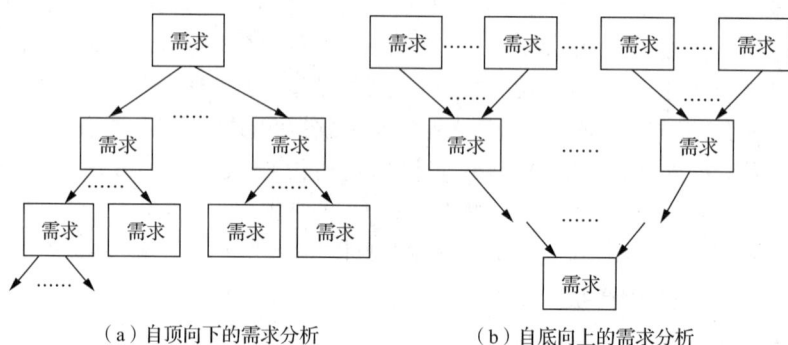

（a）自顶向下的需求分析　　　　　（b）自底向上的需求分析

图6-5　需求分析的方法

1.　自顶向下的需求分析方法论

自顶向下的需求分析方法又称自上而下的需求分析方法，它采用逐层分解的方式，将已知宏观业务的需求按业务的执行部门、涉及岗位或角色等原则，划分为相对具体的子业务需求，如果子业务需求还可细分，则再次执行分解方法，直到分解到基本功能点。为避免分解后的需求过于琐碎，则在分解后的需求达到便于实现、可供复用等要求时，即可停止需求的分解过程。

自顶向下的需求分析方法与人类理解陌生事物的思考过程类似，人类更习惯于将一个陌生的事务进行视觉或者语言上的分解，分解到熟悉或者更容易理解及记忆的层面。因此，在面对业务场景或业务需求较为陌生或过于复杂的情况下，适合采用自顶向下的需求分析方法。

假设某公司计划开发一个电子商务系统，经过调研和分析，发现该电子商务系统需要重点实现商品的采购和商品的销售业务，即可将电子商务这一业务需求分解为商品采购业务和商品销售业务，还可再次对商品采购业务和商品销售业务进行分解，直到分解成较容易实现、易于共享的功能。

许多需求分析工具，如数据流图等，都使用了自顶向下的分析策略，运用逐层分解方法，获得业务相关的数据项或数据结构。

2.　自底向上的需求分析方法论

自底向上的需求分析方法又称自下而上的需求分析方法，它采用逐层组合的方式，将已知业务需求按业务间协同原则，构成更为复杂或者更为宏观的业务需求。如果构成的新业务需求不满足目标业务需求，还将进一步组合现有业务需求，直到组合后的业务需求满足目标需求。

自底向上的需求分析方法与人类迁移学习或深入理解熟知事物的过程类似，均是从几个比较熟悉的概念或组件出发，经过组合，形成更为复杂的原理或事物，逐渐提升理解能力。因此，自底向上的需求分析方法强调对已有知识和组件的复用，面对子系统业务开发经验丰富或已经具有相关业务系统的场景下，适合使用自底向上的需求分析方法。

假设开发人员已经开发了多款电子商务系统，并具有了一定数量可复用的商品采购和商品销售子系统，当面对新系统时，只需结合新、旧系统的业务差异，对现有组件进行加工和复用，即可形成新系统的需求分析结果。

3. 混合策略的需求分析方法论

在实际数据库设计过程中，自顶向下的方法容易产生需求过度分解或需求分解不够细致等问题，而自底向上的需求分析方法容易产生需求组合结果与目标需求存在偏差等问题，因此，通常将两种需求分析方法结合形成更为灵活的混合需求分析方法。

混合需求分析方法首先运用自顶向下的方法分解较为宏观的业务需求，在分解到一定层次后，为避免出现需求分析不够细致或过度等问题，结合已经掌握的其他相关业务系统或具体业务执行细节等资料，开展自底向上的需求分析方法，最后达到自顶向下的方法分解的业务需求与自底向上的方法组合的业务需求一致为止。

6.2.3 需求分析工具

在进行需求分析时，数据流图（Data Flow Diagram，DFD）和用例图（Use Case Diagram，UCD）均可对业务进行分析，分解业务功能并获得相关的信息需求。本小节将介绍这两个工具的主要图元以及绘制方法。

1. 数据流图

使用自顶向下的需求分析方法时，任何一个数据库系统都可抽象为图6-6所示的数据流图。

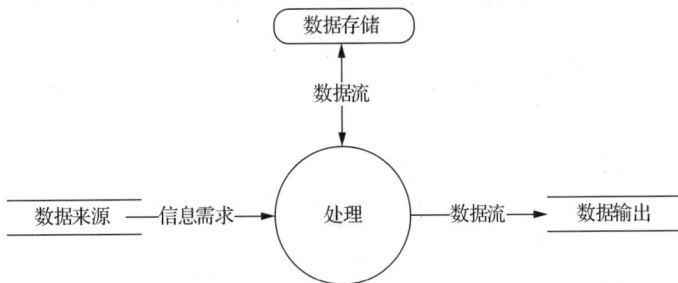

图6-6 数据流图的基本结构

在数据流图中，用命名的箭头表示数据流，用圆圈表示处理，用不封闭的矩形或其他形状表示存储结构，使用平行线表示数据来源和输出。图6-7是一个简单的数据流图示例。

数据流图表达了数据与处理过程的关系，强调业务执行过程中使用数据和产生数据的过程，其目标是获得业务的处理逻辑和业务涉及的数据资源。业务的处理逻辑可作为数据库行为设计的依据，通常采用跨职能流程图来描述。业务涉及的数据资源可作为数据库结构设计的依据，通常采用数据字典（由数据项组成）描述。

数据流图通常是分层表示和抽象业务的。一个简单的系统可用一张数据流图来表示。当系统业务比较复杂时，可运用自顶向下的分析方法，通过分层数据流图描述不同层次的业务需求。

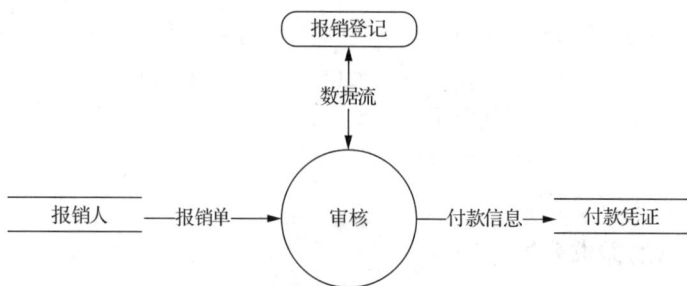

图6-7　数据流图示例

数据字典是对系统中数据资源结构和处理过程的详细描述，是各类数据结构和属性的清单。它与数据流图互为注释。在需求分析阶段，数据字典通常包含以下五部分内容。

（1）数据项

数据项是数据的最小单位，其具体内容包括数据项名、含义说明、别名、类型、长度、取值范围、与其他数据项的关系。

其中，取值范围、与其他数据项的关系这两项内容定义了完整性约束条件，是设计数据检验功能的依据。例如，课程名称可作为描述课程的数据项，依据具体的业务需求，我们可分析它的类型、精度、取值范围以及约束等。

（2）数据结构

数据结构是有意义的数据项集合，其内容包括数据结构名、组成的数据项。

例如，课程可以作为选课采购业务的数据结构，它包含了描述课程编号和名称等数据项。

（3）数据流

数据流表示业务执行过程中数据在系统内传输的路径，其内容包括数据流名、说明、流出过程、流入过程。其中，流出过程说明该数据流由什么过程而来，流入过程说明该数据流到什么过程。

例如，在选课业务中，数据流名为选修课程，流入过程将选修后信息保存到选课记录中。

（4）数据存储

数据存储是指处理过程中数据的存放场所，通常为数据库、文件或其他业务处理过程。

例如，选课记录台账为线下进行选课业务的数据存放场所。

（5）处理过程

处理过程通常描述数据的处理逻辑，包括处理过程名、说明、输入（数据流）、输出（数据流）和处理（简要说明）。

数据流图和数据字典为需求分析阶段形成的主要内容，这些内容将作为数据库结构设计的基础。

2. 用例图

使用面向对象程序设计时，可以通过用例图对参与系统的用户和用户可执行的功能进行描述。

图6-8描述了用例图的基本结构。

用例图案例

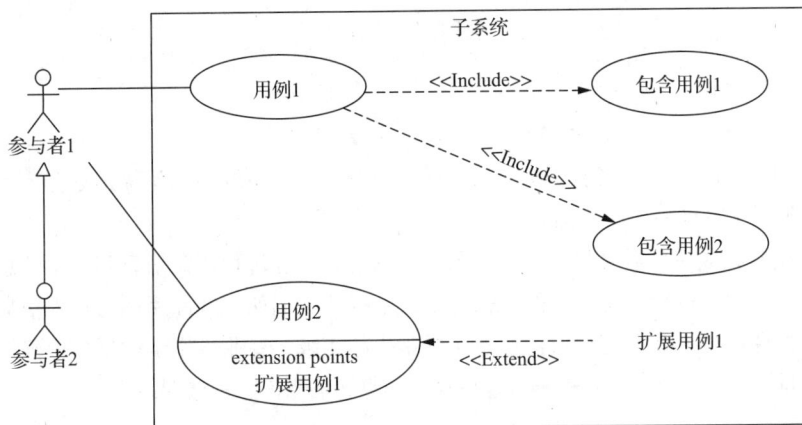

图6-8 用例图示例

使用人形图标表示参与者，用于描述系统的用户。参与者之间可以用空心箭头表示继承关系，例如，教师用户和学生用户都继承自抽象用户，都具有抽象用户可执行的登录功能，如图6-9所示。参与者可以是具体的用户，如教师、学生、教务管理员，也可以是其他子系统，如教室管理子系统等。

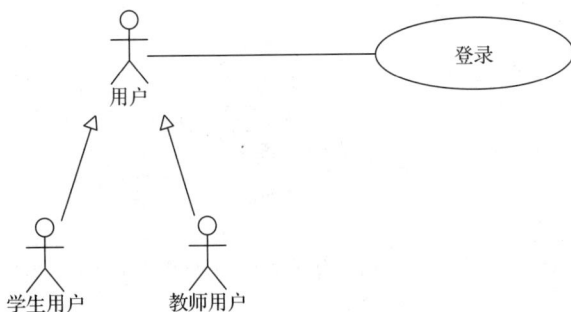

图6-9 用例图中参与者之间的继承关系

使用椭圆图形表示用例，用于描述用户可执行的业务或功能。对于复杂的业务或功能，通常可以进一步拆分或以多种方式实现。当一个复杂业务需要进一步拆分时，可以将拆分前的用例与拆分后的用例用<<Include>>连接，箭头指向拆分后的用例。例如，选课用例包含选课学生身份确认和课程容量确认两个重要过程，因此，可将选课用例进一步拆分为学生身份确认和课程容量确认两个子用例，如图6-10所示。当某个用例可以通过多种方式实现时，可以将不同实现方式通过<<Extend>>连接到被扩展的用例上，箭头指向被扩展的用例。例如，查看课表用例可以直接显示教师当前学期的整体授课要求，也可以通过扩展后的按周查看用例仅显示某一周的授课情况，如图6-11所示。

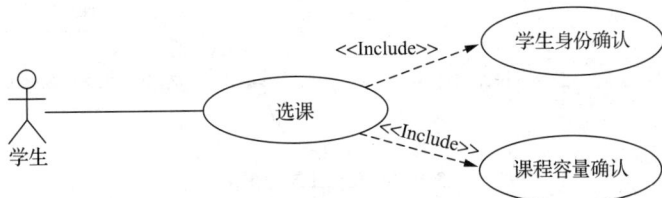

图6-10 用例间<<Include>>关系

图6-11 用例间<<Extend>>关系

在绘制用例图时，如果当前分析的系统较为复杂，可将系统的用例描述划分为不同的子系统，使用矩形将子系统相关的用例放入框内。

用例图绘制完成后，需要从用例中抽象输入信息、处理过程所需信息和输出信息，这些信息将作为后续概念、逻辑结构设计的数据字典或数据项。例如，选课用例的输入信息是学生的学号和选课的课程号，处理过程所需信息包括学生的年级、专业等用于学生身份确认的信息，以及课程容量及已选情况等用于课程容量确认的信息，输出信息是选课结果。

6.2.4 案例的需求分析

本小节将首先根据业务需求，通过DFD抽象描述任课和选课业务，其次根据DFD，分析各业务所涉及的数据字典。

1. 案例的数据流图

根据DFD的绘制要素，结合任课业务和选课业务所涉及的业务流程，绘制相关DFD，如图6-12和图6-13所示。

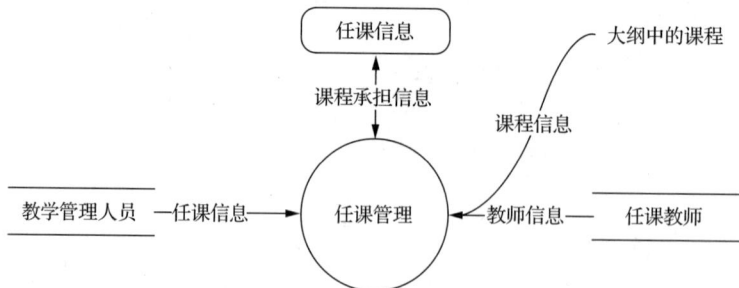

图6-12 任课业务的DFD

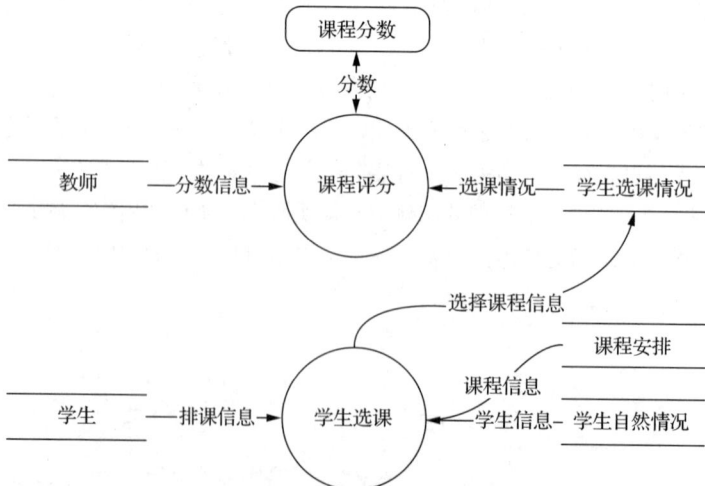

图6-13 选课业务的DFD

图6-12所示为任课业务的DFD。它抽象的实际业务为教学管理人员在任课安排的过程中，需要依据大纲中的课程信息和教授该课程的教师信息，将大纲中的课程安排给相关教师，并将

安排后的情况保存为任课信息。

图6-13所示为选课业务的DFD。它抽象的实际业务为学生在选择课程中，需要依据本学期的课程安排情况和学生自然情况（年级等）进行课程的选取，课程选取结果将保存到课程选课信息中，在课程结束后，任课教师会根据学生选课情况，为学生评分，并将评分结果保存下来。

由于本书仅关心数据库设计，因此，根据任课业务和选课业务的DFD，教学管理系统运行需要的数据结构包括：学生自然情况信息、课程信息、教师信息、课程分数信息、任课信息和学生选课信息等。

2. 案例的用例图

根据用例图的绘制要素，结合任课业务和选课业务所涉及的业务流程，绘制相关用例图，如图6-14所示。

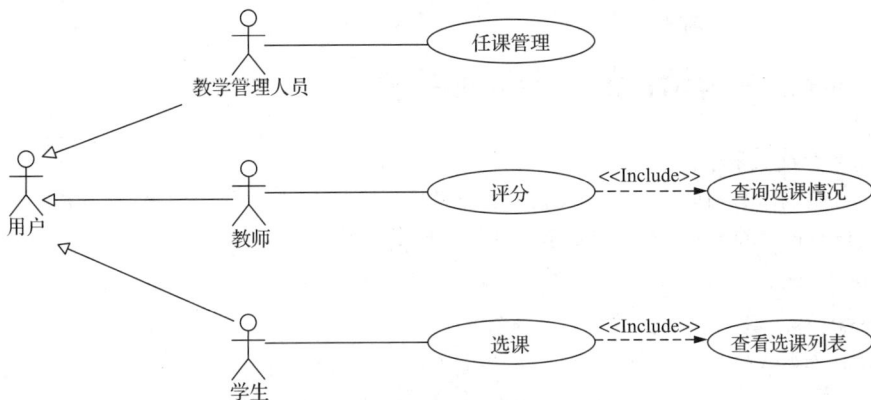

图6-14　任课业务和选课业务的DFD

在任课业务中，教学管理人员将执行选课管理用例，设置选课信息。在选课业务中，学生在选课时需要查看选课列表，并选择所需课程。教师将在评分业务中，查询选课情况后，给选课学生评分数。

通过上述对比，数据流图更容易体现每个业务的输入数据、处理所需数据和输出数据，用例图则重点体现业务与用户之间以及用例与用例之间的关系，需要分析人员自行根据用例执行情况，分析相关的数据项。

在实际需求分析中，用例图的关键用途是确定系统的主要业务以及用户，进而明确系统边界，其本身并不是以数据驱动的。因此，为获得用例相关的数据项，还可以将用例图转换为鲁棒图。在鲁棒图中，较为显著的特点是将用例图中用例所需要的输入信息、执行所需信息和输出信息分解出来，方便分析人员收集数据项。鉴于篇幅原因，这里不赘述如何将用例图转换为鲁棒图，感兴趣的读者可参照UML类教程或软件工程教材。

3. 案例的数据字典

依据DFD或用例图，各数据结构的数据项定义如下。

学生自然情况信息：学生的学号、学生的姓名、学生的年龄和学生的院系等。

课程信息：课程的编号、课程的名称和授课教师等。

教师信息：教师的编号、教师的名称、教师的性别、教师的职称和教授课程等。

任课信息：课程名和授课教师名等。

学生选课信息：学生名、课程名和教师名等。

课程分数信息：学生名、课程名和分数等。

除上述信息外，还需进一步分析该系统中是否还有隐含的数据结构。实际调研结果表明高校的管理通常以系别为单位，如果不划分系别，则各院系学生和教师的信息将混杂在一起，不便于开展各项业务。因此，还需要对系的数据项进行定义。

系别：系的编号、系的名称、系的教师和系的学生。

在进行数据项的定义过程中，会涉及两个方面的注意事项：一方面是每一个数据结构在实际生活中都存在诸多数据项，不会将所有内容都定义为数据项，仅会根据业务需求，选择适量的数据项；另一方面，除定义数据结构和数据项外，还需定义数据流、数据存储和数据处理过程。鉴于篇幅原因，本小节不再赘述，感兴趣的读者可以查阅软件工程相关章节的介绍。

6.3 概念结构设计

6.3.1 概念结构设计的任务和必要性

1. 任务及其特点

背景：在需求分析阶段，经调研人员充分调查并形成业务需求（数据结构和数据项），还需转换为信息世界的模型结构，进而方便在计算机世界中刻画用户的需求。

任务：将需求分析得到的用户需求（数据结构和数据项），抽象为描述数据结构、数据项之间关系的抽象模型，该抽象模型称为概念模型。

特点：在概念结构设计时，设计人员只需专注于分析数据结构、数据项之间的语义关系，形成抽象的E-R模型，无须关心DBMS选型或有关数据存储工作。

2. 必要性

早期数据库设计不包含概念结构设计，设计人员在需求分析工作后，直接开展逻辑结构设计和物理结构设计，导致这一阶段的设计既要考虑DBMS的存储、效率等特性，又要分析数据结构和数据项之间的关系，设计内容繁多，设计过程复杂，设计结果的评价难度高，设计过程控制效率低。为简化该阶段的工作，Peter Chen在需求分析与逻辑结构设计之间增加了概念结构设计阶段，并引入E-R图描述概念结构设计的结果——概念模型。这样做的主要优点如下。

（1）简化概念结构设计任务。从数据库设计人员角度，将概念结构从逻辑结构设计中分离后，各阶段的任务相对单一，概念模型只需根据业务抽象的数据结构和数据项，分析其语义关联关系，无须关心DBMS选型或有关数据存储工作。

（2）设计结果易于用户理解。从业务操作人员角度，概念模型不包含具体的DBMS技术细节，使得设计结果也更容易为用户所理解，便于与客户交流并确认模型的正确性。

6.3.2 概念模型的表示方法

1. E-R图表示方法

E-R模型（Entity Relationship Model）是广泛应用于数据库设计工作中的一种概念模型，它利用E-R图来表示数据结构（实体型）之间的联系及数据结构（实体型）与数据项（属性）之间的联系。

概念模式的
E-R图表示方法

E-R图的基本成分包含实体型、属性和联系，它们的表示方式如下。

（1）实体型：用矩形框表示，框内标注实体名称，如图6-15（a）所示。

（2）属性：用椭圆形框表示，框内标注属性名称，并用无向边将其与相应的实体相连，如图6-15（b）所示。

（3）联系：联系用菱形框表示，框内标注联系名称，并用无向边与有关实体相连，同时在无向边旁标上联系的类型，即1∶1、1∶n或$m∶n$，如图6-15（c）所示。

（a）实体型　　　　　　（b）属性　　　　　　（c）联系

图6-15　E-R图的三种基本成分及其图形的表示方法

实体之间的联系有一对一（1∶1）、一对多（1∶n）和多对多（$m∶n$）三种类型。例如，系主任领导系（1∶1）、学生属于某个系（1∶n）、学生选修课程（$m∶n$），这里"领导""属于""选修"表示实体间的联系的动词，可以作为联系的名称。

现实业务的复杂性导致实体联系的复杂性，根据参与实体的数量，可将E-R图上实体型间的联系图归结为图6-16所示的三种基本形式。

① 两个实体型之间的联系，如图6-16（a）所示。

② 两个以上实体型之间的联系，如图6-16（b）所示。

③ 同一实体集内部各实体之间的联系，例如一个部门内的职工有领导与被领导的联系，即某一职工（干部）领导若干职工，而一个职工（普通员工）仅被另外一个职工直接领导，这就构成了实体集内部的一对多的联系，如图6-16（c）所示。

需要注意的是，因为联系本身也是一种实体型，所以联系也可以有属性。如果一个联系具有属性，则这些联系也要用无向边与该联系的属性连接起来。例如，学生选修的课程有相应的成绩。这里的"成绩"既不是学生的属性，也不是课程的属性，只能是学生选修课程的联系的属性，如图6-16（a）所示。

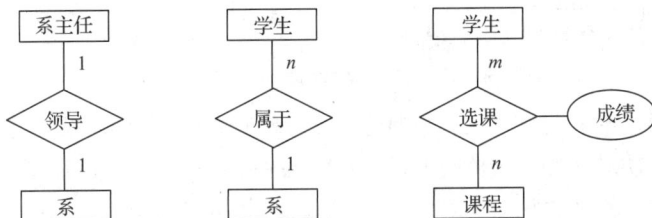

（a）两个实体型之间的联系

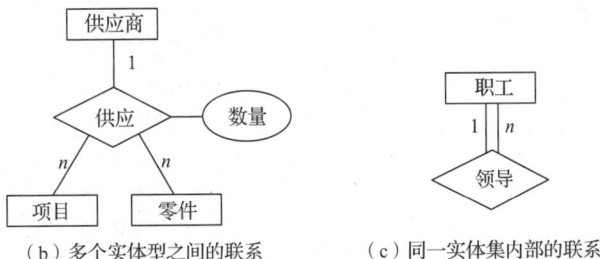

（b）多个实体型之间的联系　　　　　　（c）同一实体集内部的联系

图6-16　实体型及其联系图

E-R图的基本思想就是分别用矩形框、椭圆形框和菱形框表示实体型、属性和联系，使用无向边将属性与其相应的实体连接起来，并将联系和有关实体相连接，注明联系类型。图6-16所示为几个E-R图的例子，只给出了实体型及其E-R图，省略了实体的属性。图6-17所示为描述学生与课程联系的完整E-R图。

在绘制E-R图时，常见的错误是没有遵循E-R图设计规范。需注意属性可以与实体型连接、可以与联系连接，但不能将两个属性直接相连。同时，实体型与实体型之间也不能直接相连，必须通过联系连接在一起。此外，1:n的联系需要根据业务分析哪个实体是1端，哪个实体是n端。

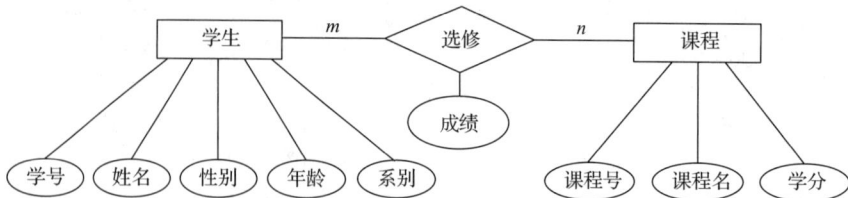

图6-17　学生与课程联系的完整E-R图

2. UML 类图表示方法

UML类图是E-R图的另一种表示方法，其本质还是通过实体及联系刻画数据项的逻辑关系，只是使用了不同的图元表示实体型、属性和联系。

在UML类图中，实体表示成双层矩形，矩形上层标注实体的名称，下层标注实体的属性，如图6-18（a）所示。图6-18（b）给出了学生实体的示例。由于该表示方式来源于UML类图，因此实体属性前会按照面向对象程序设计要求，对属性的作用域进行限制，要求属性不可直接暴露给外部程序访问。如需对属性进行读写，需要使用属性方法，因此，属性前都放置了"–"符号。实际使用类图表示实体时，可不用在属性前加"–"符号。

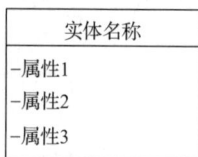

使用类图表示概念模型

（a）UML类图中实体表示方法　　　（b）学生实体的示例

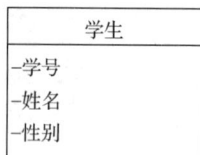

图6-18　UML 类图中实体表示方法及学生实体的示例

在UML类图中，使用标注了联系类型的实线表示实体与实体的联系。根据E-R图中实体与实体的联系类型，UML类图中实体间不同联系类型的示意如图6-19所示。图6-19展示了两个实体间不同联系类型的表示方法，注意多对多联系和多对一联系使用*表示多的一方，同时，注意多对多时的绘图方法。关于两个以上实体或1个实体的自关联情况，可根据图6-19自行绘制。

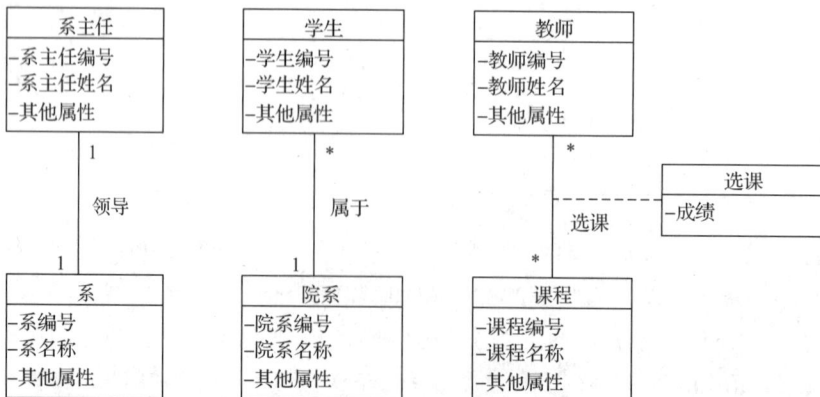

图6-19　UML 类图中实体间不同联系类型的示意

图6-20展示了描述学生与课程联系的完整UML类图，读者可对照图6-17理解E-R图和UML类图的绘制差异。

图6-20 学生与课程联系的完整 UML 类图

6.3.3 概念结构设计的步骤

基于E-R图的概念结构设计方法主要包含局部E-R图设计和全局E-R图设计，如图6-21所示。

（1）局部E-R图设计。根据需求分析获得的数据结构和数据项，基于不同业务线，完成局部E-R图设计。

（2）全局E-R图设计。集成各局部E-R模型，形成全局E-R图设计。

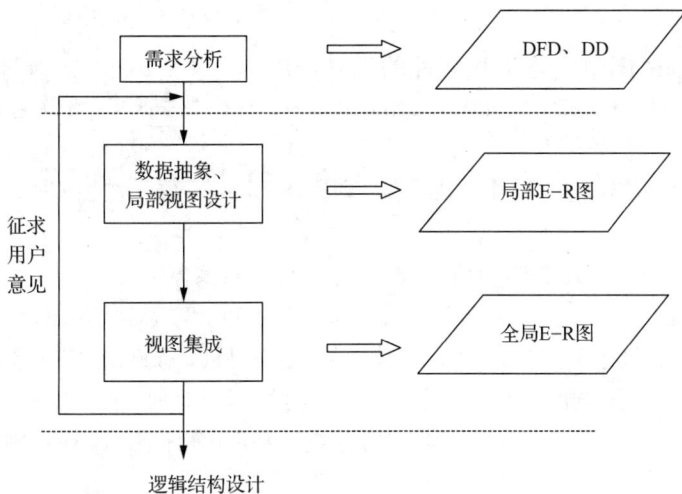

图6-21 概念结构设计的步骤

6.3.4 局部 E-R 模型设计

建立局部E-R模型，就是根据待开发系统的需求分析结果，按系统使用部门、角色或关键业务线，对系统建模过程进行划分，使用E-R图描述每个划分中包含的实体型、属性和联系，并绘制相应的局部E-R图描述实体的属性以及实体与实体间的联系和类型。

1. 局部 E-R 图的划分依据

局部E-R图设计的确定基础是待开发系统的划分，其主要划分方式包括以下几种。

（1）按关键业务线进行划分，如教学管理系统包含教师授课业务、学生选课业务、学生评教业务等核心业务线，设计人员可依据这些业务线绘制相应的局部E-R图。

（2）按系统使用部门进行划分，如企业管理系统包含人力资源管理、销售管理、物料管理等，每个管理环节由对应部门负责，设计人员可依据不同部门绘制相应的局部E-R图。

（3）按照角色划分，如各类评价系统的使用者包括奖项申报人员、评奖管理人员和评价专家等角色，设计人员可依据不同角色绘制相应的局部E-R图。

在面对一些复杂业务系统时，如企业级全域型业务管理系统，设计人员可综合运用两或三种方法对业务进行划分，形成实体规模或业务难度相当的局部业务，便于绘制局部E-R图。

2．局部 E-R 图中实体型和属性的区分依据

局部E-R图绘制的关键就是正确区分实体型和属性。实体型与属性之间在形式上并无可以明显区分的界限，通常是按照现实世界中事物的自然划分来定义型实体和属性，例如，需求分析的数据结构往往可表示为实体型，描述数据结构的数据项可表示为属性。

在区分或发现实体型、属性时，常用以下两种方法。

（1）分类（Classification）。分类定义某一类概念作为现实世界中一组对象的类型，将一组具有某些共同特性和行为的对象抽象为一个实体型。对象与实体之间是"is member of"的关系。例如，在教学管理系统中，"赵亦"是一名学生，表示"赵亦"是学生中的一员，她具有学生们共同的特性和行为。

（2）聚集（Aggregation）。聚集定义某一类型的组成成分，将对象类型的组成成分抽象为实体型的属性。组成成分与对象类型之间是"is part of"的关系。例如，学号、姓名、性别、年龄和系别等可以抽象为学生实体型的属性，其中学号是标识学生实体的主码。

3．局部 E-R 图中实体型和属性的设计粒度

在面对具体设计时，实体型和属性是相对而言的，往往要根据实际情况进行调整。调整时遵循以下原则。

（1）实体型具有描述信息，而属性没有，即属性必须是不可分的数据项，不能再由另一些属性组成。

（2）属性不能与其他实体型具有联系，联系只能发生在实体型之间。

例如，学生是一个实体型，学号、姓名、性别、年龄和系别等是学生实体型的属性。这时，系别只表示学生属于哪个系，不涉及系的具体情况。换句话说，没有需要进一步描述的特性，即是不可分的数据项，则根据原则（1），系别可以作为学生实体型的属性。但如果考虑一个系的系主任、学生人数、教师人数、办公地点等，则系别应作为一个实体型，如图6-22所示。

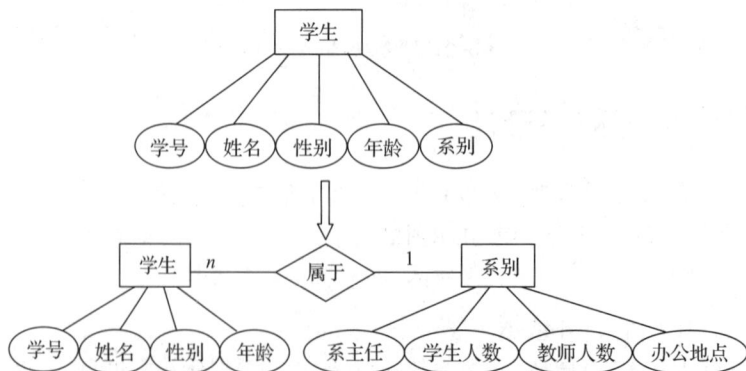

图6-22　系别作为一个属性或实体型

又如，职称为教师实体型的属性，但在涉及住房分配时，由于分房与职称有关，即职称与住房实体型之间有联系，则根据原则（2），职称应作为一个实体型，如图6-23所示。

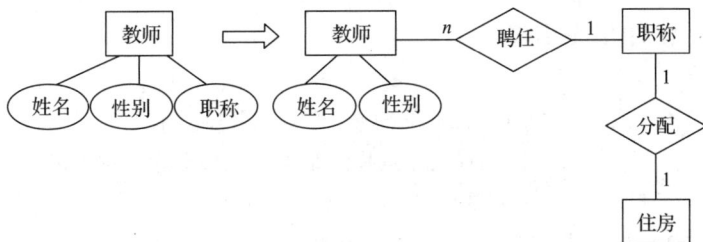

图6-23 职称作为一个属性或实体型

此外，可能会遇到这样的情况，同一数据项可能由于环境和要求的不同，有时作为属性，有时则作为实体型，此时必须根据实际情况而定。一般情况下，凡能作为属性对待的，应尽量作为属性，以简化E-R图的处理。

形成局部E-R模型后，应该返回去征求用户意见，以求改进和完善，使之如实地反映现实世界。需要注意的是，图6-22所示的数据库设计方法仅用于数据库设计的教学环节。在实际生产环境中，数据库并不会存储学生的年龄信息，仅会存储学生的出生日期。其原因在于年龄每年都会递增，为保障数据库的真实性，必须每年对数据库中所有学生的年龄进行递增操作，这对大型数据库系统来说是不现实的。通常数据库中仅会存储反映学生年龄的静态信息，即出生日期，然后在需要年龄的时候，通过系统当前时间和数据库中存储的出生日期作差获得学生当前的年龄。

6.3.5 全局 E-R 模型设计

1. 全局 E-R 图设计方法

设计人员还需集成各局部E-R模型，以形成全局E-R图。局部E-R图的集成方法有以下两种。

（1）多元集成法。一次性将多个局部E-R图合并为一个全局E-R图，如图6-24（a）所示。

（2）二元集成法。首先集成两个重要的局部E-R图，以后用累加的方法逐步将一个新的E-R图集成进来，如图6-24（b）所示。

对于复杂的业务系统，一般采用二元集成法。对于简单的业务系统，可以采用多元集成法。

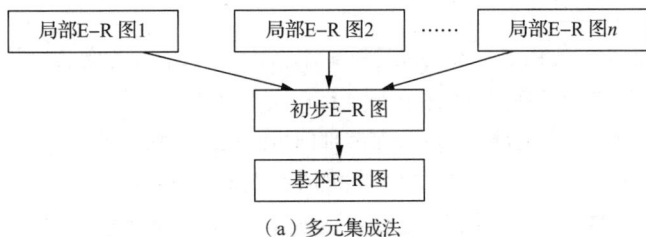

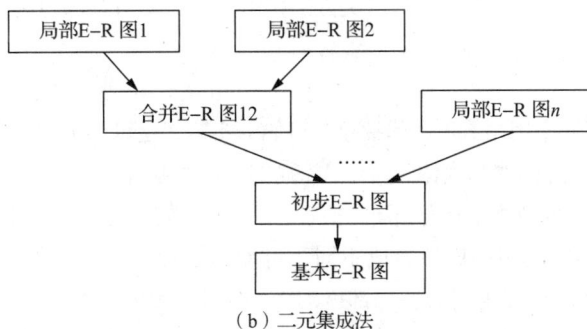

图6-24 局部E-R图集成全局E-R图

2. 全局 E-R 图集成步骤

（1）合并

合并局部E-R图，消除局部E-R图之间的冲突，生成初步E-R图。

这个步骤将所有的局部E-R图集成为全局概念结构。全局概念结构不仅要支持所有的局部E-R模型，且必须合理地表示一个完整的、一致的数据库概念结构。

由于各个局部E-R图通常由不同的设计人员并发设计，因此，各局部E-R图在集成时不可避免地会出现许多不一致的现象，被称为冲突。集成局部E-R图的关键就是合理消除各局部E-R图中的冲突（见图6-25）。

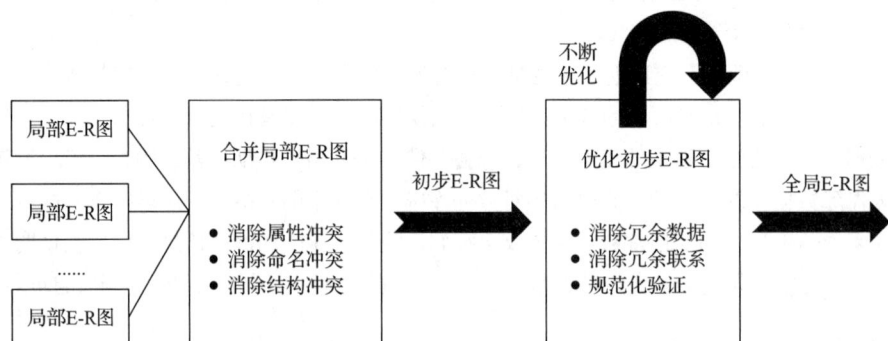

图6-25　视图集成

① 属性冲突。

属性冲突又分为属性值域冲突和属性的取值单位冲突。

- 属性值域冲突，即属性值的类型、取值范围或取值集合不同。例如学号，有些部门将其定义为数值型，而有些部门将其定义为字符型。
- 属性的取值单位冲突，例如零件的重量，有的以公斤为单位，有的以斤为单位。属性冲突属于用户业务上的约定，必须与用户协商后解决。

② 命名冲突。

命名冲突可能发生在实体名、属性名或联系名之间，一般表现为同名异义或异名同义。

- 同名异义，即同一名称的对象在不同的部门中具有不同的意义。例如，"单位"在某些部门表示为人员所在的部门，而在某些部门可能表示物品的重量、长度等属性。
- 异名同义，即同一含义的对象在不同的部门中具有不同的名称。例如，"房间"这个名称在教学管理部门中对应为教室，而在后勤管理部门对应为学生宿舍。

命名冲突的解决方法与属性冲突的解决方法相同，也需要与各部门用户协商、讨论后予以解决。

③ 结构冲突。

- 同一对象在不同应用中有不同的抽象，可能为实体，也可能为属性。例如，教师的职称在某一局部应用中被当作实体，而在另一局部应用中被当作属性。解决这类冲突时，就是使同一对象在不同应用中具有相同的抽象，或把实体转换为属性，或把属性转换为实体。
- 同一实体在不同应用中属性组成不同，可能是属性个数或属性次序不同。解决方法是合并后实体的属性组成为各局部E-R图中的同名实体属性的并集，然后适当调整属性的次序。

- 同一联系在不同应用中呈现不同的类型。例如，E1与E2在某一应用中可能是一对一联系，而在另一应用中可能是一对多或多对多联系，也可能是E1、E2、E3三者之间有联系。这种情况应该根据应用的语义对实体联系的类型进行综合或调整。

（2）优化

消除不必要的冗余，经规范化验证，生成全局E-R图。

冗余是指冗余的数据和实体之间冗余的联系。冗余的数据是指可由基本的数据导出的数据，冗余的联系是指可由其他联系导出的联系。在上面消除冲突合并后得到的初步E-R图中，可能存在冗余的数据或冗余的联系。冗余的存在容易破坏数据库的完整性，给数据库的维护增加困难，应该消除。

通过合并和优化过程所获得的最终E-R模型代表了用户的全部业务要求，沟通"要求"和"设计"，是成功建立数据库的关键。因此，用户和数据库设计人员必须对这一模型反复讨论，在用户确认这一模型已正确无误后，才能进入下一阶段的设计工作。

6.3.6 案例的概念结构设计

根据概念结构设计的步骤，依据案例的DFD和数据字典，首先建立局部E-R模型，然后通过合并和优化的方法获得全局E-R模型。

1．案例的局部 E-R 模型设计

分析任课和选课所涉及数据结构和数据结构间的联系，可得到如下实体间的语义约定。

（1）一名学生可选修多门课程，一门课程可由多名学生选修，因此，学生与课程间是多对多的联系。

（2）一名教师可讲授多门课程，一门课程可由多名教师讲授，因此，教师与课程间也是多对多的联系。

（3）一个系可有多名教师，一名教师只能属于一个系，因此，系与教师间是一对多的联系，同样系与学生间也是一对多的联系。

将上述约定中提及的数据结构转换为E-R图中的实体，联系转换为E-R图中的联系，建立图6-26所示的学生选课局部E-R图与图6-27所示的教师任课局部E-R图。

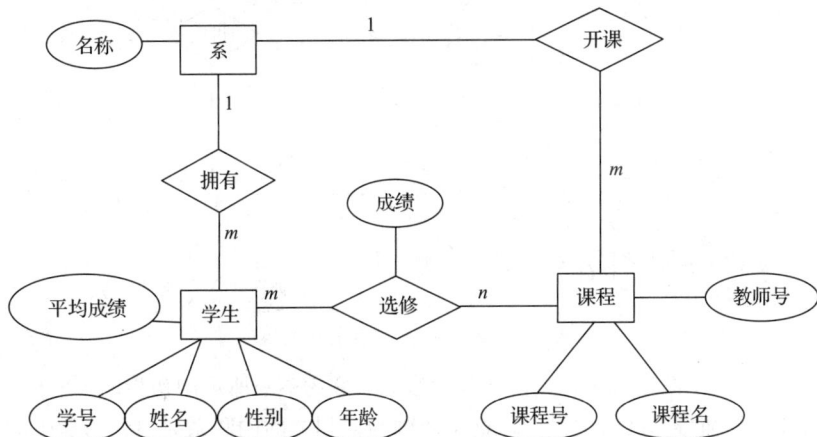

图6-26　学生选课局部E-R图

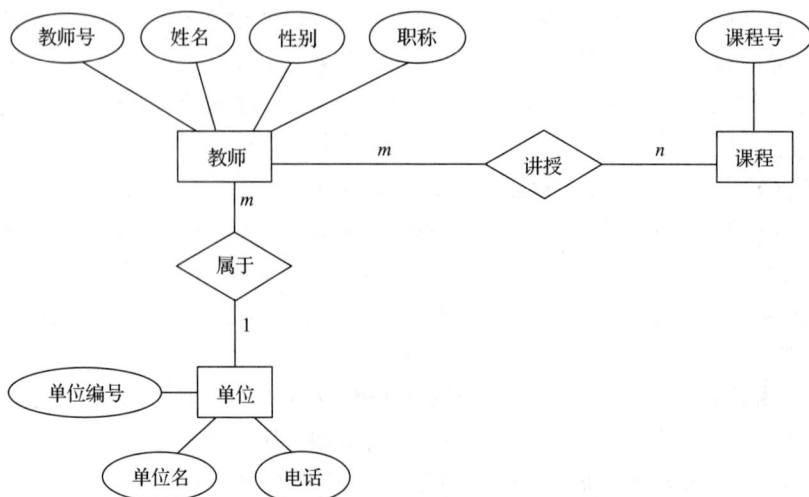

图6-27　教师任课局部E-R图

2. 案例的全局 E-R 模型设计

在局部E-R模型设计的基础上，进行局部E-R模型的合并，生成初步E-R图。

首先，这两个局部E-R图中存在着命名冲突，学生选课局部E-R图中的实体"系"与教师任课局部E-R图中的实体"单位"都是指"系"，即所谓的异名同义。合并后统一改为"系"，这样属性"名称"和"单位名"即可统一为"系名"。

其次，这两个局部E-R图中还存在着结构冲突，实体"系"和实体"课程"在两个不同应用中的属性组成不同，合并后这两个实体的属性组成为原来局部E-R图中的同名实体属性的并集。解决上述冲突后，合并两个局部E-R图，生成图6-28所示的初步E-R图。

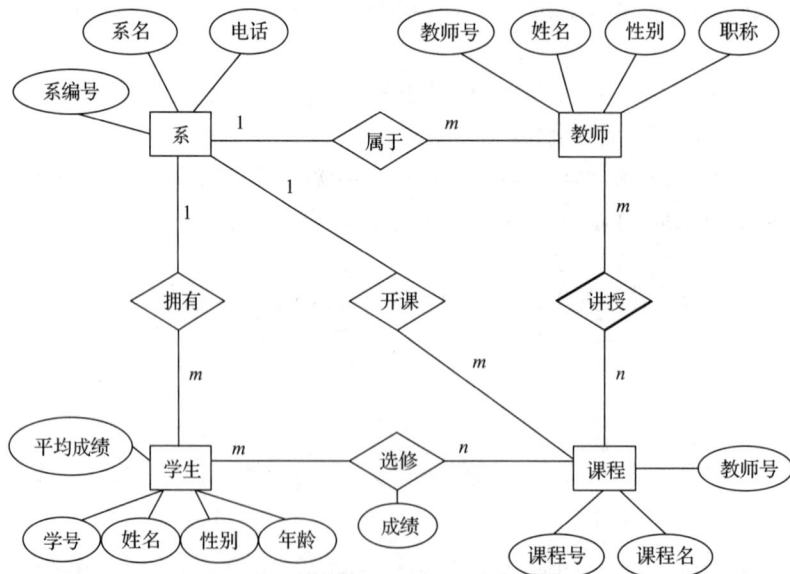

图6-28　教学管理系统的初步 E-R 图

再次，对初步E-R图进行优化，消除冗余数据。在图6-28所示的初步E-R图中，"课程"实体中的属性"教师号"可由"讲授"这个教师与课程之间的联系导出，而学生的平均成绩可由"选修"联系中的属性"成绩"计算出来，所以"课程"实体中的"教师号"与"学生"

实体中的"平均成绩"均属于冗余数据。冗余实体的情况："系"与"课程"之间的联系"开课"，可以由"系"与"教师"之间的"属于"联系及"教师"与"课程"之间的"讲授"联系推导出来，所以"开课"属于冗余联系。

最后，图6-28的初步E-R图在消除冗余数据和冗余联系后，便可得到基本E-R图，如图6-29所示。

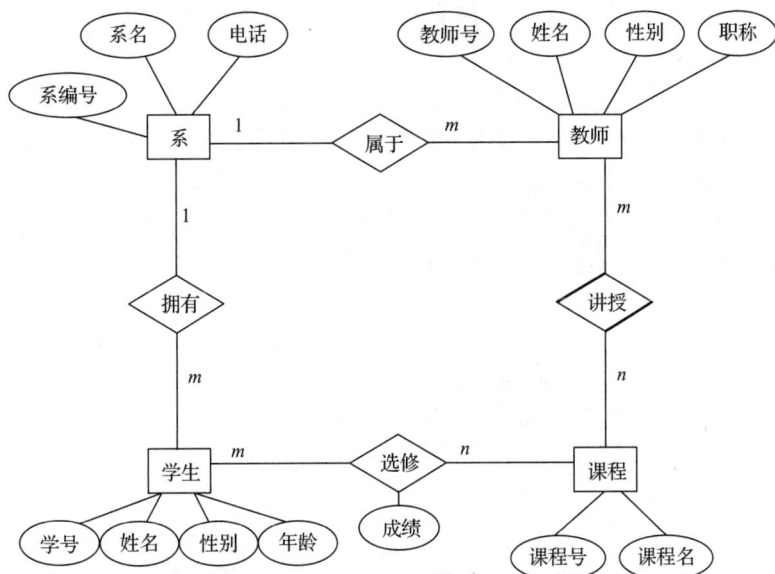

图6-29 教学管理系统的基本E-R图

考虑UML类图与E-R图表示结果类似，这里仅展示基本E-R图对应的UML类图，如图6-30所示。

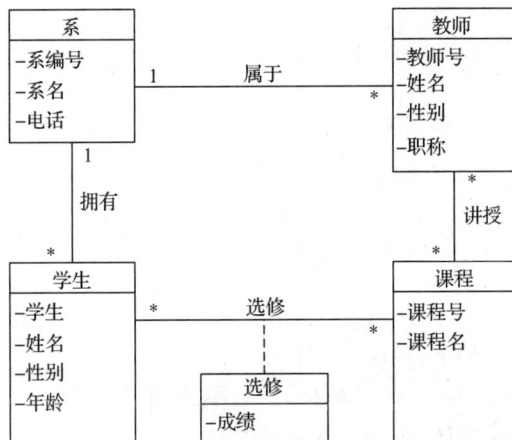

图6-30 教学管理系统的UML类图

6.4 逻辑结构设计

6.4.1 逻辑结构设计的任务和步骤概述

背景：概念结构设计阶段得到的E-R图是描述业务的抽象模型，它独立于任何数据模型（网状模型、层次模型和关系模型），同时也独立于任何一个具体的DBMS。为了建立用户所要求的数据库，需要把上述概念模型转换为某个具体的DBMS所支持的数据模型。

任务：将概念结构模型转换成特定DBMS所支持的数据模型。

特点：从逻辑结构设计阶段，便进入了"实现设计"阶段。在这一阶段，设计人员需要考虑具体的DBMS的性能、具体的数据模型特点。

从E-R图所表示的概念结构模型可以转换成任何一种具体的DBMS所支持的数据模型，如网状模型、层次模型和关系模型。这里只讨论关系型数据库的逻辑结构设计问题，所以重点介绍如何将E-R图转换为关系模型。

关系型数据库的逻辑结构设计分为以下3步。其流程图如图6-31所示。

（1）初始关系模式设计。将基本E-R图按照关系模式转换规则转换成初始关系模式。

（2）关系模式规范化。利用规范化理论判断初始关系模式是否满足BCNF。

（3）模式的评价与改进。对规范化后的关系模型对照需求进行评价。

上述设计完成后，进入数据库的物理结构设计阶段。

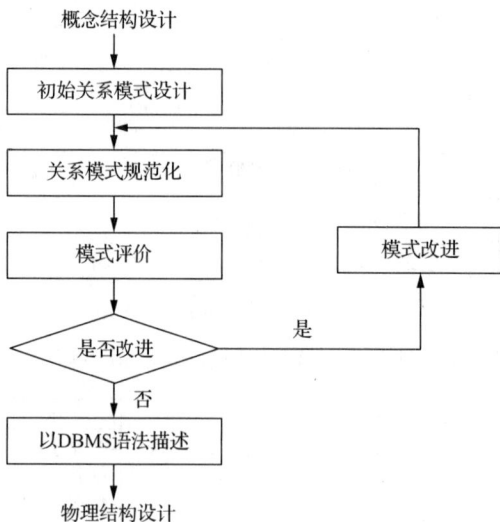

图6-31　关系型数据库的逻辑结构设计流程图

6.4.2　初始关系模式设计

1. 转换原则

将E-R图转换为关系模式时需遵循以下原则。

（1）实体转换原则：将每一个实体转换为一个关系模式，实体的名称为关系模式的名称，实体的属性是关系的属性，实体的码就是关系的主码。

（2）关系转换原则：将每一个联系转换为一个关系模式，联系的名称为关系模式的名称，联系的属性是关系的属性，与联系相关联的所有实体的码加入联系所转换的关系中，然后根据以下相应联系类型决定关系的码。

① 如果为1:1联系，则联系关联的每个实体的主码都可以是关系的候选码，根据业务需要，任选某一候选码作为主码即可。例如，班级与班主任两个实体间的属于联系，该属于联系的主码既可以是班级的主码也可以是班主任的主码。

② 如果为1:n联系，则联系关联的n端实体的主码是关系的主码。例如，学生与院系两个实体的属于联系，该属于联系的主码为学生实体的主码。

③ 如果为$n:m$联系，则联系关联的每个实体的主码的组合形成关系的主码，例如，学生与课程两个实体的选修联系，该选修联系的主码由学生主码和课程主码构成联合主码。

2. 具体做法及注意事项

根据关系模式转换原则，将基本E-R图转换为关系模式时具体做法及注意事项如下。

（1）根据实体转换原则，在将E-R图中每一个实体转换为一个关系模式集合中的关系时，注意不要丢失实体的属性。转换后，标注关系的主码。

（2）根据联系转换原则，把每一个联系转换为关系模式，注意联系转换关系的主码选择方式，同时，确保不要丢失联系的任何属性。转换后，标注关系的主码。

（3）特殊情况的处理，即三个或三个以上实体间的多元联系在转换为关系模式时，与该多元联系相连的各实体的主码及联系本身的属性均转换成为关系的属性，转换后所得到的关系的主码为各实体主码的组合。

图6-32表示供应商、项目和零件三个实体之间的多对多联系，如果已知三个实体的主码分别为"供应商号""项目号""零件号"，则它们之间的联系"供应"可转换为以下关系模式，其中供应商号、项目号、零件号为此关系的组合关系的主码。

供应(供应商号,项目号,零件号,数量)

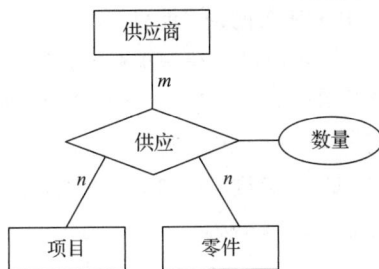

图6-32 多个实体间联系的关系模式转换

6.4.3 关系模式规范化

应用规范化理论对上述转换成的关系模式进行初步优化，减少乃至消除关系模式中存在的各种异常，改善关系的完整性、一致性和存储效率。

关系规范化过程可分为两个步骤：确定范式级别和实施规范化处理。

1. 确定范式级别

逐一列出关系模式上的函数依赖关系，考查各关系上主码与非主属性之间是否存在部分函数依赖、传递函数依赖以及主码与主属性之间是否存在部分函数依赖，然后按照范式等级定义，确定每个关系模式的范式级别。

2. 实施规范化处理

利用规范化理论，逐一判断各关系模式的范式级别是否满足规范要求，一般至少需要满足3NF或BCNF级别。然后，通过关系模式分解等方法，将不满足范式级别的关系模式进行转换，形成均满足范式等级要求的关系模式集合。

6.4.4 模式评价与改进

为了进一步提高数据库应用系统的性能，还应该对规范化后的关系模式进行评价和改进。

1. 模式评价

模式评价的目的是检查所设计的数据库模式是否满足用户的业务需求（含功能性需求和非功能性需求），从而确定加以改进的部分。模式评价包括功能评价和性能评价。

（1）功能评价

功能评价是指对照需求分析，检查规范化后的关系模式集合是否支持用户所有的业务需求。关系模式必须包括用户可能访问的所有属性。在涉及多个关系模式的应用中，应确保连接后不丢失信息。如果发现有的业务不被支持或不完全被支持，如遗漏属性，则应进行关系模式的改进。发生这种问题的原因可能是在逻辑结构设计阶段，也可能是在系统需求分析或概念结构设计阶段。是哪个阶段的问题就返回哪个阶段去改进，因此有可能对前两个阶段再进行评审，解决存在的问题。

在功能评价的过程中，可能会发现冗余的关系模式或属性，这时应对它们加以区分，搞清楚它们是为未来发展预留的，还是某种错误造成的。如果属于错误造成的，应进行改正；如果这种冗余来源于前两个设计阶段，则也要返回改进，并重新进行评审。

（2）性能评价

对于目前得到的关系模式，由于缺乏物理结构设计所提供的存取效率量化标准和评价手段，因此关系模式的性能评价是比较困难的，只能采用估计的方式，按照预期的逻辑记录的存取数、传送量以及物理结构设计算法的模型，估算关系模式的性能。同时，可根据模式改进中关系模式的合并方法，减少关系模式的数量，提高关系模式的性能。

根据模式评价的结果，对已生成的关系模式进行改进。如果因为系统需求分析、概念结构设计的疏漏导致某些应用不能得到支持，则应该增加新的关系模式或属性。如果因为性能考虑而要求改进，则可采用合并或分解模式的方法。

2. 模式合并

如果有若干关系模式具有相同的主码，并且对这些关系模式的处理主要是查询操作，而且经常是多关系的连接查询，那么可对这些关系模式进行合并，减少关系连接数量，提高查询效率。

通常应对相同主码的关系模式尽量执行模式合并操作，对1∶1类型联系转换的关系可与主码相同的关系进行合并，对1∶n类型联系转换的关系可与n端联系进行合并。例如，将学生与院系两个实体间的属于联系和学生关系合并。

注意并不是所有主码相同的关系都适合执行合并操作。例如，在很多系统中，将用户登录信息和用户基本信息存储在两个关系中，这两个关系都采用用户编号作为主码，主码虽然相同，但因登录验证的查询频率更高，不应将用户登录信息关系和用户基本信息关系合并。

3. 模式分解

为了提高数据操作的效率和存储空间的利用率，设计人员常用且重要的模式优化方法就是分解。根据应用的不同要求，可以对关系模式进行垂直分解和水平分解。

（1）水平分解

水平分解是把关系的元组分为若干子集合，将分解后的每个子集合定义为一个子关系。对于经常进行大量数据的分类条件查询的关系，可进行水平分解，这样可以减少应用系统每次查询需要访问的记录数，从而提高了查询性能。

例如，有学生关系(学号,姓名,类别,……)，其中类别包括大专生、本科生和研究生。如果多数查询一次只涉及其中的一类学生，就应该把整个学生关系水平分解为大专生、本科生和研究生三个关系。

在一些记录通话记录的大型系统中，通常按照通话记录的年限对记录通话信息的关系进行水平分解并将分解出的关系放在不同存取效率的服务器上。离当前时间较近的通话记录通常是查询热点，会放置在存取性能较高的服务器上，其他通话记录放在存取性能较低的服务器上，这样可以最大化地利用服务器性能差异达到最优服务效果。

（2）垂直分解

垂直分解是把关系模式的属性分解为若干子集合，形成若干子关系模式，每个子关系模式的主码为原关系模式的主码。垂直分解的原则是把经常一起使用的属性分解出来，形成一个子关系模式。

例如，有教师关系(教师号,姓名,性别,年龄,职称,工资,岗位津贴,住址,电话)，如果经常查询的仅是前六项，而后三项很少使用，则可以将教师关系进行垂直分解，得到两个教师关系：

教师关系1(教师号,姓名,性别,年龄,职称,工资)；

教师关系2(教师号,岗位津贴,住址,电话)。

这样，便减少了查询的数据传递量，提高了查询速度。

垂直分解可以提高某些事务的效率，但也有可能使另一些事务不得不执行连接操作，从而降低效率。因此是否要进行垂直分解要看分解后的所有事务的总效率是否得到了提高。垂直分解要保证分解后的关系具有无损连接性和函数依赖保持性。

经过多次的模式评价、模式合并和模式分解之后，最终的关系模式得以确定。

6.4.5　案例的逻辑结构设计

对依据概念结构设计得到的全局E-R模型，首先进行初始关系模式的设计，然后对关系模式进行规范化处理，最后进行模式的评价和改进。

案例的逻辑结构
设计

1. 案例的初始关系模式设计

首先，依据6.4.2小节中介绍的转换原则，将全局E-R模型（图6-29）中的四个实体分别转换成四个关系模式：

学生(学号,姓名,性别,年龄)；

课程(课程号,课程名)；

教师(教师号,姓名,性别,职称)；

系(系编号,系名,电话)。

其中，用下画线表示主码。

然后，依据6.4.2小节中介绍的联系转换原则，将全局E-R模型（图6-29）中的四个联系也分别转换成四个关系模式：

属于(教师号,系编号)；

讲授(教师号,课程号)；

选修(学号,课程号,成绩)；

拥有(系编号,学号)。

2. 案例关系模式的规范化

由于上述转换基于的是全局E-R模型，因此，上述转换得到的模式满足3NF。在实际生产环境下，3NF和BCNF的数据库设计已经满足大部分数据库系统的设计要求；仅在一些特殊的

情况下，如第4章介绍的多值依赖，才需要继续对模式进行规范化处理，将3NF和BCNF转换为4NF。

3. 案例关系模式的评价和改进

对关系模式进行合并处理，合并具有相同主码的关系模式。在案例的模式中，教师实体与属于联系具有相同的主码——教师号，因此，可以将属于联系中的系名属性添加到教师实体中，形成新的教师实体并删除属于联系。同理，学生实体和拥有联系具有相同的主码——学号，因此，可以将拥有联系中的系编号属性添加到学生实体中，形成新的学生实体并删除拥有联系。经过上述合并处理后，本科教学管理系统的关系模式如下。

学生(学号,姓名,性别,年龄,系编号);

课程(课程号,课程名);

教师(教师号,姓名,性别,职称,系编号);

系(系编号,系名,电话);

讲授(教师号,课程号);

选修(学号,课程号,成绩)。

根据实际业务需求，还可通过其他分解手段，进一步改进上述关系模式。

6.5　物理结构设计

背景：数据库最终要存储在物理设备上。

任务：对于给定的逻辑数据模型，选取一个最适合应用环境的物理结构。

特点：物理结构设计的任务是有效地实现逻辑模式，确定所采取的存储策略。此阶段以逻辑设计的结果作为输入，结合具体DBMS的特点与存储设备特性进行设计，选定数据库在物理设备上的存储结构和存取方法。

数据库的物理结构设计可分为如下两步。

（1）确定物理结构。在关系型数据库中主要指存取方法和存储结构。

（2）评价物理结构。评价的重点是时间和空间效率。

6.5.1　确定物理结构

设计人员必须深入了解给定的DBMS的功能，DBMS提供的环境和工具、硬件环境，特别是存储设备的特征。另外，还要了解应用环境的具体要求，如各种应用的数据量、处理频率和响应时间等。只有"知己知彼"才能设计出较好的物理结构。

1. 存储记录结构的设计

在物理结构中，数据的基本存取单位是存储记录。有了逻辑记录结构以后，就可以设计存储记录结构。一个存储记录可以与一个或多个逻辑记录相对应。存储记录结构包括记录的组成、数据项的类型和长度，以及逻辑记录到存储记录的映射。某一类型的所有存储记录的集合称为"文件"，文件的存储记录可以是定长的，也可以是变长的。

文件组织或文件结构是组成文件的存储记录的表示法。文件结构应该表示文件格式、逻辑次序、物理次序、访问路径和物理设备的分配。物理数据库就是指数据库中实际存储记录的格式、逻辑次序、物理次序、访问路径和物理设备的分配。

决定存储结构的主要因素包括存取时间、存储空间和维护代价三方面。设计时应当根据实际情况对这三方面进行综合权衡。一般DBMS也提供一定的灵活性供选择，包括聚集（Cluster）和索引。

（1）聚集。聚集就是为了提高查询速度，把在一个（或一组）属性上具有相同值的元组集中地存放在一个物理块中。如果存放不下，则可以存放在相邻的物理块中。其中，这个（或这组）属性称为聚集码。

为什么要使用聚集呢？聚集有以下两个作用。

① 使用聚集以后，聚集码相同的元组集中在一起了，因而聚集值不必在每个元组中重复存储，只要在一个元组中存储一次即可，因此，可以节省存储空间。

② 聚集功能可以大大提高按聚集码进行查询的效率。例如，要查询学生关系中计算机系的学生名单（设计算机系有300名学生）：在极端情况下，这些学生的记录会分布在300个不同的物理块中，这时如果要查询计算机系的学生，就需要做300次I/O操作，这样将影响系统查询的性能；如果按照系别建立聚集，使同一个系的学生记录集中存放，则每做一次I/O操作，就可以获得多个满足查询条件的记录，从而显著地减少了访问磁盘的次数。

（2）索引。存储记录是属性值的集合，主码可以唯一确定一个记录，而其他属性的一个具体值不能唯一确定是哪个记录。在主码上应该建立唯一索引，这样不但可以提高查询速度，还可以避免主码重复值的录入，确保了数据的完整性。

在数据库中，用户访问的最小单位是属性。如果对某些非主属性的检索很频繁，则可以考虑建立这些属性的索引文件。索引文件对存储记录重新进行内部连接，从逻辑上改变了记录的存储位置，从而改变了访问数据的入口点。关系中的数据越多，索引的优越性也就越明显。

建立多个索引文件可以缩短存取时间，但增加了索引文件所占用的存储空间以及维护的开销。因此，应该根据实际需要综合考虑。

2. 访问方法的设计

访问方法是为存储在物理设备上的数据提供存储和检索能力的方法。一个访问方法包括存储结构和检索机构两部分。存储结构限定了可能访问的路径和存储记录；检索机构定义了每个应用的访问路径，但不涉及存储结构的设计和设备分配。

存储记录是属性的集合，属性是数据项类型，可用作主码或候选码。主码唯一地确定了一个记录。辅助码是用作记录索引的属性，可能并不唯一确定某一个记录。

访问路径的设计分成主访问路径与辅访问路径的设计。主访问路径与初始记录的装入有关，通常是用主码来检索的。首先利用这种方法设计各个文件，使其能最有效地处理主要的应用。一个物理数据库很可能有几套主访问路径。辅访问路径是通过辅助码的索引对存储记录重新进行内部连接，从而改变访问数据的入口点。用辅助索引可以缩短访问时间，但增加了存储空间和索引维护的开销。设计人员应根据具体情况做出权衡。

3. 数据存放位置的设计

为了提高系统性能，应该根据应用情况将数据的易变部分、稳定部分、经常存取部分和存取频率较低部分分开存放。

例如，许多计算机都有多个磁盘，我们可以将表和索引分别存放在不同的磁盘上，查询时，由于两个磁盘驱动器并行工作，可以提高物理读写的速度；在多用户环境下，可能将日志文件和数据库对象（表、索引等）放在不同的磁盘上，以加快存取速度；另外，数据库的数据备份、日志文件备份等，只在数据库发生故障进行恢复时才使用，而且数据量很大，可以存放在磁带上，以改进整个系统的性能。

4. 系统配置的设计

DBMS产品一般都提供了一些系统配置变量、存储分配参数，供设计人员和DBA对数据库进行物理优化。系统为这些变量设置了初始值，但是这些值不一定适合每一种应用环境，在物理结构设计阶段，要根据实际情况重新对这些变量赋值，以满足新的要求。

系统配置变量和存储分配参数很多，例如，同时使用数据库的用户户数、同时打开的数据库对象数、内存分配参数、缓冲区分配参数（使用的缓冲区长度、个数）、存储分配参数、数据库的大小、时间片的大小、锁的数量等，这些参数值影响存取时间和存储空间的分配。在进行物理结构设计时，要根据应用环境确定这些参数值，以使系统的性能达到最优。

6.5.2 评价物理结构

与前面几个设计阶段一样，在确定了数据库的物理结构之后，要进行评价。评价重点是时间效率和空间效率。如果评价结果满足设计要求，则可进行数据库实施。实际上，往往需要经过反复测试才能优化数据库物理结构。

6.5.3 案例的物理结构

根据逻辑结构设计得到的关系模式，分析每个模式中属性的数据类型和完整性约束等关键结构信息，对关系模式的存储记录结构进行设计。

1. 学生关系模式的存储记录结构设计

学生关系模式的存储结构如表6-2所示。

表6-2 学生（student）关系模式的存储结构

字段名	字段中文描述	数据类型	完整性约束
sno	学号	char(5)	主码
sname	姓名	varchar(40)	非空
sex	性别	char(2)	非空
age	年龄	int	
dno	系编号	char(5)	外码，参照系别表

姓名的数据类型需要确保覆盖业务中姓名的所有情况。例如，不同编码中汉字长度不同，如果使用GB编码，一个汉字对应2字节；如果使用UTF-8编码，一个汉字对应3字节；如果系统存在大量少数民族等汉字较多的姓名，就应预估最长的姓名汉字数量，再根据使用的编码计算varchar的类型精度。

性别的数据类型有多种类型供选择，既可以直接使用当前业务中"男"或"女"作为类型设计依据，也可以使用0或1这样的字符进行标注，但当使用字符编码时，应在设计文档中明确每个字符的含义。

年龄一般不作为实际存储的数据，在实际系统开发中，通常选择出生日期作为年龄的替代属性。

系编号为学生所属系别表的外码。本例为按照逻辑设计结果展示，优先介绍了系编号的存储结构设计。在实际设计中，通常会优先设计那些没有外码的表格，在设计有外码的表时，会方便参照。注意系编号数据类型需要与系别表中的系编号保持一致，其英文名称可以与系别表中的系编号不同，但在实际系统开发中，为便于开发人员辨认，通常外码与其所在主码表使用同样的命名规则、数据类型和精度。

2. 系别关系模式的存储记录结构设计

系别关系模式的存储结构如表6-3所示。

表 6-3 系别（department）关系模式的存储结构

字段名	字段中文描述	数据类型	完整性约束
dno	系编号	char(5)	主码
dname	系名	varchar(40)	非空
dphone	电话	varchar(50)	

系编号为主码。

系名的数据类型和精度选择需要参照业务中系别名称情况选择，其精度的选择依据同学生表中学生姓名的精度选择。

电话通常需要包含国际区号、省市区号、电话号码等信息，不同省份的区号长度不固定，因此为其选择可变数据类型，其精度可根据实际电话的最长长度进行估测。

3. 教师关系模式的存储记录结构设计

教师关系模式的存储结构如表6-4所示。

表 6-4 教师（teacher）关系模式的存储结构

字段名	字段中文描述	数据类型	完整性约束
tno	教师号	char(5)	主码
tname	姓名	varchar(40)	非空
sex	性别	char(2)	非空
prof	职称	char(2)	非空
dno	系编号	char(5)	外码，参照系别表

教师号、姓名和性别的数据类型选择依据同学生表中学号、姓名和性别的数据类型选择。

职称在某些业务中是固定体系的，如"助教""讲师""副教授""教授"，这种情况可以选择编号代替。对于一般的混合体系，可以对同等级赋予同样编号代替，但对于一些特别复杂的混合体系，才考虑用可变字符串代替。本处选择char(2)即使用编号方式表示职称。使用编号的好处在于，对于一些需要判别职称等级的业务，可根据编号对数据进行有效筛选，但其不足在于无法确定该编号对应职称等级的具体名称。为弥补编号设计的不足，也可以对职称单独构建表格，同时存储编号对应的具体名称和职称等级，然后通过外键关联方式关联教师表。

系编号为外码，其数据类型和精度按照系别表中系编号的数据类型和精度设计。

4. 课程关系模式的存储记录结构设计

课程关系模式的存储结构如表6-5所示。

表 6-5 课程（course）关系模式的存储结构

字段名	字段中文描述	数据类型	完整性约束
cno	课程号	char(5)	主码
cname	课程名	varchar(50)	非空

课程号为主码，其类型可参照业务中课程编码形式确定。课程名的类型和类型精度同学生表中姓名的设计思路。

5. 讲授关系模式的存储记录结构设计

讲授关系模式的存储结构如表6-6所示。

表6-6　讲授（tc）关系模式的存储结构

字段名	字段中文描述	数据类型	完整性约束
tno	教师号	char(5)	联合主码，外键参照教师表
cno	课程号	char(5)	联合主码，外键参照课程表

教师号和课程号作为联合主码，决定教师授课情况。同时，两个属性也是外码，其数据类型等可分别参照教师表和课程表。

在实际设计中，如果业务描述中提及教师会多轮讲授同一门课程，只使用教师号和课程号作为主码就无法表达多轮教学的业务，在需求分析、概念结构设计和逻辑结构设计中就应包含学期等类型属性，具体在授课表的物理结构设计中就应包含学期等类型字段。

6. 选修关系模式的存储记录结构设计

选修关系模式的存储结构如表6-7所示。

表6-7　选修（sc）关系模式的存储结构

字段名	字段中文描述	数据类型	完整性约束
sno	学号	char(5)	联合主码，外键参照学生表
cno	课程号	char(5)	联合主码，外键参照课程表
score	成绩	decimal(4,2)	

学号和课程号作为联合主码，决定学生选课情况。同时，两个属性也是外码，其数据类型等可分别参照学生表和课程表。

成绩的数据类型应根据业务需求中成绩的表示方式来确定。如果业务中成绩使用百分制浮点数表示，且明确保留小数点后2位，则可选择固定精度的数据类型并根据业务中小数点前后的数字数量确定类型精度。如果成绩使用非百分制的数字浮点表示，则应扩大decimal类型中n的数量。如果业务中成绩带有等级制，如优、良、中等类型，则可单独设置再添加成绩类型字段，联合成绩类型字段和成绩字段数值共同确定成绩的实际含义。注意，由于学生开始选课阶段无法确定成绩，因此成绩字段允许为空。

在实际开发中，通常还会在选修表等带有关键敏感数据的表中补充首次插入时间和更新时间字段，并选择时间戳作为数据类型，以便在实际业务中追溯成绩重要信息的填报时间情况。

6.6　数据库实施

数据库实施是指根据逻辑设计和物理设计的结果，在计算机上建立实际的数据库结构、装入数据、进行测试和试运行的过程。数据库实施阶段的主要任务包括建立实际数据库结构、装入数据、应用程序编写与调试、数据库试运行和整理文档。

6.6.1　数据库实施的主要任务

1．建立实际数据库结构

DBMS提供的数据定义语言（DDL）可以定义数据库结构。例如，使用CREATE TABLE命令定义所需的基本表，使用CREATE VIEW命令定义视图。

2．装入数据

装入数据又称为数据库加载（Loading），是数据库实施阶段的主要工作。在数据库结构建立好之后，就可以向数据库中加载数据了。

由于数据库的数据量一般都很大，这些数据可能分散于企业（或组织）各个部门的数据文件、报表或多种形式的单据中，并存在大量的重复，且其格式和结构一般都不符合数据库的要求，因此我们必须把这些数据收集起来加以整理，去掉冗余并转换成数据库所规定的格式，这样处理之后才能装入数据库，该过程称为数据的清洗和转换。数据的清洗和转换需要耗费大量的人力、物力，这项工作是一种非常单调乏味而又意义重大的工作。

由于应用环境和数据来源的差异，因此不可能存在普遍通用的清洗和转换规则。现有的DBMS并不提供通用的数据清洗和转换软件来完成这一工作。

对于一般的小型系统，装入的数据量较少，可以采用人工方法来完成。首先将需要装入的数据从各个部门的数据文件中筛选出来，清洗并转换成符合数据库要求的数据格式，然后输入计算机，最后进行数据校验，检查输入的数据是否有误。但是，人工方法不仅效率低，而且容易产生差错。对于数据量较大的系统，应该由计算机来完成这一工作。通常是设计一个数据输入子系统，其主要功能是从大量的原始数据文件中清洗、分类、综合和转换数据库所需的数据，把它们加工成数据库所要求的结构形式，最后装入数据库中，同时还要采用多种检验技术检查输入数据的正确性。

为了保证装入数据库中的数据正确无误，必须高度重视数据的校验工作。在输入子系统的设计中应该考虑多种数据检验技术，在数据转换过程中应使用不同的方法进行多次检验，确认正确后方可入库。

在数据库设计时，如果原来的数据库系统仍在使用，则数据的转换工作是将原来旧系统中的数据转换成新系统中的数据结构，同时还要转换原来的应用程序，使之能在新系统中有效地运行。

数据的清洗、分类、综合和转换常常需要多次才能完成，因而输入子系统的设计和实施是很复杂的，需要编写许多应用程序。由于这一工作需要耗费较多的时间，为了保证数据能够及时入库，应该在数据库物理设计的同时编制数据输入子系统，而不能等物理设计完成后才开始。

3．应用程序编写与调试

数据库应用程序的设计属于一般的程序设计范畴，但数据库应用程序有自己的一些特点。例如，大量使用屏幕显示控制语句、形式多样的输出报表、数据的有效性和完整性检查、灵活的交互功能等。

为了加快应用系统的开发速度，一般选择集成开发环境，利用代码辅助生成、可视化设计、代码错误检测和代码优化技术，实现高效的应用程序编写和调试，如Microsoft公司的Visual Studio、 JetBrains公司的IntelliJ IDEA和开源的Eclipse等。这些工具一般还支持数据库访问的插件，方便在统一开发环境中进行程序编写和数据库调试工作。

数据库结构建立之后，就可以开始编写与调试数据库的应用程序。这时由于数据入库尚未完成，因此调试程序时可以先使用模拟数据。

4. 数据库试运行

应用程序编写完成，并有一小部分数据装入后，应该按照系统支持的各种应用分别试验应用程序在数据库上的操作情况，这就是数据库的试运行阶段，或者称为联合调试阶段。在这一阶段要完成以下两方面的工作。

（1）功能测试。实际运行应用程序，测试它们能否完成各种预订的功能。

（2）性能测试。测试系统的性能指标，分析是否符合设计目标。

系统的试运行对于系统设计的性能检验和评价是很重要的，因为有些参数的理想值只有在试运行后才能找到。如果测试的结果不符合设计目标，则应返回设计阶段，重新修改设计和编写程序，有时甚至需要返回逻辑结构设计阶段，调整逻辑结构。

重新设计物理结构甚至逻辑结构，会导致数据重新入库。由于数据装入的工作量很大，因此我们可分期、分批地组织数据装入，先输入小批量数据做调试用，待试运行基本合格后，再大批量输入数据，逐步增加数据量，完成运行评价。

数据库的实施和调试不是几天就能完成的，需要一定的时间。在此期间，系统还不稳定，随时可能发生硬件或软件故障，加之数据库刚刚建立，操作人员对系统还不熟悉，对其规律缺乏了解，容易发生操作错误，这些故障和错误很可能破坏数据库中的数据，这种破坏又很可能在数据库中引起连锁反应，破坏整个数据库。因此，必须做好数据库的转储和恢复工作，要求设计人员熟悉DBMS的转储和恢复功能，并根据调试方式和特点首先加以实施，尽量减少对数据库的破坏，并简化故障恢复。

5. 整理文档

在程序编写、调试和数据库试运行中，应该将发现的问题和解决方法记录下来，将它们整理存档作为资料，供以后正式运行和改进时参考。全部的调试工作完成之后，应该编写应用系统的技术说明书和使用说明书，在正式运行时随系统一起交给用户。完整的文件资料是应用系统的重要组成部分，但这一点常被忽视。必须强调这一工作的重要性，引起用户与设计人员的充分注意。

6.6.2　案例的数据库实施

针对案例的数据库实施过程，本小节重点介绍选择SQL Server作为DBMS后各存储结构的DDL设计结果。有关数据装入、程序调试等实施环节与具体业务密切情况，考虑篇幅，这里不再赘述。

1. 学生表的 DDL 语句

学生表的DDL语句如下。

```
CREATE TABLE student(
    sno     CHAR(5)       PRIMARY KEY,
    sname   VARCHAR(40)   NOT NULL,
    sex     CHAR(2)       NOT NULL,
    age     INT,
    dno     CHAR(5)       FOREIGN KEY REFERENCES department(dno)
);
```

在DDL语句中，CREATE等关键字既可以大写也可以小写。在SQL Server查询编辑中，一次可以输入多条DDL语句，但每条语句需要以分号结尾。如果不强制改变语句的结束符号，分号前各行的换行符不作为语句结束的依据。

本小节从全书设计逻辑出发，优先展示了student表的DDL语句。在执行DDL语句时，需要优先执行没有外码的表，再执行有外码的表。因此，在执行student表的DDL语句前，需要先执行department表的DDL语句。

2. 系别表的 DDL 语句

系别表的DDL语句如下。

```
CREATE TABLE department(
    dno      CHAR(5)        PRIMARY KEY,
    dname    VARCHAR(40)    NOT NULL,
    dphone   VARCHAR(50)
);
```

3. 教师表的 DDL 语句

教师表的DDL语句如下。

```
CREATE TABLE teacher(
    tno      CHAR(5)        PRIMARY KEY,
    tname    VARCHAR(40)    NOT NULL,
    sex      CHAR(2)        NOT NULL,
    prof     CHAR(2)        NOT NULL,
    dno      CHAR(5)        FOREIGN KEY REFERENCES department(dno)
);
```

4. 课程表的 DDL 语句

课程表的DDL语句如下。

```
CREATE TABLE course(
    cno      CHAR(5)        PRIMARY KEY,
    cname    VARCHAR(50)    NOT NULL,
);
```

5. 讲授表的 DDL 语句

讲授表的DDL语句如下。

```
CREATE TABLE tc(
    tno      CHAR(5)                FOREIGN KEY REFERENCES teacher(tno),
    cno      CHAR(5)                FOREIGN KEY REFERENCES course(cno),
    PRIMARY KEY(tno, cno)
);
```

由于tno和cno均为外码且联合构成主码，因此使用列约束表示外码，使用表约束表示主码。

6. 选修表的 DDL 语句

选修表的DDL语句如下。

```
CREATE TABLE sc(
    sno      CHAR(5)                FOREIGN KEY REFERENCES student(sno),
    cno      CHAR(5)                FOREIGN KEY REFERENCES course(cno),
    score    DECIMAL(4, 2),
    PRIMARY KEY(sno, cno)
);
```

6.7 数据库运行和维护

数据库试运行结果符合设计目标后，数据库就可投入正式运行，于是便进入了运行和维护阶段。数据库系统投入正式运行，标志着数据库应用开发工作基本结束，但并不意味着设计过程已经结束。由于应用环境在不断发生变化，用户的需求和处理方法在不断发展，数据库在运行过程中的存储结构也会不断变化，因而必须修改和扩充相应的应用程序。数据库运行和维护阶段的主要任务包括维护数据库的安全性与完整性、监测并改善数据库性能、重新组织和构造数据库。

1. 维护数据库的安全性与完整性

按照设计阶段提供的安全规范和故障恢复规范，DBA要经常检查系统的安全，根据用户的实际需要授予用户不同的操作权限。数据库在运行过程中，由于应用环境发生变化，对安全性的要求可能发生变化，DBA要根据实际情况及时调整相应的授权和密码，以保证数据库的安全性。同样，数据库的完整性约束条件也可能会随应用环境的改变而改变，这时DBA也要对其进行调整，以满足用户的要求。

另外，为了确保系统在发生故障时能够及时地进行恢复，DBA要针对不同的应用要求制订不同的转储计划，定期对数据库和日志文件进行备份，以使数据库在发生故障后恢复到某种一致性状态，保证数据库的完整性。

2. 监测并改善数据库性能

目前许多DBMS产品都提供了监测系统性能参数的工具，DBA可以利用这些工具，经常对数据库的存储空间状况及响应时间进行分析与评价，结合用户的反应情况确定改进措施，及时改正运行中发现的错误，按用户的要求对数据库的现有功能进行适当的扩充。但要注意在增加新功能时应保证原有功能和性能不受损害。

3. 重新组织和构造数据库

数据库建立后，除了数据本身是动态变化的，随着应用环境的变化，数据库本身也必须变化以适应应用要求。

数据库运行一段时间后，由于记录的不断增加、删除和修改会改变数据库的物理存储结构，使数据库的物理特性受到破坏，从而降低数据库存储空间的利用率和数据的存取效率，使数据库的性能下降，因此，需要对数据库进行重新组织，即重新安排数据的存储位置，回收垃圾，改进数据库的响应时间和空间利用率，提高系统性能。这与操作系统对"磁盘碎片"处理的概念相类似。数据库的重组只是使数据库的物理存储结构发生变化，而数据库的逻辑结构不变，根据数据库的三级模式，可以知道数据库重组对系统功能没有影响，只是为了提高系统的性能。

数据库应用环境的变化可能导致数据库的逻辑结构发生变化，例如，要增加新的实体，增加某些实体的属性，实体之间的联系发生了变化，这样会使原有的数据库设计不能满足新的要求。因此，设计人员必须对原来的数据库重新构造，适当调整数据库的模式和内模式，如增加新的数据项、增加或删除索引、修改完整性约束条件等。DBMS一般都提供了重新组织和构造数据库的应用程序，以帮助DBA完成数据库的重组和重构工作。

只要数据库系统在运行，就需要不断地进行修改、调整和维护。一旦应用变化太大，数据库重新组织也无济于事，这就表明数据库应用系统的生命周期结束，应该建立新系统，重新设计数据库。从头开始数据库设计工作，标志着一个新的数据库应用系统生命周期的开始。

本章小结

本章介绍了数据库设计的各个阶段，重点介绍了系统需求分析、概念结构设计、逻辑结构设计、物理结构设计、数据库实施、数据库运行和维护。针对每一阶段，其中介绍了各阶段的背景、任务、特点、规范化设计工具。同时，设计了贯穿各阶段的数据库设计案例。

需求分析是整个设计过程的基础，其任务是对使用系统的组织、部门相关用户进行调查，收集业务或原系统的相关信息，通过数据流图或用例图抽象新建系统的数据字典、角色和功能，确定新建系统的实现边界，编写需求规格说明书。

概念结构设计将需求分析得到的用户需求（数据结构和数据项），构建并描述数据结构、数据项之间关系的E-R图。对于复杂业务系统开发，该过程包括局部E-R图设计、初步E-R图集成和E-R图的优化。

逻辑结构设计将概念结构模型转换成特定DBMS所支持的数据模型，该过程可细分为三步：初始关系模式设计、关系模式规范化、模式的评价与改进。

物理结构设计就是为给定的逻辑模型选取一个适合应用环境的物理结构，物理结构设计包括确定物理结构和评价物理结构两步。

根据逻辑结构设计和物理结构设计的结果，在计算机上建立实际的数据库结构，装入数据，进行应用程序的设计，并试运行整个数据库系统，这是数据库实施阶段的任务。

数据库设计的最后阶段是数据库的运行和维护，该阶段的任务包括维护数据库的安全性与完整性、监测并改善数据库性能、必要时进行数据库的重新组织和构造。

本章习题

一、选择题

1. （　　）表达了数据和处理过程的关系。

　　A）数据字典　　　　B）数据流图　　　C）逻辑设计　　　D）概念设计

2. E-R图的基本成分不包含（　　）。

　　A）实体型　　　　　B）属性　　　　　C）元组　　　　　D）联系

3. 规范化理论是数据库（　　）阶段的指南和工具。

　　A）需求分析　　　　B）概念设计　　　C）逻辑设计　　　D）物理设计

4. 在下列因素中，（　　）不是决定存储结构的主要因素。

　　A）实施难度　　　　B）存取时间　　　C）存储空间　　　D）维护代价

5. 建立实际数据库结构是（　　）阶段的任务。

　　A）逻辑设计　　　　B）物理设计　　　C）数据库实施　　D）运行和维护

6. 当局部E-R图合并成全局E-R图时可能出现冲突，下列不属于合并冲突的是（　　）。

　　A）属性冲突　　　　B）语法冲突　　　C）结构冲突　　　D）命名冲突

7. 从E-R模型向关系模型转换时，一个$M:N$联系转换为关系模式时，该关系模式的码是（　　）。

　　A）M端实体的主码　　　　　　　　B）N端实体的主码
　　C）M端实体主码与N端实体主码组合　　D）重新选取其他属性

8. 数据库设计人员与用户之间沟通信息的"桥梁"是（　　）。

　　A）程序流程图　　　B）实体联系图　　C）模块结构图　　D）数据结构图

9. 概念结构设计的主要目标是产生数据库的概念结构，该结构主要反映（　　）。

　　A）应用程序员的编程需求　　　　　B）DBA的管理信息需求
　　C）数据库系统的维护需求　　　　　D）企业组织的信息需求

10. 设计子模式属于数据库设计的（   ）。

    A）需求分析   B）概念设计   C）逻辑设计   D）物理设计

11. 需求分析阶段设计数据流图通常采用（   ）。

    A）面向对象的方法   B）回溯的方法

    C）自底向上的方法   D）自顶向下的方法

12. 在数据库设计中，用E-R图来描述信息结构但不涉及信息在计算机中的表示，该工作属于（   ）。

    A）需求分析   B）概念结构设计   C）逻辑结构设计   D）物理结构设计

13. 数据库物理结构设计完成后，进入数据库实施阶段，下列各项中不属于实施阶段的工作是（   ）。

    A）建立库结构   B）扩充功能   C）加载数据   D）系统调试

14. 在数据库的概念结构设计中，最常用的数据模型是（   ）。

    A）形象模型   B）物理模型   C）逻辑模型   D）实体-联系模型

15. 下列不属于需求分析阶段工作的是（   ）。

    A）分析用户活动   B）建立E-R图   C）建立数据字典   D）建立数据流图

16. 将一个一对多联系转换为一个独立模式时，应取（   ）为主码。

    A）一个实体型的主码   B）多端实体型的主码

    C）两个实体型的主码属性组合   D）联系型的全部属性

17. 在E-R模型中，如果有3个不同的实体集、3个$m:n$联系，根据E-R模型转换为关系模型的规则，转换（   ）个关系模式。

    A）4   B）5   C）6   D）7

二、填空题

1. 数据库设计包括_____和_____两方面的内容。

2. _____是目前公认的比较完整和权威的一种规范设计法。

3. 在数据库设计中，前四个阶段统称为_____，后两个阶段统称为_____。

4. _____是数据库设计的起点，为以后的具体设计做准备。

5. _____就是将需求分析得到的用户需求抽象为信息结构，即概念模型。

6. _____地进行需求分析，再_____地设计概念结构。

7. 合并局部E-R图时可能会发生三种冲突，它们是_____、_____和_____。

8. 将E-R图向关系模型进行转换是_____阶段的任务。

9. 数据库的物理结构设计主要包括_____和_____。

10. _____是数据库实施阶段的主要工作。

11. 重新组织和构造数据库是_____阶段的任务。

12. “为哪些表，在哪些字段上，建立什么样的索引”这一设计内容应该属于数据库设计中的_____设计阶段。

13. 在数据库设计中，把数据需求写成文档，它是各类数据描述的集合，包括数据项、数据结构、数据流、数据存储和数据加工过程的描述，通常称为_____。

14. 数据流图是用于描述结构化方法中_____阶段的工具。

15. 数据库实施阶段包括两项重要的工作：一项是数据的_____；另一项是应用程序的编写和调试。

三、设计题

1. 一个图书管理系统中有如下信息。

图书：书号、书名、数量、位置。

借书人：借书证号、姓名、单位。

出版社：出版社名、邮编、地址、电话、E-mail。

其中约定：任何人可以借多种书，任何一种书可以被多个人借，借书和还书时，要登记相应的借书日期和还书日期；一个出版社可以出版多种图书，同一本书仅为一个出版社所出版，出版社名具有唯一性。

根据以上情况，完成如下设计。

（1）设计该系统的E-R图。

（2）将E-R图转换为关系模式。

（3）指出转换后的每个关系模式的主码。

2. 图6-33（a）、图6-33（b）和图6-33（c）给出某企业管理系统三个不同的局部E-R图，将其合成一个全局E-R图，并设置各个实体以及联系的属性（允许增加必要的属性，也可将实体的属性改为联系的属性）。

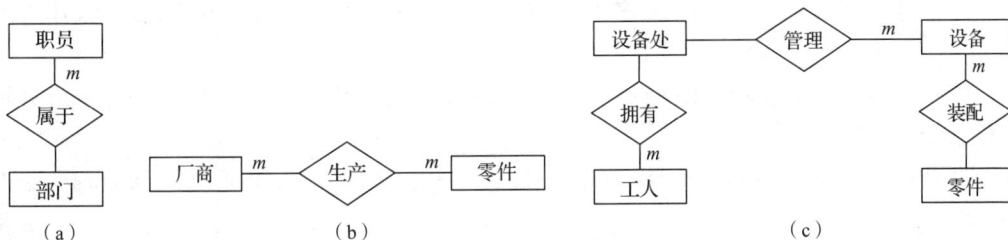

图6-33　局部E-R图

各实体的属性如下。

部门：部门号、部门名、电话、地址。

职员：职员号、职员名、职务、年龄、性别。

设备处：单位号、电话、地址。

工人：工人编号、姓名、年龄、性别。

设备：设备号、名称、规格、价格。

零件：零件号、名称、规格、价格。

厂商：单位号、名称、电话、地址。

3. 经过需求分析可知，某医院病房计算机管理系统需要管理以下信息。

科室：科室名、科室地址、科室电话、医生姓名。

病房：病房号、床位号、所属科室。

医生：工作证号、姓名、性别、出生日期、联系电话、职称、所属科室名。

病人：病历号、姓名、性别、出生日期、诊断记录、主管医生、病房号。

其中，一个科室有多间病房、多名医生，一间病房只属于一个科室，一名医生只属于一个科室，但可负责多名病人的诊治，一名病人的主管医生只有一名。

根据以上需求分析的情况，完成以下有关的设计。

（1）画出该计算机管理系统中有关信息的E-R图。

（2）将该E-R图转换为对应的关系模式。

（3）指出转换以后的各关系模式的范式等级和对应的候选码。

4．排课是教学环节中的重要过程，该过程包括以下实体。

课程实体：course(cid,cname,chour,ctype)。其中，cid唯一标识每一门课程，cname为课程名，chour为课程学时，ctype为课程类别（0表示选修课，1表示必修课）。

教室实体：classroom(crid,crname,crbuilding)。其中，crid用于标识每一间教室，crname为教室名称，crbuilding为教室所在的楼宇。

教师实体：teacher(tid,tname)。其中，tid唯一标识每一名教师，tname为教师姓名。

各实体的关系是：每一名教师可以教授多门课程，一门课程可以被多名教师教授，一间教室可以承载多门课程，一门课程可以被安排在多间教室。当课程被安排在指定教室的时候，需指明安排的日期（cdata）以及当天的第几节课程（carrange）。

根据上述需求，回答以下问题。

（1）设计该系统的E-R图。

（2）将E-R图转换成关系模式，并指出主码。

（3）根据关系模式，使用SQL创建课程实体，要求SQL语句中包含主码约束和非空约束，各属性的类型及长度自选。

5．图书管理系统是一类常见的信息管理系统。分析图书管理系统后，初步获得的实体信息如下。

图书：book(bookid,bookname,num)。其中，bookid用于标识每一本图书，bookname为图书名称，num为图书数量。

借阅用户：bookuser(tid,username,age)。其中，tid用于标识每一名借书用户，username为借书用户姓名，age为借书用户年龄。

图书实体与借阅用户实体间的关系是：借阅用户可以借阅多本图书，同时，一本图书可以被多名借阅用户借阅。借阅过程产生借书日期（borrow_time）和还书日期（return_time）等属性。

根据上述需求，回答以下问题。

（1）设计该系统的E-R图。

（2）将E-R图转换成关系模式，并指出主码。

（3）根据关系模式，使用SQL创建借书用户实体，要求SQL语句中包含主码约束和非空约束。

四、简答题

1．数据库设计分为哪几个阶段？每个阶段的主要工作是什么？

2．在数据库设计中，需求分析阶段的任务是什么？主要包括哪些内容？

3．数据输入在数据库实施阶段的重要性是什么？如何保证输入数据的正确性？

4．什么是数据库的概念结构？试述概念结构设计的步骤。

5．用E-R图表示概念模式有什么好处？

6．试述实体、属性划分的原则，并举例说明。

7．局部E-R图的集成主要解决什么问题？

8．试述逻辑结构设计的步骤及把E-R图转换为关系模式的转换原则，并举例说明。

9．试述数据库实施阶段的工作要点。

10．试述规范化理论对数据库设计的指导意义。

本章实验

电子商务系统是目前使用最为广泛的一类数据库系统，它的数据库设计难度与一般规模的数据库系统相当。应用本章所学的数据库设计内容进行一个简单的电子商务原型系统的概念结构设计、逻辑结构设计和物理结构设计，对日后开发同等规模或更加复杂的数据库系统具有积极意义。

围绕电子商务的案例，本章的实验由三部分构成，分别是数据库系统的概念结构设计、数据库系统的逻辑结构设计和数据库系统的物理结构设计。

实验1　数据库系统的概念结构设计

一、实验目的

1. 能够根据实际业务需求抽象出实体、属性和联系。

2. 能够抽象业务所涉及的E-R图。

3. 能够优化E-R图并形成用于数据库系统逻辑结构设计的全局E-R图。

二、实验内容

某公司因业务扩展需要开发一套电子商务系统，用于在线销售各类商品。作为数据库设计人员，通过走访与跟班作业的方式，从商品管理部和商品销售部获得了如下业务信息。

1. 商品管理部的业务信息

商品管理部负责管理销售的各类商品。目前公司所有可供销售的商品都记录在Excel表格中，Excel表格中每条记录的主要内容包括商品名称、商品类别、商品价格、生产厂家、上一次购入时间、商品的详细信息、商品的缩略图。其中，商品类别包括图书、手机、数码影像和计算机等；商品的缩略图为.jpg或.png格式的图片；生产厂家根据商品类型的不同，所表达的含义略有差异，即如果是图书类型的商品则生产厂家表示出版社，如果是其他类型商品则生产厂家为实际生产机构。Excel中商品记录的示例信息如图6-34所示。

商品名称：　数据库原理与应用教程

商品类别：　图书

商品价格：　3*元

生产厂家：　人民邮电出版社

上架时间：　2015-02-01 11:15:25

商品信息：　全面系统地讲述了数据库技术的基本原理和应用，全书共分7章。

图6-34　商品记录的示例信息

2. 商品销售部的业务信息

商品销售部负责销售各类商品并对每次销售的结果进行记录。目前公司所有销售结果都记录在Excel表格中，Excel表格中的每条记录都由三部分内容构成，分别是订单的基本信息、订单的购买人信息和订单的购买商品信息。

订单的基本信息：订单编号、订单的提交时间和订单的当前状态。其中，订单编号为17位数字，前8位为当前日期，后9位为按订单提交顺序生成的编码，该编号能够唯一标识每一条销售记录；订单的提交时间精确到秒；订单状态包括已提交、已发货、已完成等。

订单的购买人信息：购买人的姓名、性别、联系方式、电子邮箱。其中，联系方式统一存储了购买者的送货位置、邮政编码和手机号码。

订单的购买商品信息：商品名称、商品类别、商品的缩略图、商品的购买数量、商品单价（元）。上述信息需与商品管理部所记录的商品信息对应。

Excel中购买记录的示例信息如图6-35所示。

订单号：20170410140000001　　提交时间：2014-02-08 17:03:28

会员姓名：吴*　　性别：女

联系方式：北京市海淀区成府路**号，100083。手机：138****2876

电子邮箱：Wu****@126.com

商品名称	商品类别	商品图片	商品数量	单价
华为荣耀畅玩6X	手机	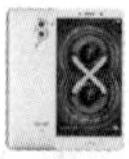	1	1***
数据库原理与应用教程	图书	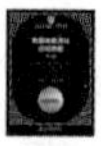	3	3*

状态：已完成

图6-35　购买记录的示例信息

请完成如下实验。

（1）根据商品管理部提供的业务信息，抽象电子商务系统中该部门的局部E-R图。要求绘制E-R图中实体、属性和联系，并使用中文标注实体、属性和联系。

（2）根据商品销售部提供的业务信息，抽象电子商务系统中该部门的局部E-R图。要求绘制E-R图中实体、属性和联系，并使用中文标注实体、属性和联系。

（3）审查已经绘制的E-R图，分析是否可以进行E-R图的优化工作。重点关注绘制的E-R图是否存在数据冗余、插入异常、删除异常和更新异常。

（4）将两个局部E-R图整合成描述该公司电子商务系统的全局E-R图。重点关注合并过程中的各类冲突。

实验 2　数据库系统的逻辑结构设计

一、实验目的

1. 能够将E-R图转换为对应的关系模式。
2. 能够对关系模式进行规范化的分析和验证。
3. 能够在业务需求发生变化时正确调整关系模式。

二、实验内容

根据概念结构设计所得的全局E-R图，完成如下实验。

1. 根据已经绘制的全局E-R图，通过E-R图到关系模式的转换方法，将全局E-R图转换为关系模式，并注明每个模式的主键和外键。

2. 对转换后的关系模式进行优化。

3. 使用数据规范化分析方法，分析转换后的模式属于第几范式。

4. 在与客户进行数据库的确认工作时，商品管理部门发现现有设计中遗漏了商品的库存信息，需要在现有商品中添加库存信息。添加库存后的商品记录如图6-36所示。请修改现有E-R图，并调整转换后的关系模式。

商品名称： 数据库原理与应用教程

商品类别： 图书

商品价格： 3*元

生产厂家： 人民邮电出版社

上架时间： 2015-02-01 11:15:25

商品库存： 10本

商品信息： 全面系统地讲述了数据库技术的基本原理和应用，全书共分7章。

图6-36　添加库存后的商品记录信息

实验3　数据库系统的物理结构设计

一、实验目的

1. 能够将关系模式图转换为相关数据库管理系统的DDL语句。

2. 能够向建立好的数据库中添加测试数据。

3. 能够根据业务需求建立相关的视图。

二、实验内容

根据数据库系统逻辑结构设计所得的关系模式，完成如下实验。

1. 以SQL Server 2022为系统将要部署的数据库管理系统，把逻辑结构设计所得的关系模式转换成数据库管理系统的DDL语句，具体包括数据库创建的DDL语句、各种实体创建的DDL语句和多对多联系创建的DDL语句等。

2. 向已经创建好的数据中添加测试数据，添加记录的数量不限，只需有代表性即可。

3. 创建视图，显示每个订单的总价。

第7章

SQL Server高级应用

SQL Server在支持标准SQL语言的同时，对其进行了扩充，引入了Transact-SQL（简称T-SQL）。Transact-SQL是使用SQL Server的核心功能，通过它可以定义变量、使用流控制语句、自定义函数、自定义存储过程等，极大地扩展了SQL Server 2022的功能。在SQL Server 数据库管理系统中，存储过程和触发器起到重要的作用。存储过程和触发器都是SQL语句和流程控制语句的集合。

本章首先介绍Transact-SQL基本语法、基本语句和函数的使用，接着介绍存储过程和触发器的概念、使用方法，最后讲述数据库备份及还原的具体方法。

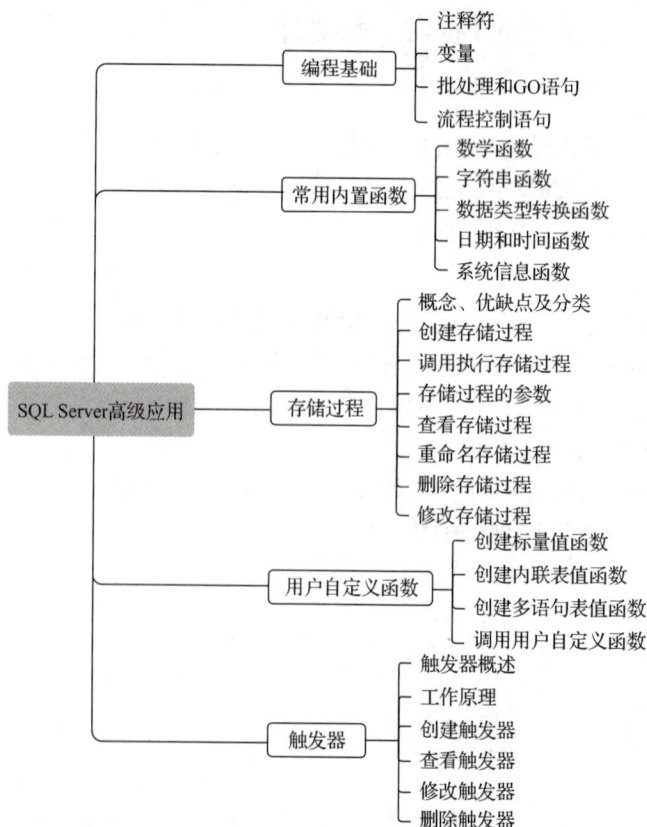

```
                              ┌─ 注释符
                   ┌─ 编程基础 ─┤─ 变量
                   │            ├─ 批处理和GO语句
                   │            └─ 流程控制语句
                   │            ┌─ 数学函数
                   │            ├─ 字符串函数
                   ├─ 常用内置函数 ┤─ 数据类型转换函数
                   │            ├─ 日期和时间函数
                   │            └─ 系统信息函数
                   │            ┌─ 概念、优缺点及分类
                   │            ├─ 创建存储过程
                   │            ├─ 调用执行存储过程
                   │            ├─ 存储过程的参数
   SQL Server高级应用 ├─ 存储过程 ─┤─ 查看存储过程
                   │            ├─ 重命名存储过程
                   │            ├─ 删除存储过程
                   │            └─ 修改存储过程
                   │            ┌─ 创建标量值函数
                   │            ├─ 创建内联表值函数
                   ├─ 用户自定义函数 ┤─ 创建多语句表值函数
                   │            └─ 调用用户自定义函数
                   │            ┌─ 触发器概述
                   │            ├─ 工作原理
                   │            ├─ 创建触发器
                   └─ 触发器 ───┤─ 查看触发器
                                ├─ 修改触发器
                                └─ 删除触发器
```

学习指导

学习目标

【知识层面】

理解Transact-SQL的背景；

掌握触发器的原理；

理解创建存储过程和触发器的语法规则。

【能力层面】

能够根据业务需要，创建满足要求的存储过程和触发器；

能够根据业务需要，选择合适的内置函数。

【素养层面】

能够围绕触发器和存储过程的适用场景，在实际数据库系统开发中，选择存储过程与触发器配合实现系统功能。

学习重点

- Transact-SQL的语法；
- 常见内置函数；
- 存储过程的创建和管理方法；
- 触发器的创建和管理方法。

学习难点

- 在遇到问题时对Transact-SQL进行调试；
- 配合系统研发需要，选择合适的存储过程实现方式；
- 综合利用触发器实现对关键操作的监测和记录。

学习建议

本篇章内容属于**能力为主型篇章**，建议学习时，多使用思维导图，梳理相关知识之间的逻辑关系。学习后，能够用所学的Transact-SQL语法构建存储过程和触发器，为后续深入开展复杂数据库系统研发奠定基础。

7.1 Transact-SQL编程基础

在前面的学习过程中，我们所用到的SQL语言是关系型数据库系统的标准语言，标准的SQL语句几乎可以在所有的关系型数据库系统上不加修改地使用。但是，标准的SQL不支持流程控制，仅仅是一些简单的语句，使用起来有时不方便，也很难实现满足要求的更复杂功能。为此，大型的关系型数据库系统都在标准SQL的基础上，结合自身的特点推出了可以编程的、结构化的SQL编程语言。例如SQL Server的Transact-SQL、Oracle的PL/SQL等。

Transact-SQL就是在标准SQL的基础上进行扩充而推出的SQL Server专用的结构化SQL，引入了程序设计的思想、增加了程序的流程控制等扩展语句。因此，在Transact-SQL中，可以利用这些编程扩展语句和标准的SQL语句，按照逻辑写成一个由若干语句组成的程序代码，从而实现更为复杂的数据库操作。Transact-SQL最主要的用途是设计服务器端的能够在后台执行的程序块，如存储过程、函数、触发器等。

在第3章中，我们曾介绍了标准SQL的数据类型、运算符、语法及其基本使用方法，在此只介绍Transact-SQL中的其他部分。

7.1.1 注释符

利用注释符可以在程序代码中添加注释，起说明作用，不影响程序代码的执行结果。注释的作用有两个：第一，对程序代码的功能及实现方式进行简要的解释和说明，以便将来对程序代码进行维护；第二，可以把程序中暂时不用的语句注释起来，使它们暂时不被执行，等需要这些语句时，再去掉注释符将它们恢复。在Transact-SQL中可以使用以下两类注释符。

（1）--：双连线字符，用于单行注释，从该符号到行尾的内容都为注释。该注释符既可以用在行首，也可以用在行末。例如，以下代码中第1行和第2行的末尾是注释。

```
--这是一行注释
USE TeachingDB   --打开数据库TeachingDB
```

（2）/*…*/：“/*”用于注释文字的开头，“*/”用于注释文字的结尾，二者之间的所有内容都是注释。该注释符可在程序中标识多行文字为注释。比如，以下代码段中的前三行就是一段注释内容，后两行是程序代码（每行末含有单行注释）。

以下程序代码的功能是：

① 打开数据库TeachingDB；

② 从学生表S中读取所有男生信息。

```
USE TeachingDB  --打开数据库TeachingDB
SELECT * FROM S WHERE Sex='男'  --查找学生表S中的所有男生信息
```

7.1.2 变量及其使用

在用Transact-SQL编程过程中，可以使用变量。每个变量相当于一个容器，用于在程序中保存数据或用变量的值参加运算。为了区分不同的变量，我们需要给变量命名，因此，变量具有变量名、变量值和数据类型3个方面的要素。变量名就是每个变量的名称，用于区分不同的变量；变量值就是变量容器中的数据，可以通过赋值进行改变；数据类型是变量值所属的数据类型，如INT、VARCHAR等。

从变量的生存期和作用域范围上来看，SQL Server编程中可以使用两种类型的变量，即全局变量和局部变量。

1. 全局变量

全局变量是SQL Server内部创建和使用的变量，其作用范围并不局限于某一程序，而是任何程序均可随时调用。全局变量通常存储一些SQL Server的配置设定值和效能统计数据等。用户可在程序中用全局变量来测试系统的设定值或Transact-SQL命令执行后的状态值。

使用全局变量时，应注意以下几点。

（1）全局变量不是由用户定义的，而是由SQL Server事先定义的。

（2）全局变量的值由SQL Server自动维护。

（3）用户只能使用SQL Server预先定义的全局变量。因此，全局变量对用户而言是只读的，用户只能读取全局变量的值，而不能对它们进行修改或管理。

（4）全局变量名以"@@"前缀开头。

常用的SQL Server全局变量名及其值的含义如表7-1所示。

表 7-1 常用的 SQL Server 全局变量名及其值的含义

全局变量名	变量值的含义
@@CONNECTIONS	返回自最近一次启动SQL Server以来连接或视图连接的次数
@@MAX_CONNECTIONS	返回SQL Server实例允许同时连接的最大用户连接数
@@MAX_PRECISION	返回数据库服务器中当前设置的DECIMAL和NUMERIC数据类型所用的精度
@@ERROR	返回最后执行SQL语句的错误代码，如没有错误，则返回0
@@ROWCOUNT	返回上一次语句执行所影响的数据记录行数
@@SERVERNAME	返回运行SQL Server的数据库服务器名称
@@SERVICENAME	返回运行SQL Server数据库服务器实例名
@@VERSION	返回SQL Server当前安装的版本、日期、处理器类型和操作系统
@@LANGUAGE	返回当前SQL Server服务器所使用的语言名

2. 局部变量

局部变量是由用户自定义的变量，其作用范围仅在其声明的批处理、存储过程、函数或触发器的局部范围中。局部变量在程序中通常用来存储从表中查询的数据或当作程序执行过程中的暂存变量等。

（1）局部变量的声明

局部变量必须先用DECLARE语句声明后才可使用。其声明形式如下。

```
DECLARE @变量名1 变量类型及长度[=初值1] [,@变量名2 变量类型及长度=初值2,……];
```
说明如下。

① "@变量名1"是被声明变量的名称，其命名规则要符合标识符的规定，不区分字母大小写，变量名要以"@"为前缀。

② "变量类型"是指被声明变量的数据类型，它可以是SQL Server支持的除TEXT、NTEXT、IMAGE外的数据类型，如INT、VARCHAR、DATETIME、FLOAT等。

③ "长度"是变量值的长度。对于定长的数据类型，如INT、REAL、FLOAT等不需要提供长度的定义；但有些数据类型，如CHAR、VARCHAR、NUMERIC、DECIMAL等长度不固定，为节省存储空间，要求提供长度（甚至小数位数），此时可在数据类型后面用英文括号"()"写明。

④ "初值"是可选的，用于给声明的变量同时赋初值。如果没有提供初值，则变量的默认值为NULL。

一条DECLARE语句既可以定义一个变量，也可以同时定义多个变量，它们之间用英文逗号隔开。

例如：

```
DECLARE @id CHAR(8)         --声明一个长度为8个字符的CHAR类型的局部变量@id
DECLARE @name NVARCHAR(20)   --声明一个长度为20个字符的VARCHAR类型的局部变量@name
DECLARE @no INT, @sum NUMERIC(4,1)  --同时声明两个局部变量@no和@sum，@no为INT
类型，--@sum为NUMERIC类型，长度为4，小数位数为1
DECLARE @s INT=0, @addr CHAR(20)='default' --声明局部变量@s和@addr，同时分别赋
初值0和'default'
```

（2）局部变量的赋值

为了在程序中使用局部变量的值进行运算，则必须为其赋值。使用SELECT或SET语句可以给局部变量赋值，其语法格式如下。

```
SELECT @变量名1=值1 [,@变量名2=值2,……];
```

或

```
SET @变量名=值
```

一条SELECT语句可以同时给多个变量赋值，它们之间用英文逗号隔开；一条SET语句只能给一个变量赋值。

例如，以下语句完成对变量的声明和赋值。

```
DECLARE @no INT, @score NUMERIC(4,1)    --声明变量@no和@score
DECLARE @i INT, @j INT                  --声明变量@i和@j
SET @no=1101                            --用SET语句将变量@no的值赋为1101
SET @score=90                           --用SET语句将变量@score的值赋为90
SELECT @i=0, @j=0                       --用一条SELECT语句给变量@i和@j同时赋值
```

再如，从数据表S中查询学号为"S7"的学生的学号与姓名，并将查询的学号与姓名分别存储到局部变量@sno和@sn中。

```
DECLARE @sno VARCHAR(10), @sn VARCHAR(10)
SELECT @sno = SNo, @sn = SN FROM S WHERE SNo = 'S7'
```

3. 变量值的输出

（1）用SELECT语句输出

SELECT语句除可以用于表的查询或给变量赋值外，还可以用于输出变量或表达式的值，用于向客户端查询分析器"结果"窗格中以表格方式输出信息，其语法格式如下。

```
SELECT 变量名或表达式 [,…n]
```

其中，变量名或表达式是被输出的内容，即输出变量或表达式的值。一条SELECT语句可以同时输出多个变量或表达式的值，它们之间用英文逗号隔开。

例如：

```
DECLARE @sno VARCHAR(6), @sn NVARCHAR(10), @score REAL  --声明局部变量
SELECT @sno='S10',@sn='吴伟'        --用SELECT语句给局部变量@sno和@sn赋值
SET @score=85*0.7+95*0.3            --用SET语句给局部变量@score赋值
SELECT @sno,@sn,@score              --用SELECT语句输出三个变量@sno、@sn和@score的值
```

（2）用PRINT语句输出

PRINT语句的作用是向客户端查询分析器"消息"窗格中输出信息，其语法格式如下。

```
PRINT 变量名或表达式
```

其中，变量名或表达式是被输出的内容，即输出变量或表达式的值。一条PRINT语句只能输出一个值。

例如：

```
DECLARE @s INT            --声明局部变量@s
SET @s=5/2                --给局部变量@s赋值
PRINT @@version           --输出全局变量@@version的值
PRINT @s                  --输出局部变量@s的值
PRINT -25 %4              --输出表达式-25 %4的值
```

7.1.3 批处理与 GO 语句

1. 批处理

批处理是被SQL Server服务器系统作为一个逻辑单元对待的Transact-SQL语句组。其特点是

一个批处理中的所有语句都被编译成一个执行计划，作为一个逻辑整体对待，从客户端发送到 SQL Server服务器一起解析和执行。如果其中一条语句不能通过语法分析或发生编译错误，那么该批处理中的任何语句都不被执行。

2. GO 语句
GO语句的语法格式如下。

```
GO
```

说明：

① GO语句必须自成一行。

② GO语句不是Transact-SQL命令，而是由各种SQL Server命令实用程序（如Management Studio中的"查询"窗格）识别的命令。

GO语句的作用是在程序中将多条的Transact-SQL语句进行分隔。每两个GO语句之间的语句组就是一个批处理单元。如果希望将程序中的语句分为多个批处理，则可使用GO语句。

例如：

```
USE TeachingDB
CREATE TABLE T3(a INT)
GO
INSERT INTO T3 VALUES (1)
INSERT INTO T3 VALUES (1,1)
INSERT INTO T3 VALUES (3)
GO
SELECT * FROM T3
GO
```

以上代码的含义说明如下。

首先，编译并执行第一个批处理，打开数据库TeachingDB，由于其中不存在数据表T3，因此，系统创建数据表T3。

接着，编译并执行第二个批处理，将向新建表T3中用INSERT语句插入3条记录。虽然第1条和第3条INSERT语句都正确，但由于第2条INSERT语句提供的值的个数与字段数不一致，因而发生错误，故该批处理中一条语句也不执行。因此，表T3中并没有任何记录。

最后，编译并执行第三个批处理，查询表T3中的记录，可见输出结果为空，表T3没有记录。

7.1.4 流程控制语句

流程控制语句采用了与程序设计语言相似的机制，使其能够产生控制程序执行及流程分支的作用。通过使用流程控制语句，用户可以完成功能较为复杂的操作，并且使程序获得更好的逻辑性和结构性。

Transact-SQL使用的流程控制语句与常见的程序设计语言类似，其主要有以下几种控制语句。

1. BEGIN…END 语句
BEGIN…END语句使用关键字BEGIN和END来设定一个语句块，BEGIN和END要成对使用，语句块是由若干语句构成的程序代码单元，在逻辑上被当作一个整体对待，因此，在程序执行流程中，语句块要么被执行，要么整体都不被执行。BEGIN…END经常在条件语句（如IF…ELSE）、WHILE语句等中使用，BEGIN…END中还可嵌套另外的BEGIN…END

语句。

BEGIN…END语句的语法格式如下。

```
BEGIN
    <命令行或程序块>
END
```

2. IF…ELSE 语句

IF…ELSE语句用来判断当某一条件成立时执行某段程序，条件不成立时执行另一段程序。IF…ELSE语句的语法格式如下。

```
IF <条件表达式>
    <语句块1>
[ELSE
    <语句块2>]
```

说明：

① IF和ELSE为关键字。

②"条件表达式"可以是各种表达式的组合，但表达式的值必须是逻辑值"真"或"假"。

③ 该语句的执行过程如图7-1（a）所示。当IF子句中的"条件表达式"的值为"真"时，执行IF子句后面的"语句块1"，否则，执行ELSE子句后面的"语句块2"，即根据"条件表达式"的值为"真"或"假"，选择"语句块1"或"语句块2"其中之一执行。

④ 其中的"语句块1"或"语句块2"可以是一条语句，也可以是多条语句。如果是多条语句，则需要由BEGIN…END语句来定义。

⑤ ELSE子句是可选的。当没有ELSE子句时，此时的执行过程如图7-1（b）所示。当IF后面的"条件表达式"的值为"假"时，则什么也不执行。

⑥ IF…ELSE可以进行嵌套，在Transact-SQL中最多可嵌套32级。

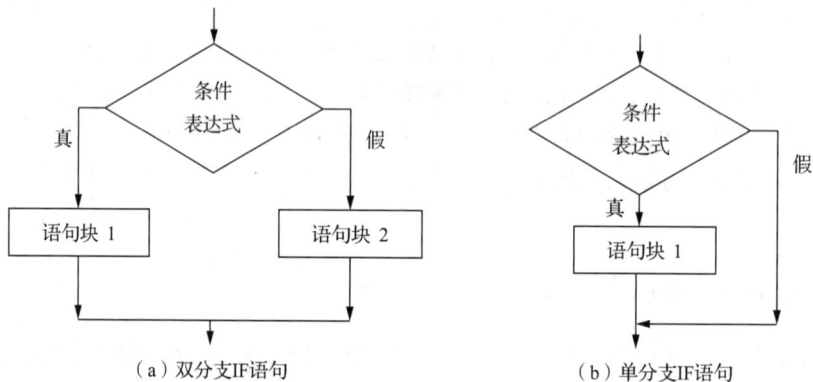

（a）双分支IF语句　　　　（b）单分支IF语句

图7-1　IF...ELSE 语句的执行过程流程图

【例7-1】从数据库TeachingDB中的SC数据表求出学号为S1的学生的平均成绩，如果此平均成绩大于或等于60分，则输出"Pass!"信息，否则输出"Fail!"信息。

代码如下所示。

```
USE TeachingDB
GO
IF (SELECT AVG(Score) FROM SC WHERE SNo='S1')>=60
    PRINT 'Pass!'
ELSE
    PRINT 'Fail!'
GO
```

3. IF [NOT] EXISTS 语句

IF [NOT] EXISTS语句的语法格式如下。

```
IF [NOT] EXISTS (SELECT 子查询)
    <语句块1>
[ELSE
    <语句块2>]
```

说明：

① IF、NOT、EXISTS为关键字。

② 该语句的执行过程和原理与前面的IF…ELSE语句相似，只是此处IF子句中判断条件是否成立的依据是其SELECT子句的查询结果集中是否存在数据记录而已。

③ IF EXISTS语句用于检测数据记录是否存在，如果EXISTS后面的"SELECT 子查询"的结果不为空，即检测到有数据记录存在，就执行IF子句后面的"语句块1"，否则执行ELSE子句后面的"语句块2"。当采用NOT关键字时，则与上面的功能正好相反。

【例7-2】从数据库TeachingDB中的数据表S读取学号为S1的学生的数据记录。如果存在，则输出"存在学号为S1的学生"，否则输出"不存在学号为S1的学生"。

代码如下所示。

```
USE TeachingDB
GO
DECLARE @message VARCHAR(255)
IF EXISTS (SELECT * FROM S WHERE SNo='S1')
    SET @message='存在学号为S1的学生'
ELSE
    SET @message='不存在学号为S1的学生'
PRINT @message
GO
```

由于数据表S中有学号为S1的学生，因而上面程序段IF子句中的子查询SELECT * FROM S WHERE SNo='S1'的结果集不为空，条件成立，执行结果是"存在学号为S1的学生"。

4. CASE 语句

CASE语句有以下两种语法格式。

格式1：

```
CASE <输入表达式>
    WHEN <表达式1> THEN <结果1>
    ……
    WHEN <表达式n> THEN <结果n>
    [ELSE <结果m>]
END
```

说明：

① 格式中的CASE、WHEN、THEN、ELSE、END都是关键字。

② ELSE子句根据实际情况可有可无。

该语句的执行过程是：将CASE子句中"输入表达式"的值分别与各个WHEN子句中的"表达式1"……"表达式n"的值进行比较，当遇到与哪个WHEN子句后面表达式的值相同时，就返回哪个WHEN子句所对应的THEN子句后面的结果，然后直接跳出CASE语句；如果CASE子句中"输入表达式"的值与任何一个WHEN子句后面的表达式的值都不相等，则返回ELSE子句中的"结果m"的值，当没有ELSE子句时，CASE语句将返回NULL。

【例7-3】编写程序段，从数据库TeachingDB中的学生表S选取SNo和Sex，如果Sex字段值为

"男"则输出"M"，如果为"女"则输出"F"。

代码如下所示。

```
USE TeachingDB
GO
SELECT SNo,
    Sex=
    CASE Sex
        WHEN '男' THEN 'M'
        WHEN '女' THEN 'F'
    END
FROM S
GO
```

在以上程序代码中，将CASE语句嵌入SELECT语句，并将该CASE语句的执行结果作为查询字段Sex的值，然后输出，其执行结果如图7-2所示。

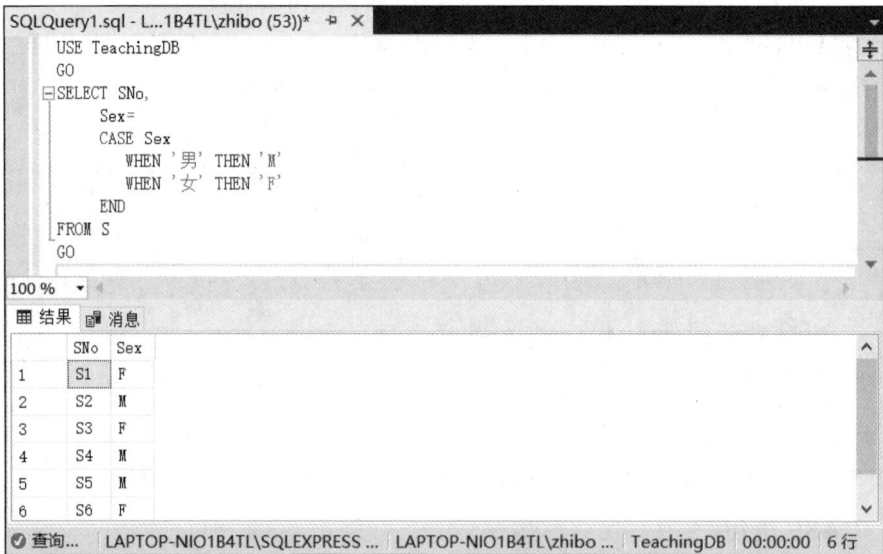

图7-2 例7-3的执行结果

格式2：

```
CASE
    WHEN <表达式1> THEN <结果1>
    ......
    WHEN <表达式n> THEN <结果n>
    [ELSE <结果m>]
END
```

该语句的执行过程是：依次测试各个WHEN子句后面表达式的值，当遇到某个WHEN子句的表达式的值为"真"时，则该语句返回与该WHEN子句所对应的THEN子句后面的结果，然后直接跳出CASE语句；如果所有WHEN子句后面对应表达式的值都为"假"，则返回ELSE子句后的结果，并跳出CASE语句。如果在CASE语句中没有ELSE子句，则返回NULL。

✎注意

CASE命令可以嵌套到SQL命令中。

【例7-4】编写程序段，从数据库TeachingDB中的SC表查询所有学生选课的成绩情况，凡成绩为空的输出"未考"，小于60分的输出"不及格"，60~70分的输出"及格"，70~90分的输出"良好"，大于或等于90分的输出"优秀"。

代码如下所示。

```
USE TeachingDB
GO
SELECT SNo,CNo, Score=
    CASE
      WHEN Score IS NULL THEN '未考'
      WHEN Score<60 THEN '不及格'
      WHEN Score>=60 AND Score<70 THEN '及格'
      WHEN Score>=70 AND Score<90 THEN '良好'
      WHEN Score>=90 THEN '优秀'
    END
FROM SC
GO
```

在以上程序代码中，将CASE语句嵌入SELECT语句，并将该CASE语句的执行结果作为查询字段Score的值，然后输出，其执行结果如图7-3所示。

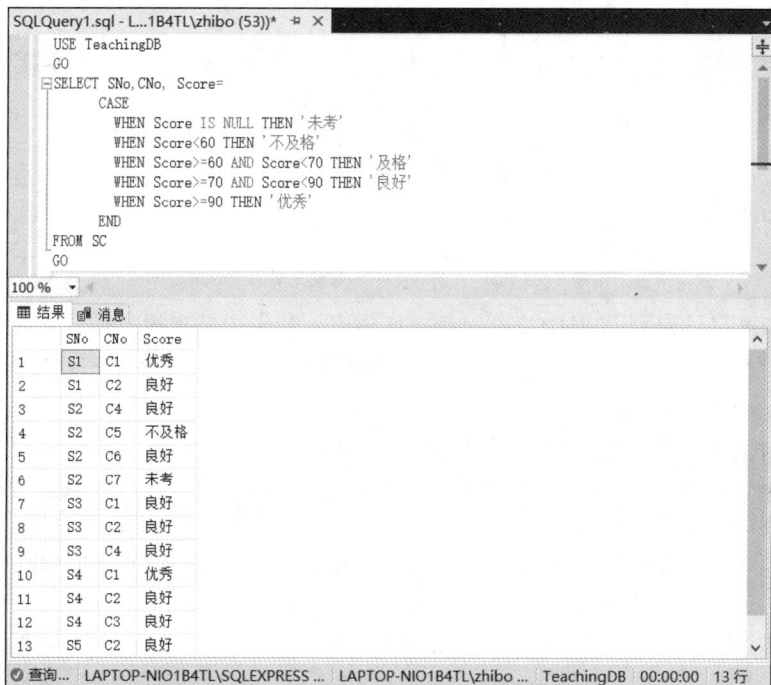

图7-3 例7-4的执行结果

5．WHILE…CONTINUE/BREAK 语句

（1）WHILE语句

WHILE语句的语法格式如下。

```
WHILE <条件表达式>
BEGIN
   <程序块>
END
```

说明：

① 语句中的WHILE、BEGIN、END都是关键字。

② WHILE语句用于在程序中建立循环程序结构，即使程序在设定的"条件表达式"成立时重复执行由BEGIN和END之间定义的语句块，该语句块称为循环体。

③ WHILE语句的执行过程如图7-4所示。当程序执行到WHILE语句时，首先判断WHILE后面的"条件表达式"的值，若该表达式的值为"真"，则执行循环体1次；当循环体执行完后，再返回WHILE语句，继续判断"条件表达式"的值，如果为"真"，则再执行循环体1次；重复以上过程，直到"条件表达式"的值为"假"，才跳出循环。跳出循环后，程序接着执行循环体END语句后面的其他程序语句。

④ WHILE语句可以嵌套，即当前WHILE语句的循环体中还可以用另外一个WHILE语句定义新的循环体结构，形成循环套循环的结构。

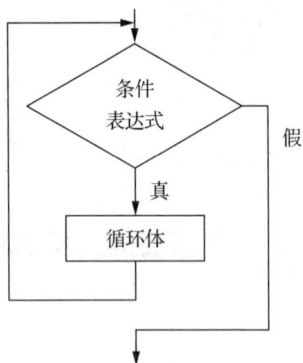

图7-4 WHILE语句的执行过程流程图

（2）BREAK语句

BREAK语句的语法格式如下。

```
BREAK
```

BREAK语句只能用于WHILE语句的循环体中，其作用是当执行循环体的过程中遇到BREAK语句时，使程序无条件地跳出循环体，结束WHILE语句的执行，即终止循环的执行。

（3）CONTINUE语句

CONTINUE语句的语法格式如下。

```
CONTINUE
```

CONTINUE语句也只能用于WHILE语句的循环体中，其作用是当执行循环体的过程中遇到CONTINUE语句时，立即结束本次循环的执行，让程序跳过循环体中CONTINUE语句之后的所有语句，直接回到WHILE语句，继续判断是否执行下一次循环。

【例7-5】编写程序段，计算并输出1～100范围内所有能被11整除的数的个数及它们的总和。

代码如下所示。

```
DECLARE @s SMALLINT,@i SMALLINT,@nums SMALLINT
SET @s=0
SET @i=1
SET @nums=0
WHILE @i<=100
    BEGIN
        IF @i%11=0
            BEGIN
                SET @s=@s+@i
                SET @nums=@nums+1
            END
        SET @i=@i+1
    END
PRINT @nums
PRINT @s
```

程序的执行结果为9和495，即1～100范围内所有能被11整除的数的个数是9个，它们的总和是495。PRINT语句的执行结果显示在"信息"窗格中，如图7-5所示。

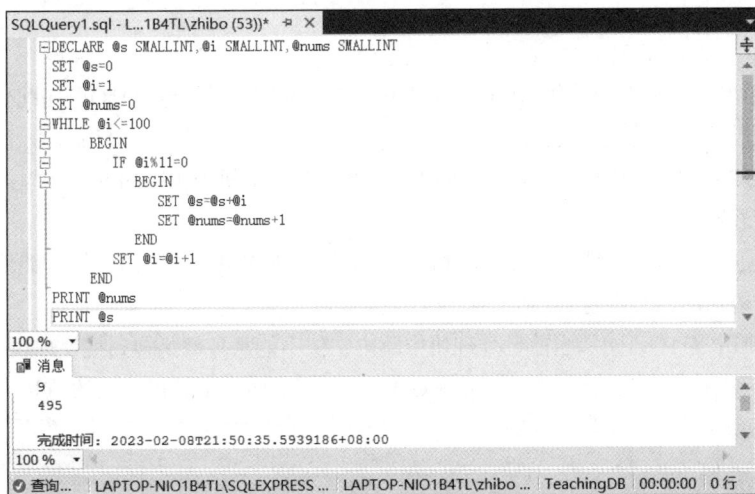

图7-5　例7-5的执行结果

【例7-6】编写程序段，计算并输出2～20范围内所有的素数（素数是除能被1和它本身整除外，不能被别的自然数整除的数）。

代码如下所示。

```
DECLARE @n INT, @i INT
SET @n=2
WHILE @n<=20
    BEGIN
    SET @i=2
        WHILE @i<=@n-1
          BEGIN
           IF @n%@i=0
              BREAK
            SET @i=@i+1
          END
    IF @i=@n
      PRINT @n
    SET @n=@n+1
    END
```

执行结果为2　3　5　7　11　13　17　19，这些都是3～20的素数。

6. 语句标签和 GOTO 语句

（1）语句标签

语句标签的作用是标记程序中的某个语句位置。在一个标识符的后面加上冒号即可形成一个语句标签，该语句标签可以放在某个程序代码语句的前面或单独占一行。其语法格式如下。

```
标识符:
```

例如：

```
sign:
beg: SET @i=0
```

上面的sign：和beg：都是语句标签。

（2）GOTO语句

GOTO语句是无条件跳转语句，其语法格式如下。

```
GOTO 语句标签
```

当程序执行到GOTO语句时，它可使程序的执行无条件地跳转到GOTO语句中指定的语句标签处，从此位置继续执行。

说明：

① 一般情况下，不直接单独使用GOTO语句，通常使用IF语句与GOTO语句配合的方式，构建循环结构或使程序跳转实现选择结构。

② 使用GOTO语句会使程序执行的流程可读性变差，不便于程序的维护，因此，建议尽量不使用GOTO语句。

③ 可以使用GOTO语句从WHILE循环体或IF语句的语句块内部跳出，但不能从外部跳入循环体内部或IF语句的语句块内。

④ 可以使用GOTO语句从当前批处理块中跳出，但不能从外部跳转到批处理块内部。

【例7-7】编写程序段，使用语句标签和GOTO语句实现求1+2+3+…+10的总和。

代码如下所示。

```
DECLARE @s SMALLINT,@i SMALLINT
SET @i=1
SET @s=0
BEG:  --语句标签BEG:
IF @i<=10
   BEGIN
       SET @s=@s+@i
       SET @i=@i+1
       GOTO BEG    /*使程序跳转到语句标签为BEG：的地方执行*/
   END
PRINT @s
```

该程序段中用IF语句与GOTO语句配合，组成了一种循环结构，实现从1累加到10。程序的输出总和是55。

7. RETURN 语句

RETURN语句的语法格式如下。

```
RETURN [表达式]
```

说明：

① RETURN语句用于使程序从一个查询、存储过程、函数或批处理中无条件返回调用处，其后面的语句不再执行。在RETURN后面可指定一个表达式，将该表达式的值返回调用语句处，但该值不能为NULL值。

② 在存储过程中，用RETURN语句返回值时，被返回表达式的值必须是一个整数值。如果未指定返回值，则返回0。

③ 在标量值函数中，可用RETURN语句返回一个标量值（不能是TABLE、TEXT、NTEXT、IMAGE和TIMESTAMP等类型）。

④ 在表值函数中，可用RETURN语句返回一个TABLE类型的值（即数据表）。

7.2 SQL Server常用内置函数

函数是能够完成特定功能并返回处理结果的一组程序代码，处理结果称为"返回值"，处理过程称为"函数体"。为了用户计算方便，SQL Server提供了许多系统内置函数，用户在编程过程中可以直接使用这些内置函数，同时SQL Server也允许用户根据需要自己定义函数。函数可以用于表达式中参与值的运算，还可以出现在SELECT语句的选择列表中，也可以出现在WHERE子句的条件中。

SQL Server提供的常用内置函数主要有以下几类：数学函数、字符串函数、日期和时间函数、系统函数、聚合函数、统计函数等。第3章已对常用的聚合函数和统计函数进行了讲述，在此不再赘述。

7.2.1 数学函数

数学函数可对数据类型为整型、浮点型、实型、货币型和SMALLMONEY型的数值进行操作，完成常见的数学运算，比如，求绝对值、平方根、对数、指数等。常用的SQL Server数学函数如表7-2所示。

表 7-2　常用的 SQL Server 数学函数

函数类别	函数名及格式	功能	示例
三角函数	SIN(x)	返回以弧度表示的x的正弦	SIN(0)的值为0
	COS(x)	返回以弧度表示的x的余弦	COS(0)的值为1
	TAN(x)	返回以弧度表示的x的正切	TAN(3.14159/4) 的值为0.999998
	COT(x)	返回以弧度表示的x的余切	COT(1)的值为0.642092
反三角函数	ASIN(x)	返回以x为正弦值的角（弧度）	ASIN(0)的值为0
	ACOS(x)	返回以x为余弦值的角（弧度）	ACOS(1)的值为0
	ATAN(x)	返回以x为正切值的角（弧度）	ATAN(0)的值为0
角度与弧度转换函数	DEGREES(x)	把x从弧度转换为角度	DEGREES(1)的值为57
	RADIANS(x)	把x从角度转换为弧度	RADIANS(90.0)的值为1.570796
指数函数	EXP(x)	返回以e为底的x次幂	EXP(1)的值为2.718282
	POWER(x,y)	返回以x为底的y次幂	POWER(2,4)的值为16
平方函数	SQUARE(x)	返回x的平方	SQUARE(5)的值为25
对数函数	LOG(x)	返回x的以e为底的自然对数值	LOG(1)的值为0
	LOG10(x)	返回x的以10为底的常用对数值	LOG10(10)的值为1
平方根函数	SQRT(x)	返回x的平方根	SQRT(1)的值为1
取近似值函数	CEILING(x)	返回大于或等于x的最小整数	CEILING(-5.6)的值为-5
	FLOOR(x)	返回小于或等于x的最大整数	FLOOR(-5.2) 的值为-6
	ROUND(x,n)	将x四舍五入为指定的小数位数n	ROUND(5.6782,2) 的值为5.6800
绝对值函数	ABS(x)	返回x的绝对值	ABS(-3.4) 的值为3.4
符号函数	SIGN(x)	测试x的正、负号，返回值为0、1或-1	SIGN(-3.4) 的值为-1
随机数函数	RAND()	返回0～1的随机浮点数	
圆周率函数	PI()	返回值为p	PI()的值为3.14159265358979

例如：

表达式(-4+SQRT(4*4-4*1*4))/2的值为-2。

表达式SIN(PI()/2)*SIGN(-4)*ABS(-2)的值为-2。

表达式FLOOR(3.56)*SQRT(4)*LOG10(100)的值为12。

7.2.2　字符串函数

字符串函数是用于对字符串数据进行运算的函数，如CHAR、VARCHAR、BINARY和VARBINARY数据类型以及可以隐式转换为CHAR或VARCHAR的数据类型等。SQL Server提供的字符串函数主要有字符串转换函数、去空格函数、求子串函数、字符串比较函数、字符串操作函数等，常用的SQL Server字符串函数如表7-3所示。

表7-3　常用的 SQL Server 字符串函数

函数类别	函数名及格式	功能	示例
字符串转换函数	ASCII(s)	返回字符串s的第一个字符的ASCII值	ASCII('abc')的值为97，即输出字符"a"的ASCII值为97
	CHAR(x)	返回以x的值为ASCII值的字符	CHAR(97)的值为字符'a'
	LOWER(s)	将字符串s中的所有字母转换为小写	LOWER('ABCDE123')的值为'abcde123'
	UPPER(s)	将字符串s中的所有字母转换为大写	UPPER('abcd123XYZ')的值为'ABCD123XYZ'
	STR(x,a,b)	把数值x转换为字符型数据，a指定返回的字符串长度，b指定返回的小数位数（下一位四舍五入后再转换）	STR(12.5678,6,1)的结果为'12.6' STR(12.5678,6,3)的结果为'12.568'
去掉字符串两端的空格符函数	LTRIM(s)	去掉字符串s开始处（左端）的空格符	LTRIM(' CAPITAL ')的值为'CAPITAL '
	RTRIM(s)	去掉字符串s结尾处（右端）的空格符	RTRIM(' CAPITAL ')的值为' CAPITAL'
	TRIM(s)	去掉字符串s两端的空格符	TRIM(' CAPITAL ')的值为'CAPITAL'
求子串函数	LEFT(s,n)	从字符串s的左端截取n个字符形成子串	LEFT('首都北京',2)的值为'首都'
	RIGHT(s,n)	从字符串s的右端截取n个字符组成子串	RIGHT('BEIJING',4)的值为'JING'
	SUBSTRING(s, start, length)	从字符串s的start位置开始截取长度为length的子字符串	SUBSTRING('BEIJING',1,3)的值为'BEI'
字符串比较函数	CHARINDEX(s1,s2)	返回字符串s1在字符串s2中出现的位置，若未出现，则返回0值	CHARINDEX('BCD', 'ABCDEFGH')的结果为2
	PATINDEX('%s1%', s2)	返回字符串s1（两端必须用通配符%括起来）在字符串s2中出现的位置，若未出现，则返回0值	PATINDEX('%BCD%', 'ABCDEFGHI')的值为2

续表

函数类别	函数名及格式	功能	示例
字符串操作函数	CONCAT (s1,s2,…,sn)	返回字符串s1,s2,…,sn等多个字符串顺序连接形成的一个字符串	CONCAT('首都','北京')的值为'首都北京'
	LEN(s)	返回字符串s中的字符个数（即求字符串s的长度）	LEN('北京bj')的值为4
	QUOTENAME (s,c)	返回字符串s用字符c括起来形成的字符串，若c省略，则表示用"[]"括起来	QUOTENAME('China')的值为[China] QUOTENAME('China','()')的值为(China)
	REPLACE(s,s1,s2)	用字符串s2替换字符串s中的子串s1	REPLACE('abbcab','ab','xxx')的值为'xxxbcxxx'
	REPLICATE(s,n)	将字符串s重复n次，形成新的字符串	REPLICATE ('北京',2)的值为'北京北京'
	REVERSE(s)	将字符串s的顺序反过来	REVERSE('abc')的值为'cba'
	SPACE(n)	返回n个空格所组成的字符串	SPACE(5)返回5个空格符组成的字符串' '
	STUFF(s1,p,n,s2)	将字符串s1中从第p个位置开始的n个字符替换为字符串s2	STUFF('123456789',5,2,'ABCD')的结果为字符串'1234ABCD789'

7.2.3 数据类型转换函数

当不同数据类型的数据一起参加运算时，对于数据类型相近的数据，SQL Server会自动进行隐式类型转换。例如，当表达式中用了INTEGER、SMALLINT或TINYINT时，SQL Server可将SMALLINT数据类型或表达式转换为INTEGER数据类型或表达式，这便称为隐式转换。

如果不能确定SQL Server是否能完成隐式转换或者使用了不能隐式转换的其他数据类型，就需要使用数据类型转换函数做显式转换。此数据类型转换函数有以下两个。

1. CAST 函数

CAST函数的语法格式如下。

```
CAST(<expression> AS <data_type>[(length)])
```

说明：

① 参数expression是必选项，表示要进行数据类型转换的表达式，也就是要把expression值的数据类型转换为由参数data_type指定的目标数据类型。

② AS为关键字。

③ 参数data_type是必选项，是要转换的目标数据类型。

④ 参数length是可选项，用于指定目标数据类型的长度。

例如，CAST('20170210' AS DATE)是将字符类型的数据'20170210'转换为DATE数据类型（目标数据类型），转换结果为'2017-02-10'。

再如，CAST(100 AS CHAR(5))是将整数100转换成长度为5个字符的CHAR类型，转换结果为字符串'100'。

2. CONVERT 函数

CONVERT函数的语法格式如下。

```
CONVERT(<data_type>[(length)],<expression> [,style])
```

说明：

① 参数data_ type是必选项，表示数据类型，即转换后的目标数据类型。它可以是SQL Server定义的数据类型。

② 参数length是可选项，用于指定转换后的数据类型的长度，省略时为30。

③ 参数expression是必选项，是要被转换数据类型的表达式，也就是要把expression值的数据类型转换为由参数data_type指定的数据类型。

④ 参数style是可选项，专用于将DATATIME和SMALLDATETIME类型数据转换为字符串时所选用的由SQL Server提供的转换样式编号，不同的样式编号用不同的格式显示日期和时间，如表7-4所示。

表 7-4　DATATIME 和 SMALLDATETIME 类型数据的转换格式

参数style取值 （不带世纪位，年份 输出两位YY）	参数style取值 （带世纪位，年份输出 四位YYYY）	标　准	输 出 格 式
	0或100	缺省	mon dd yyyy hh:mi Am/Pm
1	101	USA	mm/dd/yy
2	102	ANSI	yy.mm.dd
3	103	UK/French	dd/mm/yy
4	104	German	dd.mm.yy
5	105	Italian	dd-mm-yy
6	106		dd mon yy
7	107		mon dd yy
8	108		hh:mi:ss
	9或109		mon dd yyyy hh:mi:sss Am/Pm
10	110	USA	mm-dd-yy
11	111	Japan	yy/mm/dd
12	112	ISO	yymmdd
	13或113	Europe	dd mon yyyy hh:mi:ss:mmm（24h）
14	114		hh:mi:ss:mmm（24h）
	20或120	ODBC1	yyyy-mm-dd hh:mi:ss（24h）
	21或121	ODBC2	yyyy-mm-dd hh:mi:ss:mmm（24h）

例如，假设系统当前日期和时间为2023年2月6日下午2点23分，则以下语句表示将当前日期数据按指定的格式转换为相应的字符串数据。

CONVERT(CHAR,GETDATE(),0)的结果为字符串"02 6 2023 2:23PM"。

CONVERT(CHAR,GETDATE(),100)的结果也为字符串"02 6 2023 2:23PM"。

可见，此处参数style的取值为0或100的效果是一样的。

CONVERT(CHAR,GETDATE(),1)的结果为字符串"02/06/23"（年份输出两位）。

CONVERT(CHAR,GETDATE(),101)的结果为字符串"02/06/2023"（年份输出四位）。

7.2.4 日期和时间函数

日期和时间函数主要用于处理DATETIME和SMALLDATETIME类型的日期和时间数据，SQL Server提供的日期和时间函数主要有获取当前日期、获取当前时间、计算日期的函数和计算时间的函数等，常用的SQL Server日期和时间函数如表7-5所示。

表 7-5　常用的 SQL Server 日期和时间函数

函数类别	函数名及格式	功　能	示　例
求日期中的日子	DAY(date)	返回日期date是该月的第几天（1~31）	DAY('2023-2-6')的值为6
求日期中的月份	MONTH(date)	返回日期date的月份值（1~12）	MONTH('2023-2-6')的值为2
求日期中的年份	YEAR(date)	返回日期date的年份值	YEAR('2023-2-6')的值为2023
获取当前日期和时间	GETDATE()	返回系统的当前日期和时间	GETDATE()的值为'2023-02-06 15:30:00'
	SYSDATETIME ()	返回系统当前的日期和时间，同函数GETDATE()	SYSDATETIME()的值为'2023-02-06 15:30:00'
日期增加	DATEADD(datepart, number,date)	返回日期date加上指定的日期间隔number产生的新日期。参数"datepart"用来指定构成日期类型数据的各组件，如年、季、月、日、星期等，其取值如表7-6所示	DATEADD(MONTH,1,CONVERT(DATE,GETDATE(),101))的值为日期'2023-03-06'，即月份加1；DATEADD(YEAR,1,CONVERT(DATE,GETDATE(),101))的值为日期'2024-02-06'，即年份加1；DATEADD(dd,15,CONVERT(DATE,GETDATE(),101)) 的值为日期'2023-02-21'，即日子加15天
求两个日期的差	DATEDIFF(datepart, date1,date2)	返回两个指定日期在datepart（如表7.6所示）方面的差值，即date2超过date1的差距值，其结果值为整数值	DATEDIFF(DAY, '2023-01-01', '2023-02-01')的值为31，即第2个日期超过第1个日期31天；DATEDIFF(WEEK, '2023-01-01', '2023-02-01')的值为4，即第2个日期超过第1个日期4周
获取日期中的指定部分	DATENAME (datepart,date)	以字符串的形式返回日期date的指定部分，返回部分由datepart（如表7-6所示）来指定	DATENAME(YEAR,'2023-02-06')的值为字符串'2023'；DATENAME(MONTH,'2023-02-06')的值为字符串'02'
	DATEPART (datepart,date)	以整数的形式返回日期date的指定部分，返回部分由datepart（如表7-6所示）来指定	DATEPART(MONTH,'2023-02-06')的值为2

注：表中实例涉及当前日期和时间时，假设系统当前的日期是2023-2-6，系统当前的时间是15:30:00。

表7-6　日期相关运算函数中 datepart 参数的取值及含义

参数datepart取值	参数datepart取值缩写	含　义
YEAR	YY或YYYY	年
QUARTER	QQ或Q	季度
MONTH	MM或M	月
DAYOFYEAR	DY或Y	一年内的天
DAY	DD或D	天
WEEK	WK或WW	星期
WEEKDAY	DW	一个星期内的天
HOUR	HH	小时
MINUTE	MI或N	分钟
SECOND	SS或S	秒
MILLISECOND	MS	毫秒

7.2.5　系统信息函数

系统信息函数用于获得SQL Server服务器的有关系统信息，例如，获取当前数据库的名称、当前用户名、登录名等，常用的SQL Server系统信息函数如表7-7所示。

表7-7　常用的 SQL Server 系统信息函数

函　数　类　别	函数名及格式	功　　能
获取数据库编号	DB_ID()	以整数值返回当前数据库的编号
获取数据库名称	DB_NAME()	以字符串形式返回当前数据库的名称
获取服务器计算机编号	HOST_ID()	以字符串形式返回服务器计算机标识号
获取服务器计算机名称	HOST_NAME()	以字符串形式返回服务器计算机的名称
获取用户登录数据库服务器的登录名	SUSER_NAME()	以字符串形式返回用户登录数据库服务器的登录名
获取用户在数据库中的名称	USER_NAME()	以字符串形式返回用户在当前数据库中的名称

7.3　存储过程

在大型数据库系统中，存储过程和触发器起到了很重要的作用。无论是存储过程还是触发器，都是SQL语句和流程控制语句的集合。就本质而言，触发器也是一种存储过程。

7.3.1　存储过程的概念、优缺点及分类

1．存储过程的概念

存储过程（Stored Procedure）是一组完成特定功能的SQL程序代码段，经编译后存储在数据库中，可被触发器、其他存储过程、程序设计语言等调用。每个存储过程在定义时都被指定一个特定的名称，即存储过程的名称，因此，用户可通过指定存储过程的名称并给出参数（如果该存储过程带有参数）来调用执行指定的存储过程。存储过程能够完成的功能由其过程体中的代码来决定，当存储过程被调用执行时，过程体中的代码将被执行，从而完成了相应的功能。

SQL Server中的存储过程与其他编译语言中的过程类似，比如，可以接受输入参数并以输出参数的形式将多个值返回调用处，存储过程的执行能够完成某个预先设定的功能等。

2. 存储过程的优点

存储过程具有以下优点。

（1）增强了SQL语言的功能和灵活性。存储过程中可用流程控制语句对SQL语句的执行进行控制，有很强的灵活性，可以实现复杂的功能。

（2）可被多次重复调用。创建好的存储过程被存储在其隶属的数据库中，以后可以被多次调用，而不必重新编写存储过程中的代码。同时，数据库编程技术人员可随时对存储过程进行修改，但对应用程序没有影响，因为存储过程独立于程序源代码而单独存在，不影响客户端的使用。

（3）能实现更快的执行速度。如果实现某一操作需要若干SQL语句代码，这些代码若放在存储过程中执行要比作为一个批处理的执行速度快得多，因为存储过程是预编译的，存储过程在创建时，SQL Server就对其进行编译、分析和优化，并且给出最终被存储在系统表中的执行计划。在第一次被执行后，存储过程就存储在服务器的内存中，这样应用程序在执行时就可以直接调用内存中的代码执行，无须再次进行编译，大大加快了执行速度。而如果这些SQL代码作为批处理运行，则都要从客户端重复发送，并且在SQL Server每次执行这些语句时，都要对其进行编译和优化，速度相对较慢。

（4）减少网络流量。如果完成某一操作的SQL语句被组织到一个存储过程中，那么当在客户端调用该存储过程时，只需一条调用该存储过程的语句就可实现，网络中传送的只是调用语句，而不需要在网络中传送这些SQL语句代码，从而大大降低了网络流量。

（5）存储过程可作为一种安全机制来利用。可设定只有某用户才具有对指定存储过程的使用权，从而实现对相应数据访问权限的限制，避免了非授权用户对数据的访问，保证了数据的安全性。

3. 存储过程的缺点

存储过程具有以下缺点。

（1）移植性差。由于不同数据库厂商的扩展SQL编程语法都不太相同，因此，在某种数据库系统上编写的存储过程，难以直接移植到另外一种数据库系统中。

（2）难以调试、维护。由于数据库系统一般没有较好的调试器，很多时候在编写和调试存储过程的代码时，只能使用PRINT语句输出信息的辅助形式来调试。当存储过程的功能代码比较多、功能比较复杂时，对代码功能的调试更麻烦。

（3）无法应用缓存。虽然可以使用全局临时表等方法做数据缓存，但这样会加重数据库服务器的负担。如果缓存并发较高，通常还需要加锁，这样效率很低。

（4）服务器不能负载均衡。由于存储过程存储在数据库服务器的数据库中，存储过程的执行全部在服务器完成，这样就把业务处理的负担压在数据库服务器上了，无法通过中间层来灵活分担负载和压力均衡负载等。

4. 存储过程的分类

按照存储过程定义的主体不同，存储过程可分为以下三类。

（1）系统存储过程

系统存储过程是由SQL Server创建和提供的存储过程，主要存储在master数据库中并以

"sp_"为命名前缀，并且系统存储过程主要从系统表中获取信息，从而为系统管理员管理SQL Server提供支持。通过系统存储过程，SQL Server中的许多管理性或信息性的活动（如了解数据库对象、数据库信息）都可以被顺利、有效地完成。尽管这些系统存储过程被放在master数据库中，但是仍可以在其他数据库中对其进行调用，且调用时不必在存储过程名前加上数据库名。当创建一个新数据库时，一些系统存储过程会在新数据库中被自动创建。常用的SQL Server系统存储过程如表7-8所示。

表7-8 常用的 SQL Server 系统存储过程

存储过程名称及语法格式	功　能
sp_helpdb [database_name]	显示参数database_name所指定的数据库名称、大小等信息，如参数省略，则显示所有数据库的信息
sp_helptext <object_name>	显示参数object_name所指定的用户自定义存储过程、函数、触发器、视图等对象的定义代码内容
sp_renamedb <dbname>, <newdbname>	将参数dbname所指定的数据库的名称改为参数newdbname所表示的名称
sp_helplogins [loginname]	查看数据库服务器的所有登录名信息或由参数loginname所指定的登录名信息
sp_helpsrvrolemember	查看所有数据库用户所属的固定服务器的角色信息

（2）用户自定义存储过程

用户自定义存储过程是由用户（程序开发人员或DBA）在指定数据库中创建并能完成某一特定功能的存储过程。本节中所涉及的存储过程主要指用户自定义存储过程。

（3）扩展存储过程

用编程语言（如C#）创建的以DLL形式独立存在的、用以扩展SQL Server服务器功能的存储过程，其名称以"xp_"为命名前缀进行标识，SQL Server服务器实例可以通过动态加载和运行这些DLL以完成存储过程的功能。

7.3.2　创建存储过程

在SQL Server中创建存储过程，可以通过用户在SQL Server Management Studio（简称SSMS）查询窗格中直接输入代码来完成，也可以借助SSMS在查询窗格中生成存储过程的框架代码，在此基础上对代码补充、完善来完成。不管通过哪种方式，创建存储过程都是使用CREATE PROCEDRUE命令完成的。

当创建存储过程时，通常需要确定存储过程的以下几个组成部分。

（1）指定存储过程的名称。

（2）所有的输入参数（包括参数名及其数据类型等）以及传给调用者的输出参数。

（3）被执行的针对数据库的操作语句，包括调用其他存储过程的语句。

（4）返回调用者的状态值以指明调用成功还是失败。

1. 使用 CREATE PROCEDURE 命令创建存储过程

使用CREATE PROCEDURE命令创建存储过程的常用语法格式如下。

```
CREATE PROCEDURE <procedure_name>
   [ { @parameter data_type }[ VARYING ] [ = default ] [ OUTPUT ]
   ] [ ,…n ]
```

```
[ WITH { RECOMPILE | ENCRYPTION | RECOMPILE , ENCRYPTION } ]
AS
[BEGIN]
    sql_statements
[END]
```

说明：

① 以上语法格式虽然内容看起来较多，但并不复杂。该语句的总体结构是：在关键字CREATE PROCEDURE后面是存储过程的名称；在存储过程名与AS之间可用于书写存储过程的参数定义（即参数表）和必要的设置信息；关键字AS后面用于定义存储过程的过程体（可以由BEGIN和END关键字包围），即能够完成存储过程功能的代码。

② 根据实际需要，参数表中可以定义参数，也可以没有参数。当参数表中没有参数的定义时，这种存储过程称为无参存储过程；当参数表中有参数的定义时，表示是有参存储过程。参数表中每个参数的定义基本形式和组成结构是"@parameter data_type=default"，如果有多个参数，则用英文逗号隔开。

③ 参数procedure_name是必选项，表示要创建的存储过程的名称，用户必须指定其具体名称，该名称必须符合标识符的命名规则，且在一个数据库中或对其所有者而言，存储过程的名称必须唯一。

④ 参数@parameter是可选项，表示定义存储过程的参数名，参数名必须以"@"前缀开头，此处定义的参数是一种形式参数（简称形参），即当存储过程没有执行时，这些参数没有值；当存储过程被调用执行时，由调用处给这些参数传递值，存储过程中利用它们传递过来的值参与运算。

⑤ 参数data_type是可选项，表示参数的数据类型（如有必要，也需要同时指定长度）。当用@parameter指定了存储过程的参数名时，data_type也必须指定，用于定义该参数的数据类型。

⑥ 参数default是可选项，用于给参数指定默认值（该值必须是常数或者空值），指定默认值的方法是用"="将参数名、参数数据类型和默认值连接起来，即"@parameter data_type=default"。如果指定了默认值，则当调用该存储过程时，如果没有给该参数传递数据，则在该存储过程中该参数以此默认值参与运算。

⑦ OUTPUT是关键字，是可选项，写在存储过程参数的定义后面，用于表示该参数是一个输出参数（即存储过程执行完后，该参数可以返回值）。用OUTPUT参数可以向调用者返回信息。但注意，TEXT类型参数不能用作OUTPUT型参数。

如果参数的数据类型是游标（CURSOR）类型，则该参数必须定义成OUTPUT参数，且数据类型后面要加VARYING关键字进行修饰。

如果省略OUTPUT关键字，则表示该参数是输入参数，即在调用存储过程时，需要向该参数传递数据，该参数从调用处获得向过程内部传递的数据。

⑧ WITH是关键字，是可选项。该关键字后面可以跟关键字RECOMPILE、ENCRYPTION或者RECOMPILE与ENCRYPTION的组合。

WITH RECOMPILE表示SQL Server并不保存该存储过程的执行计划，该存储过程每调用执行一次，系统都要重新对其进行编译。

WITH ENCRYPTION表示SQL Server将存储过程的定义信息以加密方式存储在syscomments表的text字段，这时通过syscomments表将无法查看存储过程的具体内容，起到加密安全的作用。

WITH RECOMPILE, ENCRYPTION表示以上两种功能的组合。

⑨ AS是关键字，其后面用于书写该存储过程的功能代码，也就是过程体。

⑩ BEGIN和END关键字是可选的，它们之间的代码就是过程体，过程体可以用BEGIN和END来指明，也可以不指明。

⑪ 参数sql_statements就是过程体中的代码语句，该代码语句可以包括若干Transact-SQL语句。存储过程能够完成的功能就是由过程体的代码所决定的。

✎注意

（1）在一个批处理中，CREATE PROCEDURE语句不能与其他SQL语句合并在一起。

（2）数据库所有者具有默认的创建存储过程的权限，可把该权限传递给其他用户。

（3）只能在当前数据库中创建属于当前数据库的存储过程。

【例7-8】定义无参存储过程。在TeachingDB数据库中，创建一个名称为MyProc的不带参数的存储过程，该存储过程的功能是从数据表S中查询所有男生的信息。

创建方法和步骤如下。

（1）登录并进入SSMS。

（2）单击窗格工具栏中的"新建查询"按钮，出现查询窗格。

（3）在查询窗格中，输入如下代码，如图7-6所示。

```
USE TeachingDB
GO
CREATE PROCEDURE MyProc
AS
    SELECT * FROM S WHERE Sex='男'
GO
```

（4）单击SSMS窗格工具栏中的"执行"按钮，完成存储过程的创建。

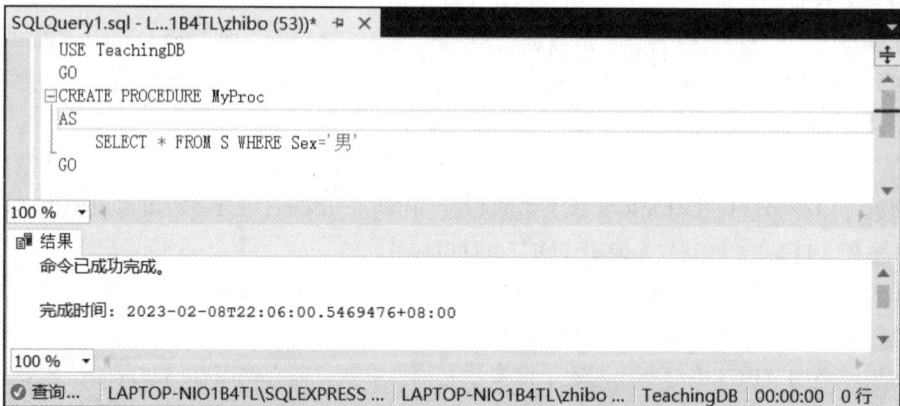

图7-6 利用查询窗格输入代码创建存储过程

本例中所创建的存储过程名是MyProc，存储过程的名称MyProc与AS之间的参数表是空的，该存储过程是一个无参存储过程。

【例7-9】定义无参存储过程。在TeachingDB数据库中，创建一个名称为QueryCourses的不带参数的存储过程。该存储过程的功能是从数据表S和SC中查询所有学生学习课程数量的情况。要求列出学生的学号、姓名和所学课程的门数，没有选课的学生选课门数显示为0。

按例7-8中所述的方法和步骤创建该存储过程，在此不再赘述，只给出存储过程的定义代码，如下所示。

```
USE TeachingDB
GO
CREATE PROCEDURE QueryCourses
AS
BEGIN
    SELECT S.SNo,S.SN,
        Courses =
        CASE
            WHEN Temp.Courses IS NULL THEN 0
            ELSE Temp.Courses
        END
    FROM S LEFT OUTER JOIN
        ( SELECT SNo,COUNT(*) AS Courses
          FROM SC
          GROUP BY SNo
        ) AS Temp
    ON S.SNo=Temp.SNo
    ORDER BY S.SNo
END
GO
```

本例中所创建的存储过程名是QueryCourses，存储过程的名称QueryCourses与AS之间的参数表是空的，因此该存储过程也是一个无参存储过程。另外，该存储过程的过程体写在了BEGIN与END语句之间，形成了一个批处理块，但也可以不用。

该存储过程的过程体功能实现的原理和思想是：利用子查询从SC表中查询出所有已选课学生的选课门数，然后以此查询结果（临时表Temp）与学生表S进行左外连接，得到所有学生的选课信息，最后在显示选课信息时，采用CASE语句对选课数量情况进行判断，没有选课学生的选课数量显示为0，其他情况显示具体的选课数。

【例7-10】定义有参存储过程。在TeachingDB数据库中，创建一个名称为DispTeacher的具有参数的存储过程，该存储过程的功能是根据参数提供的工资数和教师所在系的名称，从数据表T中查询工资高于该工资数量的指定系的教师信息列表。

存储过程的定义代码如下。

```
USE TeachingDB
GO
CREATE PROCEDURE DispTeacher
    @s DECIMAL(7,2),
    @d NVARCHAR(20)
AS
    SELECT * FROM T WHERE sal>@s AND Dept=@d
GO
```

上述代码定义的是一个有参存储过程，存储过程的名称为DispTeacher，在过程名称DispTeacher与关键字AS之间定义了两个参数@s和@d，它们的数据类型和长度分别为DECIMAL(7,2)和NVARCHAR(20)，这两个参数是形式参数，分别用于在调用执行该过程时从调用处向过程内部传递工资数和系名，以便在存储过程执行中依据它们的值形成查询条件，从数据表T中查询出满足条件的教师信息。

【例7-11】定义有参存储过程。在TeachingDB数据库中，创建一个名称为InsertRecord的存储过程。该存储过程的功能是向S数据表中插入一条记录，新记录各字段的值全部由过程参数提供。由于数据表S中每条记录有5个字段值（分别是学号、姓名、性别、年龄、系名），因此，存储过程的参数表需要定义5个参数，分别用于传递各字段所需数据。

存储过程的定义代码如下。

```
USE TeachingDB
GO
CREATE PROCEDURE InsertRecord
    @sno CHAR(6),
    @sn NVARCHAR(10),
    @sex NCHAR(1),
    @age INT,
    @dept NVARCHAR(20)
AS
BEGIN
    INSERT INTO S VALUES(@sno,@sn,@sex,@age, @dept)
END
GO
```

上述代码定义的存储过程是一个有参存储过程，存储过程的名称为InsertRecord，在过程名称InsertRecord与关键字AS之间定义了5个形式参数，参数名分别为@sno、@sn、@sex、@age和@dept，它们的数据类型和长度分别为CHAR(6)、NVARCHAR(10)、NCHAR(1)、INT和NVARCHAR(20)。这5个形式参数分别用于在调用执行该过程时从调用处向过程内部传递学号、姓名、性别、年龄、系名，以便在存储过程执行中依据它们的值作为新记录各字段的值，向数据表S中插入一条新记录。

【例7-12】定义具有参数默认值的存储过程。在TeachingDB数据库中，创建一个名称为InsertRecordDefa的存储过程。该存储过程的功能是向S数据表中插入一条记录。要求新记录的值由参数提供，如果未提供系名Dept字段的值，则由默认值'无'代替。

存储过程的定义代码如下。

```
USE TeachingDB
GO
CREATE PROCEDURE InsertRecordDefa
    @sno CHAR(6),
    @sn NVARCHAR(10),
    @sex NCHAR(1),
    @age INT,
    @dept NVARCHAR(20)= '无'
AS
BEGIN
    INSERT INTO S VALUES(@sno, @sn, @sex, @age, @dept)
END
GO
```

上述代码定义的存储过程名为InsertRecordDefa，与上例中定义的存储过程InsertRecord类似，共有5个形式参数@sno、@sn、@sex、@age和@dept；所不同的是，参数表中对参数@dept用赋值号"="提供了一个默认值'无'。

【例7-13】定义能够通过输出参数返回值的存储过程。在TeachingDB数据库中，创建一个名称为QueryStudent的存储过程。该存储过程的功能是从数据表S中根据学号查询某一学生的姓名和所在系。要求待查学生的学号由过程参数传入过程，查询的学生姓名和所在系信息通过过程输出参数返回过程调用处。

存储过程的定义代码如下。

```
USE TeachingDB
GO
CREATE PROCEDURE QueryStudent
    @no CHAR(6),
```

```
    @name NVARCHAR(10) OUTPUT,
    @d NVARCHAR(20) OUTPUT

AS
BEGIN
    SELECT @name=SN,@d=Dept
    FROM S
    WHERE SNo=@no
END
GO
```

上述代码定义的存储过程名为QueryStudent，共有3个形式参数@no、@name和@d，其中，参数@name和@d的定义除了指定了数据类型和长度，其后面还加了OUTPUT关键字，表明这两个参数是输出参数，表示当调用执行完该存储过程时，这两个参数可以从存储过程中传回数据。在过程体中定义的SELECT语句中也可以看到，把查询的学生的学号SN、所在系Dept两个字段的值分别赋给了参数@name和参数@d，通过这两个参数把查询的学生姓名和所在系返回过程调用处。

2. 使用"对象资源管理器"窗格创建存储过程

使用"对象资源管理器"窗格创建存储过程的具体操作步骤如下。

（1）登录并进入SSMS后，在"对象资源管理器"窗格中，展开"数据库"节点，找到拟创建存储过程的数据库名称，比如TeachingDB数据库。

（2）展开该数据库所属分支，可见"可编程性"节点。

（3）展开该数据库下的"可编程性"节点，可见"存储过程"节点。

（4）用鼠标右键单击"存储过程"节点，在弹出的快捷菜单中选择"新建存储过程"命令。

（5）此时，SSMS将自动新建一个查询窗格，并在其中列出新创建存储过程的代码模板，用户根据拟创建的存储过程的功能需求，在其中对该代码进行修改、补充和完善工作。

（6）单击SSMS工具栏上的"执行"按钮，完成对存储过程的创建工作。

可见，利用此方法创建存储过程，只是帮助用户完成了对存储过程代码框架的生成，后面对代码的修改与完善等大部分工作和由用户直接书写CREATE PROCEDURE语句代码的过程差不多。

7.3.3 调用执行存储过程

对于已创建好的存储过程，用户可以在SQL Server中进行调用执行，也可以在应用程序中调用，本书主要讲述如何在SQL Server中进行调用执行。

1. 使用 EXECUTE 命令调用执行存储过程

使用EXECUTE命令（可简写为EXEC）调用执行存储过程的语法格式如下。

```
EXECUTE
{[[@return_status=]
    <procedure_name> [[@parameter=] {value | @variable [OUTPUT] | [DEFAULT]}][,…n]
    [WITH RECOMPILE]}
```

说明：

① 参数@return_status是可选的整型变量，用来保存存储过程向调用者返回的状态值。

② 参数procedure_name是必选项，表示被调用的存储过程的名称。

③ 参数value是可选项，表示实际参数（简称实参），即调用存储过程时应传入存储过程的参数值。调用存储过程时，是否需要实际参数、需要几个实际参数是由定义存储过程时的参数表的形参个数所决定的。有关参数类型以及传递方式将在下一节中进行讲解。如果有多个实参值，则要用逗号分隔。

④ 参数@parameter是可选的，表示存储过程形参的名称，用于指明实参值value具体传递给哪个形参，此处的形参名必须与定义存储过程时的形参名保持一致。如果省略形参的名称，则实参值按书写的顺序依次分别传递给对应位置的形参。

⑤ 其他参数和关键字的含义与CREATE PROCEDURE命令语法中介绍的一致。

【例7-14】在SQL Server中调用执行数据库TeachingDB中已定义的不带参数的存储过程MyProc。

其调用方法和步骤如下。

（1）进入SSMS，在查询窗格中输入如下代码。

```
USE TeachingDB
GO
EXEC MyProc
```

（2）单击窗格工具栏中的"执行"按钮，执行结果如图7-7所示。可见，系统执行了存储过程MyProc中定义的功能，选取并显示数据表S中的全部男生。

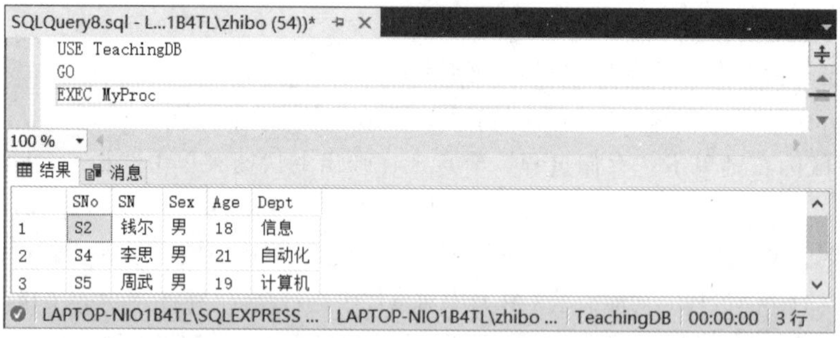

图7-7　在SQL Server中用EXEC命令调用执行存储过程

✏️注意

由于本例中调用的存储过程MyProc是一个无参存储过程（可参见前面有关存储过程MyProc的创建代码），因此，在用EXEC命令调用时，不需要在被调用存储过程名MyProc的后面提供实参，直接写明被调用存储过程名MyProc即可。

【例7-15】调用执行数据库TeachingDB中带参数的存储过程InsertRecord，调用时向存储过程传递5个参数值，存储过程在执行过程中利用这5个参数的值组成一条新记录，并插入学生表S中。

按例7-14中介绍的方法和步骤调用执行存储过程InsertRecord，调用程序代码如下。

```
USE TeachingDB
GO
EXEC InsertRecord @sno='S7', @sn='王大利', @sex='男', @age=18, @dept='计算机'
```

说明：

① 调用的结果是向数据表S中插入一条新记录('S7','王大利','男',18,'计算机')。

② 在以上代码中，用EXEC命令调用存储过程InsertRecord时，后面跟了一个参数表"@sno='S7', @sn='王大利', @sex='男', @age=18, @dept='计算机'"，这个参数表称为实参表，用于给被

调存储过程InsertRecord的形参@sno、@sn、@sex、@age和@dept（这些形参的名称是在创建存储过程InsertRecord时定义的）传递数据，被传递的实参值分别为'S7'、'王大利'、'男'、18、'计算机'，此处为了特别指明哪个实参值传递给哪个形参，所以用"="将形参名和被传递的实参值连接起来，且此处的参数名必须与定义存储过程时的形参名保持一致。

③在调用有参存储过程时，如果在实参表中特别指明哪个数据传递给哪个形参，此时实参表中的实参值书写顺序可以与定义存储过程时的形参顺序不一致，系统将根据指定的参数名称将实参值传递给对应的形参。比如，上述调用存储过程的语句也可改写为以下形式（或其他实参值顺序）。

```
EXEC InsertRecord @sn='王大利',@sno='S7', @dept='计算机', @age=18, @sex='男'
```

此处虽然给定的实参顺序与前面的调用语句不一样，但功能完全一致，数据传递的对应关系不会发生改变，因为在实参表中明确指明了哪个实参值传递给哪个形参。

④在调用有参存储过程时，也可以在实参表中直接只写出实参值，而不写明实参值指明传递给哪个形参，则此时系统将实参表中的实参值按位置对应关系顺序依次传递给被调用存储过程的形参，因此，一定注意实参值的书写顺序要正确。比如，要调用存储过程InsertRecord向数据表S中插入一条新记录('S8','张晓晓','女',19,'信息')，则可以使用如下调用语句。

```
EXEC InsertRecord 'S8','张晓晓','女',19,'信息'
```

在以上调用语句中，实参表中只给出了实参值，而没有指明哪个实参值传递给哪个形参，因此，系统将按位置顺序依次将实参值分别传递给对应位置上的形参@sno、@sn、@sex、@age和@dept（这个顺序是在创建存储过程InsertRecord时定义的，可参见前面InsertRecord的创建语句）。

上面两条调用语句都执行完后，显示数据表S中的记录，可见新记录已被正确地插入数据表S中，如图7-8所示。

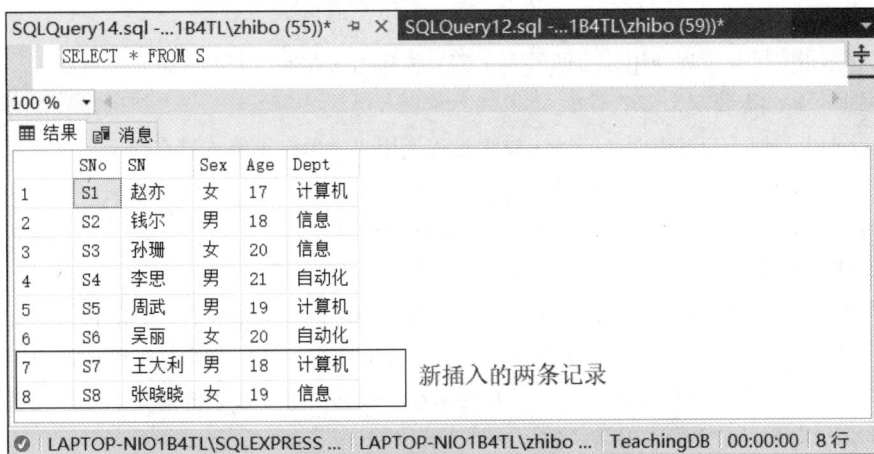

图7-8　查看调用执行存储过程InsertRecord后插入的记录

2. 使用"对象资源管理器"窗格调用执行存储过程

使用"对象资源管理器"窗格调用执行存储过程的具体操作步骤如下。

（1）登录并进入SSMS后，在"对象资源管理器"窗格中展开"数据库"节点，找到拟创建存储过程的数据库名称，比如TeachingDB数据库。

（2）展开该数据库所属分支，可见"可编程性"节点。

（3）展开该数据库下的"可编程性"节点，可见"存储过程"节点。

（4）展开"存储过程"节点，可见当前数据库中用户所创建的所有存储过程的名称列表。

（5）用鼠标右键单击要调用执行的存储过程名称，在弹出的快捷菜单中选择"执行存储过程"命令，此时出现"执行过程"窗格。

（6）在"执行过程"窗格中，输入实参值（当被调过程是有参存储过程时），然后单击"确定"按钮。

（7）此时，SSMS将自动新建一个查询窗格，其中会自动生成并列出调用该存储过程的代码，并在"结果"窗格中显示调用执行存储过程后的结果。

7.3.4 存储过程的参数

通过前面的学习，我们知道在SQL Server中，用户既可以创建没有参数的存储过程，也可以创建带有参数的存储过程。本小节将对存储过程的参数作进一步的讲解和讨论。

当定义的存储过程有参数时，表示该存储过程在被调用执行中所需要的数据由调用处通过参数传递来提供，调用处必须正确地提供给该存储过程相应数量的数据和正确的数据，过程才能正常运算。可见，存储过程与外界间存在着数据的传递和通信，而这种数据传递的实现方法是通过存储过程的参数来完成的。在提及与存储过程有关的参数时，有两种参数：一种是形式参数；另一种是实际参数。

1. 形式参数与实际参数

（1）形式参数

形式参数，简称形参，是指在定义一个存储过程或函数（后面章节介绍）时，跟在存储过程名右侧或函数名右侧括号内的变量名。它们用于接收从外界（调用处）传递给该存储过程或函数的数据。

说明：

① 形参指明了从过程调用处（即外界）需要传递给该存储过程的参数个数和类型，参数表中可以根据问题的需要定义多个形参。

② 形参表类似于变量声明，当还未发生过程调用时，形参无值；只有当发生过程调用时，形参才具有值，其值由调用处的实参传递过来。

③ 形参的命名规则同变量名的命名规则，形参是变量。

（2）实际参数

实际参数，简称实参，是指在调用存储过程时，传送给被调用存储过程的常量、变量或表达式。实参表可由常量、有效的变量名组成，实际参数一定在调用存储过程中的调用语句处，位于被调过程名右侧。一般来说，实际参数的个数、数据类型、参数传递类型必须与被调用存储过程的形式参数的定义要求保持一致。

比如，在前面讲述的例7-15中，调用执行存储过程InsertRecord向数据表S中插入一条新记录的语句为EXEC InsertRecord 'S8','张晓晓 ','女',19,'信息'，此处的实参'S8'、'张晓晓 '、'女'、19、'信息'都是确定的值，个数是5个，与存储过程InsertRecord的定义中形参的个数是一致的，此时系统执行InsertRecord，按位置顺序依次将实参的值传递给对应的形参，如图7-9所示。

2. 具有默认值的形参

在定义存储过程时，形参表中用"="为形参提供了默认值的形参，称为具有默认值的形参。

比如，在例7-12中定义InsertRecordDefa存储过程时，其形参表中的第5个参数@dept用赋值号"="提供了一个默认值'无'，因此参数@dept就是具有默认值的形参。

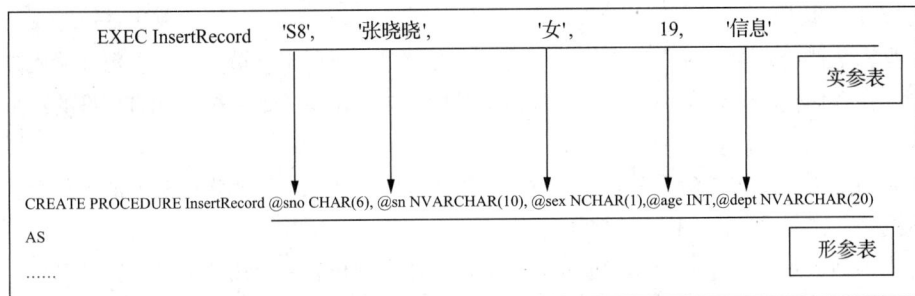

图7-9　调用存储过程时实参与形参的对应传递关系示意图

　　这表示，当调用该存储过程时，在调用处可以给参数@dept提供实参值，也可以不用。如果没有提供实参值，则在存储过程的执行过程中，参数@dept以默认值'无'参加运算，但在调用处必须给其他未提供默认值的参数@sno、@sn、@sex和@age提供实参值。

　　【例7-16】调用执行存储过程InsertRecordDefa，向数据表S中插入一条新记录('S9','陈昊','男',17)。

　　代码如下所示。

```
USE TeachingDB
GO
EXEC InsertRecordDefa 'S9','陈昊','男',17
```

　　在以上调用语句中，实参表中只给出了4个实参，没有提供第5个实参，这时，系统按位置顺序依次将实参值分别传递给对应位置上的形参@sno、@sn、@sex和@age，第5个形参@dept因为没有提供实参值，以默认值'无'进行计算。实参与形参间的传递关系如图7-10所示。

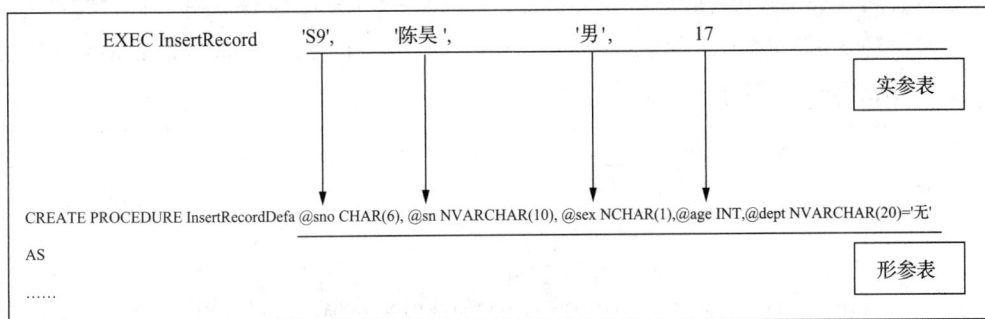

图7-10　调用具有默认参数值的存储过程时实参与形参间的传递关系示意图

　　代码执行完后，查询数据表S中的记录，可见新插入记录的学生的系名默认值为'无'，如图7-11所示。

图7-11　调用具有默认参数值的存储过程的执行结果

3. 输出参数

根据参数能否从存储过程返回值，可将定义存储过程时的形参分为输入参数和输出参数两种类型。在存储过程的定义中有OUTPUT标识的形参为输出参数，未标有OUTPUT的形参默认为输入参数。

输入参数表示要求在调用存储过程时，必须为该参数传入一个确定的实参值（或有确定值的表达式），在存储过程中作运算之用。

输出参数表示要求在调用存储过程时，必须为该参数传入一个用户变量（实参变量），用于将存储过程运算中的结果返回调用处。在实参表中，对应于输出参数的实参变量后面也必须用OUTPUT进行注明。

比如，在例7-13中定义的存储过程QueryStudent中，共有3个形式参数@no、@name和@d，其中，参数@name和@d的后面加了OUTPUT关键字，表明这两个参数是输出参数，@no是输入参数。

【例7-17】调用执行数据库TeachingDB中的带输出参数的存储过程QueryStudent，输出学号为"S5"学生的姓名和所在系名。

代码如下所示。

```
USE TeachingDB
GO
DECLARE @rn NVARCHAR(10), @rd NVARCHAR(20)
EXEC QueryStudent 'S5',@rn OUTPUT,@rd OUTPUT
SELECT @rn AS 姓名, @rd AS 系名
```

在以上调用语句EXEC QueryStudent 'S5',@rn OUTPUT,@rd OUTPUT中，实参表中给出了3个实参，第1个实参为具体数值'S5'，第2个和第3个分别为实参变量@rn和@rd，在被调用存储过程执行时，系统按位置顺序依次将实参分别传递给对应位置上的形参@sno、@name和@d。实参与形参间的传递关系如图7-12所示。

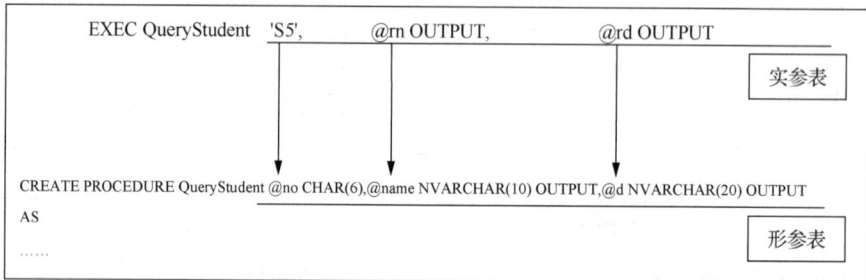

图7-12 调用具有输出参数的存储过程时实参与形参间的传递关系示意图

这样，通过参数传递，形参@no就得到了实参值'S5'，形参@name和实参变量@rn建立了对应关系，在内存中相当于同一个变量；形参@d和实参变量@rd建立了对应关系，在内存中也相当于同一个变量。因此，在被调用存储过程QueryStudent中，对形参@name和@d的操作就相当于分别对实参变量@rn和@rd的操作，将运算结果存放到形参变量@name和@d中时就相当于把结果存放到实参变量@rn和@rd中。调用结束后，在调用处显示实参变量@rn和@rd时，就能够显示通过输出参数带回的结果，执行结果如图7-13所示。

上述代码中的调用语句EXEC QueryStudent 'S5',@rn OUTPUT,@rd OUTPUT也可改为语句EXEC QueryStudent 'S5',@name=@rn OUTPUT,@d=@rd OUTPUT。此处用指名的方式进行参数传递，明确指明实参变量@rn传递给形参@name、实参变量@rd传递给形参@d。

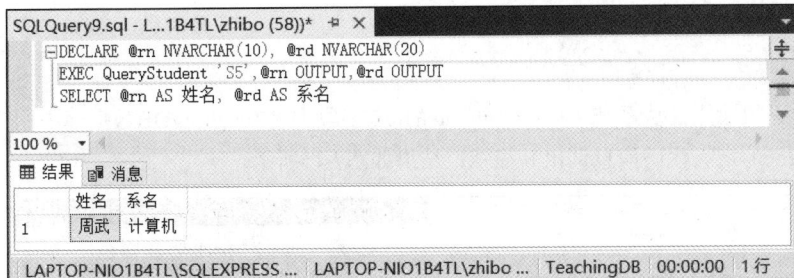

图7-13　调用具有输出参数的存储过程及执行结果

7.3.5　查看存储过程

在SQL Server 2022中，既可以使用系统存储过程，也可以通过"对象资源管理器"窗格查看已创建的存储过程及其有关内容。

1. 使用系统存储过程查看存储过程

（1）查看存储过程的名称

在SQL Server中，可以调用执行系统存储过程sp_stored_procedures查看已创建的存储过程的相关信息列表（包括用户自定义存储过程和系统存储过程），其语法格式如下。

```
EXEC sp_stored_procedures
```

其中，sp_stored_procedures是SQL Server提供的系统存储过程名称。

比如，利用"查询"窗格执行该语句，其执行结果如图7-14所示。

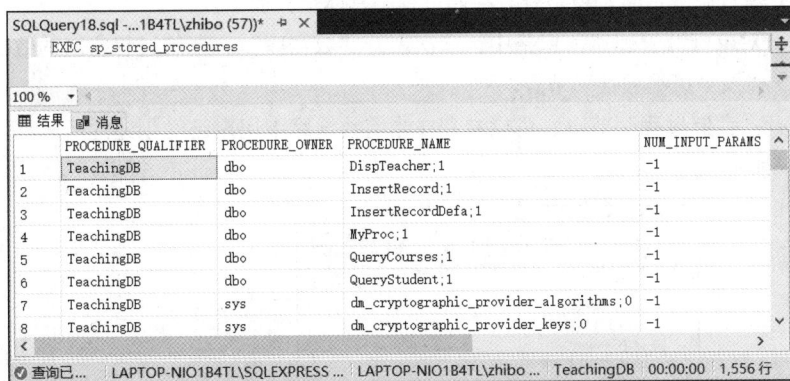

图7-14　调用执行sp_stored_procedures查看存储过程名称

（2）查看存储过程的定义信息

存储过程被创建以后，SQL Server将自动将它的名称存储在master数据库的系统表sysobjects中，它的全部定义源代码存放在系统表syscomments的text字段中。通过调用执行SQL Server提供的系统存储过程sp_helptext可以查看关于用户创建的存储过程的代码信息，其调用执行的语法格式如下。

```
EXEC sp_helptext <procedure_name>
```

说明：

① sp_helptext是SQL Server提供的系统存储过程的名称。

② 参数procedure_name表示待查看代码信息的用户自定义存储过程的名称。

【例7-18】查看数据库TeachingDB中存储过程MyProc的定义信息。

代码如下所示。

```
USE TeachingDB
GO
EXEC sp_helptext MyProc
```

以上代码的功能是从系统表syscomments的text字段中将TeachingDB数据库中用户自定义存储过程MyProc的定义代码信息调出并显示，结果如图7-15所示。

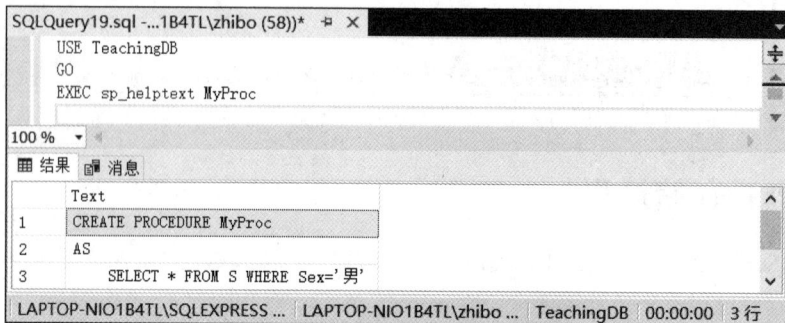

图7-15　利用sp_helptext查看用户自定义存储过程的代码信息

✏️注意

如果在创建存储过程时使用了WITH ENCRYPTION选项，那么使用系统存储过程sp_helptext无法查看存储过程的代码定义信息。

2．使用"对象资源管理器"窗格查看存储过程

使用"对象资源管理器"窗格查看存储过程的具体步骤如下。

（1）在"对象资源管理器"窗格中，依次展开"数据库"、存储过程所属的数据库（比如TeachingDB）以及"可编程性"节点。

（2）展开"存储过程"节点，可以看到在当前数据库中用户已经创建的所有存储过程的名称，如图7-16所示。

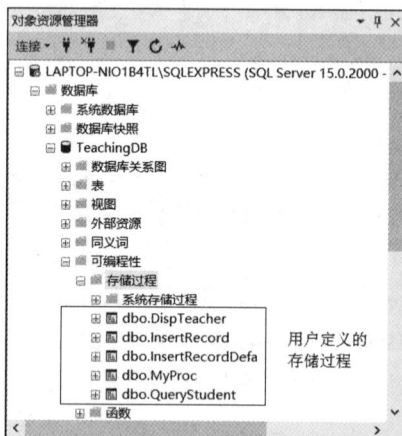

图7-16　用"对象资源管理器"窗格查看已定义的用户存储过程名称

7.3.6　重命名存储过程

在SQL Server 2022中，既可以使用系统存储过程，也可以通过"对象资源管理器"窗格修改存储过程名称。

1. 使用系统存储过程重命名

通过调用执行SQL Server提供的系统存储过程sp_rename对用户自定义存储过程进行重命名，其调用执行的语法格式如下。

```
EXEC sp_rename <origin_procedure_name>, <new_procedure_name>
```

说明：

（1）sp_rename是SQL Server提供的系统存储过程的名称。

（2）参数origin_procedure_name和new_procedure_name分别表示被重新命名的存储过程的原名称和新名称。

比如，要将存储过程MyProc的名称改为MyNewProc，可执行以下语句。

```
EXEC sp_rename MyProc, MyNewPoc
```

2. 使用"对象资源管理器"窗格重命名存储过程

使用"对象资源管理器"窗格很容易实现重命名存储过程，具体步骤如下。

（1）在"对象资源管理器"窗格中，依次展开"数据库"、存储过程所属的数据库以及"可编程性"节点。

（2）展开"存储过程"节点，用鼠标右键单击要重命名的存储过程名称，在弹出的快捷菜单中选择"重命名"命令。

（3）输入新存储过程的名称并按Enter键，完成重新命名。

使用"对象资源管理器"窗格重新命名存储过程

7.3.7　删除存储过程

在SQL Server 2022中，既可以使用DROP PROCEDURE命令，也可以通过"对象资源管理器"窗格删除存储过程。

1. 使用 DROP PROCEDURE 命令删除存储过程

DROP PROCEDURE命令可将一个（或多个）存储过程或者存储过程组从当前数据库中删除，其语法格式如下。

```
DROP PROCEDURE <procedure_name> [,…n]
```

其中，参数procedure_name表示要被删除的存储过程名称。

【例7-19】从数据库TeachingDB中删除存储过程MyNewProc（假设数据库TeachingDB中已创建了存储过程MyNewProc）。

代码如下所示。

```
USE TeachingDB
GO
DROP PROCEDURE MyNewProc
```

再如，从数据库TeachingDB中删除存储过程Proc1和Proc2（假设数据库TeachingDB中已创建了存储过程Proc1和Proc2）。

代码如下所示。

```
USE TeachingDB
GO
DROP PROCEDURE Proc1,Proc2
```

2. 使用"对象资源管理器"窗格删除存储过程

使用"对象资源管理器"窗格删除存储过程的具体步骤如下。

（1）在"对象资源管理器"窗格中，依次展开"数据库"、存储过程所

使用"对象资源管理器"窗格删除存储过程

属的数据库以及"可编程性"节点。

（2）展开"存储过程"节点，可以看到在当前数据库中已经创建的所有存储过程的名称。

（3）用鼠标右键单击某个存储过程的名称，在弹出的快捷菜单中选择"删除"命令，即可删除该存储过程。

7.3.8　修改存储过程

在SQL Server 2022中，既可以使用ALTER PROCEDURE命令，也可以通过"对象资源管理器"窗格修改存储过程。

1. 使用 ALTER PROCEDURE 命令修改存储过程

现需要修改用CREATE PROCEDURE命令已创建的存储过程，并且不改变权限的授予情况以及不影响任何其他独立的存储过程或触发器，这种情况下常使用ALTER PROCEDURE命令。其语法格式如下。

```
ALTER PROCEDURE <procedure_name> [;number]
    [ {@parameter data_type } [VARYING] [= default] [OUTPUT]] [,…n]
[WITH
    {RECOMPILE | ENCRYPTION | RECOMPILE , ENCRYPTION}]
[FOR REPLICATION]
AS
    sql_statement [,…n]
```

其中，各参数和关键字的具体含义请参看CREATE PROCEDURE 命令，在此不再赘述。

2. 使用"对象资源管理器"窗格修改存储过程

使用"对象资源管理器"窗格修改存储过程的具体步骤如下。

（1）在"对象资源管理器"窗格中，依次展开"数据库"、存储过程所属的数据库以及"可编程性"。

（2）展开"存储过程"，可以看到在当前数据库中已经创建的所有存储过程的名称。

（3）用鼠标右键单击某个存储过程的名称，在弹出的快捷菜单中选择"修改"命令，则系统会新建一个查询窗格，并在其中显示该存储过程中定义的代码。

使用"对象资源管理器"窗格修改存储过程

（4）对存储过程代码进行修改。修改完成后，单击工具栏中的"执行"按钮，即可完成存储过程的修改。

7.4　用户自定义函数

函数与存储过程一样，也是由一组SQL语句和一些特殊的控制结构语句组成的代码片段，但函数经过执行、运算，能通过RETURN语句返回函数值，因此，我们可以将经常需要使用的计算或功能及返回结果的情况编写成函数。

在第3章和本章7.2节中，已详细讲解了SQL Server提供的常用内置函数（如聚合函数、数学函数、字符串函数、日期和时间函数等），这些内置函数在程序中可以直接使用。此外，用户也可以根据实际工作需要创建自定义函数（存储函数），并将其作为一个数据库对象来管理。用户自定义函数可以利用Transact-SQL命令来创建（CREATE FUNCTION）、修改（ALTER

FUNCTION）和删除（DROP FUNCTION），也可以用"对象资源管理器"窗格完成相关工作。其基本的操作方法和步骤与存储过程的相关情况类似，因此，本节只重点讲解用户自定义函数的创建和调用。

根据函数返回值的类型不同，SQL Server用户自定义函数可以分为标量值函数和表值函数，而表值函数又可分为内联表值函数和多语句表值函数两种类型。标量值函数的返回结果为单个数据值，而表值函数返回结果集（TABLE数据类型）。

在SQL Server中创建用户自定义函数，可以通过用户在SSMS查询窗格中直接输入代码来完成，也可以借助SSMS在查询窗格中生成用户自定义函数的框架代码，在此基础上对代码补充、完善来完成。不管通过哪种方式，创建用户自定义函数都是使用CREATE FUNCTION命令完成的。

7.4.1 创建标量值函数

1. 使用 CREATE FUNCTION 命令创建标量值函数

使用CREATE FUNCTION命令创建标量值函数的语法格式如下。

```
CREATE FUNCTION <function_name>
([ { @parameter_name [ As ] parameter_data_type [ = default ] [ READONLY ] }
 [ ,…n ]
 ]
)
RETURNS return_data_type
[ WITH ENCRYPTION ]
[ AS ]
BEGIN
    function_body
    RETURN scalar_expression
END
```

说明：

① 在以上语法格式中，很多参数和关键字的含义与存储过程创建命令的相似，可参照前面CREATE PROCEDURE命令的相关介绍。

② 参数function_name表示函数名，是必选项，函数名由用户给出。

③ 函数名后面用一对圆括号"()"括起来的部分是函数的形参定义。如果函数没有参数，则括号里面为空，但括号不能省略；如果有两个及两个以上的参数定义，则它们之间用英文逗号分开。

④ 每个形参定义的一般格式为@parameter_name parameter_data_type[=default]，其中，@parameter_name表示参数名，必须以"@"开头；parameter_data_type表示参数的数据类型；default表示参数的默认值，如果不需要默认值，则"=default"部分可以省略。

⑤ 关键字READONLY是可选项，可以跟在某个参数的定义后，表示在函数体的代码中该参数的值不能更新或修改，但如果参数类型为用户定义的表类型，则需要指定READONLY。

⑥ 关键字RETURNS后面的参数return_data_type表示函数返回值的数据类型，即函数值的类型，但该类型不能是TEXT、NTEXT、IMAGE和TIMESTAMP等。由于要创建的是标量值函数，因此，此处的return_data_type是除TABLE类型外的其他基本数据类型。

⑦ 关键字WITH ENCRYPTION是可选项。当使用该选项时，表示函数被加密，函数定义的文本将以不可读的形式存储在syscomments表中，任何人（包括函数的创建者和系统管理员在

内）都不能查看该函数的定义。

⑧ BEGIN与END之间的语句块是函数体，函数体由一条或多条Transact-SQL语句组成，但其中必须有一条RETURN语句用于返回函数值，RETURN后面的返回值必须是一个标量值。

【例7-20】在数据库TeachingDB中，创建一个标量值函数IsPrime，以判断一个正整数是否为素数。如果为素数，则函数返回1，否则返回0；待判断的正整数通过参数传给函数。

其创建方法和步骤如下。

（1）登录并进入SSMS。

（2）单击SSMS窗格工具栏中的"新建查询"按钮，出现查询窗格。

（3）在查询窗格中，输入如下代码，如图7-17所示。

```
USE TeachingDB
GO
CREATE FUNCTION IsPrime(@n AS INT)
RETURNS INT
AS
BEGIN
    DECLARE @i INT
    DECLARE @sign INT
    SET @sign=1
    SET @i=2
    WHILE  @i<=SQRT(@n)
      BEGIN
        IF @n % @i=0
            BEGIN
                SET @sign=0
                BREAK
            END
        SET @i=@i+1
      END
    RETURN @sign
END
```

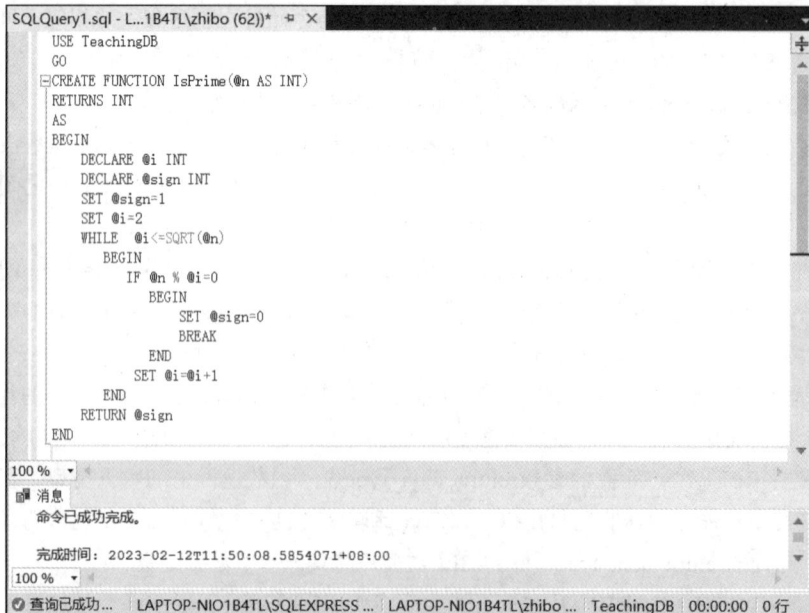

图7-17　用CREATE FUNCTION命令创建用户自定义标量值函数

（4）单击SSMS窗格工具栏中的"执行"按钮，完成标量值函数的创建。

说明：

① 在以上定义的标量值函数中，函数名为IsPrime。

② 该函数的参数表中定义了一个形参@n，其数据类型为INT，参数的定义写在函数名IsPrime后面的"()"内。

③ 该标量值函数的返回值类型由RETURNS关键字给出，为INT类型，即函数调用执行后将返回一个整数值（该值是一个标量值）。

④ BEGIN与END之间的部分是函数体，即完成本函数功能的代码。

⑤ 函数体中含有一条RETURN语句，用于将函数运算的结果作为函数值返回调用处，此处返回的值是@sign变量的值，该值的数据类型为INT，要与RETURNS关键字处指定的类型一致。

2. 使用"对象资源管理器"窗格创建标量值函数

使用"对象资源管理器"窗格创建标量值函数的具体操作步骤如下。

（1）登录并进入SSMS后，在"对象资源管理器"窗格中，展开"数据库"节点，找到拟创建自定义函数的数据库名称，比如TeachingDB数据库。

（2）展开该数据库所属分支，可见"可编程性"节点。

（3）展开该数据库下的"可编程性"节点，可见"函数"节点。

（4）展开该数据库下的"函数"节点，可见"标量值函数"节点。

（5）用鼠标右键单击"标量值函数"节点，在弹出的快捷菜单中选择"标量值函数"命令。

使用"对象资源
管理器"窗格
创建标量值函数

（6）此时，SSMS将自动新建一个查询窗格，并在其中列出新创建的标量值函数的代码模板，用户根据拟创建函数的功能需求，在其中对该代码进行修改、补充和完善工作。

（7）单击SSMS窗格工具栏上的"执行"按钮，完成对标量值函数的创建工作。

可见，利用此方法创建用户自定义标量值函数只是帮助用户完成了对函数代码框架的生成，后面对代码的修改、完善等大部分工作与由用户直接书写CREATE FUNCTION命令代码的过程差不多。

7.4.2 创建内联表值函数

创建内联表值函数既可以通过在SSMS查询窗格中直接输入代码来完成，也可以利用"对象资源管理器"窗格来完成。由于其创建过程与创建标量值函数的过程类似，因此在此不再赘述，只讲解在查询窗格中直接输入代码用CREATE FUNCTION命令创建的方法。

用CREATE FUNCTION命令创建内联表值函数的语法格式如下。

```
CREATE FUNCTION <function_name>
( [ { @parameter_name [ AS ] parameter_data_type [ = default ] [ READONLY ] }
   [ ,…n ]
   ]
)
RETURNS TABLE
[ WITH ENCRYPTION ]
[ AS ]
RETURN (select_statement)
```

说明：

① 上述语法格式中的大部分内容和含义与创建标量值函数的一致，相同的内容不再赘述，

只重点讲述不同的地方。

② 函数的返回值类型必须是TABLE（表），而不是一个标量值，用关键字RETURNS TABLE来指明，表示函数的返回值是一个表，即表值函数。

③ 内联表值函数没有BEGIN…END语句指明的函数体。

④ 函数只有一个RETURN子句，该子句中的参数select_statement是由一个SELECT语句形成的子查询。该子查询的结果（表）就是该函数的函数值，由RETURN返回。

【例7-21】在数据库TeachingDB中，创建一个内联表值函数GetStuNums。该函数的功能是统计并返回学生表S中的各个系的学生人数，要求结果表中含有系名和对应的学生人数。

按例7-20介绍的方法和步骤创建内联表值函数，在此不再赘述，只给出函数的创建代码，如下所示。

```
USE TeachingDB
GO
CREATE FUNCTION GetStuNums()
RETURNS TABLE
AS
    RETURN (SELECT Dept AS 系名, COUNT(Dept) AS 人数 FROM S GROUP BY Dept)
```

说明：

① 在以上定义的内联表值函数中，函数名为GetStuNums。

② 该函数名右面括号内的参数表是空的，因此该函数是无参函数。

③ 关键字RETURNS TABLE表明该函数的返回值类型是TABLE类型，即函数调用执行后将返回一个表（即表值函数）。

④ 函数体中只有一条RETURN语句，用于返回SELECT语句子查询的结果（表）。

7.4.3 创建多语句表值函数

与创建内联表值函数不同的是，在多语句表值函数的函数体中，RETURN语句之前还有其他Transact-SQL语句。其语法格式如下。

```
CREATE FUNCTION <function_name>
( [ { @parameter_name [ AS ] parameter_data_type [ = default ] [ READONLY ] }
   [ ,…n ]
   ]
)
RETURNS @return_variable TABLE <table_type_definition>
[ WITH ENCRYPTION ]
[ AS ]
BEGIN
    function_body
    RETURN
END
```

说明：

① RETURNS @return_variable TABLE <table_type_definition>子句指明该函数的返回值是一个局部变量@return_variable（变量名由用户指定）的值，其数据类型是TABLE，参数table_type_definition用于定义函数返回的表的结构。

② BEGIN与END之间的语句块是函数体，function_body代表函数体中的语句，其可以由若干语句组成。该函数体中必须包括一条不带参数的RETURN语句用于返回表，因此，函数体中的语句需要将有关记录事先写入变量@return_variable所表示的表中。

【例7-22】在数据库TeachingDB中，创建一个多语句表值函数FindFails，该函数能够返回指定学号的学生不及格的课程名及成绩，学号以参数的形式传递到函数。

按例7-20介绍的方法和步骤创建多语句表值函数，函数的创建代码如下所示。

```
USE TeachingDB
GO
CREATE FUNCTION FindFails (@student_id CHAR(6))
RETURNS @t_score TABLE
(
    Cname NVARCHAR(10),
    Grade NUMERIC(4,1)
)
AS
BEGIN
    INSERT INTO @t_score
    SELECT CN,Score
    FROM SC,C
    WHERE SC.CNo=C.CNo AND SC.SNo=@student_id AND Score<60
    RETURN
END
```

说明：

① 在以上定义的多语句表值函数中，函数名为FindFails。

② 该函数名右面括号内的参数表定义了一个形参，参数是@student_id，其数据类型和长度是CHAR(6)，因此本函数是有参函数。

③ 关键字RETURNS子句中定义了返回值变量@t_score，数据类型为TABLE，表明该函数的返回值是一个表（即表值函数）。该表的结构有两个字段Cname和Grade，数据类型和长度分别为 NVARCHAR(10)和NUMERIC(4,1)。

④ 函数体中用一个子查询从数据表SC和C中查询满足条件的学生不及格的课程名和成绩，然后将子查询的结果插入返回值变量@t_score中，最后用RETURN语句返回函数值。

7.4.4　调用用户自定义函数

在SQL Server中，因为用户自定义函数与数据库相关，所以要调用自定义函数，需要打开相应的数据库或指定数据库名。此外，自定义函数的调用方法与内置函数的调用方法是一样的，区别在于，自定义函数是用户自己定义的，而内置函数是SQL Server自带的。

调用用户自定义函数的语法格式如下。

```
函数名(参数)
```

其中，此处的"参数"为实参，要与被调用函数的形参的要求相匹配。

在实际使用中，函数的调用可以放在一个表达式中，也可以直接利用SELECT语句显示函数的返回值。

比如，对于例7-20中创建的标量值函数IsPrime()，在代码窗格中输入并执行语句SELECT dbo.IsPrime(13)，进行函数调用，调用结果如图7-18所示。返回的结果是1，表明13是素数。

此处，把对函数IsPrime的调用作为SELECT语句的一部分，用于显示这个函数调用后的函数值，其中的13是调用函数的实参。

再如，对于例7-21中创建的内联表值函数GetStuNums，在代码窗格中输入并执行语句SELECT * FROM GetStuNums()，进行函数调用，调用结果如图7-19所示，返回的结果是一个表。

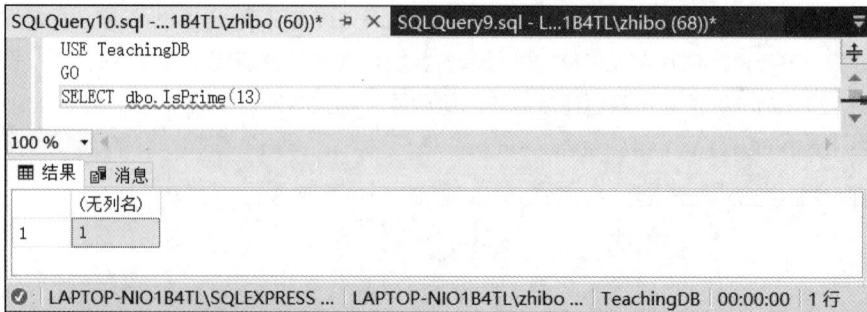

图7-18　调用用户自定义标量值函数IsPrime及执行结果

此处，因为函数GetStuNums的调用结果是一张表，所以把该函数的调用结果作为FROM子句中待查询的表。

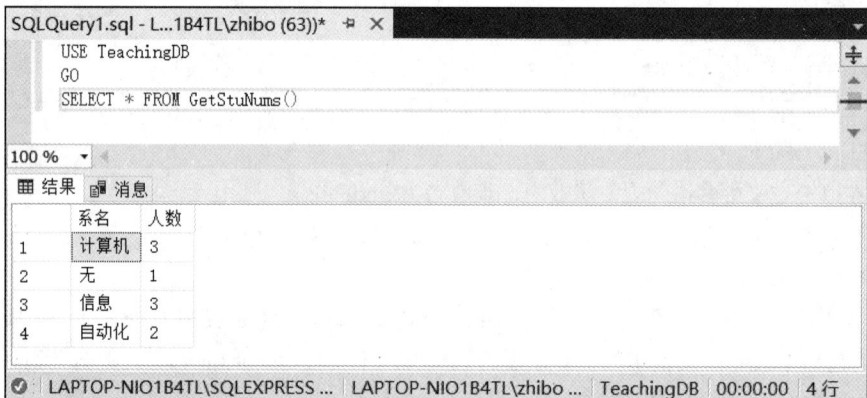

图7-19　调用用户自定义内联表值函数GetStuNums及执行结果

此外，可以分别使用ALTER FUNCTION命令、DROP FUNCTION命令对已创建的函数进行修改和删除工作，基本参数要求和含义同CREATE FUNCTION命令，只是所用的语句不一样，因此，不再赘述。我们也可以用"对象资源管理器"窗格对已创建的函数进行修改和删除，其方法与利用"对象资源管理器"窗格创建标量值函数、表值函数的过程和步骤类似，所不同的是，在找到已创建的函数后，用鼠标右键单击该函数名，在弹出的快捷菜单中选择"修改"命令或"删除"命令即可。

7.5　触发器

7.5.1　触发器概述

1. 触发器的概念

触发器是一种特殊的存储过程，其中包含一系列Transact-SQL语句，但它的执行不是用EXECUTE命令显式调用，而是在满足一定条件下自动激活而执行，如当向表中插入记录、更新记录或者删除记录时被系统自动激活并执行。

触发器与存储过程的区别在于，触发器能够自动执行且不含有参数。

使用触发器主要有以下优点。

（1）触发器是在某个事件发生时自动激活而执行的。例如，在数据库中定义了某个对象之后或对表中的数据做了某种修改之后，立即被激活并自动执行。

（2）触发器可以实现比约束更为复杂的完整性要求。例如，CHECK约束中不能引用其他表中的列，而触发器可以引用；CHECK约束只是由逻辑符号连接的条件表达式，不能完成复杂的逻辑判断功能。

（3）触发器可以根据表数据修改前后的状态差异采取相应的措施。

（4）触发器可以防止恶意的或错误的对表记录进行的INSERT、UPDATE和DELETE操作。

2. 触发器的种类

SQL Server 2022提供了三种类型的触发器：DML触发器、DDL触发器和登录触发器。

（1）DML触发器

DML触发器是在执行数据操纵语言（DML）事件时被激活而自动执行的触发器，即当数据库服务器发生对数据表中的数据进行插入（INSERT）、修改（UPDATE）和删除（DELETE）操作事件时自动运行的存储过程。

根据触发器代码执行的时机，DML触发器分为以下两种。

① AFTER触发器。AFTER触发器是在执行了INSERT、UPDATE或DELETE语句操作之后被激活而执行的触发器，即在数据表记录已经改变之后（AFTER），才会被激活执行，因此，它主要用于记录数据变更后的处理或检查。这种触发器只能在表上定义，不能在视图上定义。

② INSTEAD OF触发器。INSTEAD OF触发器用来代替激活触发器的DML操作（INSERT、UPDATE、DELETE）的执行，即在记录变更之前，不去执行原来SQL语句里的INSERT、UPDATE、DELETE操作，而去执行触发器中的代码所定义的操作。INSTEAD OF触发器可以定义在表上和视图上。

（2）DDL触发器

DDL触发器是在响应各种数据定义语言（DDL）事件时被激活而执行的存储过程，这些事件主要与以关键字CREATE、ALTER和DROP开头的Transact-SQL语句对应。DDL触发器一般用于执行数据库中的管理任务，如审核和规范数据库操作、防止数据库表结构被修改等。

（3）登录触发器

登录触发器是由登录数据库服务器（LOGON）事件而激活的触发器。登录触发器将在登录的身份验证阶段完成之后且用户会话建立之前被激发。

7.5.2 触发器的工作原理

从前面的介绍中可以看出，触发器具有强大的功能，那么SQL Server是如何用触发器来完成这些任务的呢？下面我们将对其工作原理及实现做详细介绍。

SQL Server为每个触发器都创建了两个特殊的表：插入表（INSERTED表）和删除表（DELETED表）。这两个表实际上是系统在线生成的、动态驻留在内存中的临时表，是由系统管理的逻辑表。这两个表的结构总是与被该触发器作用的表的结构相同，DELETED表存放由于执行DELETE或UPDATE语句而要从表中删除的所有记录。INSERTED表存放由于执行INSERT或UPDATE语句而要向表中插入的所有记录，参见表7-9。这两个表都不允许用户直接对其修改，触发器工作完成后系统自动删除这两个表。

表 7-9　INSERTED 表和 DELETED 表的存储内容

对表的操作	INSERTED表	DELETED表
增加记录（INSERT）	存放增加的记录	无
删除记录（DELETE）	无	存放被删除的记录
修改记录（UPDATE）	存放更新后的记录	存放更新前的记录

由表7-9可以看出，如果数据表中定义了针对INSERT操作的触发器（INSERT触发器），则INSERTED表存储了向表中插入的记录内容；如果表中定义了针对DELETE操作的触发器（DELETE触发器），DELETED表用来存储所有被删除的记录；如果表中定义了针对UPDATE操作的触发器（UPDATE触发器），由于UPDATE操作包括删除原记录、插入新记录两步操作，因此，当对表执行UPDATE操作时，在DELETED表中存放原来的记录，而在INSERTED表中存放新插入的记录。

1. INSERT 触发器的工作原理

INSERT触发器的工作过程如图7-20所示。

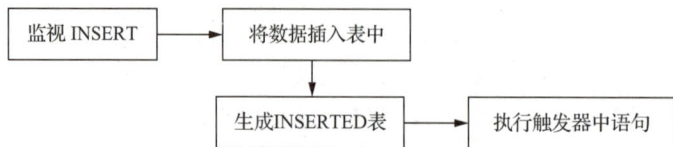

图7-20　INSERT 触发器的工作过程

当对数据表进行INSERT操作时，INSERT触发器被激发，新增的记录被添加到创建触发器的表和INSERTED表。INSERTED表是一个临时的逻辑表，含有新增记录的副本。

2. DELETE 触发器的工作原理

DELETE触发器的工作过程如图7-21所示。

图7-21　DELETE 触发器的工作过程

当试图删除触发器保护的表中的一行或多行记录时，即对表进行DELETE操作时，DELETE触发器被激发，系统从被影响的表中将删除的记录放入一个特殊的DELETED表中。DELETED表是一个临时的逻辑表，含有被删除记录的副本。

3. UPDATE 触发器的工作原理

UPDATE触发器的工作过程如图7-22所示。

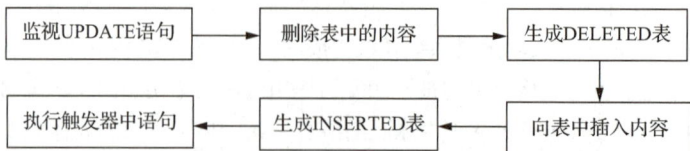

图7-22　UPDATE 触发器的工作过程

当试图更新定义有UPDATE触发器的表中的数据时，即当执行UPDATE操作时触发器被激活。UPDATE触发器将原始记录移入DELETED表中，把更新记录插入INSERTED表中。触发器将检查DELETED表和INSERTED表以及被更新的表，确定是否更新多行及如何执行触发器动作。

7.5.3 创建触发器

上面介绍了有关触发器的概念、作用及其工作原理，本节将介绍在SQL Server中如何使用Transact-SQL语句和"对象资源管理器"窗格创建触发器。

1. 创建 DML 触发器

（1）使用CREATE TRIGGER命令创建DML触发器

使用CREATE TRIGGER命令创建DML触发器的语法格式如下。

```
CREATE TRIGGER <trigger_name>
ON {table_name | view_name}
[WITH ENCRYPTION]
{FOR | AFTER | INSTEAD OF}
{ [ INSERT ] [ , ] [ UPDATE ] [ , ] [ DELETE] }
AS sql_statement [;]
```

说明：

① 参数trigger_name是必选项，表示被创建的触发器名称，名称由用户给出。

② 关键字ON后面的参数table_name和view_name分别表示表名和视图名，实际创建触发器时只能从中选择之一，表示触发器要创建在哪个表上或哪个视图上。

③ 关键字With Encryption表示对触发器的代码进行加密处理、存储，该项是可选项。

④ 关键字FOR、AFTER和INSTEAD OF，只能选择其一。

关键字FOR或AFTER用于创建AFTER触发器，表示该触发器是在相应的DML操作（INSERT、UPDATE、DELETE）成功执行后才触发的。

关键字INSTEAD OF用于创建INSTEAD OF触发器，表示该触发器被触发时去执行该触发器的代码而不执行触发该触发器的INSERT、UPDATE或DELETE语句。

⑤ 在视图上不能用FOR或AFTER定义触发器，只能定义INSTEAD OF触发器。

⑥ 关键字INSERT、UPDATE、DELETE用于指定能够激活触发器的操作，必须至少指定其中之一，也可选择其中两个或两个以上，但要用逗号将它们隔开。

⑦ 关键字AS后面的参数sql_statement是触发器功能代码，一般不返回结果。

【例7-23】设计一个触发器，该触发器的作用为当在学生表S中删除某一条学生记录时，在学生选课表SC中的选课记录也相应地被全部删除。

分析：在此例中，由于当在学生表S中删除一条记录后，相应地同时删除学生选课表SC中该生的选课记录，因此，需要对学生表S设计一个针对DELETE操作的DML触发器，且是AFTER触发器，触发器的功能代码是删除选课表SC中该学生的选课记录。

其创建方法和步骤如下。

① 登录并进入SSMS。

② 单击SSMS窗格工具栏中的"新建查询"按钮，出现查询窗格。

③ 在查询窗格中，输入如下代码，如图7-23所示。

```
USE TeachingDB
GO
CREATE TRIGGER del_S ON S
```

```
AFTER DELETE
AS
   DELETE FROM SC
   WHERE SC.SNo
   IN (SELECT SNo FROM DELETED)
GO
```

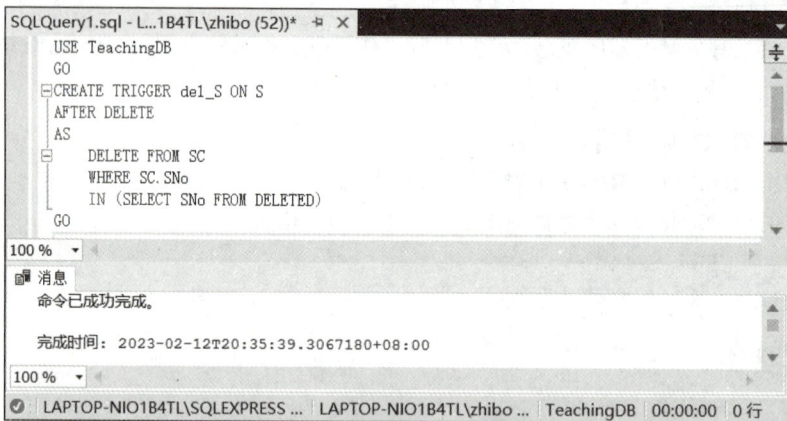

图7-23　利用查询窗格创建触发器

④ 单击SSMS窗格工具栏中的"执行"按钮，即完成触发器的创建，这样，就在学生表S上创建了一个针对DELETE操作的AFTER触发器，触发器的名称为del_S。当对学生表S的记录进行DELETE操作时，触发器将被激活而自动执行AS子句后面的语句块。

比如，若执行如下语句，从S表中删除学号为"S1"的学生记录，系统将自动激活触发器del_S，从而执行该触发器中AS子句后面的语句，将对应地删除SC表中S1学生的全部选课记录（从DELETED表中获得被删学生的学号，以此作为删除的查询条件，从SC表中删除该学生的选课记录）。

```
DELETE FROM S WHERE SNo='S1'
```

【例7-24】设计一个触发器，该触发器能够保证在学生选课表SC中添加新的记录时，新学生的学号SNo必须已经存在于学生基本信息表S中，否则不能插入选课记录。

💡提示

设计该触发器有助于实现选课信息的完整性。在此例中，由于涉及了学生选课表中的添加操作，因而需要设计一个INSERT类型的触发器。

由题意可知，需要对选课表SC设计一个针对INSERT操作的DML触发器，且是AFTER触发器，触发器的功能代码判断在学生表S中是否存在该学生，如果不存在，则撤销对选课表SC新增的选课记录。

按例7-23中所述的方法和步骤创建该触发器，创建触发器的程序代码如下所示。

```
USE TeachingDB
GO
CREATE TRIGGER insert_sc ON SC
AFTER INSERT
AS
    IF EXISTS (SELECT * FROM INSERTED WHERE SNo IN (SELECT SNo FROM S))
        PRINT '添加成功！'
    ELSE
        BEGIN
```

```
            PRINT '学生表S中没有该学生的基本信息。拒绝插入！'
            ROLLBACK TRANSACTION
        END
```

上面代码表示在表SC上创建了一个针对INSERT操作的AFTER触发器insert_sc。这样，当对选课表SC进行INSERT操作时，触发器将被激活而自动执行AS子句后面的语句块（从INSERTED表中获得新增记录的学号，以此为查询条件在S表中查找是否存在该学号的学生，如果存在，则正常插入；如果不存在，则使用语句ROLLBACK TRANSACTION撤销在SC表中新增的记录）。

比如，当在SC表中插入一条在S表中并不存在的一名学生的选课记录时，将会给出图7-24所示的提示信息，说明该学生的选课记录无法插入选课表SC中。

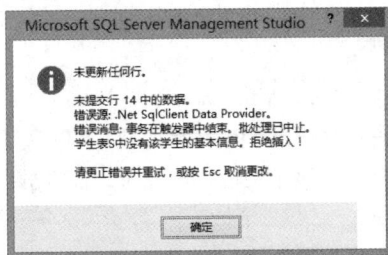

图7-24 添加操作被取消

（2）使用"对象资源管理器"窗格创建DML触发器

使用"对象资源管理器"窗格创建DML触发器的具体步骤如下。

① 在"对象资源管理器"窗格中，找到希望创建DML触发器的表并将其展开。

② 用鼠标右键单击"触发器"节点，在弹出的快捷菜单中选择"新建触发器"命令。

③ 在新建的查询窗格中可以看到关于创建DML触发器的语句模板，在其中添加相应的内容，单击工具栏上的"执行"按钮即可。

使用"对象资源管理器"窗格创建DML触发器

2．创建DDL触发器

（1）使用CREATE TRIGGER命令创建DDL触发器

使用CREATE TRIGGER命令创建DDL触发器的语法格式如下。

```
CREATE TRIGGER <trigger_name>
ON {ALL SERVER | DATABASE}
[WITH ENCRYPTION]
{FOR | AFTER} {event_type | event_group } [,…n ]
AS sql_statement [; ]
```

说明：

① 参数trigger_name是必选项，表示被创建的触发器名称，名称由用户给出。

② 关键字ON后面可以写ALL SERVER或DATABASE其中之一。ALL SERVER表示指定DDL触发器的作用域为当前服务器；DATABASE表示指定DDL触发器的作用域为当前数据库。

③ 关键字WITH ENCRYPTION表示对触发器的代码进行加密处理、存储，该项是可选项。

④ 关键字FOR或AFTER只能选择其一，用于指定DDL触发器仅在触发SQL语句中指定的所有操作都已成功执行时才被触发。

⑤ 关键字FOR或AFTER后面的参数event_type表示激活DDL触发器的Transact-SQL语句事件

的名称，这些事件由SQL_Server定义，如CREATE_TABLE（创建表）、DROP_TABLE（删除表）、ALTER_TABLE（修改表）等，具体请查阅SQL Server有关文档。

⑥ 关键字AS后面的参数sql_statement是触发器功能代码。

【例7-25】创建一个作用域为数据库TeachingDB 范围的DDL触发器safety，禁止修改和删除当前数据库中的任何表。

按例7-23中所述的方法和步骤创建该触发器，创建触发器的程序代码如下所示。

```
USE TeachingDB
GO
CREATE TRIGGER safety
ON DATABASE
FOR DROP_TABLE, ALTER_TABLE
AS
PRINT '不能删除或修改数据库表!'
ROLLBACK
GO
```

这样，每当数据库中发生DROP TABLE操作或ALTER TABLE操作，试图对数据库TeachingDB中的数据表进行删除或对表结构进行修改时，都将触发DDL触发器safety执行，从而禁止相关操作。

（2）使用"对象资源管理器"窗格创建DDL触发器

使用"对象资源管理器"窗格创建DDL触发器的具体步骤如下。

① 在"对象资源管理器"窗格中，找到希望创建DDL触发器的数据库，比如数据库TeachingDB。

② 展开该数据库所属分支，可见"可编程性"节点。

③ 展开该数据库下的"可编程性"节点，可见"数据库触发器"节点。

④ 用鼠标右键单击"数据库触发器"节点，在弹出的快捷菜单中选择"新建触发器"命令，此时，SSMS将自动新建一个查询窗格，并在其中列出新创建的DDL触发器的代码模板，用户根据拟创建的触发器的功能需求，在其中对该代码进行修改、补充和完善工作。

⑤ 单击SSMS窗格工具栏上的"执行"按钮，完成对DDL触发器的创建工作。

7.5.4 查看触发器

1. 查看数据表中创建的触发器

调用执行系统存储过程sp_helptrigger查看表中触发器的语法格式如下。

```
EXEC sp_helptrigger 'table'[,'type']
```

其中，table是触发器所在的数据表名；type用于指定列出某一操作类型（包括"INSERT""DELETE""UPDATE"）的触发器，若不指定则列出所有的触发器。

【例7-26】查看数据表S中已创建的所有类型的触发器。

```
USE TeachingDB
GO
EXEC sp_helptrigger 'S'
GO
```

如果只查看数据表S中已创建的"DELETE"类型的触发器，则可以用以下语句。

```
USE TeachingDB
GO
EXEC sp_helptrigger 'S','DELETE'
GO
```

2. 查看触发器的定义文本

触发器的定义文本存储在系统表syscomments中，利用系统存储过程sp_helptext可查看某个触发器的内容，其语法格式如下。

```
EXEC sp_helptext 'trigger_name'
```

【例7-27】查看已创建的触发器"insert_sc"的内容。

```
USE TeachingDB
GO
EXEC sp_helptext 'insert_sc'
GO
```

3. 查看触发器的所有者和创建时间

系统存储过程sp_help可用于查看触发器的所有者和创建时间，其语法格式如下。

```
EXEC sp_help 'trigger_name'
```

【例7-28】查询已创建的触发器"insert_sc"的有关信息。

```
USE TeachingDB
GO
EXEC sp_help 'insert_sc'
GO
```

7.5.5 修改触发器

1. 利用 ALTER TRIGGER 命令修改触发器

（1）使用ALTER TRIGGER命令修改DML触发器的语法格式如下。

```
ALTER TRIGGER <schema_name.trigger_name>
ON ( table_name | view_name )
[ WITH ENCRYPTION ]
{ FOR | AFTER | INSTEAD OF }
{ [ DELETE ] [ , ] [ INSERT ] [ , ] [ UPDATE] }
AS sql_statement [ ; ]
```

（2）使用ALTER TRIGGER命令修改DDL触发器的语法格式如下。

```
ALTER TRIGGER <trigger_name>
ON { ALL SERVER | DATABASE }
[ WITH ENCRYPTION ]
{ FOR | AFTER } { event_type | event_group } [ ,…n ]
AS sql_statement [ ; ]
```

修改DML触发器和DDL触发器语句中的相关参数含义与前面介绍的CREATE TRIGGER命令中的参数含义相同，不再赘述。

【例7-29】将例7-25中在数据库TeachingDB上创建的DDL触发器safety修改为禁止创建数据库以及修改和删除当前数据库中的任何表。

新建一个查询窗格，在其中编写修改触发器safety的程序代码，如下所示。

```
USE TeachingDB
GO
ALTER TRIGGER safety
ON DATABASE
FOR CREATE_TABLE,DROP_TABLE, ALTER_TABLE
AS
PRINT '不能删除或修改数据库表！'
ROLLBACK
GO
```

编写完成后，单击工具栏中的"执行"按钮，完成对触发器safety的代码修改。

2. 使用"对象资源管理器"窗格修改 DML 触发器

使用"对象资源管理器"窗格修改DML触发器，可以在已有触发器的基础上进行修改，不需要重新编写，具体的步骤如下。

（1）打开"对象资源管理器"窗格，找到希望修改触发器的表，并将其展开。

（2）找到"触发器"节点并展开，在要修改的触发器名称节点上单击鼠标右键，在弹出的快捷菜单中选择"修改"命令。

（3）这时将自动新建一个查询窗格，其中显示触发器的所有内容，用户可以在原有的基础上进行修改。修改完成后，单击工具栏上的"执行"按钮，即可完成对DML触发器的修改。

使用"对象资源
管理器"窗格
修改 DML
触发器

3. 使用"对象资源管理器"窗格修改 DDL 触发器

使用"对象资源管理器"窗格修改DDL触发器，可以在已有触发器的基础上进行修改，不需要重新编写，具体的步骤如下。

（1）在"对象资源管理器"窗格中，找到希望修改DDL触发器的数据库，比如数据库TeachingDB。

（2）展开该数据库所属分支，可见"可编程性"节点。

（3）展开该数据库下的"可编程性"节点，可见"数据库触发器"节点。

（4）展开"数据库触发器"节点，可见已经在该数据库中创建的所有DDL触发器名称。

使用"对象资源
管理器"窗格
修改 DDL 触发器

（5）在要修改的触发器名称上单击鼠标右键，在弹出的快捷菜单中依次选择"编写数据库触发器脚本为""ALTER到""新查询编辑窗格"命令，此时，SSMS将自动新建一个查询窗格，并在其中列出待修改的DDL触发器的代码。用户根据触发器的功能需求，可以在其中对该代码进行修改、补充和完善工作。

（6）单击工具栏上的"执行"按钮，完成对DDL触发器的修改工作。

4. 使触发器无效

在有些情况下，用户希望暂停触发器的作用，但并不删除它，这时就可以通过DISABLE TRIGGER命令使触发器无效。其语法格式如下。

```
DISABLE TRIGGER { [ schema.] trigger_name [ ,…n ] | ALL }
ON object_name
```

说明：

① 参数schema_name表示触发器所属架构的名称。

② 参数trigger_name表示要禁用的触发器的名称。

③ 关键字ALL指示禁用在ON子句作用域中定义的所有触发器。

④ 参数object_name表示在其上创建DML触发器的对象名称。

【例7-30】将例7-25中在数据库上已创建的触发器"safety"失效并进行验证。

```
USE TeachingDB
GO
SELECT * INTO TS FROM S              --产生一个临时表TS
DROP TABLE TS                        --删除表TS失败
GO
DISABLE TRIGGER safety ON DATABASE   --使safety触发器无效
```

```
DROP TABLE TS                          --成功删除表TS
GO
```

5. 使触发器重新有效

要使DML触发器重新有效可使用ENABLE TRIGGER命令，其语法格式如下。

```
ENABLE TRIGGER {[ schema_name.] trigger_name [ ,…n ] | ALL }
ON object name
```

其中，参数含义与DISABLE TRIGGER命令中各参数的含义相同。

比如，将数据库TeachingDB上已创建的触发器"safety"重新有效并进行验证。

```
USE TeachingDB
GO
ENABLE TRIGGER safety ON DATABASE      --使safety触发器有效
GO
SELECT * INTO TS FROM S                --产生一个临时表TS
DROP TABLE TS                          --删除表TS失败
GO
```

7.5.6 删除触发器

当不再需要某个触发器时，可以将其删除。删除触发器后，它所基于的表和数据不会受影响。另外，删除表则将自动删除其上的所有触发器。

1. 使用 DROP TRIGGER 命令删除触发器

使用DROP TRIGGER命令可以删除触发器。根据要删除的触发器的类型不同，DROP TRIGGER命令的语法格式也有所不同。

使用DROP TRIGGER命令删除DML触发器的语法格式如下。

```
DROP TRIGGER trigger_name [ ,…n ] [ ; ]
```

2. 使用"对象资源管理器"窗格删除 DML 触发器

在"对象资源管理器"窗格中删除DML触发器的步骤如下。

（1）在"对象资源管理器"窗格中，找到需要删除触发器的表节点，并将其展开。

（2）找到"触发器"节点并展开，在要删除的触发器名称节点上单击鼠标右键，在弹出的快捷菜单中选择"删除"命令。

（3）这时将弹出确认删除窗格，单击"确定"按钮即可删除触发器。

使用"对象资源管理器"窗格删除 DML 触发器

3. 使用"对象资源管理器"窗格删除 DDL 触发器

在"对象资源管理器"窗格中删除DDL触发器的步骤如下。

（1）在"对象资源管理器"窗格中，找到希望删除DDL触发器的数据库，比如数据库TeachingDB。

（2）展开该数据库所属分支，可见"可编程性"节点。

（3）展开该数据库下的"可编程性"节点，可见"数据库触发器"节点。

使用"对象资源管理器"窗格删除 DDL 触发器

（4）展开"数据库触发器"节点，可见已经在该数据库中创建的所有DDL触发器的名称。

（5）在要删除的触发器名称上单击鼠标右键，在弹出的快捷菜单中选择"删除"命令，即可删除该DDL触发器。

本章小结

Transact-SQL是SQL Server对原有标准SQL的扩充，可以帮助我们完成更为强大的数据库操作功能，尤其是在存储过程、函数、触发器的设计方面应用更为广泛。

本章主要讲述了在SQL Server 2022中运用Transact-SQL语句和命令进行程序设计，重点详细讲解了以下几方面的内容。

（1）Transact-SQL编程中的局部变量和全局变量的概念与特点，局部变量的声明、赋值、输出语句和用法。

（2）Transact-SQL编程中的BEGIN…END、IF…ELSE、CASE、WHILE、BREAK、CONTINUE、GOTO、RETURN等流程控制语句的语法结构、执行过程原理，以及如何利用这些语句编程实现程序流程控制。

（3）SQL Server中常用的系统内置函数的功能和调用语法格式，这些内置函数包括数学函数、字符串函数、数据类型转换函数以及日期和时间函数等。

（4）存储过程的相关概念、优缺点，利用编程语句和"对象资源管理器"窗格功能对存储过程的创建、调用、查看、修改、删除等。存储过程的形式参数与实际参数，参数数据传递与语法要求，输出（OUTPUT）参数的声明、特点与使用等。

（5）用户自定义函数的概念、特点和分类，标量值函数、表值函数（含内联表值函数、多语句表值函数）的创建与调用。

（6）SQL Server触发器的概念、分类，两种DML触发器AFTER和INSTEAD OF的执行原理与区别；DDL触发器与DML触发器的区别；与DML触发器工作相关的INSERTED和DELETED数据表的用途。

（7）利用编程语句、"对象资源管理器"窗格功能两种方法对DML触发器、DDL触发器的创建，对两种触发器的定义查看、修改和删除等。

本章习题

一、选择题

1. 在SQL Server中不是对象的是（　　）。

    A）用户   B）数据   C）表   D）数据类型

2. 在Transact-SQL程序代码中，可用于在行首或行末进行单行注释的是（　　）。

    A）--   B）#   C）/*   D）*/

3. 在Transact-SQL编程中，局部变量名前应加的前缀字符是（　　）。

    A）_   B）@@   C）*   D）@

4. 设有变量声明语句：DECLARE @i INT,@c CHAR(4)，现将@i赋值为10，将@c赋值为'abcd'，则正确的赋值语句是（　　）。

    A）SET @i=10, @c='abcd'   B）SET @i=10, SET @c='abcd'

    C）SELECT @i=10, @c='abcd'   D）SELECT @i=10, SELECT @c='abcd'

5. 在SQL Server服务器上，存储过程是一组预先定义并（　　）的Transact-SQL语句。

    A）保存   B）编译   C）解释   D）编写

6. 用（　　）语句可以创建存储过程。

    A）CREATE PROCEDURE　　　　　　　　B）ALTER PROCEDURE

    C）DROP PROCEDURE　　　　　　　　　D）DECLARE PROCEDURE

7. 在Transact-SQL编程中，可用于跳出循环的语句是（　　）。

    A）EXIT　　　　　　B）CONTINUE　　　C）BREAK　　　D）LEAVE

8. 当以下代码中的【　　　】位置分别为BREAK、CONTINUE或RETURN时，输出的值为（　　）。

```
DECLARE @n int
SET @n=3
WHILE @n>0
    BEGIN
        SET @n=@n-1
        IF @n=1
        【       】
    END
PRINT @n
```

    A）1，0，不输出　　　B）1，1，_　　　　C）0，0，0　　　D）0，1，2

9. 表达式FLOOR(-5.5)*SIGN(-5)+8 % 7-5 / 10+CEILING(-3.6)的值是（　　）。

    A）3　　　　　　　B）4　　　　　　　C）1.5　　　　　D）2.5

10. 表达式LEN(TRIM(LOWER('学习Abc123')))的值是（　　）。

    A）10　　　　　　B）8　　　　　　　C）3　　　　　　D）20

11. 表达式REVERSE(LOWER(RIGHT('学习SQL',3)))的值是（　　）。

    A）学习S　　　　　B）SQL　　　　　　C）sql　　　　　D）lqs

12. 当对数据表中的记录执行了INSERT、UPDATE或DELETE操作之后，则被激活并执行的触发器（设已定义了相应的触发器）是（　　）。

    A）DML触发器　　　　　　　　　　　B）服务器触发器

    C）DDL触发器　　　　　　　　　　　D）INSTEAD OF触发器

13. 以下说法中正确的是（　　）。

    A）要删除存储过程可以使用DELETE PROCEDURE命令

    B）存储过程的形参默认情况下可作为输入或输出型参数

    C）存储过程是所在数据库中的一个对象

    D）调用有参存储过程时，实参的个数可根据实际需要进行随意调整

14. 以下说法中正确的是（　　）。

    A）标量值函数能够返回包括TABLE类型在内的常用SQL Server规定的数据类型的值

    B）函数返回值的类型是在函数创建语句中由RETURN关键字指定的

    C）多语句表值函数能够返回一个TABLE，是在其函数体中利用RETURN语句返回的

    D）内联表值函数的定义体中，没有BEGIN…END语句指定的函数体

15. 设在教学数据库TeachingDB中已定义存储过程disp_stu，形参及数据类型定义为@dp NVARCHAR(20)，该存储过程的功能是以传递给形参@dp的值为学院名称，从学生表S中查询属于该学院的所有学生的信息，则以下说法正确的是（　　）。

    A）CALL disp_stu('信息')是一条正确的存储过程调用语句

    B）在存储过程disp_stu的过程体内，要实现题意所要求功能的查询语句是：SELECT * FROM S WHERE Dept=@dp

C）语句disp_stu '计算机' 可显示所有计算机系的学生信息

D）可通过参数@dp将过程体内部的某个值返回过程

二、填空题

1. Transact-SQL编程中可以使用_____和_____两种变量。

2. Transact-SQL编程中可以使用两类注释符：_____和_____。

3. 用于声明一个或多个局部变量的命令是_____。

4. 根据触发器代码执行的时机，DML触发器分为_____触发器和_____触发器。

5. SQL Server 2022支持_____、_____和_____三种类型的触发器。

6. 为了能在触发器中对数据表中插入、删除的记录进行操作，SQL Server自动建立和维护了两个临时表，其中，____表存放由于执行DELETE或UPDATE语句而要从数据表中删除的所有记录，____表存放由于执行INSERT或UPDATE语句而要向数据表中插入的所有记录。

7. 表达式LEN(DATENAME(YEAR,'2023-02-15'))的值为_____。

8. 在SQL Server中，可以通过调用执行系统存储过程查看已创建的所有存储过程的相关名称等信息列表的语句是_____。

9. 调用系统存储过程查看已创建的存储过程Proc1的代码定义信息，则调用语句是_____。

10. 将字符类型的数据'20231210'转换为日期数据类型'2023-12-10'，则对应的表达式为_____。

三、简答题

1. 什么是触发器？触发器的作用有哪些？

2. 存储过程有什么优缺点？

3. 针对数据库TeachingDB的教师表创建一个DML触发器t_tr，该触发器的作用为当在教师表T中删除某一名教师时，教师授课表TC中的授课记录也全部被删除。试写出创建触发器t_tr的完整定义代码。

4. 针对数据库TeachingDB创建一个DDL触发器db_tr，该触发器的作用为禁止用户在数据库中创建表。试写出创建触发器db_tr的完整定义代码。

5. 在数据库TeachingDB中，创建一个标量值函数CountStudents，任意给函数传递一个系名，函数能返回该系的学生人数。试写出创建该函数的代码，然后写出调用语句，以便返回"计算机"系的学生人数。

6. 在数据库TeachingDB中，创建一个存储过程ScoreList，完成统计并显示每名学生的选课门数与平均成绩的功能，显示的信息包括学生的学号、姓名、选课门数、平均成绩，未选课的学生的选课门数和平均成绩都显示为0。

本章实验

实验1 Transact-SQL 程序设计

一、实验目的

1. 能够使用流程控制语句完成简单程序的编写。

2. 能够使用系统内置函数。

3. 能够自定义简单的函数，并调用函数。

二、实验要求

1. 了解流程控制语句的基本语法格式。

2. 能够用流程控制语句编写简单程序，实现功能。

三、实验内容

针对第6章设计的电子商务系统，编写程序代码完成如下操作。

1. 如果商品表中有价格在6000元以上的商品，把该商品的商品名称、商品类别、商品价格、生产厂家、商品的详细信息和商品的缩略图查询出来，否则输出"没有价格在6000元以上的商品"。

2. 在商品表中，查询某种商品（种类自定），如果有，就修改该商品的名称（新名称自定），并输出商品的信息，否则输出"没有该商品！"。

3. 查询商品购买信息，将商品的购买数量都加1（提示：使用流程控制语句WHILE）。

4. 定义一个用户自定义的函数，能够根据订单号，查询商品的购买数量。如果购买数量>2，则输出订单号、商品名称和购买数量。

实验2　存储过程设计

一、实验目的

1. 能够使用简单的系统存储过程。

2. 能够创建和执行用户自定义存储过程。

3. 能够完成存储过程的修改、删除等管理任务。

二、实验要求

充分了解存储过程的创建和调用。

三、实验内容

针对第6章设计的电子商务系统，进行如下操作。

1. 创建存储过程proc_1，显示购买人信息表中性别为"男"的用户信息，并调用此存储过程，显示执行结果。

2. 使用sp_helptext查看存储过程proc_1的文本。

3. 创建存储过程proc_2，实现为购买人信息表添加一条记录（记录内容通过参数传递），并调用此存储过程（调用时的实际参数值自定），显示执行结果。

4. 创建存储过程proc_3，实现根据商品编号（商品编号通过参数传递）查询某一商品的名称和价格，并调用此存储过程（调用时的实际参数值自定），显示执行结果。

5. 修改存储过程proc_1，改为显示购买人信息表中性别为"女"的用户信息。

6. 删除存储过程proc_1。

实验3　触发器设计

一、实验目的

1. 能够理解触发器调用的机制。

2．能够使用SQL命令创建DML触发器。

3．能够完成触发器的修改、删除等管理任务。

二、实验要求

充分了解触发器设计的原理与过程。

三、实验内容

针对第6章设计的电子商务系统，进行如下操作。

1．创建触发器tr1，实现当修改商品表中的数据时，显示提示信息"商品表信息被修改了。"。

2．使用触发器tr2，实现当修改商品表中某种商品的商品编号时，对应购买信息表中的商品编号也要修改。

3．创建一个DDL触发器tr3，禁止修改和删除当前数据库中的任何表。

4．查看商品表中已创建的触发器。

5．查看已创建的触发器tr1的内容。

6．删除商品表上的触发器tr1。